架构师书库

MICROSERVICES PATTERNS

With examples in Java

微服务架构
设计模式

［美］ 克里斯·理查森（Chris Richardson） 著　喻勇 译

机械工业出版社
China Machine Press

图书在版编目（CIP）数据

微服务架构设计模式 /（美）克里斯·理查森（Chris Richardson）著；喻勇译 . —北京：机械工业出版社，2019.4（2025.1 重印）

（架构师书库）

书名原文：Microservices Patterns: With Examples in Java

ISBN 978-7-111-62412-7

I. 微… II.① 克… ② 喻… III. 互联网络 - 网络服务器 IV. TP368.5

中国版本图书馆 CIP 数据核字（2019）第 061419 号

北京市版权局著作权合同登记　图字：01-2018-5458 号。

Chris Richardson: Microservices Patterns: With Examples in Java (ISBN 978-1-61729-454-9) .

Original English language edition published by Manning Publications Co., 209 Bruce Park Avenue, Greenwich, Connecticut 06830.

Copyright © 2019 by Chris Richardson.

Simplified Chinese-language edition copyright © 2019 by China Machine Press.

Simplified Chinese-language rights arranged with Manning Publications Co. through Waterside Productions, Inc.

微服务架构设计模式

出版发行：机械工业出版社（北京市西城区百万庄大街 22 号　邮政编码：100037）

责任编辑：关　敏　　　　　　　　　　　责任校对：殷　虹

印　　刷：固安县铭成印刷有限公司　　　版　　次：2025 年 1 月第 1 版第 16 次印刷

开　　本：186mm×240mm　1/16　　　　印　　张：30.25

书　　号：ISBN 978-7-111-62412-7　　　定　　价：139.00 元

客服电话：（010）88361066　68326294

写给中文版读者的话

7年前，我带着对美食和技术的热情，开始了我的首次中国之旅。在那之前，我对中国的美食和软件社区都知之甚少。7年之后，经过多次中国之行，我对这两者都有了深刻的认识：我爱上了地道的中国菜，也对中国的软件开发者印象深刻。

2012年我首次访问中国，参加我在VMware公司的同事Frank ⊖举办的几场开发者会议。我一口气在北京和上海做了好几场演讲，包括云计算、Cloud Foundry、Node.js、Spring、NoSQL数据库，当然，还有微服务。我与2000多位参加会议的来宾讨论Cloud Foundry，这次旅行让我意识到中国开发者社区的规模和热情，也让我有机会品尝了地道的中国菜。我甚至还忙里偷闲，在北京参加了一天中餐烹饪课程。

2013年，Frank再次邀请我来到北京，参加中国首场SpringOne大会，发表关于微服务和NoSQL的演讲。这次旅行的亮点是访问豆瓣和百度，这是我与中国科技公司的第一次近距离接触。他们的规模和创新技术都给我留下了非常深刻的印象。在这次旅行中，我参观了北京奥林匹克公园，回忆了曾在这里举行的2008年北京奥运会开幕式。我也抓住机会，继续"进修"中餐烹饪课程。

这次大会结束后不久，我离开VMware公司，再次走上了创业的道路。我搭建了microservices.io网站，撰写了大量的文章和课件，搭乘我钟爱的United Airlines，为世界各地的客户提供微服务架构咨询和培训服务。我还创立了eventuate.io公司，发布了用于微服务架构的数据访问框架。这些工作促成了我和Frank的再度合作，我有幸在2016年4月和8月再次访问中国。从那以后，我在中美之间多次往返，帮助中国的企业客户实施微服务架构。这些公司的业务多种多样，包括保险、汽车制造、电信和企业软件。地域上的跨度，也从北京和上海延伸到了深圳、武汉和杭州。在这些旅行中，我爱上了烤鱼、新疆菜和蒙古菜。

⊖ 即本书译者。——编辑注

中国企业和开发者对微服务架构的热情让我印象深刻。但如同我给所有客户的忠告一样，我想对本书的读者说：

第一，要记住微服务不是解决所有问题的万能"银弹"。

第二，编写整洁的代码和使用自动化测试至关重要，因为这是现代软件开发的基础。

第三，关注微服务的本质，即服务的分解和定义，而不是技术，如容器和其他工具。

第四，确保你的服务松耦合，并且可以独立开发、测试和部署，不要搞成分布式单体（Distributed Monolith），那将会是巨大的灾难。

第五，也是最重要的，不能只是在技术上采用微服务架构。拥抱 DevOps 的原则和实践，在组织结构上实现跨职能的自治团队，这必不可少。

还必须记住：实现微服务架构并不是你的目标。你的目标是加速大型复杂应用程序的开发。

最后，我要感谢中国的所有客户，让我有机会与你们探讨微服务。我还要感谢那些让我能够讨论技术而不用学说中文（这可比微服务难多了）的同传翻译。我希望你会喜欢阅读这本书，它会教你如何成功开发微服务。我期待着再次访问中国，与我的读者见面，帮助更多企业客户实施微服务架构。

Chris Richardson

2019 年 2 月 13 日

译 者 序

2012年年初，我有幸加入了VMware公司的Cloud Foundry团队，与Chris Richardson、Patrick Chanezon、Josh Long等业界大咖共事，在全球范围内开展Cloud Foundry开发者社区和生态建设工作。7年前，云计算的市场格局与现在大为不同。那时，IaaS正高歌猛进，PaaS的价值仍旧备受质疑，"十二原则"还不为人所知，云端分布式系统的架构演化也正"摸着石头过河"。在这个时候，Chris Richardson率先在业界提出了"Functional Decomposition"（功能性拆分）的概念，提出云计算环境下的分布式软件，应该按照功能性拆分的方式进行架构重构。这个想法与稍后业界公认的"微服务"概念不谋而合。

在VMware公司工作期间，以及之后各自的创业经历中，我跟Chris保持着良好的个人关系和工作合作关系。Chris是一个风趣、博学、经验丰富的架构师，他在软件行业有将近30年的经验，在Java社区更是享有盛名。在离开VMware公司后，他建立了microservices.io网站，专注微服务架构的咨询和培训工作，我也曾为他牵线搭桥，使他有机会为国内的企业客户提供咨询服务。

经过这些年的发展，微服务已经成为软件领域的新宠，国外Netflix、Amazon的成功案例，国内数字化转型的一波波浪潮，推动着PaaS厂商和开发者深度关注微服务。大家围绕着微服务展开了大量的讨论。在这个过程中，我们认识到，虽然很多企业客户视微服务如救命稻草，但微服务并不能解决一切问题。很多客户，亦盲从于各种厂商的"忽悠"，着力建设底层基础设施。

面对这些迷茫，Chris曾对我说，软件的架构设计，就是选择和取舍。面对围绕微服务的众多杂音，开发者和架构师应该具备选择和取舍的能力，应该站在比较高的角度俯瞰全局、权衡利弊，做出正确的架构和技术选择。这也是最初Chris写作本书的动机之一：为架构师提供一个微服务的全局视野，并教会架构师如何在纷繁复杂的情况下做出正确的架构选择和取舍。

本书英文版的写作开始于 2017 年春天，2018 年 10 月正式出版。在英文版出版后，我集中利用两个多月的时间完成了中文版的翻译工作。这是一本 30 万字的大部头，Chris 曾数次对英文版做出较大的结构性修改。为了确保中文版的一致性和准确性，并且以最快速度翻译出版，中文版初稿完成后，先后经历了 7 轮修改润色和校对。在后期校对阶段，我邀请了数位好友帮助把关，他们是：薛江波、王天青、季奔牛、刘果、蔡书、张鑫、张扬、黄雨婷、毛艳玲。我特别感谢这些朋友，因为他们细致地校对了所有翻译稿，帮我找到并修正了大量足以让我"晚节不保"的低级错误。蔡书和张鑫还在繁忙的创业工作之余细读整本书，并撰写了推荐序。

本书的中文版出版后，我将与 Chris 重启针对中国市场的微服务咨询和培训业务。为此，我们发布了中文网站 www.chrisrichardson.cn，并有针对性地设计了微服务培训和技术咨询的服务项目。我们期待与读者面对面交流的机会。

喻 勇

2019 年 2 月 14 日

良马难乘，然可以任重致远；良才难令，然可以致君见尊。

——墨子

曾经有一个客户把他们遇到的微服务问题列出来给我看，当时我觉得头绪万千但又无从说起，于是想到了墨子的这句话。

如果现在有人问我这个问题，那么我会推荐他们一边看 Chris Richardson 的这本书，一边在实践中尝试和体验各种模式的优势与特点，然后大家一起讨论遇到的问题并提出解决思路。

大概从五六年前开始，我在工作中越来越多地谈到了微服务，并参与了一些客户应用的微服务改造，其中不乏成功的例子，当然也有没达到预期的情况。随着网络基础设施的高速发展，以及越来越多的企业和组织需要通过互联网提供服务，在考虑构建可以支持海量请求以及多变业务的软件平台时，微服务架构成为多数人的首选。微服务架构的出现是符合事物发展规律的：当问题足够大、有足够多的不确定性因素时，人们习惯把大的问题拆分成小的问题，通过分割、抽象和重用小而可靠的功能模块来构建整体的方案。但是当这些小的、可重用的部分越来越多时，又会出现新的问题。在相似的阶段，人们遇到的问题通常也是相似的，这个时候我们需要一些共识，需要用一些通用的词汇来描述问题以及解题思路和方案，这也是人们知识的总结。微服务模式就是这样一种总结和概括，是一种可以通用的共识，用于描述微服务领域中的问题及解决方案、方法和思路。这是我向大家推荐这本书的理由之一：讨论微服务的时候，这本书提供了必要的共同语言。

在和 Chris 交流时，我深深地被他高度的思维能力所折服，尤其是对问题的深刻理解和对解决思路的高度抽象。与有敏锐思维且有高度抽象能力的人讨论问题是件快乐的事情，他总是能把自己的经验和概括总结出的信息用清晰的方式表述出来。现在，他把关于微服务的这些抽象整理成了这本书。可以说,这是广大微服务相关工作人员的福音。在这本书里,不仅有微服务领域已经识别出来的问题、解决思路和解决方案,也有相应的代码例子。这就使得高度抽象的内容有了非常具体的表现,可以帮助我们在遇到问题之前就了解可能的潜在问题;有些代码例子甚至是可以直接使用的。这种知行合一的能力,是我钦佩 Chris 的又一个重要原因,也是我向大家推荐这本书的理由之二:这本书可以帮助微服务相关人员构建知行合一的能力。

在一次关于"架构的关键是什么"的讨论中,我们和 Chris 很快达成了共识:架构就是取舍,进而架构师就是做出取舍的人。大家都认同,做架构的人的特征之一应该是"Independent"(独立),这也是我选择做独立解决方案进而设计产品的重要原因。在我们看来,只有独立才有可能让我们在做架构设计时做出中立和独特的方案。面对问题时,大多数人会希望有人可以给出"正确的"建议,但是多数时候,困扰人们的不是"什么才是正确的",而是"取舍之间"。这正是我推荐这本书的理由之三:这是一本可以帮你在设计微服务架构时做出取舍的书,它能在你处理微服务相关问题左右为难的时候给你提供参考和建议。

我们生活在一个高速发展的时代,微服务领域的技术、产品、模式日新月异,我们非常有幸参与和见证这个时代的发展。我们从解决昨天的问题里走出来,又走向更多的问题。在这个过程中,我们解决的问题的规模和复杂度都是成倍提升的。相信很多和我一样喜欢体验这种从无到有的过程、喜欢亲手解决问题的成就感、喜欢用独立思维去面对问题的人,都会喜欢这本书。在此,再次对 Chris Richardson 先生表示感谢,他为这个领域贡献了宝贵的知识财富。

蔡 书

独立顾问,PolarisTech 联合创始人国际数据公司（IDC）研究表明，2018～2021年间，全球数字化转型方面的直接支出将达到 5.9 万亿美元。埃森哲（Accenture）指出，目前在中国仅有 7% 的企业成功地实现了数字化转型，而这些成功转型的公司，它们的业绩复合增长率是尚未转型的同行企业的 5 倍之多。

数字化转型依赖技术创新。美国风险投资机构 Work-Bench 在《2018 企业软件调研年报》中推论：以微服务为代表的云原生技术是帮助企业实现有效数字化转型的唯一技术途径。数字化转型背景下客户的预期越来越高，需要企业的线上业务能快速迭代满足动态的市场需求，并能弹性扩展应对业务的突发式增长；而微服务由于其敏捷灵活等特性成了满足这些诉求的最佳答案。因此，微服务可成为企业进行数字化转型的强力催化剂。

微服务的概念虽然直观易懂，但"细节是魔鬼"，微服务在实操落地的环节中存在诸多挑战。我们在为企业提供 PaaS、人工智能、云原生平台等数字化转型解决方案时也发现，企业实现云原生，并充分利用 PaaS 能力的第一步，往往是对已有应用架构进行现代化微服务改造，而如何进行微服务拆分、设计微服务逻辑、实现微服务治理等实操问题成为很大的挑战。

本书英文原作由微服务权威架构师 Chris Richardson 先生所著。书中既包含了微服务的原理、原则，又包含了实际落地中的架构设计模式；既包含可举一反三的理念和概念，也包含类似领域驱动设计、Saga 实现事务操作、CQRS 构建事件驱动系统等具体可套用的范式。本书可以帮助读者把传统的单体巨石型应用循序渐进地改造为微服务架构，从微服务的拆分、微服务架构下业务逻辑的设计以及事务、API、通信等的实现，一直到微服务系统的测试与生产上线，帮助读者建立从无到有的完整微服务系统搭建的生命周期。

本书译者在云计算、云原生与微服务领域有多年实践经验和建树，译文既精确地还原了原著的内容，又结合译者自身的理解，让中文版本更加通俗易懂。虽身在云计算行业多年，我在通读译著后依然受益匪浅。相信本书对于企业 CIO 推动公司数字化转型战略、软件开发者提升自身技术架构功力，以及云原生爱好者以微服务切入最新的云原生体系，都有着极其重要的实践指导意义。

张 鑫

才云科技 CEO

我最喜欢的格言之一是：

未来已经到来，只是还没有平均分布。

—— 威廉·吉布森，科幻小说作家

这句话的实质是在说，新的想法和技术需要一段时间才能通过社区传播开来并被广泛采用。我发现并深入关注微服务的故事，就是新思想缓慢扩散的一个极好例子。这个故事始于2006年，当时受到 AWS 布道师一次演讲的启发，我开始走上了一条最终导致我创建早期Cloud Foundry 的道路[⊖]，它与今天的 Cloud Foundry 唯一相同的是名称。Cloud Foundry 采用平台即服务（PaaS）模式，用于在 EC2 上自动部署 Java 应用程序。与我构建的其他每个企业级 Java 应用程序一样，我的 Cloud Foundry 采用了单体架构，它由单个 Java Web 应用程序（WAR）文件构成。

将初始化、配置、监控和管理等各种复杂的功能捆绑到一个单体架构中，这给开发和运维都带来了挑战。例如，你无法在不测试和重新部署整个应用程序的情况下更改它的用户界面。因为监控和管理组件依赖于维护内存状态的复杂事件处理（CEP）引擎，所以我们无法运行应用程序的多个实例！这是个令人尴尬的事实，但我可以说的是，我是一名软件开发人员，就让我这个无辜的码农来指出这些问题吧[⊖]。

显然，单体架构无法满足应用程序的需求，但替代方案是什么？在 eBay 和亚马逊等公司，软件界已经开始逐渐尝试一些新东西。例如，亚马逊在 2002 年左右开始逐步从单体架构迁移（https://plus.google.com/110981030061712822816/posts/AaygmbzVeRq）。新架构用一

⊖ Chris 是 Cloud Foundry 开源 PaaS 平台的创始人，VMware 公司通过 SpringSource 收购了他的项目，该项目逐步演化为今天的 Pivotal Cloud Foundry。——译者注

⊖ 这里原文是"let he who is without sin cast the first stone"。——译者注

系列松散耦合的服务取代了单体。服务由亚马逊称为"两个比萨"的团队所维护：团队规模小到两个比萨饼就能让所有人吃饱。

亚马逊采用这种架构来加快软件开发速度，以便公司能够更快地进行创新并赢得竞争。结果令人印象深刻：据报道，亚马逊平均每 11.6 秒就能够将代码的更改部署到生产环境中！

2010 年年初，当我转向其他项目之后，我终于领悟了软件架构的未来。那时我正在读 Michael T. Fisher 和 Martin L. Abbott 撰写的《 The Art of Scalability: Scalable Web Architecture, Processes, and Organizations for the Modern Enterprise 》（Addison-Wesley Professional，2009）[⊖]。该书中的一个关键思想是扩展立方体，如第 2 章所述，它是一个用于扩展应用程序的三维模型。由扩展立方体定义的 Y 轴扩展功能将应用程序功能分解为服务。事后来看，这是显而易见的，但对我来说，这是一个让我醍醐灌顶的时刻！如果将 Cloud Foundry 设计为一组服务，我本可以解决两年前面临的挑战！

2012 年 4 月，我首次就这种架构方法发表了题为 "Decomposing Applications for Scalability and Deployability" 的演讲（www.slideshare.net/chris.e.richardson/decomposing-applications-for-scalability-and-deployability-april-2012）。当时，这种架构并没有一个被普遍接受的名称。我有时称它为模块化多语言架构，因为服务可以用不同的语言编写。

未来还没有平均分布的另一个佐证是，微服务这个词在 2011 年的软件架构研讨会上被用来描述这种架构（https://en.wikipedia.org/wiki/Microservices）。当我听到 Fred George 在 Oredev 2013 上发表演讲时，我第一次遇到这个词，我立刻喜欢上了它！

2014 年 1 月，我创建了 https://microservices.io 网站，以记录我遇到的与微服务有关的架构和设计模式。在 2014 年 3 月，James Lewis 和 Martin Fowler 发表了一篇关于微服务的博客文章（https://martinfowler.com/articles/microservices.html）。随着微服务这个术语被广泛传播，这篇博客文章使整个软件社区开始围绕微服务这个新概念展开更进一步的思考和行动。

小型、松散耦合的团队快速可靠地开发和运维微服务的思想正在通过软件社区慢慢扩散。但是，这种对未来的看法可能与日常现实截然不同。如今，业务关键型企业应用程序通常是由大型团队开发的大型单体应用。虽然软件版本不经常更新，但每次更新都会给所涉及的参与人员带来巨大的痛苦。IT 经常难以跟上业务需求。大家都很想知道如何采用微服务架构来解决所有这些问题。

本书的目标就是回答这个问题。它将使读者对微服务架构、它的好处和弊端，以及应该何时使用微服务架构有一个很好的理解。书中描述了如何解决我们将面临的众多架构设计挑战，包括如何管理分布式数据，还介绍了如何将单体应用程序重构为微服务架构。但本书并不是鼓吹微服务架构的宣言。相反，它的内容围绕着一系列模式进行展开。模式是在特定上

⊖ 中文版已由机械工业出版社引进出版，书名为《架构即未来：现代企业可扩展的 Web 架构、流程和组织》，ISBN: 978-7-111-53264-4。——译者注

下文中发生的问题的可重用解决方案。模式的优点在于，除了描述解决方案的好处之外，还描述了成功实施解决方案时必须克服的弊端和问题。根据我的经验，在选择解决方案时，这种客观性会带来更好的决策。我希望你会喜欢阅读这本书，它会教你如何成功开发基于微服务架构的应用程序。

致谢

写作是一项孤独的活动，但是把粗略的草稿变成一本完整的图书，却需要来自各方的共同努力。

首先，我要感谢 Manning 出版社的 Erin Twohey 和 Michael Stevens，他们一直鼓励我在《POJOs in Action》之后再写一本书。我还要感谢我的编辑 Cynthia Kane 和 Marina Michaels。Cynthia Kane 帮助我启动了这本书，并在前几章与我合作。Marina Michaels 接替 Cynthia 并与我一起工作到最后。Marina 对书的内容提出了细致和建设性的意见，我将永远感激不尽。我还要感谢 Manning 出版社参与了这本书的出版的其他成员。

我要感谢技术编辑 Christian Mennerich、技术校对员 Andy Miles 以及所有的外部审校员：Andy Kirsch、Antonio Pessolano、Areg Melik-Adamyan、Cage Slagel、Carlos Curotto、Dror Helper、Eros Pedrini、Hugo Cruz、Irina Romanenko、Jesse Rosalia、Joe Justesen、John Guthrie、Keerthi Shetty、Michele Mauro、Paul Grebenc、Pethuru Raj、Potito Coluccelli、Shobha Iyer、Simeon Leyzerzon、Srihari Sridharan、Tim Moore、Tony Sweets、Trent Whiteley、Wes Shaddix、William E. Wheeler 和 Zoltan Hamori。

我还要感谢所有购买 MEAP 预览版[⊖]并在论坛或直接向我提供反馈的人。

我要感谢我曾经参与过的所有会议和聚会的组织者及与会者，他们给了我大量的机会，让我介绍和调整我关于微服务的想法。我要感谢我在世界各地的咨询和培训客户，让我有机会帮助他们将我关于微服务的想法付诸实践。

我还要感谢 Eventuate 公司的同事 Andrew、Valentin、Artem 和 Stanislav 对 Eventuate 产品和开源项目的贡献。

最后，我要感谢妻子 Laura 和孩子 Ellie、Thomas 和 Janet，感谢他们在过去的 18 个月里给予我的支持和理解。这段时间我一直盯着我的笔记本电脑，以至于接连错过了观看 Ellie 的足球比赛、Thomas 学习飞行模拟器，以及尝试与 Janet 一起开设新餐馆这些重要的家庭活动。

谢谢你们！

⊖ MEAP 是 Manning 出版社的一个网上付费试读服务，读者可以在 MEAP 上付费阅读那些尚处于写作过程中的书籍初稿。Chris 的这本书是 2018 年 MEAP 的销量冠军。——译者注

引　言

本书的目标是让架构师和程序员学会使用微服务架构成功开发应用程序。

书中不仅讨论了微服务架构的好处，还描述了它们的弊端。读者将掌握如何在使用单体架构和使用微服务架构之间做出正确的权衡。

谁应该阅读本书

本书的重点是架构和开发，适合负责开发和交付软件的任何人（例如开发人员、架构师、CTO 或工程副总裁）阅读。

本书侧重于解释微服务架构的设计模式和其他概念。无论读者使用何种技术栈，我的目标都是让你们可以轻松读懂这本书。你只需要熟悉企业应用程序架构和设计的基础知识即可。特别是，需要了解三层架构、Web 应用程序设计、关系型数据库、使用消息和基于 REST 的进程间通信，以及应用程序安全性的基础知识等概念。本书的代码示例使用 Java 和 Spring 框架。为了充分利用它们，读者应该对 Spring 框架有所了解。

本书内容安排

本书由 13 章组成。

- 第 1 章描述了所谓"单体地狱"的症状，当单体应用程序超出其架构时会出现这种问题，这可以通过采用微服务架构来规避。这一章还概述了微服务架构模式语言，这也是本书大部分内容的主题。

- 第 2 章解释了为什么软件架构很重要，描述了可用于将应用程序分解为服务集合的模式，并解释了如何克服在此过程中遇到的各种障碍。
- 第 3 章介绍了微服务架构中强大的进程间通信的几种模式，解释了为什么异步和基于消息的通信通常是最佳选择。
- 第 4 章介绍如何使用 Saga 模式维护服务间的数据一致性。Saga 是通过传递异步消息的方式进行协调的一系列本地事务。
- 第 5 章介绍如何使用领域驱动设计（DDD）的聚合和领域事件等模式为服务设计业务逻辑。
- 第 6 章以第 5 章为基础，解释了如何使用事件溯源模式开发业务逻辑，事件溯源模式是一种以事件为中心的设计思路，用来构建业务逻辑和持久化领域对象。
- 第 7 章介绍如何使用 API 组合模式或命令查询职责隔离（CQRS）模式，这两个模式用来实现查询分散在多个服务中的数据。
- 第 8 章介绍了处理来自各种外部客户端请求的外部 API 模式，例如移动应用程序、基于浏览器的 JavaScript 应用程序和第三方应用程序。
- 第 9 章是关于微服务自动化测试技术的两章中的第一章，介绍了重要的测试概念，例如测试金字塔，描述了测试套件中每种测试类型的相对比例，还展示了如何编写构成测试金字塔基础的单元测试。
- 第 10 章以第 9 章为基础，描述了如何在测试金字塔中编写其他类型的测试，包括集成测试、消费者契约测试和组件测试等。
- 第 11 章介绍了开发生产就绪服务的各个方面，包括安全性、外部化配置模式和服务可观测性模式。服务可观测性模式包括日志聚合、应用指标和分布式追踪。
- 第 12 章介绍了可用于部署服务的各种部署模式，包括虚拟机、容器和 Serverless 模式。还介绍了使用服务网格的好处，服务网格是在微服务架构中处理服务间通信的一个网络软件层。
- 第 13 章介绍了如何通过采用绞杀者（Strangler）模式逐步将单体架构重构为微服务架构，绞杀者模式是指以服务形式实现新功能，从单体中提取模块将其转换为服务。

在学习这些章节的过程中，读者将了解微服务架构的不同方面。

关于本书中的代码

本书包含许多源代码示例，包括带有编号的代码清单和直接体现在正文中的代码。在这两种情况下，源代码都以相同的等宽字体排版，以便与普通文本分开。有些情况下，代码被设定为粗体字，这用来表示相对之前的章节这些代码的内容已经发生了变化（例如当新功能添加到现有代码行时）。在许多情况下，书中展示的源代码已经重新排版，出版商添加了换行符和缩进，以适应书中可用的页面空间。在极少数情况下，代码中会包括续行标记（➡）。此外，当正文中描述代码时，源代码中的注释通常从代码中删除了。一些代码段落会包含醒目的粗体字提示和解释，这是用来强调重要概念的。

除第 1 章、第 2 章和第 13 章外，每章都包含来自配套示例应用程序的代码。读者可以在 GitHub 代码库（https://github.com/microservices-patterns/ftgo-application）⊖中找到此应用程序的代码。

线上论坛

读者可以免费访问由 Manning 出版社运营的网络论坛，可以在其中对本书发表评论、提出技术问题、分享练习的解决方案，并从作者和其他用户那里获得帮助。要访问论坛并订阅论坛内容，请用 Web 浏览器访问：https://forums.manning.com/forums/microservices-patterns。读者还可以在 https://forums.manning.com/forums/about 上了解有关 Manning 论坛和行为规则的更多信息。

Manning 出版社对读者的承诺是提供一个场所，在这里读者与读者之间以及读者与作者之间可以进行有意义的对话。这并不意味着作者做出了任何具体参与的承诺，作者对论坛的贡献仍然是自愿的（而且是无偿的）。我们建议尝试向作者询问一些具有挑战性的问题，以免他失去兴趣！只要本书出版，论坛和之前讨论的内容就可以从出版商的网站上获取。

其他线上资源

学习微服务架构的另一个重要资源是 Chris Richardson 的个人网站 https://microservices.io。该网站不仅包含完整的模式语言，还包含指向其他资源（如文章、演示文稿和示例代码）的链接。

关于作者

Chris Richardson 是一名开发者和架构师。他是 Java 社区的著名布道师、JavaOne 等知

⊖ Chris 在此提供了包括 Dockerfile 和测试用例在内的一整套微服务架构实现代码，是非常有价值的一套学习和参考资料。——译者注

名技术大会的常年主讲人，也是《POJOs in Action》[⊖]一书的作者，该书描述了如何使用 Spring 和 Hibernate 等框架构建企业级 Java 应用程序。

Chris 还是最初的 cloudfoundry.com 的创始人，Cloud Foundry 是基于 Amazon EC2 的早期 Java PaaS。

如今，他是微服务领域公认的思想领袖，并定期在国际会议上发表演讲。Chris 是 microservices.io 网站的创建者，该网站专注于提供微服务架构模式语言。Chris 为采用微服务架构的全球组织提供微服务咨询和培训。他还同时忙于他的第 3 个创业公司：eventuate.io，这是一个用于开发事务性微服务的应用程序平台。

⊖　Manning 出版社，2006 年出版，中文版书名为《用轻量级框架开发企业应用》。——译者注

目　录

第 1 章

逃离单体地狱

本章导读

- 单体地狱的特征，如何借助微服务架构逃离单体地狱
- 微服务架构的基本特征，它的好处和弊端
- 开发大型复杂应用时，如何借助微服务实现 DevOps 式开发风格
- 微服务架构的模式语言及为什么使用它

　　周一的上午还没过完，Food to Go（以下简称为 FTGO）公司⊖的首席技术官玛丽就已经开始抓狂。其实她这天早上的时候还是斗志昂扬的，因为上周她刚带领公司的架构师和程序员参加了一场不错的技术会议，学习了像持续部署和微服务架构⊜这样的最新软件开发技术。玛丽还遇见了她在北卡罗来纳 A&T 州立大学计算机系的老同学，并与他们分享了作为技术

⊖　Food to Go 公司是 Chris Richardson 2005 年出版的《POJOs in Action》一书中的例子，在那本书里，Chris 描述了 FTGO 公司在轻量级架构和重量级架构之间的选择；在本书中，Chris 将带领 FTGO 公司走上微服务的道路。——译者注

⊜　在中文的语境下，我们常用微服务来指代一个具体的服务设计或服务实例，我们常说"一个微服务"，或说"这个系统由若干个微服务构成"。在英文的语境下，Chris 曾经特别强调，microservice 用来指代微服务这类架构设计风格，而构成微服务架构的每一个具体实例，是 service（服务）。我们应该说，"这个系统采用了微服务架构设计，由若干服务构成。"请读者注意区分和体会其中的差异。Chris 有一个演讲，题为"There is no such thing as a microservice!"，具体内容可以访问：https://chrisrichardson.cn/。——译者注

领导者的各种实战故事。她感觉颇有收获，并打算用这些新技术来改进 FTGO 当前的软件开发方式。

不幸的是，这种斗志昂扬的感觉在一场资深工程师和业务人员之间的扯皮会议后荡然无存。这群人坐在一起，花了两个小时讨论为何研发团队要再一次错过产品的关键交付期限。更加不幸的是，这类会议在过去的几年内几乎是家常便饭。尽管公司已经用上了敏捷这一套东西，可是研发的步调仍旧快不起来，这已经严重地拖了业务发展的后腿。令人绝望的是，这样的问题似乎找不到一个很好的解决办法。

玛丽意识到，FTGO 的现状跟她参加的技术会议中提到的"单体地狱"不谋而合，而解决之道，是采用微服务架构来重构当前的系统。然而，微服务架构和随之而来的一大套"时髦"的软件开发实践，对玛丽来说有些遥不可及。对于同时解决眼前的各种问题和系统性地采纳微服务架构，玛丽一筹莫展。

幸好，本书会给玛丽提供一个可行的方案。但是在开始之前，我们先来看看 FTGO 眼前的问题，以及他们是如何一步步陷入泥潭的。

1.1   迈向单体地狱的漫长旅程

自从 2005 年末创立以来，FTGO 的业务一直突飞猛进。目前，它已经成为全美领先的在线餐饮速递企业。FTGO 一直计划进行海外业务扩展，然而，前进的步伐却被软件层面的种种交付延迟而拖慢。

FTGO 的核心业务其实非常简单。消费者（Consumer）使用 FTGO 的网站或者移动应用在本地的餐馆（Restaurant）下订单，FTGO 会协调一个由送餐员（Courier）组成的快递网络来完成订单食品（Order）的运送（Delivery）。显然，给送餐员和餐馆支付费用（Payment）也是 FTGO 的重要任务之一。餐馆使用 FTGO 的网站编辑菜单并管理订单。这套应用程序使用了多个 Web 服务，例如使用 Stripe 管理支付、使用 Twilio 实现消息传递、使用 Amazon SES（Simple Email Service）发送电子邮件，等等。

与其他陈旧的企业应用程序一样，FTGO 的应用程序是一个单体，它由一个单一的 Java WAR（Web Application Archive）文件构成。随着时间的推移，这个文件变成了一个庞大的、复杂的应用程序。尽管 FTGO 开发团队做出了最大的努力，但这个应用程序已成为"泥球模式"（the Big Ball of Mud Pattern, www.laputan.org/mud/）的一个典型例子。泥球模式的作者 Brian Foote 和 Joseph Yoder 把这样的软件比喻为"随意架构的、庞大的、草率的、布满了胶带和线路，如同意大利面条一般的代码丛林"。软件交付的步伐已经放缓。更糟糕的是，FTGO 应用程序是使用一些日益过时的框架编写的。FTGO 应用程序展示了单体地狱的几乎所有症状。

我会在下一节介绍 FTGO 应用程序的架构，你会明白为什么这样的架构在一开始可以正常工作。接着，我会介绍 FTGO 应用程序架构的演变和膨胀，以及它是如何逐渐步入单体地狱的。

1.1.1　FTGO 应用程序的架构

FTGO 应用程序是一个典型的分层模块化企业级 Java 应用。图 1-1 展示了它的架构。FTGO 应用程序拥有一个六边形的架构，我们会在第 2 章中详细介绍这类架构风格。在这个六边形中，应用程序的核心是业务逻辑组件。在业务逻辑外围是各种用来实现用户界面和与外部服务集成的适配器。

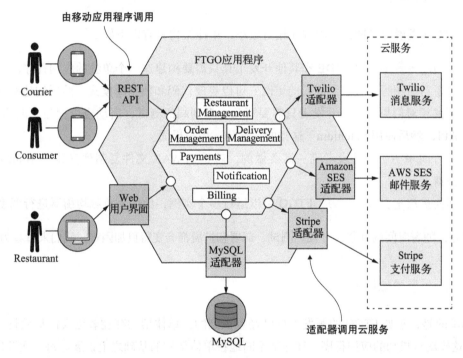

图 1-1　FTGO 应用程序具有六边形架构。它由业务逻辑组成，业务逻辑外面是实现用户界面的适配器和与外部系统的接口，例如移动应用程序，支付、消息和电子邮件的云服务等

业务逻辑由包含了服务和领域对象的模块组成，一些典型的模块包括 Order Management、Delivery Management、Billing 和 Payments [○]。若干适配器用来完成与外部系统的对接工作，一些是入站（inbound）适配器，它通过调用业务逻辑来处理各类请求，包括 REST API 和 Web 用户界面适配器。其他是出站（outbound）适配器，它使业务

○　为了与代码和注释等内容保持一致，在本书的正文和图表中，凡是涉及 FTGO 案例的服务名称、模块名称都保留英文，不做翻译。——译者注

逻辑能够访问 MySQL 数据库并调用 Twilio 和 Stripe 等云服务。

尽管逻辑上 FTGO 是一个模块化的架构，这个应用还是被整体打包成一个单一的 WAR 文件，部署运行在 Tomcat 之上。这是一个非常典型并且被广泛应用的单体软件架构风格：一个系统被作为单一的单元打包和部署。如果 FTGO 应用是采用 GoLang 语言编写的，那它的交付形态就是一个单一的可执行文件；如果是用 Ruby 或者 Node.js 开发的，那它的交付形态就是一个目录和它之下的子目录中包含的各种源代码。单体架构本身并不存在问题，FTGO 开发人员在选择单体架构时为他们的应用程序架构做出了一个很好的决定。

1.1.2　单体架构的好处

在 FTGO 发展的早期，应用程序相对较小，单体架构具有以下好处。

- 应用的开发很简单：IDE 和其他开发工具只需要构建这一个单独的应用程序。
- 易于对应用程序进行大规模的更改：可以更改代码和数据库模式，然后构建和部署。
- 测试相对简单直观：开发者只需要写几个端到端的测试，启动应用程序，调用 REST API，然后使用 Selenium ⊖这样的工具测试用户界面。
- 部署简单明了：开发者唯一需要做的，就是把 WAR 文件复制到安装了 Tomcat 的服务器上。
- 横向扩展不费吹灰之力：FTGO 可以运行多个实例，由一个负载均衡器进行调度。

但是，随着时间的推移，开发、测试、部署和扩展都会变得更加困难。我们来看看为什么。

1.1.3　什么是单体地狱

不幸的是，正如 FTGO 的开发人员已经意识到的，单体架构存在着巨大的局限性。类似 FTGO 这样渴求成功的应用程序，往往都不断地在单体架构的基础之上扩展。每一次开发冲刺（Sprint），FTGO 的开发团队就会实现更多的功能，显然这会导致代码库膨胀。而且，随着公司的成功，研发团队的规模不断壮大。代码库规模变大的同时，团队的管理成本也不断提高。

如图 1-2 所示，那个曾经小巧的、简单的、由一个小团队开发维护的 FTGO 应用程序，经过 10 年的成长，已经演变成一个由大团队开发的巨无霸单体应用程序。同样，小型开发团队现在已成为多个所谓 Scrum 敏捷团队，每个团队都在特定的功能领域工作。作为架构扩展的结果，FTGO 已经陷入了单体地狱。开发变得缓慢和痛苦。敏捷开发和部署已经不可能。我们来看看这是为什么。

⊖　Selenium 是一款用于 Web 应用程序的自动化测试工具。——译者注

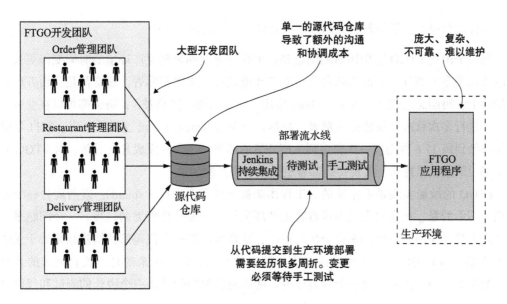

图 1-2　一个单体地狱案例。大型 FTGO 开发团队将其更改提交到单个源代码仓库。从代码提
　　　　交到生产环境的路径漫长而艰巨，并且涉及手工测试。FTGO 应用程序庞大、复杂、
　　　　不可靠、难以维护

过度的复杂性会吓退开发者

FTGO 应用程序的首要问题是它的过度复杂性。这个系统本身过于庞大和复杂，以至于任何一个开发者都很难理解它的全部。因此，修复软件中的问题和正确地实现新功能就变得困难且耗时。各种交付截止时间都可能被错过。

更糟糕的是，这种极度的复杂性正在形成一个恶性循环：由于代码库太难于理解，因此开发人员在更改时更容易出错，每一次更改都会让代码库变得更复杂、更难懂。之前图 1-1 所示的干净、模块化架构并不能反映现实世界的真实情况。真实情况是 FTGO 应用正在一步一步地成为一个巨大的、令人费解的"脏泥球"。

玛丽记得她曾经在某个技术会议上遇到一个极客，他开发了一个分析数以千计 JAR 文件和数百万行代码之间依赖关系的工具，那时候玛丽觉得这个工具也许能帮助 FTGO 厘清头绪。现在她并不这么想。玛丽认为更好的方法是迁移到更适合复杂应用程序的架构风格：微服务架构。

开发速度缓慢

因为要跟这些极度复杂的系统打交道，FTGO 的开发人员发现他们日常的开发工作变慢了。这个巨大的项目把开发人员的 IDE 工具搞得很慢，构建一次 FTGO 应用需要很长时间，更要命的是，因为应用太大，每启动一次都需要很长的时间。因此，从编辑到构建、运行再到测试这个周期花费的时间越来越长，这严重地影响了团队的工作效率。

从代码提交到实际部署的周期很长，而且容易出问题

另一个困扰 FTGO 应用团队的问题是：把程序更改部署到生产环境的时间变得更长，整个流程几乎令人抓狂。目前团队每月对生产环境进行一次更新部署，通常都是在周五或者周六的晚上。玛丽总是读到一些关于 SaaS 应用持续部署的"黑科技"：每天都可以在业务时间对应用进行多次修改并快速完成部署。显然，对于像 Amazon.com 这样的公司，2011 年就已经能够做到每 11.6 秒完成一次变更到生产环境的部署。一个月完成几次更新，对 FTGO 开发人员来说简直就是神话。实现持续部署更是遥不可及的梦想。

FTGO 的敏捷实践是不完整的。工程团队被分成各个小队（squad），以两周为一个冲刺周期。不幸的是，从代码完成到运行在生产环境是一个漫长且费力的过程。一个问题是，众多开发人员都向同一个代码库提交代码更改，这常常使得这个代码库的构建结果处于无法交付的状态。当 FTGO 尝试采用功能分支来解决这个问题时，带来的是漫长且痛苦的合并过程。紧接着，一旦团队完成一个冲刺任务，随后迎接他们的将是一个漫长的测试和代码稳定周期。

把更改推向生产环境的另一个挑战是运行测试需要很长时间。因为代码库如此复杂，以至于一个更改可能引起的影响是未知的，为了避免牵一发而动全身的后果，即使是一个微小的更改，开发人员也必须在持续集成服务器上运行所有的测试套件。系统的某些部分甚至还需要手工测试。如果测试失败，诊断和修复也需要更多的时间。因此，完成这样的测试往往需要数天甚至更长时间。

难以扩展

FTGO 团队在对应用进行横向扩展时也遇到了挑战。因为在有些情况下，应用的不同模块对资源的需求是相互冲突的。例如，餐馆数据保存在一个大型的内存数据库中，理想情况下运行这个应用的服务器应该有较大容量的内存。另外，图片处理模块又需要比较快的 CPU 来完成图形运算，这需要应用部署在具有多个高性能 CPU 的服务器之上。因为这些模块都是在一个应用程序内，因此 FTGO 在选用服务器时必须满足所有模块的需要。

交付可靠的单体应用是一项挑战

FTGO 应用的另一个问题是缺乏可靠性，这个问题导致了频繁的系统故障和宕机。系统不可靠的一个原因是应用程序体积庞大而无法进行全面和彻底的测试。缺乏可靠的测试意味着代码中的错误会进入生产环境。更糟糕的是，该应用程序缺乏故障隔离，因为所有模块都在同一个进程中运行。每隔一段时间，在一个模块中的代码错误，例如内存泄漏，将会导致应用程序的所有实例都崩溃。FTGO 开发人员不喜欢在半夜因为生产环境的故障而被叫醒。业务人员也对由此造成的收入损失和丧失客户信任而头疼不已。

需要长期依赖某个可能已经过时的技术栈

FTGO 所经历的单体地狱的最终表现，也体现在团队必须长期使用一套相同的技术栈方面。单体架构使得采用新的框架和编程语言变得极其困难。在单体应用上采用新技术或者尝试新技术都是极其昂贵和高风险的，因为这个应用必须被彻底重写。结果就是，开发者被困在了他们一开始选择的这个技术之内。有时候这也就意味着，团队必须维护一个正在被废弃或过时的技术所开发的应用程序。

Spring 框架本身保持着持续的演进和更新，同时维持着向后的兼容性。所以理论上来说 FTGO 可以随着升级。不幸的是，FTGO 的应用程序使用了与 Spring 新版本不兼容的框架，开发团队也挤不出时间来更新这些旧框架。久而久之，这个应用的绝大部分都被卷入了这个已经过时的框架。更不幸的是，FTGO 的开发人员一直想尝试类似 GoLang 和 Node.js 这样的非 JVM 类编程语言，然而在单体架构之下，这是做不到的。

1.2　为什么本书与你有关

如果你正在翻看这本书，那么你很可能是软件开发人员、架构师、CTO 或工程研发的副总裁。你负责的应用程序已超出其单体架构所能够支撑的范围，就像 FTGO 的玛丽一样，你正在努力应对软件交付，并想知道如何逃避单体地狱。或许你担心你的组织正在走向单体地狱之路，你想知道如何在为时已晚之前改变方向。如果你需要让手中的软件项目避免陷入单体地狱，那么这本书就是为你所写。

本书花了很多时间来解释微服务架构的概念。无论你现在使用何种技术栈，我的目标都是让你可以轻松地读懂这本书。你所需要的只是熟悉企业应用程序架构设计的基础知识。特别是，你需要了解以下内容：

- 三层架构。
- Web 应用程序设计。
- 使用面向对象设计来开发业务逻辑。
- 关系型数据库：SQL 和 ACID 事务的概念。
- 使用消息代理和 REST API 进行进程间通信。
- 安全，包括身份验证和访问授权。

本书中的代码示例是使用 Java 和 Spring 框架编写的。这意味着为了充分利用这些示例，你还需要熟悉 Spring 框架。

1.3　你会在本书中学到什么

读完这本书后，你会理解和掌握如下知识：

- 微服务架构的基本特点，它的好处和弊端，以及应该在什么情况下使用微服务架构。
- 分布式数据管理的架构模式。
- 针对微服务架构应用程序的有效测试策略。
- 微服务架构应用程序的部署方式。
- 把单体应用重构为微服务架构的策略。

你也会掌握如下技术：

- 使用微服务的架构模式来设计应用程序的架构。
- 为服务开发业务逻辑。
- 使用 Saga 在进程间维护数据的一致性。
- 实现跨服务的数据查询。
- 更高效地测试微服务架构应用程序。
- 开发生产环境就绪的应用程序，实现安全性、可配置性和可观测性。
- 把现有的单体应用重构为服务。

1.4　拯救之道：微服务架构

玛丽意识到，FTGO 应用程序必须迁移为微服务架构。

有趣的是，软件架构其实对功能性需求影响并不大。事实上，在任何架构甚至是一团糟的架构之上，你都可以实现一组用例（应用的功能性需求）。因此，即使是成功的应用程序（例如 FTGO），其内部架构也往往是一个大泥球。

架构的重要性在于它影响了应用的非功能性需求，也称为质量属性或者其他的能力（-ilities）⊖。随着 FTGO 应用的增长，各种质量属性和问题都浮出水面，最显著的就是影响软件交付速度的可维护性、可扩展性和可测试性。

一方面，训练有素的团队可以减缓项目陷入单体地狱的速度。团队成员可以努力维护他们的模块化应用。他们也可以编写全面的自动化测试。但是另一方面，他们无法避免大型团队在单体应用程序上协同工作的问题，也不能解决日益过时的技术栈问题。团队所能做的就是延缓项目陷入单体地狱的速度，但这是不可避免的。为了逃避单体地狱，他们必须迁移到新架构：微服务架构。

⊖　软件的质量属性和能力通常由英文词根 -ility 构成的单词表示，比如 availability、reliability 等。——译者注

今天，针对大型复杂应用的开发，越来越多的共识趋向于考虑使用微服务架构。但微服务到底是什么？不幸的是，微服务这个叫法本身暗示和强调了尺寸[⊖]。针对微服务架构有多种定义。有些仅仅是在字面意义上做了定义：服务应该是微小的不超过 100 行代码，等等。另外有些定义要求服务的开发周期必须被限制在两周之内。曾在 Netflix 工作的著名架构师 Adrian Cockcroft 把微服务架构定义为面向服务的架构，它们由松耦合和具有边界上下文的元素组成。这个定义不错，但仍旧有些复杂难懂。我们来尝试一个更好的定义。

1.4.1　扩展立方体和服务

我对微服务架构的定义受到了 Martin Abbott 和 Michael Fisher 的名著《 The Art of Scalability 》的启发。这本书描述了一个非常有用的三维可扩展模型：扩展立方体，如图 1-3 所示。

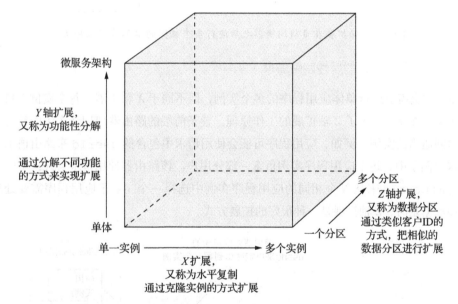

图 1-3　扩展立方体定义了三种不同的扩展应用程序的方法：X 轴扩展在多个相同实例之间实现请求的负载均衡；Z 轴扩展根据请求的属性路由请求；Y 轴扩展根据功能将应用程序拆分为服务

这个模型描述了扩展一个应用程序的三种维度：X、Y 和 Z。

X 轴扩展：在多个实例之间实现请求的负载均衡

X 轴扩展是扩展单体应用程序的常用方法。图 1-4 展示了 X 轴扩展的工作原理。在负载

[⊖]　这也是 Chris 不建议使用微服务这个词来指代具体的服务实例的原因。微服务暗示了服务的大小，但实际上微服务架构对构成的服务实例并没有大小方面的要求。——译者注

均衡器之后运行应用程序的多个实例。负载均衡器在 N 个相同的实例之间分配请求。这是提高应用程序吞吐量和可用性的好方法。

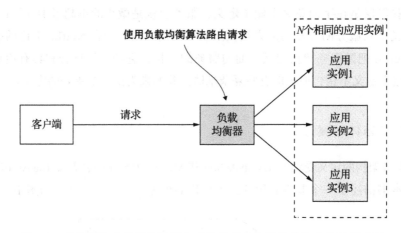

图 1-4 X 轴扩展在负载均衡器之后运行多个相同的单体应用程序实例

Z 轴扩展：根据请求的属性路由请求

Z 轴扩展也需要运行单体应用程序的多个实例，但不同于 X 轴扩展，每个实例仅负责数据的一个子集。图 1-5 展示了 Z 轴扩展的工作原理。置于前端的路由器使用请求中的特定属性将请求路由到适当的实例。例如，应用程序可能会使用请求中包含的 userId 来路由请求。

在这个例子中，每个应用程序实例负责一部分用户。该路由器使用请求 Authorization 头部指定的 userId 来从 N 个相同的应用程序实例中选择一个。对于应用程序需要处理增加的事务和数据量时，Z 轴扩展是一种很好的扩展方式。

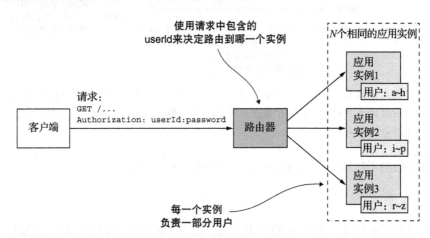

图 1-5 Z 轴扩展在路由器后面运行单个应用程序的多个相同实例，路由器根据请求属性进行路由。每个实例负责数据的一部分子集

Y 轴扩展：根据功能把应用拆分为服务

X 轴和 Z 轴扩展有效地提升了应用的吞吐量和可用性，然而这两种方式都没有解决日益增长的开发问题和应用复杂性。为了解决这些问题，我们需要采用 Y 轴扩展，也就是功能性分解。Y 轴扩展把一个单体应用分成了一组服务，如图 1-6 所示。

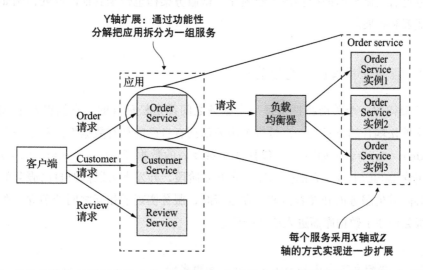

图 1-6　Y 轴扩展将应用程序拆分为一组服务。每项服务都负责特定的功能。使用 X 轴扩展以及可能的 Z 轴扩展来扩展服务

服务本质上是一个麻雀虽小但五脏俱全的应用程序，它实现了一组相关的功能，例如订单管理、客户管理等。服务可以在需要的时候借助 X 轴或 Z 轴方式进行扩展。例如，订单服务可以被部署为一组负载均衡的服务实例。

我对微服务架构的概括性定义是：把应用程序功能性分解为一组服务的架构风格。请注意这个定义中并没有包含任何与规模有关的内容。重要的是，每一个服务都是由一组专注的、内聚的功能职责组成。我们稍后会详细讨论。

目前而言，我们先来看看为什么微服务架构是模块化的一种形式。

1.4.2　微服务架构作为模块化的一种形式

模块化是开发大型、复杂应用程序的基础。类似 FTGO 这样的现代应用程序规模太大，很难作为一个整体开发，也很难让一个人完全理解。为了让不同的人开发和理解，大型应用需要拆分为模块。在单体应用中，模块通常由一组编程语言所提供的结构（例如 Java 的包），或者 Java JAR 文件这样的构建制品（artifact）来定义。然而，正如 FTGO 开发者所认识到

的，这类实践往往会出现问题，随着时间的推移和反复的开发迭代，单体应用往往会蜕变成
一个大泥球。

微服务架构使用服务作为模块化的单元。服务的 API 为它自身构筑了一个不可逾越的边
界，你无法越过 API 去访问服务内部的类，这与采用 Java 包的单体应用完全不同。因此模
块化的服务更容易随着时间推移而不断演化。微服务架构也带来其他的好处，例如服务可以
独立进行部署和扩展。

1.4.3　每个服务都拥有自己的数据库

微服务架构的一个关键特性是每一个服务之间都是松耦合的，它们仅通过 API 进行通
信。实现这种松耦合的方式之一，是每个服务都拥有自己的私有数据库。对于一个线上商店
来说，Order　Service 拥有一个包括 ORDERS 表的数据库，Customer　Service 服务
拥有一个包含 CUSTOMERS 表的数据库。在开发阶段，开发者可以修改自己服务的数据库模
式，而不必同其他服务的开发者协调。在运行时，服务实现了相互之间的独立。服务不会因
为其他的服务锁住了数据库而进入堵塞的状态。

> **别担心：松耦合不会让 Larry Ellison ⊖挣更多钱**
>
> 每一个服务拥有它自己数据库的需求并不意味着每个服务都需要一个独立的数据库
> 服务器。这也就意味着你不用花 10 倍或者更多的钱购买 Oracle 数据库的许可。在第 2 章
> 我们会深入探讨这个主题。

现在我们已经给出了微服务架构的定义，并且描述了它的一些基本特性，让我们来看看
这些如何应用于 FTGO 应用程序。

1.4.4　FTGO 的微服务架构

本书的其余部分将深入讨论 FTGO 应用程序的微服务架构。但首先让我们快速了解将 *Y*
轴扩展应用于此应用程序的含义。如果我们将 *Y* 轴分解应用于 FTGO 应用程序，我们将获得
如图 1-7 所示的架构。分解后的应用程序包含许多前端和后端服务。我们还将应用 *X* 轴和可
能的 *Z* 轴扩展，以便在运行时每个服务都有多个实例。

⊖　Larry Ellison 是 Oracle 公司的 CEO，开发者在实现微服务架构时往往倾向于采用开源和轻量级的软件，
　因此容易与 Oracle 这样的重量级数据库和中间件厂商形成对立。——译者注

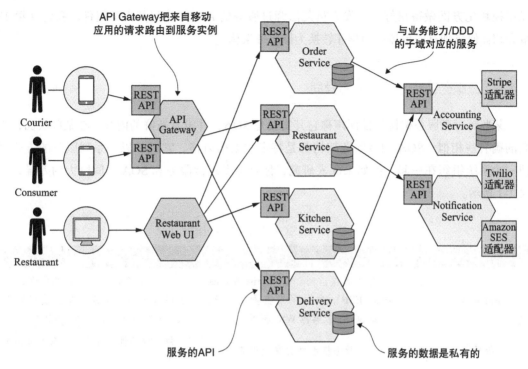

图 1-7　基于微服务架构的 FTGO 应用程序版本的一些服务。API Gateway 将来自移动应用
　　程序的请求路由到服务。服务通过 API 协作

前端服务包括 API Gateway 和餐馆的 Web 用户界面（Restaurant Web UI）。API Gateway
扮演了一个对外的角色，它提供了供消费者和快递员的移动应用程序使用的 REST API，第 8
章将详细介绍这部分内容。餐馆的网页界面实现了餐馆用来管理菜单和订单流程的 Web 用户
界面。

FTGO 应用程序的业务逻辑由众多后端服务组成。每个后端服务都有一个 REST API 和
它自己的私有数据库。后端服务包括以下内容：

- Order Service：管理订单。
- Delivery Service：管理从餐馆到客户之间的订单派送（送餐）。
- Restaurant Service：维护餐馆有关的信息。
- Kitchen Service：管理订单的准备过程。
- Accounting Service：处理账单和付款。

许多服务都与本章前面介绍的 FTGO 单体应用中的模块一一对应。不同的是，每个服务
及其 API 都有非常清晰的定义。每个都可以独立开发、测试、部署和扩展。此外，该架构在

保持模块化方面做得很好。开发人员无法绕过服务的 API 并访问其内部组件。我将在第 13 章介绍如何将现有的单体应用程序转换为微服务架构。

1.4.5　微服务架构与 SOA 的异同

某些针对微服务架构的批评声称它其实就是 SOA，并没有新鲜的内容。在某些层面，它们的确有些相似。SOA 和微服务架构都是特定的架构风格，它们都以一系列服务的方式来把一个系统组织在一起。但如果深入研究，你就会发现微服务和 SOA 之间巨大的差异，如表 1-1 所示。

表 1-1　SOA 与微服务的比较

	SOA	微服务
服务间通信	智能管道，例如 Enterprise Service Bus（ESB），往往采用重量级协议，例如 SOAP 或其他 WS* 标准	使用哑管道，例如消息代理，或者服务之间点对点通信，使用轻量级协议，例如 REST 或 gRPC
数据管理	全局数据模型并共享数据库	每个服务都有自己的数据模型和数据库
典型服务的规模	较大的单体应用	较小的服务

SOA 和微服务架构通常采用完全不同的技术栈。SOA 应用常常选用重量级的技术，例如 SOAP 和其他类似的 WS* 标准。SOA 常常使用 ESB 进行服务集成，ESB 是包含了业务和消息处理逻辑的智能管道。采用微服务架构设计的应用程序倾向于使用轻量级、开源的技术。服务之间往往采用哑管道（例如消息代理）进行通信，使用类似 REST 或 gRPC 这类轻量级协议。

SOA 和微服务架构在处理数据的方式上也不尽相同。SOA 应用一般都有一个全局的数据模型，并且共享数据库。与之相反，如之前提到的，微服务架构中每个服务都有属于它自己的数据库。更进一步，我们在第 2 章会提到，每一个服务一般都拥有属于它自己的领域模型。

SOA 和微服务架构之间的另一个重要区别，就是服务的尺寸（规模）。SOA 善于集成大型、复杂的单体应用程序。微服务架构中的服务虽然不是必须要做到很小，但是通常都比较小。因此 SOA 应用通常包含和集成若干个大型的服务，微服务架构的应用则常常由数十甚至上百个更小的服务组成。

1.5　微服务架构的好处和弊端

我们首先来审视微服务架构的好处，然后再分析它的弊端。

1.5.1　微服务架构的好处

微服务架构有如下好处：

- 使大型的复杂应用程序可以持续交付和持续部署。
- 每个服务都相对较小并容易维护。
- 服务可以独立部署。
- 服务可以独立扩展。
- 微服务架构可以实现团队的自治。
- 更容易实验和采纳新的技术。
- 更好的容错性。

我们来逐一进行分析。

使大型的复杂应用程序可以持续交付和持续部署

微服务架构最重要的好处是它可以实现大型的复杂应用程序的持续交付和持续部署。如后面 1.7 节所述，持续交付和持续部署是 DevOps 的一部分，DevOps 是一套快速、频繁、可靠的软件交付实践。高效能的 DevOps 组织通常在将软件部署到生产环境时面临更少的问题和故障。

微服务架构通过以下三种方式实现持续交付和持续部署：

- 它拥有持续交付和持续部署所需要的可测试性。自动化测试是持续交付和持续部署的一个重要环节。因为每一个服务都相对较小，编写和执行自动化测试变得很容易。因此，应用程序的 bug 也就更少。
- 它拥有持续交付和持续部署所需要的可部署性。每个服务都可以独立于其他服务进行部署。如果负责服务的开发人员需要部署对该服务的更改，他们不需要与其他开发人员协调就可以进行。因此，将更改频繁部署到生产中要容易得多。
- 它使开发团队能够自主且松散耦合。你可以将工程组织构建为一个小型（例如，两个比萨⊖）团队的集合。每个团队全权负责一个或多个相关服务的开发和部署。如图 1-8

⊖　"两个比萨"原则是指某个事情的参与人数不能多到两个比萨饼还不够他们吃饱的地步。亚马逊 CEO 杰夫·贝索斯认为事实上并非参与人数越多越好，他认为人数过多不利于决策的形成，并会提高沟通的成本，这被称为"两个比萨"原则。——译者注

所示，每个团队可以独立于所有其他团队开发、部署和扩展他们的服务。结果，开发的速度变得更快。

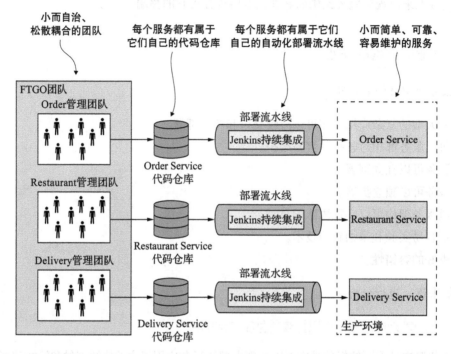

图 1-8 基于微服务的 FTGO 应用程序由一组松散耦合的服务组成。每个团队独立开发，测试和部署他们的服务

持续交付和持续部署可以为业务带来若干价值：

- 缩短了产品（或新功能）的上市时间，使企业能够快速响应客户的反馈。
- 使企业能够提供当今客户所期望的可靠服务。
- 员工满意度更高，因为开发人员可以因此花费更多时间来提供有价值的功能，而不是四处担任救火队员。

因此，微服务架构已经成为任何依赖于软件技术的企业业务的重要基石。

每个服务都相对较小并容易维护

微服务架构的另一个好处在于：相比之下每个服务都比较小。开发者更容易理解服务中的代码。较小规模的代码库不会把 IDE 等开发工具拖慢，这样可以提升开发者的工作效率。服务的启动速度也比大型的单体应用快得多，千万别小看这一点，快速启动的服务会提高效率，加速研发（提高调试、部署等环节的效率）。

服务可以独立扩展

服务可以独立扩展，不论是采用 X 轴扩展的实例克隆，还是 Z 轴扩展的流量分区方式。此外，每个服务都可以部署在适合它们需求的硬件之上。这跟使用单体架构的部署和硬件选择是迥然不同的：单体应用中组件对硬件的需求不同（例如有些组件是 CPU 运算密集型的，有些可能需要更多的内存空间），但是这些组件仍旧必须被部署在一起。

更好的容错性

微服务架构也可以实现更好的故障隔离。例如，某个服务中的内存泄漏不会影响其他服务。其他服务仍旧可以正常地响应请求。相比之下，单体架构中的一个故障组件往往会拖垮整个系统。

更容易实验和采纳新的技术

最后，微服务架构可以消除对某项技术栈的长期依赖。原则上，当开发一个新的服务时，开发者可以自由选择适用于这个服务的任何语言和框架。当然，很多公司对此往往有各种限制和规范，但重要的是团队有了选择的权利，而不是被之前选定的技术绑架。

更进一步，因为服务都相对比较小，使用更好的编程语言和技术来重写一项服务变得有可能。这也意味着，如果对一项新技术的尝试以失败而告终，我们可以直接丢弃这部分工作而不至于给整个应用带来失败的风险。这跟单体架构是完全不同的，单体架构之下的技术选型会严重限制后期新技术的尝试。

1.5.2　微服务架构的弊端

当然，没有一项技术可以被称为"银弹"⊖。微服务架构也存在一些显著的弊端和问题。实际上本书的大部分内容就是用来解决这些由微服务架构带来的弊端和问题的。不必被这些弊端和问题吓倒，我会在后续章节把它们逐一解决。

微服务架构的主要弊端和问题如下：

- 服务的拆分和定义是一项挑战。
- 分布式系统带来的各种复杂性，使开发、测试和部署变得更困难。
- 当部署跨越多个服务的功能时需要谨慎地协调更多开发团队。
- 开发者需要思考到底应该在应用的什么阶段使用微服务架构。

⊖　银弹（Silver Bullet），指由纯银制作的子弹，往往被描绘成针对狼人等超自然怪物的特效武器。——译者注

我们来逐一进行分析。

服务的拆分和定义是一项挑战

采用微服务架构首当其冲的问题，就是根本没有一个具体的、良好定义的算法可以完成服务的拆分工作。与软件开发一样，服务的拆分和定义更像是一门艺术。更糟糕的是，如果对系统的服务拆分出现了偏差，你很有可能会构建出一个分布式的单体应用：一个包含了一大堆互相之间紧耦合的服务，却又必须部署在一起的所谓分布式系统。这将会把单体架构和微服务架构两者的弊端集于一身。

分布式系统带来的各种复杂性

使用微服务架构的另一个问题是开发人员必须处理创建分布式系统的额外复杂性。服务必须使用进程间通信机制。这比简单的方法调用更复杂。此外，必须设计服务来处理局部故障，并处理远程服务不可用或出现高延迟的各种情况。

实现跨多个服务的用例需要使用不熟悉的技术。每个服务都有自己的数据库，这使得实现跨服务的事务和查询成为一项挑战。如第 4 章所述，基于微服务的应用程序必须使用所谓的 Saga 来维护服务之间的数据一致性。第 7 章将解释基于微服务的应用程序无法使用简单查询从多个服务中检索数据。相反，它必须使用 API 组合或 CQRS 视图实现查询。

IDE 等开发工具都是为单体应用设计的，它们并不具备开发分布式应用所需要的特定功能支持。编写包含多项服务在内的自动化测试也是很令人头疼的工作。这些都是跟微服务架构直接相关的问题。因此，团队中的开发人员必须具备先进的软件开发和交付技能才能成功使用微服务。

微服务架构还引入了显著的运维复杂性。必须在生产环境中管理更多活动组件：不同类型服务的多个实例。要成功部署微服务，需要高度自动化的基础设施，必须使用以下技术：

- 自动化部署工具，例如 Netflix Spinnaker。
- 产品化的 PaaS 平台，例如 Pivotal Cloud Foundry 或 Red Hat OpenShift。
- Docker 容器编排平台，例如 Docker Swarm 或 Kubernetes。

我会在第 12 章详细介绍这些部署相关的技术。

当部署跨越多个服务的功能时需要谨慎地协调更多开发团队

使用微服务架构的另外一项挑战在于当部署跨越多个服务的功能时需要谨慎地协调更多开发团队。必须制定一个发布计划，把服务按照依赖关系进行排序。这跟单体架构下批量部署多个组件的方式截然不同。

开发者需要思考到底应该在应用的什么阶段使用微服务架构

使用微服务架构的另一个问题是决定在应用程序生命周期的哪个阶段开始使用这种架构。在开发应用程序的第一个版本时，你通常不会遇到需要微服务架构才能解决的问题。此外，使用精心设计的分布式架构将减缓开发速度。这对初创公司来说可能是得不偿失的，其中最大的问题通常是在快速发展业务模型和维护一个优雅的应用架构之间的取舍。微服务架构使得项目开始阶段的快速迭代变得非常困难。初创公司几乎肯定应该从单体的应用程序开始[⊖]。

但是稍后，当问题变为如何处理复杂性时，那就是将应用程序功能性地分解为一组服务的时候了。由于盘根错节的依赖关系，你会发现重构很困难。我会在第 13 章讨论将单体应用程序重构为微服务的策略。

正如你所见，微服务是一把好处和弊端共存的双刃剑。正是因为这些困难，采用微服务架构是一个需要认真思考的决策。然而，类似面向消费者的 Web 应用程序或者 SaaS 类的复杂应用程序，微服务架构往往都是它们的正确选择。著名的网站，例如 eBay[⊖]、Amazon.com、Groupon 和 Gilt 都是从单体应用逐步完成了向微服务架构的演化。

在使用微服务架构时，一些问题无法回避，必须得到解决。每个问题都可能存在多种解决办法，同时伴随着各种权衡和取舍。并没有一个完美的解决方案。为了帮助你更好地选型和使用微服务架构，我创建了一套微服务架构的模式语言[⊜]。在向你传授微服务架构的细节时，我会在本书中反复提到这套模式语言。我们先来看看到底什么是模式语言，以及为什么它这么有用。

1.6　微服务架构的模式语言

架构设计的核心是决策。你需要决策到底是单体架构还是微服务架构更适合你的应用程序。当进行这些决策时，会存在大量的权衡和取舍。如果选择微服务架构，你又会面临一堆要解决的新问题。

一个用来表述多种架构设计的选择方案，并且可用来改进决策的方式，就是使用模式语言。我们先来看看为什么需要模式和模式语言，之后再来揭开微服务架构模式语言的奥秘。

⊖　特别是在开发 MVP 场景时，初创公司的初版应用程序是用来获取市场或投资人的反馈、进行快速试错的，这个阶段不应花费太多时间在微服务架构这样的事情上。——译者注

⊖　这个 PPT 介绍了 eBay 的架构转型历程：https://www.slideshare.net/RandyShoup/the-ebay-architecture-striking-a-balance-between-site-stability-feature-velocity-performance-and-cost。——译者注

⊜　Chris 维护的个人网站 www.microservies.io 介绍了这些模式的细节。——译者注

1.6.1　微服务架构并不是"银弹"

早在 1986 年，《人月神话》（Addison-Wesley Professional，1995）的作者 Fred Brooks 就曾说：软件工程的世界里没有银弹。换一种说法，并不存在一种或几种技术，可以把你的生产效率提升 10 倍。然而 30 多年过去了，开发人员仍旧在充满激情地为他们的银弹进行辩护，总是坚信他们所钟爱的技术会给他们带来显著的效率提升。

很多争论都陷入了 Neal Ford 所提出的非黑即白的境地（http://nealford.com/memeagora/2009/08/05/suck-rock-dichotomy.html）（Suck/Rock）。他们通常都这么说：如果你做这个，某个可爱的小狗就会被杀死⊖，因此你必须采用其他的方式。例如，同步和响应式编程、面向对象和函数式编程、Java 和 JavaScript、REST 和消息，等等。当然，现实中总是有些差异，没有一项技术是银弹。每一项技术都有它的弊端和限制，这些总是被它们的鼓吹者所忽视。因此，某些技术的应用通常都会跟 Gartner 的光环曲线一样先抑后扬（https://en.wikipedia.org/wiki/Hype_cycle）。光环曲线采用五个阶段来描述新兴技术的发展：其中的过热期，又被称为期望释放的顶峰，代表了人们对新技术的迷恋和崇拜，紧接着而来的是谷底期，又被称为失望的山谷，反映了人们在尝试之后对新技术的失望，光环曲线的最后阶段才是成熟期，又被称为生产力的高地，是指人们理解了新技术的优缺点之后开始理性地应用它。

微服务也同样没有幸免于银弹现象⊜。这类架构是否适用于你的应用程序其实取决于很多因素。因此，盲目地鼓吹和使用微服务架构是非常不好的。当然，把微服务架构拒之千里之外似乎也不是什么明智的举动。就像很多事情一样，我们需要先"研究研究"，用英文来说，就是：it depends！

人们往往被情绪因素所驱动，这也是为什么会有这么多关于技术的两极分化和过度粉饰的争论。Jonathan Haidt 在他的经典著作《The Righteous Mind: Why Good People Are Divided by Politics and Religion19》⊜中采用大象和骑大象的人做了一个比喻，人的思维就如同大象和骑大象的人，大象代表了人脑情绪化的部分。它完成了绝大多数的决策。骑大象的人代表了大脑的理性部分，他有些时候可以影响大象的举动，大多数时候是用来为大象的决策举动进行判断。

我们，作为软件开发社区的一员，需要克服我们情绪化的本能，找到一种讨论和应用技术的更好方法。这个方法便是采用模式（Pattern）的形态。模式是一个客观的工具，在通过模式的形态描述一项技术时，必须包括它的弊端。现在，我们就来看看模式的形态。

⊖　这是个程序员之间的比喻，指程序中的不良习惯导致的缺陷，会造成意想不到的损失和伤害。——译者注
⊜　最近一段时间（2017～2018 年），市场上出现了不少针对微服务架构是否真正有效的议论，这也是光环曲线谷底期的一个反应。——译者注
⊜　本书中文版书名为《正义之心：为什么人们总是坚持"我对你错"》，浙江人民出版社 2014 年出版。——译者注

1.6.2　模式和模式语言

模式是针对特定上下文中发生的问题的可重用解决方案。这个想法起源于现实世界中的建筑架构设计，并且已被证明针对软件架构设计同样行之有效。模式的概念是由 Christopher Alexander ⊖创造的，他是一位现实世界中的建筑架构师。他创造了模式语言的概念：解决特定领域内问题的相关模式的集合。他的著作《 A Pattern Language: Towns, Buildings, Construction 》⊜描述了一种由 253 种模式组成的建筑结构模式语言。该模式的范围从宏观问题的解决方案，例如在哪里定位城市（"靠近水源"）到建筑设计的具体问题，例如设计一个房间（"确保房间两边都有阳光"）。这些模式中的每一个都通过具体的方案来解决问题，大到城市的布局，小到窗户的位置。

Christopher Alexander 的著作启发了软件行业采用类似的模式和模式语言概念来解决设计 和 架 构 问 题。《 Design Patterns: Elements of Reusable Object-Oriented Software 》⊜（Addison-Wesley Professional 1994 年出版）由 Erich Gamma，Richard Helm，Ralph Johnson 和 John Vlissides 合著，是面向对象设计模式的集合。该书在软件开发人员中普及了模式的概念。自从 20 世纪 90 年代中期开始，软件开发人员记录了许多软件模式。软件模式通过定义一组互相协作的软件元素来解决软件架构或设计问题。

例如，让我们想象一下，你正在构建必要的银行应用程序来支持各种透支政策。每个政策都定义了对余额的限制，以及账户和透支账户的费用。你可以使用"策略模式"（Strategy pattern）来解决这个问题，这是来自《设计模式》一书中众所周知的模式。策略模式定义的解决方案由三部分组成：

- 被称为 Overdraft 的策略接口，封装了具体的透支规则和算法。
- 一个或者多个具体的策略类，用来对应具体的场景。
- 使用这些规则的 Account 类。

策略模式是面向对象的设计模式，因此解决方案的元素是类。在本节的后面部分，我将介绍高层设计模式，它们的解决方案由互相协作的服务构成。

模式有价值的一个原因是模式必须描述它所适用的上下文场景。一个解决方案可能适用于一些场景，但不一定适用于另外的场景，这样的观点对于典型的技术讨论而言是更进一

⊖　Christopher Alexander 是美国杰出的建筑理论家，他出生于奥地利维也纳，在英国长大，是美国加州大学伯克利分校的终身教授。——译者注

⊜　本书英文版由牛津大学出版社 1977 年出版，中文版书名为《建筑模式语言》，知识产权出版社 2002 年出版。——译者注

⊜　中文版已由机械工业出版社引进出版，书名为《设计模式：可复用面向对象软件的基础》，ISBN：978-7-111-07575-2。——编辑注

步了。例如，能够解决 Netflix 这样大规模用户系统的解决方案，对于一些较小的系统来说，可能不是最好的方法。

但是，模式的价值远远超出了要求架构师考虑问题的背景。它迫使架构师认真描述解决方案的其他关键但经常被忽视的方面。常用的模式结构包括三个重要部分：

- 需求（Forces）。
- 结果上下文（Resulting context）。
- 相关模式（Related patterns）。

让我们从需求开始学习。

需求：必须解决的问题

需求部分描述了必须解决的问题和围绕这个问题的特定上下文环境。需求有时候是互相冲突的，所以不能指望把它们全部都解决（必须取舍）。哪一个需求更重要，取决于它的上下文。你必须把需求按优先级进行排序。例如，像代码必须易于理解和代码必须有好的性能，类似这样的两个需求在某些情况下就是冲突的。采用响应式风格编写的代码性能往往比那些同步代码的性能好很多，但是这些代码也更难以读懂。把所有的需求明确列出是非常有帮助的，因为它可以清晰展现哪些问题需要被（优先）解决。

结果上下文：采用模式后可能带来的后果

结果上下文部分描述了采用这个模式的结果，它包含三个部分：

- 好处：这个模式的好处和它解决了什么需求。
- 弊端：这个模式的弊端和它没有解决哪些需求。
- 问题：使用这个模式所引入的新问题。

结果上下文提供了更加完整、从不偏不倚的视角来描述的解决方案，这有助于更好的决策。

相关模式：5 种不同类型的关系

相关模式部分描述了这个模式和其他模式之间的关系。模式之间存在 5 种关系：

- 前导（Predecessor）：前导模式是催生这个模式的需求的模式，例如，微服务架构模式是除单体架构模式以外整个模式语言中所有模式的前导模式。
- 后续（Successor）：后续模式是指用来解决当前模式引入的新问题的模式，例如，如果你采纳了微服务架构模式，你需要一系列的后续模式来解决诸如服务发现、断路器等微服务带来的新问题。

- 替代（Alternative）：当前模式的替代模式，提供了另外的解决方案，例如，单体架构和微服务架构就是互为替代的模式，它们都是应用的架构风格。你可以选择其一。
- 泛化（Generalization）：针对一个问题的一般性解决方案。例如，在第 12 章中你会了解到"每主机单个服务"这个模式存在多种不同的技术实现。
- 特化（Specialization）：针对特定模式的具体解决方案。例如，在第 12 章中你会了解到将服务部署为容器模式是针对"每主机单个服务"的具体解决方案。

此外，你可以把解决类似问题的模式组成一组模式。对相关模式的明确描述为如何有效解决特定问题提供了有价值的指导。图 1-9 显示了如何以可视方式表示模式之间的关系。

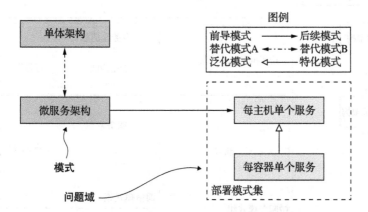

图 1-9　模式之间不同类型关系的直观表示：后续模式解决了通过应用前导模式而产生的问题；两个或多个模式可以是同一问题的替代解决方案；一种模式可以是另一种模式的特化；解决同一区域问题的模式可以分组或泛化

图 1-9 所展示的模式之间的不同关系包括如下几类：

- 代表了前导和后续的关系。
- 对于同一个问题的替代解决方案。
- 一个模式是另一个模式的特化。
- 针对特定问题领域的所有模式。

通过这些关系相关的模式集合形成所谓的模式语言。模式语言中的模式共同解决特定领域中的问题。我创建的微服务架构模式语言是微服务相互关联的软件架构和设计模式的集合。现在就让我们来看看这个模式语言。

1.6.3　微服务架构的模式语言概述

微服务架构的模式语言是一组模式，可帮助架构师使用微服务架构构建应用程序。
图 1-10 显示了模式语言的结构。模式语言首先帮助架构师决定是否使用微服务架构。它描述
了单体架构和微服务架构，以及它们的好处和弊端。然后，如果微服务架构非常适合当前的
应用程序，那么模式语言可以帮助架构师通过解决各种架构和设计问题来有效地使用它。

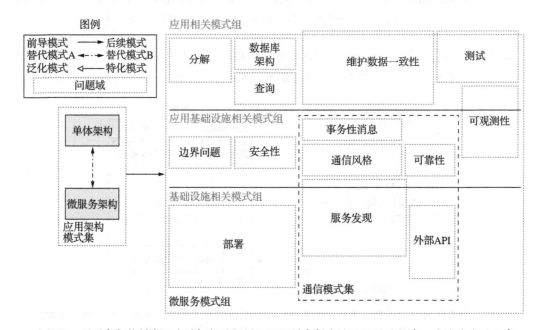

图 1-10　微服务架构模式语言的概括性视图，显示模式解决的不同问题领域。左边是应用程序
　　　　架构模式：单体架构和微服务架构。所有其他模式组解决了选择微服务架构模式所导
　　　　致的问题

这套模式语言由若干组模式构成。在图 1-10 的左侧是应用程序架构模式组，包括单体架
构模式和微服务架构模式。这些模式我们在本章中都已经有所讨论。其余的模式语言包括了
一组如何解决采用微服务架构后引入的新问题的模式。

这些模式被分为三组：

- 基础设施相关模式组：这些模式解决通常是在开发环节跟基础设施有关的问题。
- 应用基础设施相关模式组：这些模式解决应用层面的基础设施相关问题。
- 应用相关模式组：这些模式解决开发人员面对的具体技术和架构问题。

这些模式根据所解决问题的不同可进行更进一步的分组。我们先看看其中主要的几组
模式。

服务拆分的相关模式

　　决定如何把系统分解为一组服务，这项工作从本质上来讲是一门艺术，但是即使这样，我们仍旧有一些策略可以遵循。我在服务拆分相关的模式中提出了一些策略，可以用于定义应用程序的架构。如图 1-11 所示。

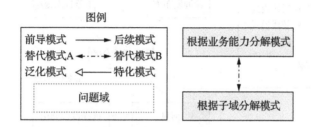

图 1-11　有两种分解模式：根据业务能力分解，围绕业务功能组织服务，以及根据子域分解，子域围绕领域驱动设计（DDD）来组织服务。

我会在第 2 章着重介绍这些模式。

通信的相关模式

　　使用微服务架构构建的应用程序是分布式系统。因此，进程间通信（IPC）是微服务架构的重要组成部分。架构师必须就服务彼此之间以及与外部世界进行通信做出各种架构和设计决策。图 1-12 显示了通信模式，它们分为以下 5 组：

- 通信风格：使用哪一类进程间通信机制？
- 服务发现：客户端如何获得服务具体实例（如 HTTP 请求）的 IP 地址？
- 可靠性：在服务不可用的情况下，如何确保服务之间的可靠通信？
- 事务性消息：如何将消息发送、事件发布这样的动作与更新业务数据的数据库事务集成？
- 外部 API：应用程序的客户端如何与服务进行通信？

　　我会在第 3 章介绍前 4 组模式：通信风格、服务发现、可靠性和事务性消息，在第 8 章讨论外部 API 模式。

实现事务管理的数据一致性相关模式

　　如之前提到的，为了确保松耦合，每个服务都必须拥有它自己的数据库。不幸的是，每个服务都有独立的数据库会引入一些大麻烦。例如，我会在第 4 章中解释为什么我们常用的两步式提交（two phase commit，2PC）[⊖]分布式事务机制在微服务架构之类场景下就不再适用。取而代之，应用程序需要使用 Saga 模式来确保数据的一致性。图 1-13 展示了数据一致性有关的模式。

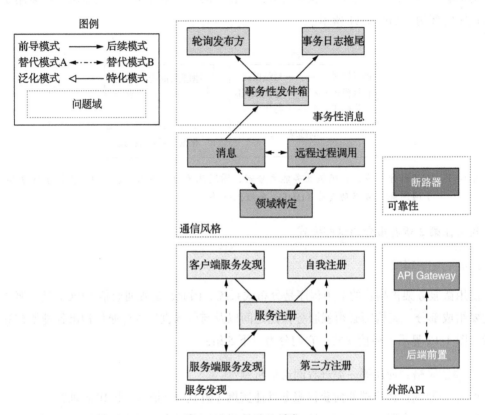

图 1-12   5 组通信模式

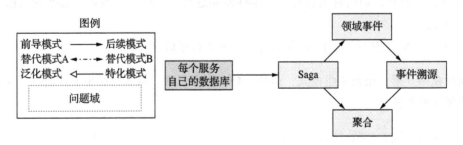

图 1-13   由于每个服务都有自己的数据库，因此必须使用 Saga 模式来维护服务之间的数据
一致性

我会在第 4～6 章中详细讨论这些模式。

在微服务架构中查询数据的相关模式

服务和数据库一一对应还会带来另外一个挑战：有些查询需要从多个服务的数据源获取数据（传统应用采用 SQL JOIN 的方式完成）。服务的数据仅可以通过 API 的方式访问，所以我们不能直接针对服务的数据库执行分布式查询。图 1-14 展示了跟实现查询有关的一些模式。

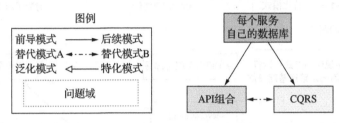

图 1-14　由于每个服务都有自己的数据库，因此必须使用其中一种查询模式来检索分散在多个服务中的数据

有些时候我们可以使用 API 组合模式，逐一调用服务的 API 然后把所有的返回聚合在一起。多数情况之下，你需要使用称之为命令查询职责隔离（CQRS）的方式，来维护一些重要和常用的查询数据视图。在第 7 章，我会深入探讨实现这些查询的方法。

服务部署的相关模式

部署一个单体应用往往不是一件简单的事情，但总体上来说还是一个比较直观的操作，因为毕竟只有一个应用实体需要被部署。你需要考虑的只是如何在负载均衡器后面运行这个应用的多份实例。

然而，部署基于微服务的应用程序就要复杂得多。通常应用由各种异构的语言和框架开发的数十甚至上百个服务组成，有很多动态的部分需要被考虑。图 1-15 展示了跟部署有关的一些模式。

传统（手工）方式的应用程序部署，也就是把应用程序（如 WAR 文件）复制到服务器上，这样的做法不再适用于微服务架构了。你需要一个高度自动化部署的基础设施。理想情况下，你需要有一个部署平台，包括一个简单的界面（命令行或者图形用户界面都可以）来部署和管理这些服务。这些部署平台往往都是基于虚拟机、容器或者 Serverless 技术的。我在第 12 章会详细介绍这些部署方式的差异。

可观测性的相关模式

应用运维的一项重要工作就是搞明白应用在运行时的一些行为，同时能够根据错误的请求或者高延迟等故障进行诊断排错。理解和诊断一个单体应用并不是一项容易的工作，但毕竟它的请求和处理都是针对一个实例，以相对简单的方式完成的。每一个入站请求都通过负载均衡指派到了一个具体的应用实例，然后实例向数据库发起若干请求，最后返回结果。如果需要，你可以通过查阅该应用实例的日志文件的方式理解整个请求的过程。

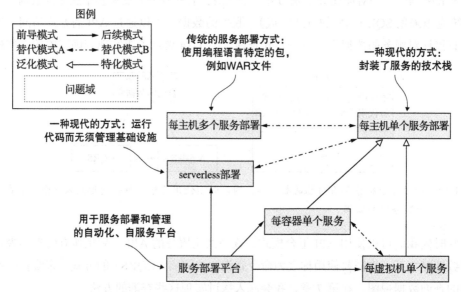

图 1-15   用于部署微服务的几种模式。传统方法是以编程语言特定的包来部署服务。部署服务有两种现代方法。第一种将服务部署为虚拟机或容器。第二种是采用 Serverless 技术。你只需上传服务的代码，Serverless 平台就可以运行它。你应该使用服务部署平台，这是一个用于部署和管理服务的自动化自助服务平台

与之相反，理解和诊断微服务架构下发生的问题往往是一项令人头疼的工作。在把最终结果返回给客户端之前，一项请求往往会在多个服务之间跳转，也就是说，只看一个日志文件是解决不了问题的。有关高延迟的问题就更加令人抓狂，因为这会涉及多种可能的原因。

以下模式可用来设计具备可观测性的服务：

- 健康检查 API：可以返回服务健康状态的 API。
- 日志聚合：把服务产生的日志写入一个集中式的日志服务器，这个服务器可以提供日志搜索，也可以根据日志情况触发报警。
- 分布式追踪：为每一个外部请求分配一个唯一的 ID，用于在各个服务之间追踪外部请求。
- 异常跟踪：把程序异常发送到异常跟踪服务，这个服务会排除重复异常，给开发者发送告警并且跟踪每一个异常的解决。
- 应用指标：供维护使用的指标，例如计数器等，导出到指标服务器。
- 审计日志：记录用户的行为。

我会在第 11 章深入讨论可观测模式。

实现服务自动化测试的相关模式

微服务架构让单一的服务测试变得容易，因为相比单体应用，每一个服务都变得更小了。但与此同时，重要的是测试不同的服务是否协同工作，同时避免使用复杂、缓慢和脆弱的端到端测试来测试多个服务。以下是通过单独测试服务来简化测试的模式：

- 消费端驱动的契约测试：验证服务满足客户端所期望的功能。
- 消费端契约测试：验证服务的客户端可以正常与服务通信。
- 服务组件测试：在隔离的环境中测试服务。

在第 9 章和第 10 章中，我们会介绍这些跟测试有关的模式。

解决基础设施和边界问题的相关模式

在微服务架构中，每个服务都必须实现许多跟基础设施相关的功能，包括可观测性模式和服务发现模式。还必须实现外部化配置模式，该模式在运行时向服务提供数据库凭据等配置参数。在开发新服务时，从头开始重新实现这些功能实在太费时间了。一种更好的方法是在处理这些问题时应用微服务基底[⊖]模式，在这样的现有成熟的基底框架之上构建服务。第 11 章将详细描述这些模式。

安全相关的模式

在微服务架构中，用户身份验证的工作通常由 API Gateway 完成。然后，它必须将有关用户的信息（例如身份和角色）传递给它调用的服务。常见的解决方案是应用访问令牌模式。API Gateway 将访问令牌（例如 JWT，即 JSON Web 令牌）传递给服务，这些服务可以验证令牌并获取有关用户的信息。第 11 章将更详细地讨论访问令牌模式。

不必惊讶，这些模式的目的就是解决采用新架构之后浮现的种种问题。为了成功地开发软件，你必须选择合适的架构。但架构不是你唯一需要关注的领域，你还必须思考流程和组织。

1.7　微服务之上：流程和组织

对于大型和复杂的应用程序，微服务架构往往是最佳的选择。然而，除了拥有正确的架构之外，成功的软件开发还需要在组织、开发和交付流程方面做一些工作。图 1-16 展示了架构、流程和组织之间的关系：

⊖　英文原文 Chassis 是指汽车底盘的意思，这里用来比喻支撑微服务架构的应用层基础设施。——译者注

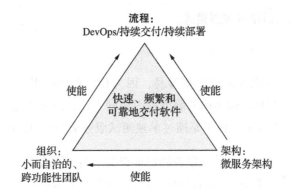

图1-16　大型复杂应用程序快速、频繁和可靠地交付软件需要具备几项DevOps关键能力，
其中包括持续交付和持续部署，小型自治团队和微服务架构

我们已经谈过了微服务架构，现在来看看组织和流程。

1.7.1　进行软件开发和交付的组织

成功往往意味着研发团队规模的扩大。一方面，这是个好事，因为人多力量大。但是团队大了以后，正如Fred Brooks在《人月神话》这本书中提到的，沟通成本会随着团队的规模呈$O(N^2)$的速度上升。如果团队太大，由于沟通成本过高，往往会使得团队的效率降低。想想看，如果每天早上的站会规模达到20人会是怎样？

解决之道是把大团队拆分成一系列小团队。每个团队都足够小，人员规模为8~12人。每个团队都有一个明确的职责：开发并且可能也负责运维一个或者多个服务，这些服务实现了一个或多个业务能力。这些团队都是跨职能的。他们可以独立地完成开发、测试和部署等任务，而不需要频繁地与其他团队沟通或者协调。

> **逆向的康威定律**
>
> 为了在使用微服务架构时有效地交付软件，你需要考虑康威定律（https://en.wikipedia.org/wiki/Conway%27s_law）：
>
> > 设计系统的组织……往往被组织的架构所限制，最终设计的结果是这些组织的沟通结构的副本。
> >
> > ——梅尔文·康威
>
> 换句话说，应用程序的架构往往反映了开发它的组织的结构。因此，反向应用康威定律并设计你的企业组织（www.thoughtworks.com/radar/techniques/inverse-conway-maneuver），使其结构与微服务的架构一一对应。通过这样做，可以确保你的开发团队与服务一样松耦合。

　　若干个小团队的效率显然要高于一个单一的大团队。正如在 1.5.1 节中我们曾讨论过的，微服务架构使得团队可以实现某种程度的"自治"。每个团队都可以开发、部署和运维扩展他们负责的服务，而不必与其他团队协调。更进一步，当出现了某个服务故障或没有满足 SLA 等要求时，对应的责任人（团队）也非常清楚。

　　而且，开发组织的可扩展性更高。你可以通过添加团队来扩展组织。如果单个团队变得太大，则将其拆分并关联到各自负责的服务。由于团队松散耦合，你可以避免大型团队的沟通开销。因此，你可以在不影响工作效率的情况下添加人员。

1.7.2　进行软件开发和交付的流程

　　采用微服务架构以后，如果仍旧沿用瀑布式开发流程，那就跟用一匹马来拉法拉利跑车没什么区别——我们需要充分利用微服务带来的各种便利。如果你希望通过微服务架构来完成一个应用程序的开发，那么采用类似 Scrum 或 Kanban 这类敏捷开发和部署实践就是必不可少的。同时也需要积极实践持续交付和持续部署，这是 DevOps 中的关键环节。

　　Jez Humble（https://continuousdelivery.com）把持续交付定义为：

> 持续交付能够以可持续的方式安全、快速地将所有类型的更改（包括新功能、配置更改、错误修复和实验）交付到生产环境或用户手中。

　　持续交付的一个关键特征是软件总是随时可以交付的。它依赖于高水平的自动化，包括自动化测试。在将代码自动部署到生产环境的过程中，持续部署把持续交付提升到了一个新的水准。实施持续部署的高绩效组织每天多次部署到生产环境中，生产中断的次数要少得多，并且可以从发生的任何事情中快速恢复（https://puppet.com/resources/whitepaper/state-of-devops-report）。如前面的 1.5.1 节所述，微服务架构直接支持持续交付和持续部署。

> **快速推进同时不中断任何事情**
>
> 持续交付和持续部署（以及更一般地说，DevOps）的目标是快速可靠地交付软件。评估软件开发的四个有用指标如下：
>
> - 部署频率：软件部署到生产环境中的频率。
> - 交付时间：从开发人员提交变更到变更被部署的时间。
> - 平均恢复时间：从生产环境问题中恢复的时间。
> - 变更失败率：导致生产环境问题的变更提交百分比。
>
> 在传统组织中，部署频率低，交付的时间很长。特别是开发人员和运维人员通常都会在维护窗口期间熬夜到最后一刻。相比之下，DevOps 组织经常发布软件，通常每天

多次发布，生产环境问题要少得多。例如，亚马逊在 2014 年每隔 11.6 秒就将代码更改部署到生产环境中（www.youtube.com/watch?v=dxk8b9rSKOo），Netflix 的一个软件组件的交付时间为 16 分钟（https://medium.com/netflixtechblog/how-we-build-code-at-netflix-c5d9bd727f15）。

1.7.3　采用微服务架构时的人为因素

采用微服务架构以后，不仅改变了技术架构，也改变了组织结构和开发的流程。归根到底，这是对工作环境中的人（正如之前提到的，情绪化的生物）进行的一系列改变。如果忽略人们的情绪，那么采纳微服务架构将会是一个非常纠结和折腾的过程。FTGO 的首席技术官玛丽和其他的管理层，正面临着如何改变 FTGO 软件开发方式的挑战。

William 和 Susan Bridges 的畅销书《Managing Transitions》（Da Capo Lifelong Books，2017，https://wmbridges.com/books）介绍了转型（transition）的概念，其中阐述了人们如何对变化做出情绪化的反应。它包括以下三个阶段。

1. 结束、失落和放弃：当人们被告知某种变化，这类变化会把他们从舒适区中拉出，这类情绪开始滋生和蔓延。人们会念叨失去之前的种种好处。例如，当被重组到一个新的跨职能团队时，人们会想念他们之前的同事。再比如，对于负责全局数据建模的团队来说，每个服务团队负责自己的数据建模，这对他们是一种威胁。

2. 中立区：处理新旧工作方式交替过程中，人们普遍会对新的工作方式无所适从。人们开始纠结并必须要学习处理新工作的方式。

3. 新的开始：最终阶段，人们开始发自内心地热情拥抱新的工作方式，并且开始体验到新工作方式所带来的种种好处。

本书介绍了如何管理转型过程中每个阶段的问题，提高转型的成功率。FTGO 显然正在单体地狱中煎熬，急切地需要转型到微服务架构。他们也需要对组织结构和开发流程做出调整。为了成功地实现这一切，FTGO 必须认真面对这些转型模式和所有可能的情绪化反应。

在下一章，我们将学习软件架构的目标和如何把应用程序拆分成服务。

本章小结

- 单体架构模式将应用程序构建为单个可部署单元。
- 微服务架构模式将系统分解为一组可独立部署的服务，每个服务都有自己的数据库。

- 单体架构是简单应用的不错选择，微服务架构通常是大型复杂应用的更好选择。
- 微服务架构使小型自治团队能够并行工作，从而加快软件开发的速度。
- 微服务架构不是银弹：它存在包括复杂性在内的诸多弊端。
- 微服务架构模式语言是一组模式，可帮助你使用微服务架构构建应用程序。它可以帮助你决定是否使用微服务架构，如果你选择微服务架构，模式语言可以帮助你有效地应用它。
- 你需要的不仅仅是通过微服务架构来加速软件交付。成功的软件开发还需要 DevOps 和小而自治的团队。
- 不要忘记采纳微服务过程中的人性层面。你需要考虑员工的情绪才能成功转换到微服务架构。

第 2 章

服务的拆分策略

本章导读

- 理解软件架构，以及它为什么如此重要
- 使用拆分模式中的业务能力模式和子域模式进行单体应用到服务的拆分
- 使用领域驱动设计中的限界上下文概念来分解数据，并让服务拆分变得更容易

有时你必须对你想得到的东西充满敬畏。经过激烈的游说努力，玛丽终于说服公司里的所有人：迁移到微服务架构是一件正确的事情。玛丽感到兴奋和惶恐不安，早上她与架构师会面，讨论从哪里开始。在讨论过程中，显而易见的是，微服务架构模式语言的某些方面（如部署和服务发现）是他们之前未曾接触的领域，但却相对比较简单。微服务架构的关键挑战是将应用程序功能分解为服务。因此，架构设计的第一个也是最重要的工作就是服务的定义。当 FTGO 团队站在白板周围时，他们茫然四顾，感觉无从下手。

在本章中，你将学习如何为应用程序定义微服务架构。我描述了将应用程序分解为服务的策略。你将了解服务是围绕业务问题而非技术问题进行组织的。我还展示了如何使用来自领域驱动设计（DDD）的思想消除上帝类（God Class），这些类一般是在整个应用程序中使用的全局类，常常导致互相纠结的依赖性，妨碍了服务的分解。

在本章一开始，我会根据软件架构的概念来定义微服务架构。之后，我会尝试从应用程序的需求入手，为应用程序定义微服务架构。我会讨论将应用程序分解为服务的过程中可能遇到的障碍，以及解决它们的策略。但在一切开始之前，我们先来看看架构设计的概念。

2.1　微服务架构到底是什么

第 1 章描述了微服务架构的关键思想是如何进行功能分解。你可以将应用程序构建为一组服务，而不是开发一个大型的单体应用程序。一方面，将微服务架构描述为一种功能分解是有用的。但另一方面，它留下了几个未解决的问题，包括：微服务架构如何与更广泛的软件架构概念相结合？什么是服务？服务的规模有多重要？

为了回答这些问题，我们需要退后一步，看看软件架构的含义。软件的架构是一种抽象的结构，它由软件的各个组成部分和这些部分之间的依赖关系构成。正如你将在本节中看到的，软件的架构是多维的，因此有多种方法可以对其进行描述。架构很重要的原因是它决定了应用程序的质量属性或能力。传统上，架构的目标是可扩展性、可靠性和安全性。但是今天，该架构能够快速安全地交付软件，这一点非常重要。你将了解微服务架构是一种架构风格，可为应用程序提供更高的可维护性、可测试性和可部署性。

我将通过描述软件架构的概念及其重要性来开始本节。接下来，我将讨论架构风格的概念。然后我将微服务架构定义为特定的架构风格。让我们从理解软件架构的概念开始。

2.1.1　软件架构是什么，为什么它如此重要

架构显然很重要。至少有两个专门讨论该主题的会议：O'Reilly 的软件架构会议（https://confe-rences.oreilly.com/software-architecture）和 SATURN 会议（https://resources.sei.cmu.edu/news-events/events/saturn）。许多开发人员的目标是成为一名架构师。但什么是架构，为什么它如此重要？

为了回答这个问题，我首先定义术语软件架构的含义。之后，我将讨论应用程序的架构是多维的，并使用一组视图或蓝图进行描述。然后我将强调软件架构的重要性，因为它对应用程序的质量属性有显著的影响。

软件架构的定义

软件架构有很多定义。例如，维基百科上列举了大量的定义（https://en.wikiquote.org/wiki/Software_architecture）。我最喜欢的定义来自卡耐基梅隆大学软件工程研究所（www.sei.cmu.edu）的 Len Bass 及其同事，他们在使软件架构成为一门学科方面发挥了关键作用。他们定义的软件架构如下：

　　计算机系统的软件架构是构建这个系统所需要的一组结构，包括软件元素、它们之间的关系以及两者的属性。

——Bass 等著《Documenting Software Architectures: Views and Beyond》

这显然是一个非常抽象的定义。但其实质是应用程序的架构是将软件分解为元素（element）和这些元素之间的关系（relation）。由于以下两个原因，分解很重要：

- 它促进了劳动和知识的分工。它使具有特定专业知识的人们（或多个团队）能够就应用程序高效地协同工作。
- 它定义了软件元素的交互方式。

将软件分解成元素以及定义这些元素之间的关系，决定了软件的能力。

软件架构的 4+1 视图模型

从更具体的角度而言，应用程序的架构可以从多个视角来看，就像建筑架构，一般有结构、管线、电气等多个架构视角。Phillip Krutchen 在他经典的论文《Architectural Blueprints ——The 4+1 View Model of Software Architecture》中提出了软件架构的 4+1 视图（www.cs.ubc.ca/~gregor/teaching/papers/4+1view-architecture.pdf）。图 2-1 展示的这套视图定义了四个不同的软件架构视图，每一个视图都只描述架构的一个特定方面。每个视图包括一些特定的软件元素和它们相互之间的关系。

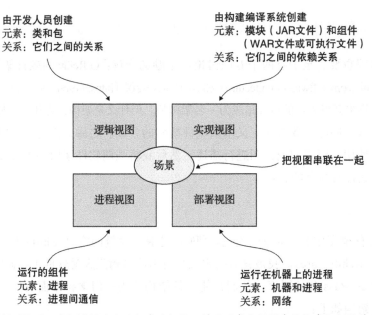

图 2-1　4+1视图模型使用四个视图描述应用程序的架构，并显示每个视图中的元素如何协作处理请求的场景

每个视图的目的如下：

- 逻辑视图：开发人员创建的软件元素。在面向对象的语言中，这些元素是类和包。它们之间的关系是类和包之间的关系，包括继承、关联和依赖。
- 实现视图：构建编译系统的输出。此视图由表示打包代码的模块和组件组成，组件是由一个或多个模块组成的可执行或可部署单元。在 Java 中，模块是 JAR 文件，组件通常是 WAR 文件或可执行 JAR 文件。它们之间的关系包括模块之间的依赖关系以及组件和模块之间的组合关系。
- 进程视图：运行时的组件。每个元素都是一个进程，进程之间的关系代表进程间通信。
- 部署视图：进程如何映射到机器。此视图中的元素由（物理或虚拟）计算机和进程组成。机器之间的关系代表网络。该视图还描述了进程和机器之间的关系。

除了这四个视图以外，4+1 中的 +1 是指场景，它负责把视图串联在一起。每个场景负责描述在一个视图中的多个架构元素如何协作，以完成一个请求。例如，在逻辑视图中的场景，展现了类是如何协作的。同样，在进程视图中的场景，展现了进程是如何协作的。

4+1 视图是描述应用程序架构的绝佳方式。每一个视图都描述了架构的一个重要侧面。场景把视图中的元素如何协作串联在一起。现在我们来看看为什么架构是如此重要。

为什么架构如此重要

应用程序有两个层面的需求。第一类是功能性需求，这些需求决定一个应用程序做什么。这些通常都包含在用例（use case）或者用户故事（user story）中。应用的架构其实跟这些功能性需求没什么关系。功能性需求可以通过任意的架构来实现，甚至是非常糟糕的大泥球架构。

架构的重要性在于，它帮助应用程序满足了第二类需求：非功能性需求。我们把这类需求也称之为质量属性需求，或者简称为"能力"。这些非功能性需求决定一个应用程序在运行时的质量，比如可扩展性和可靠性。它们也决定了开发阶段的质量，包括可维护性、可测试性、可扩展性和可部署性。为应用程序所选择的架构将决定这些质量属性。

2.1.2　什么是架构的风格

在物理世界中，建筑物的建筑通常遵循特定的风格，例如维多利亚式、美国工匠式或装饰艺术式。每种风格都是一系列设计决策，限制了建筑的特征和建筑材料。建筑风格的概念也适用于软件。David Garlan 和 Mary Shaw（An Introduction to Software Architecture，January 1994）这两位软件架构学科的先驱定义了如下架构风格（https://www.cs.cmu.edu/afs/cs/project/able/ftp/intro_softarch/intro_softarch.pdf）：

因此，架构风格根据结构组织模式定义了一系列此类系统。更具体地说，架构风格确定可以在该风格的实例中使用的组件和连接器的词汇表，以及关于如何组合它们的一组约束。

特定的架构风格提供了有限的元素（组件）和关系（连接器），你可以从中定义应用程序架构的视图。应用程序通常使用多种架构风格的组合。例如，在本节的后面，我将描述单体架构是如何将实现视图构造为单个（可执行与可部署）组件的架构样式。微服务架构将应用程序构造为一组松散耦合的服务。

分层式架构风格

架构的典型例子是分层架构。分层架构将软件元素按"层"的方式组织。每个层都有明确定义的职责。分层架构还限制了层之间的依赖关系。每一层只能依赖于紧邻其下方的层（如果严格分层）或其下面的任何层。

可以将分层架构应用于前面讨论的四个视图中的任何一个。流行的三层架构是应用于逻辑视图的分层架构。它将应用程序的类组织到以下层中：

- 表现层：包含实现用户界面或外部 API 的代码。
- 业务逻辑层：包含业务逻辑。
- 数据持久化层：实现与数据库交互的逻辑。

分层架构是架构风格的一个很好的例子，但它确实有一些明显的弊端：

- 单个表现层：它无法展现应用程序可能不仅仅由单个系统调用的事实。
- 单一数据持久化层：它无法展现应用程序可能与多个数据库进行交互的事实。
- 将业务逻辑层定义为依赖于数据持久化层：理论上，这样的依赖性会妨碍你在没有数据库的情况下测试业务逻辑。

此外，分层架构错误地表示了精心设计的应用程序中的依赖关系。业务逻辑通常定义数据访问方法的接口或接口库。数据持久化层则定义了实现存储库接口的 DAO 类。换句话说，依赖关系与分层架构所描述的相反。

让我们看一下克服这些弊端的替代架构：六边形架构。

关于架构风格的六边形

六边形架构是分层架构风格的替代品。如图 2-2 所示，六边形架构风格选择以业务逻辑为中心的方式组织逻辑视图。应用程序具有一个或多个入站适配器，而不是表示层，它通过调用业务逻辑来处理来自外部的请求。同样，应用程序具有一个或多个出站适配器，而不是数据持久化层，这些出站适配器由业务逻辑调用并调用外部应用程序。此架构的一个关键特性和优点是业务逻辑不依赖于适配器。相反，各种适配器都依赖业务逻辑。

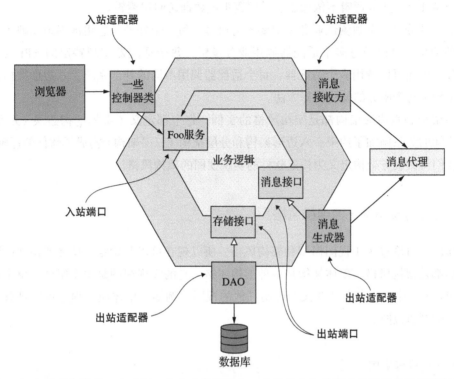

图 2-2　六边形架构的一个示例，它由业务逻辑和一个或多个与外部系统通信的适配器组成。业务逻辑具有一个或多个端口。处理来自外部系统请求的入站适配器调用入站端口。出站适配器实现出站端口，并调用外部系统

业务逻辑具有一个或多个端口（port）。端口定义了一组操作，关于业务逻辑如何与外部交互。例如，在 Java 中，端口通常是 Java 接口。有两种端口：入站和出站端口。入站端口是业务逻辑公开的 API，它使外部应用程序可以调用它。入站端口的一个实例是服务接口，它定义服务的公共方法。出站端口是业务逻辑调用外部系统的方式。出站端口的一个实例是存储库接口，它定义数据访问操作的集合。

业务逻辑的周围是适配器。与端口一样，有两种类型的适配器：入站和出站。入站适配器通过调用入站端口来处理来自外部世界的请求。入站适配器的一个实例是 Spring MVC Controller，它实现一组 REST 接口（endpoint）或一组 Web 页面。另一个实例是订阅消息的消息代理客户端。多个入站适配器可以调用相同的入站端口。

出站适配器实现出站端口，并通过调用外部应用程序或服务处理来自业务逻辑的请求。出站适配器的一个实例是实现访问数据库的操作的数据访问对象（DAO）类。另一个实例是

调用远程服务的代理类。出站适配器也可以发布事件。

六边形架构风格的一个重要好处是它将业务逻辑与适配器中包含的表示层和数据访问层的逻辑分离开来。业务逻辑不依赖于表示层逻辑或数据访问层逻辑。

由于这种分离，单独测试业务逻辑要容易得多。另一个好处是它更准确地反映了现代应用程序的架构。可以通过多个适配器调用业务逻辑，每个适配器实现特定的 API 或用户界面。业务逻辑还可以调用多个适配器，每个适配器调用不同的外部系统。六边形架构是描述微服务架构中每个服务的架构的好方法。

分层架构和六边形架构都是架构风格的实例。每个都定义了架构的构建块（元素），并对它们之间的关系施加了约束。六边形架构和分层架构（三层架构）构成了软件的逻辑视图。现在让我们将微服务架构定义为构成软件的实现视图的架构风格。

2.1.3   微服务架构是一种架构风格

前面已经讨论过 4+1 视图模型和架构风格，所以现在可以开始定义单体架构和微服务架构。它们都是架构风格。单体架构是一种架构风格，它的实现视图是单个组件：单个可执行文件或 WAR 文件。这个定义并没有说明其他的视图。例如，单体应用程序可以具有六边形架构风格的逻辑视图。

> **模式：单体架构**
>
> 将应用程序构建为单个可执行和可部署组件。请参阅：http://microservices.io/patterns/monolithic.html。

微服务架构也是一种架构风格。它的实现视图由多个组件构成：一组可执行文件或 WAR 文件。它的组件是服务，连接器是使这些服务能够协作的通信协议。每个服务都有自己的逻辑视图架构，通常也是六边形架构。图 2-3 显示了 FTGO 应用程序可能的微服务架构。此架构中的服务对应于业务功能，例如订单管理和餐馆管理。

> **模式：微服务架构**
>
> 将应用程序构建为松耦合、可独立部署的一组服务。请参阅：http://microservices.io/patterns/microservices.html。

在本章后面，我将描述业务能力（business capability）的含义。服务之间的连接器使用进程间通信机制（如 REST API 和异步消息）实现。第 3 章将更详细地讨论进程间通信。

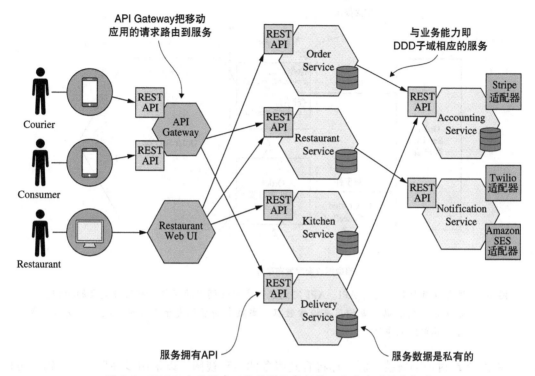

图 2-3　FTGO 应用程序可能的微服务架构。它由众多服务组成

微服务架构强加的一个关键约束是服务松耦合。因此，服务之间的协作方式存在一定限制。为了解释这些限制，我将尝试定义什么是服务，解释松耦合意味着什么，并告诉你为什么这很重要。

什么是服务

服务是一个单一的、可独立部署的软件组件，它实现了一些有用的功能。图 2-4 显示了服务的外部视图，在此示例中是 Order Service。服务具有 API，为其客户端提供对功能的访问。有两种类型的操作：命令和查询。API 由命令、查询和事件组成。命令如 createOrder() 执行操作并更新数据。查询，如 findOrderById() 检索数据。服务还发布由其客户端使用的事件，例如 OrderCreated。

服务的 API 封装了其内部实现。与单体架构不同，开发人员无法绕过服务的 API 直接访问服务内部的方法或数据。因此，微服务架构强制实现了应用程序的模块化。

微服务架构中的每项服务都有自己的架构，可能还有独特的技术栈。但是典型的服务往往都具有六边形架构。其 API 由与服务的业务逻辑交互的适配器实现。操作适配器调用业务逻辑，事件适配器对外发布业务逻辑产生的事件。

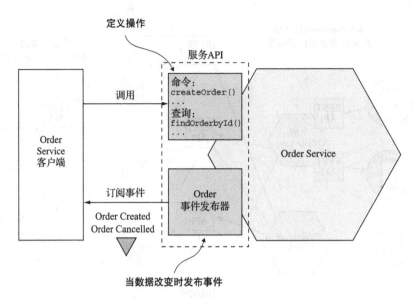

图 2-4   服务具有封装实现的 API。API 定义了由客户端调用的操作。有两种类型的操作：命
令用来更新数据，查询用来检索数据。当服务的数据发生更改时，服务会发布可供
客户端订阅的事件

在第 12 章讨论部署技术时，你将看到服务的实现视图可以采用多种形式。该组件可以
是独立进程，在容器中运行的 Web 应用程序或 OSGI 包、云主机或 Serverless 技术，等等。
但是，一个基本要求是服务具有 API 并且可以独立部署。

什么是松耦合

微服务架构的最核心特性是服务之间的松耦合性（https://en.wikipedia.org/wiki/Loose_
coupling）。服务之间的交互采用 API 完成，这样做就封装了服务的实现细节。这允许服务在
不影响客户端的情况下，对实现方式做出修改。松耦合服务是改善开发效率、提升可维护性
和可测试性的关键。小的、松耦合的服务更容易被理解、修改和测试。

我们通过 API 来实现松耦合服务之间的协调调用，这样就避免了外界对服务的数据库的
直接访问和调用。服务自身的持久化数据就如同类的私有属性一样，是不对外的。保证数据
的私有属性是实现松耦合的前提之一。这样做，就允许开发者修改服务的数据结构，而不用
提前与其他服务的开发者互相协商。这样做在运行时也实现了更好的隔离。例如，一个服务
的数据库加锁不会影响另外的服务。但是你稍后就会看到在服务间不共享数据库的弊端，特
别是处理数据一致性和跨服务查询都变得更为复杂。

共享类库的角色

开发人员经常把一些通用的功能打包到库或模块中，以便多个应用程序可以重用它而无

须复制代码。毕竟，如果没有 Maven 或 npm 库，我们今天的开发工作都会变得更困难。你可能也想在微服务架构中使用共享库。从表面上看，它似乎是减少服务中代码重复的好方法。但是你需要确保不会意外地在服务之间引入耦合。

例如，想象一下多个服务需要更新 Order 业务对象的场景。一种选择是将该功能打包为可供多个服务使用的库。一方面，使用库可以消除代码重复。另一方面，如果业务需求的变更影响了 Order 业务对象，开发者需要同时重建和重新部署所有使用了共享库的服务。更好的选择是把这些可能会更改的通用功能（例如 Order 管理）作为服务来实现，而不是共享库。

你应该努力使用共享库来实现不太可能改变的功能。例如，在典型的应用程序中，在每个服务中都实现一个通用的 Money 类（例如用来实现币种转换等固定功能）没有任何意义。相反，你应该创建一个供所有服务使用的共享库。

服务的大小并不重要

微服务这个术语的一个问题是会将你的关注点错误地聚焦在微上。它暗示服务应该非常小。其他基于大小的术语（如 miniservice 或 nanoservice）也是如此。实际上，大小不是一个重要的考虑因素。

更好的目标是将精心设计的服务定义为能够由小团队开发的服务，并且交付时间最短，与其他团队协作最少。理论上，团队可能只负责单一服务，因此服务绝不是微小的。相反，如果服务需要大型团队或需要很长时间进行测试，那么拆分团队或服务可能是有意义的。另外，如果你因为其他服务的变更而不断需要同步更新自己负责的服务，或者你所负责的服务正在触发其他服务的同步更新，那么这表明服务没有实现松耦合。你构建的甚至可能是一个分布式的单体。

微服务架构把应用程序通过一些小的、松耦合的服务组织在一起。结果，这样的架构提升了开发阶段的效率，特别是可维护性、可测试性和可部署性，这也就让组织的软件开发速度更快。微服务架构也同时提升了应用程序的可扩展性，尽管这不是微服务的主要目标。为了使用微服务架构开发软件，你首先需要识别服务，并确定它们之间如何协作。现在我们来看看如何定义一个应用程序的微服务架构。

2.2　为应用程序定义微服务架构

那么如何定义一个微服务架构呢？跟所有的软件开发过程一样，一开始我们需要拿到领域专家或者现有应用的需求文档。跟所有的软件开发一样，定义架构也是一项艺术而非技术。本节我们将介绍一种定义应用程序架构的三步式流程，如图 2-5 所示。世界上并没有一个机械化的流程可以遵循，然后指望这个流程输出一个合理的架构。我们只能介绍一个大概的方法，现实世界中，这是一个不断迭代和持续创新的过程。

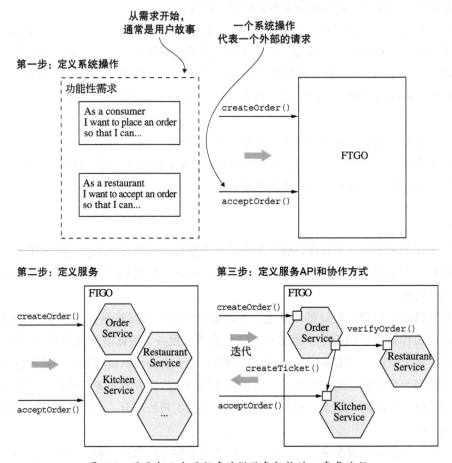

图 2-5　用于定义应用程序的微服务架构的三步式流程

　　应用程序是用来处理客户端请求的，因此定义其架构的第一步是将应用程序的需求提炼为各种关键请求。但是，不是根据特定的进程间通信技术（如 REST 或消息）来描述这些请求，而是使用更抽象的系统操作这个概念。系统操作（system operation）是应用程序必须处理的请求的一种抽象描述。它既可以是更新数据的命令，也可以是检索数据的查询。每个命令的行为都是根据抽象领域模型定义的，抽象领域模型也是从需求中派生出来的。系统操作是描述服务之间协作方式的架构场景。

　　该流程的第二步是确定如何分解服务。有几种策略可供选择。一种源于业务架构学派的策略是定义与业务能力相对应的服务。另一种策略是围绕领域驱动设计的子域来分解和设计服务。但这些策略的最终结果都是围绕业务概念而非技术概念分解和设计的服务。

定义应用程序架构的第三步是确定每个服务的 API。为此，你将第一步中标识的每个系统操作分配给服务。服务可以完全独立地实现操作。或者，它可能需要与其他服务协作。在这种情况下，你可以确定服务的协作方式，这通常需要服务来支持其他操作。你还需要确定选用第 3 章中描述的哪种进程间通信机制来实现每个服务的 API。

服务的分解有几个障碍需要克服。首先是网络延迟。你可能会发现，由于服务之间的网络往返太多，特定的分解将是不切实际的。分解的另一个障碍是服务之间的同步通信降低了可用性。你可能需要使用第 3 章中描述的自包含服务的概念。第三个障碍是需要维护跨服务的数据一致性。你需要使用第 4 章中讨论的 Saga。分解的第四个也是最后一个障碍是所谓的上帝类（God Class），它广泛应用在整个应用程序中。幸运的是，你可以使用领域驱动设计中的概念来消除上帝类。

本节首先介绍如何识别应用程序的系统操作。之后，会研究将应用程序分解为服务的策略和指南、分解的障碍以及如何解决它们。最后，将描述如何定义每个服务的 API。

2.2.1　识别系统操作

定义应用程序架构的第一步是定义系统操作。起点是应用程序的需求，包括用户故事及其相关的用户场景（请注意，这些与架构场景不同）。使用图 2-6 中所示的两步式流程识别和定义系统操作。这个流程的灵感来自 Craig Larman 的名著《Applying UML and Patterns》（Prentice Hall，2004）中介绍的面向对象设计过程（www.craiglarman.com/wiki/index.php?title=Book_Applying_UML_and_Patterns）。第一步创建由关键类组成的抽象领域模型，这些关键类提供用于描述系统操作的词汇表。第二步确定系统操作，并根据领域模型描述每个系统操作的行为。

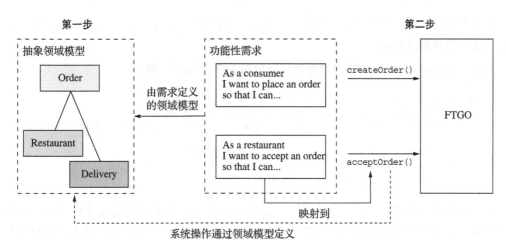

图 2-6　使用这个两步式流程从应用程序的需求识别系统操作。第一步是创建一个抽象领域模型。第二步是定义系统操作，这些操作是根据领域模型定义的

领域模型主要源自用户故事中提及的名词，系统操作主要来自用户故事中提及的动词。你还可以使用名为事件风暴（Event Storming）的技术定义领域模型，我将在第 5 章中讨论。每个系统操作的行为都是根据它对一个或多个领域对象的影响以及它们之间的关系来描述的。系统操作可以创建、更新或删除领域对象，以及创建或破坏它们之间的关系。

我们来看看如何定义抽象领域模型。之后，我将根据领域模型定义系统操作。

创建抽象领域模型

定义系统操作的第一步是为这个应用程序描绘一个抽象的领域模型。注意这个模型比我们最终要实现的简单很多。应用程序本身并不需要一个领域模型，因为我们在稍后会学到，每一个服务都有它自己的领域模型。尽管非常简单，抽象的领域模型仍旧有助于在开始阶段提供帮助，因为它定义了描述系统操作行为的一些词语。

创建领域模型会采用一些标准的技术，例如通过与领域专家沟通后，分析用户故事和场景中频繁出现的名词。例如 Place Order 用户故事，我们可以把它分解为多个用户场景，例如这个：

```
Given a consumer
  And a restaurant
  And a delivery address/time that can be served by that restaurant
  And an order total that meets the restaurant's order minimum
When the consumer places an order for the restaurant
Then consumer's credit card is authorized
  And an order is created in the PENDING_ACCEPTANCE state
  And the order is associated with the consumer
  And the order is associated with the restaurant
```

在这个用户场景中的名词，如 Consumer、Order、Restaurant 和 CreditCard，暗示了这些类都是需要的。

同样，Accept Order 用户故事也可以分解为多个场景，如下：

```
Given an order that is in the PENDING_ACCEPTANCE state
  and a courier that is available to deliver the order
When a restaurant accepts an order with a promise to prepare by a particular
    time
Then the state of the order is changed to ACCEPTED
  And the order's promiseByTime is updated to the promised time
  And the courier is assigned to deliver the order
```

这个场景暗示需要 Courier 类和 Delivery 类。在经过几次迭代分析之后，结果显然就是这个领域模型应该包括一些类，如 MenuItem 和 Address 等。图 2-7 显示了核心类的类图。

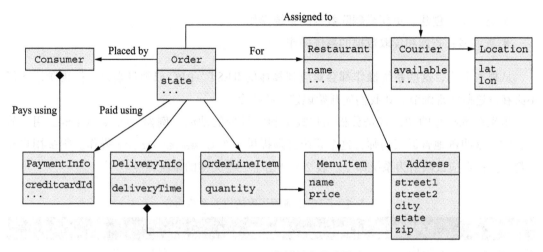

图 2-7 FTGO 领域模型中的关键类

每一个类的作用如下：

- Consumer：下订单的用户。
- Order：用户下的订单，它用来描述订单并跟踪状态。
- OrderLineItem：Order 中的一个条目。
- DeliveryInfo：送餐的时间和地址。
- Restaurant：为用户准备生产订单的餐馆，同时也要发起送货。
- MenuItem：餐馆菜单上的一个条目。
- Courier：送餐员负责把订单送到用户手里。可跟踪送餐员的可用性和他们的位置。
- Address：Consumer 或 Restaurant 的地址。
- Location：Courier 当前的位置，用经纬度表示。

类似图 2-7 这种类图描述了应用程序架构的一个方面。但如果没有对应的场景，这个图也就是仅仅好看而已，并不实用。下一步开始定义对应架构场景的系统操作。

定义系统操作

当定义了抽象的领域模型之后，接下来就要识别系统必须处理的各种请求。我们并不讨论具体的用户界面，但是你能够想象在每一个用户场景下，前端的用户界面向后端的业务逻辑发出请求，后端的业务逻辑进行数据的获取和处理。FTGO 是一个 Web 应用，这意味着它的大部分请求都是基于 HTTP 的。但也有可能一些客户端会使用消息。相比绑定到具体的通信协议，使用抽象的词汇来描述跟系统操作有关的请求更为合理。

有以下两种类型的系统操作。

■ 命令型：创建、更新或删除数据的系统操作。
■ 查询型：查询和读取数据的系统操作。

从根本上说，这些系统操作都会对应到具体的 REST、RPC 或消息端口。但现阶段我们不必在意这些实现细节。让我们先开始识别一些指令。

识别系统指令的切入点是分析用户故事和场景中的动词。例如 Place Order 用户故事，它非常明确地告诉架构师，这个系统必须提供一个 Create Order 操作。很多用户故事都会直接对应或映射为系统命令。表 2-1 列出了一些关键的系统命令。

表 2-1　FTGO 应用程序的重要系统命令

操作者	用户故事	命　令	描　述
Consumer	Create Order	createOrder()	创建一个订单
Restaurant	Accept Order	acceptOrder()	表示餐馆接受了订单，并承诺在规定的时间准备完毕
Restaurant	Order Ready for Pickup	noteOrderReadyForPickup()	表示订单已经准备完毕，可以送餐
Courier	Update Location	noteUpdatedLocation()	更新送餐员的当前位置
Courier	Delivery picked up	noteDeliveryPickedUp()	表示送餐员已经取餐
Courier	Delivery delivered	noteDeliveryDelivered()	表示送餐员已经送餐

命令规范定义了命令对应的参数、返回值和领域模型类的行为。行为规范中包括前置条件（即当这个操作被调用时必须满足的条件）和后置条件（即这个操作被调用后必须满足的条件）。例如，以下就是 createOrder() 系统操作的规范。

操作	createOrder(consumer id, payment method, delivery address, delivery time,restaurant id, order line items)
返回	orderId, …
前置条件	■消费者存在并可以下订单 ■条目对应餐馆的菜单项 ■送餐地址和时间在餐馆的服务范围内
后置条件	■消费者的信用卡预授权完成 ■订单被创建并设置为 PENDING_ACCEPTANCE 状态

前置条件对应着 Place Order 用户场景中的 givens，后置条件对应着场景中的 Then。当系统操作被调用时，它会检查前置条件，执行操作来完成和满足后置条件。

下面是 acceptOrder() 的系统操作规范：

操作	acceptOrder(restaurantId, orderId, readyByTime)
返回	/
前置条件	■order.status 是 PENDING_ACCEPTANCE ■有可用的送餐员完成这个订单的送餐任务
后置条件	■order.satus 更改为 ACCEPTED ■order.readyByTime 更改为 readyByTime ■有送餐员被分配执行当前订单的送餐任务

前置条件和后置条件对应着之前用户场景中的描述。

多数与系统操作相关的架构元素是命令。查询虽然仅仅是简单地获取数据，但是也同样重要。

应用程序除了实现指令以外，也必须实现查询。查询为用户决策提供了用户界面。在目前阶段，我们并没有开始为 FTGO 应用程序构思任何用户界面，但是需要注意，当消费者下订单时往往是如下所示的过程：

1. 用户输入送餐地址和期望的送餐时间；

2. 系统显示当前可用的餐馆；

3. 用户选择餐馆；

4. 系统显示餐馆的菜单；

5. 用户点餐并结账；

6. 系统创建订单。

这个用户场景包含了以下的查询型操作：

- findAvailableRestaurants(deliveryAddress,deliveryTime)：获取所有能够送餐到用户地址并满足送餐时间要求的餐馆。

- findRestaurantMenu(id)：返回餐馆信息和这家餐馆的菜单项。

在这两项查询中，findAvailableRestaurants() 也许是在架构层面尤其重要的一个。它是一个包含了地理位置等信息的复杂查询。地理查询的组件负责找到送餐地址周围所有满足要求的餐馆位置。同时它也需要过滤那些在订单准备和送餐时间范围内没有营业的餐馆。另外，这个查询的性能尤其重要，因为执行这个查询时，客户多数都是"在线急等"的状态，耽误不得。

抽象的领域模型和系统操作能够回答这个应用"做什么"这一问题。这有助于推动应用程序的架构设计。每一个系统操作的行为都通过领域模型的方式来描述。每一个重要的系统操作都对应着架构层面的一个重大场景，是架构中需要详细描述和特别考虑的地方。现在我们来看看如何定义应用程序的微服务架构。

系统操作被定义后，下一步就是完成应用服务的识别。如之前提到的，这并不是一个机械化的流程，相反，有多种拆分策略可供选择。每一种都是从一个侧面来解决问题，并且使用它们独有的一些术语。但是殊途同归，这些策略的结果都是一样的：一个包含若干服务的架构，这样的架构是以业务而不是技术概念为中心。

我们先来看看第一个策略：使用业务能力来定义服务。

2.2.2 根据业务能力进行服务拆分

创建微服务架构的策略之一就是采用业务能力进行服务拆分。业务能力是一个来自于业务架构建模的术语。业务能力是指一些能够为公司（或组织）产生价值的商业活动。特定业务的业务能力取决于这个业务的类型。例如，保险公司业务能力通常包括承保、理赔管理、账务和合规等。在线商店的业务能力包括：订单管理、库存管理和发货，等等。

> **模式：根据业务能力进行服务拆分**
> 定义与业务能力相对应的服务。请参阅：http://microservices.io/patterns/decomposition/decompose-by-business-capability.html。

业务能力定义了一个组织的工作

组织的业务能力通常是指这个组织的业务是做什么，它们通常都是稳定的。与之相反，组织采用何种方式来实现它的业务能力，是随着时间不断变化的。这个准则在今天尤其明显，很多新技术在被快速采用，商业流程的自动化程度越来越高。例如，不久之前你还通过把支票交给银行柜员的方式来兑现支票，现在很多 ATM 机都支持直接兑现支票，而今，人们甚至可以使用智能手机拍照的方式来兑现支票。正如你所见，"兑现支票"这个业务能力是稳定不变的，但是这个能力的实现方式正在发生戏剧性的变化。

识别业务能力

一个组织有哪些业务能力，是通过对组织的目标、结构和商业流程的分析得来的。每一个业务能力都可以被认为是一个服务，除非它是面向业务的而非面向技术的。业务能力规范包含多项元素，比如输入和输出、服务等级协议（SLA）。例如，保险承保能力的输入来自客户的应用程序，这个业务能力的输出是完成核保并报价。

业务能力通常集中在特定的业务对象上。例如，理赔业务对象是理赔管理功能的重点。能力通常可以分解为子能力。例如，理赔管理能力具有多个子能力，包括理赔信息管理、理赔审核和理赔付款管理。

把 FTGO 的业务能力逐一列出来似乎也并不太困难，如下所示。

- 供应商管理。
  - Courier management：送餐员相关信息管理；
  - Restaurant information management：餐馆菜单和其他信息管理，例如营业地址和时间。
- 消费者管理：消费者有关信息的管理。
- 订单获取和履行。
  - Order management：让消费者可以创建和管理订单。
  - Restaurant order management：让餐馆可以管理订单的生产过程。
  - 送餐。
  - Courier availability management：管理送餐员的实时状态。
  - Delivery management：把订单送到用户手中。
- 会计记账。
  - Consumer accounting：管理跟消费者相关的会计记账。
  - Restaurant accounting：管理跟餐馆相关的会计记账。
  - Courier accounting：管理跟送餐员相关的会计记账。
- 其他。

顶级能力包括供应商管理、消费者管理、订单获取和履行以及会计记账。可能还有许多其他顶级能力，包括与营销相关的能力。大多数顶级能力都会分解为子能力。例如，订单获取和履行被分解为五个子能力。

这个能力层次的有趣方面是有三个餐馆相关的能力：餐馆信息管理、餐馆订单管理和餐馆会计记账。那是因为它们代表了餐馆运营的三个截然不同的方面。

接下来，我们将了解如何使用业务能力来定义服务。

从业务能力到服务

一旦确定了业务能力，就可以为每个能力或相关能力组定义服务。图 2-8 显示了 FTGO 应用程序从能力到服务的映射。某些顶级能力（如会计记账能力）将映射到服务。在其他情况下，子能力映射到服务。

决定将哪个级别的能力层次结构映射到服务是一个非常主观的判断。我对这种特定映射的理由如下：

- 我将供应商管理的子能力映射到两种服务，因为餐馆和送餐员是非常不同类型的供应商。

- 我将订单获取和履行能力映射到三个服务，每个服务负责流程的不同阶段。我将送餐员可用性管理（Courier availability management）和交付管理（Delivery management）能力结合起来，并将它们映射到单个服务，因为它们交织在一起。
- 我将会计记账能力映射到自己的独立服务，因为不同类型的会计记账看起来很相似。

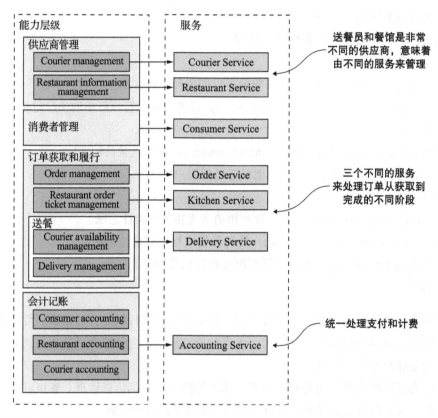

图 2-8　将 FTGO 业务能力映射到服务。能力层次结构各个级别的能力都映射到服务

之后将针对餐馆和送餐员的费用支付和针对消费者的订单收款分开是有意义的。

围绕能力组织服务的一个关键好处是，因为它们是稳定的，所以最终的架构也将相对稳定。架构的各个组件可能会随着业务的具体实现方式的变化而发展，但架构仍保持不变。

话虽如此，重要的是要记住图 2-8 中显示的服务仅仅是定义架构的第一次尝试。随着我们对应用程序领域的了解越来越多，它们可能会随着时间的推移而变化，特别是架构定义流程中的一个重要步骤是调查服务如何在每个关键架构服务中协作。例如，你可能会发现由于过多的进程间通信而导致特定的分解效率低下，导致你必须把一些服务组合在一起。相反，服务可能会在复杂性方面增长到值得将其拆分为多个服务的程度。此外，在 2.2.5 节中将描述可能导致你重新审视当前分解决策的几个障碍。

现在让我们看看基于领域驱动设计分解应用程序的方法。

2.2.3　根据子域进行服务拆分

Eric Evans 在他的经典著作中（Addison-Wesley Professional，2003）提出的领域驱动设计是构建复杂软件的方法论，这些软件通常都以面向对象和领域模型为核心。领域模型以解决具体问题的方式包含了一个领域内的知识。它定义了当前领域相关团队的词汇表，DDD 也称之为通用语言（Ubiquitous language）。领域模型会被紧密地映射到应用的设计和实现环节。在微服务架构的设计层面，DDD 有两个特别重要的概念，子域和限界上下文。

> **模式：根据子域进行服务拆分**
>
> 根据 DDD 的子域设计服务。请参阅：http://microservices.io/patterns/decomposition/decompose-by-subdomain.html。

传统的企业架构建模方式往往会为整个企业建立一个单独的模型，DDD 则采取了完全不同的方式。在这样的模型中，会有适用于整个应用全局的业务实体定义，例如客户或订单。这类传统建模方式的挑战在于，让组织内的所有团队都对全局单一的建模和术语定义达成一致是非常困难的。另外，对于组织中的特定团队而言，这个单一的业务实体定义可能过于复杂，超出了他们的需求。此外，这些传统的领域模型可能会造成混乱，因为组织内有些团队可能针对不同的概念使用相同的术语，而也有些团队会针对同一个概念使用不同的术语。DDD 通过定义多个领域模型来避免这个问题，每个领域模型都有明确的范围。

领域驱动为每一个子域定义单独的领域模型。子域是领域的一部分，领域是 DDD 中用来描述应用程序问题域的一个术语。识别子域的方式跟识别业务能力一样：分析业务并识别业务的不同专业领域，分析产出的子域定义结果也会跟业务能力非常接近。FTGO 的子域包括：订单获取、订单管理、餐馆管理、送餐和会计。正如你所见：这些子域跟我们之前定义的业务能力非常接近。

DDD 把领域模型的边界称为限界上下文（bounded context）。限界上下文包括实现这个模型的代码集合。当使用微服务架构时，每一个限界上下文对应一个或者一组服务。换一种说法，我们可以通过 DDD 的方式定义子域，并把子域对应为每一个服务，这样就完成了微服务架构的设计工作。图 2-9 展示了子域和服务之间的映射，每一个子域都有属于它们自己的领域模型。

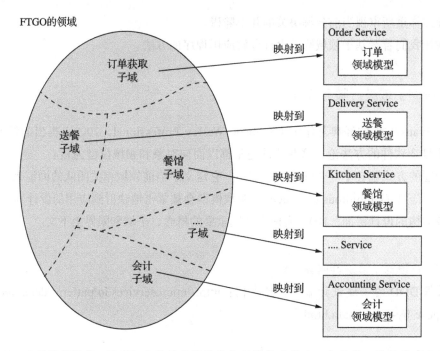

图 2-9　从子域到服务，FTGO 应用程序域的每个子域都映射为一个服务，该服务有自己的
　　　　领域模型

DDD 和微服务架构简直就是天生一对。DDD 的子域和限界上下文的概念，可以很好地跟微服务架构中的服务进行匹配。而且，微服务架构中的自治化团队负责服务开发的概念，也跟 DDD 中每个领域模型都由一个独立团队负责开发的概念吻合。更有趣的是，子域用于它自己的领域模型这个概念，为消除上帝类和优化服务拆分提供了好办法。

按子域分解和按业务能力分解是定义应用程序的微服务架构的两种主要模式。但是，也有一些有用的拆分指导原则源于面向对象的设计。我们来详细讨论这些原则。

2.2.4　拆分的指导原则

到目前为止，在本章中，我们已经了解了定义微服务架构的主要方法。在应用微服务架构模式时，我们还可以采纳和使用面向对象设计中的一些原则。面向对象设计的一些原则也可以用于指导微服务架构的设计工作。这些原则由 Robert C. Martin 在他的著作《Designing Object Oriented C++ Applications Using The Booch Method》（Prentice Hall，1995）中提出。第一个原则就是在定义类的职责时，应该遵循单一职责原则（Single Responsibility Principle，SRP）。第二个原则是把类组成包时，应该遵循闭包原则（Common Closure Principle，CCP）。让我们来看看这些原则如何应用到微服务架构。

单一职责原则

软件架构和设计的主要目标之一是确定每个软件元素的职责。单一职责原则如下：

改变一个类应该只有一个理由。

——Robert C. Martin

类所承载的每一个职责都是对它进行修改的潜在原因。如果一个类承载了多个职责，并且互相之间的修改是独立的，那么这个类就会变得非常不稳定。遵照 SRP 原则，你所定义的每一个类都应该只有一个职责，因此也就只有一个理由对它进行修改。

我们在设计微服务架构时应该遵循 SRP 原则，设计小的、内聚的、仅仅含有单一职责的服务。这会缩小服务的大小并提升它的稳定性。新的 FTGO 架构是应用 SRP 的一个例子。为客户获取餐食的每一个方面（订单获取、订单准备、送餐等）都由一个单一的服务承载。

闭包原则

另外一个有用的原则是闭包原则（CCP）：

在包中包含的所有类应该是对同类的变化的一个集合，也就是说，如果对包做出修改，需要调整的类应该都在这个包之内。

——Robert C. Martin

这就意味着，如果由于某些原因，两个类的修改必须耦合先后发生，那么就应该把它们放在同一个包内。也许，这些类实现了一些特定的业务规则的不同方面。这样做的目标是当业务规则发生变化时，开发者只需要对一个交付包做出修改，而不是大规模地修改（和重新编译）整个应用。采用闭包原则，极大地改善了应用程序的可维护性。

在微服务架构下采用 CCP 原则，这样我们就能把根据同样原因进行变化的服务放在一个组件内。这样做可以控制服务的数量，当需求发生变化时，变更和部署也更加容易。理想情况下，一个变更只会影响一个团队和一个服务。CCP 是解决分布式单体这种可怕的反模式的法宝。

单一职责原则和闭包原则是 Bob Martin 制定的十一项原则中的两项。它们在开发微服务架构时特别有用。在设计类和包时可以使用其余的九个原则。有关单一职责原则、闭包原则和其他面向对象设计原则的更多信息，请参阅 Bob Martin 网站上的文章《面向对象设计的原则》(http://butunclebob.com/ArticleS.UncleBob.PrinciplesOfOod)。

按业务能力和子域以及单一职责原则和闭包原则进行分解是将应用程序分解为服务的好方法。为了应用它们并成功开发微服务架构，你还必须解决一些事务管理和进程间通信问题。

2.2.5　拆分单体应用为服务的难点

从表面上看，通过定义与业务能力或子域相对应的服务来创建微服务架构的策略看起来很简单。但是，你可能会遇到几个障碍：

- 网络延迟。
- 同步进程间通信导致可用性降低。
- 在服务之间维持数据一致性。
- 获取一致的数据视图。
- 上帝类阻碍了拆分。

让我们来看看每个问题，先从网络延迟开始。

网络延迟

网络延迟是分布式系统中一直存在的问题。你可能会发现，对服务的特定分解会导致两个服务之间的大量往返调用。有时，你可以通过实施批处理 API 在一次往返中获取多个对象，从而将延迟减少到可接受的数量。但在其他情况下，解决方案是把多个相关的服务组合在一起，用编程语言的函数调用替换昂贵的进程间通信。

同步进程间通信导致可用性降低

另一个需要考虑的问题是如何处理进程间通信而不降低系统的可用性。例如，实现 createOrder() 操作最常见的方式是让 Order　Service 使用 REST 同步调用其他服务。这样做的弊端是 REST 这样的协议会降低 Order　Service 的可用性。如果任何一个被调用的服务处在不可用的状态，那么订单就无法创建了。有时候这可能是一个不得已的折中，但是在第 3 章中学习异步消息之后，你就会发现其实有更好的办法来消除这类同步调用产生的紧耦合并提升可用性。

在服务之间维持数据一致性

另一个挑战是如何在某些系统操作需要更新多个服务中的数据时，仍旧维护服务之间的数据一致性。例如，当餐馆接受订单时，必须在 Kitchen　Service 和 Delivery　Service 中同时进行更新。Kitchen　Service 会更改 Ticket 的状态。Delivery　Service 安排订单的交付。这些更新都必须以原子化的方式完成。

传统的解决方案是使用基于两阶段提交（two phase commit）的分布式事务管理机制。但正如你将在第 4 章中看到的那样，对于现今的应用程序而言，这不是一个好的选择，你必须使用一种非常不同的方法来处理事务管理，这就是 Saga。Saga 是一系列使用消息协作的本地事务。Saga 比传统的 ACID 事务更复杂，但它们在许多情况下都能工作得很好。Saga 的一个限制是它们最终是一致的。如果你需要以原子方式更新某些数据，那么它必须位于单个服务中，这可能是分解的障碍。

获取一致的数据视图

分解的另一个障碍是无法跨多个数据库获得真正一致的数据视图。在单体应用程序中，ACID 事务的属性保证查询将返回数据库的一致视图。相反，在微服务架构中，即使每个服务的数据库是一致的，你也无法获得全局一致的数据视图。如果你需要一些数据的一致视图，那么它必须驻留在单个服务中，这也是服务分解所面临的问题。幸运的是，在实践中这很少带来真正的问题。

上帝类阻碍了拆分

分解的另一个障碍是存在所谓的上帝类。上帝类是在整个应用程序中使用的全局类（ http://wiki.c2.com/?GodClass ）。上帝类通常为应用程序的许多不同方面实现业务逻辑。它有大量字段映射到具有许多列的数据库表。大多数应用程序至少有一个这样的上帝类，每个类代表一个对领域至关重要的概念：银行账户、电子商务订单、保险政策，等等。因为上帝类将应用程序的许多不同方面的状态和行为捆绑在一起，所以将使用它的任何业务逻辑拆分为服务往往都是一个不可逾越的障碍。

Order 类是 FTGO 应用程序中上帝类的一个很好的例子。这并不奇怪：毕竟 FTGO 的目的是向客户提供食品订单。系统的大多数部分都涉及订单。如果 FTGO 应用程序具有单个领域模型，则 Order 类将是一个非常大的类。它将具有与应用程序的许多不同部分相对应的状态和行为。图 2-10 显示了使用传统建模技术创建的 Order 类的结构。

如你所见，Order 类具有与订单处理、餐馆订单管理、送餐和付款相对应的字段及方法。由于一个模型必须描述来自应用程序的不同部分的状态转换，因此该类还具有复杂的状态模型。在目前情况下，这个类的存在使得将代码分割成服务变得极其困难。

一种解决方案是将 Order 类打包到库中并创建一个中央 Order 数据库。处理订单的所有服务都使用此库并访问访问数据库。这种方法的问题在于它违反了微服务架构的一个关键原则，并导致我们特别不愿意看到的紧耦合。例如，对 Order 模式的任何更改都要求其他开发团队同步更新和重新编译他们的代码。

另一种解决方案是将 Order 数据库封装在 Order Service 中，该服务由其他服务调用以检索和更新订单。该设计的问题在于这样的一个 Order Service 将成为一个纯数据服务，成为包含很少或没有业务逻辑的贫血领域模型（ anemic domain model ）。这两种解决方案都没有吸引力，但幸运的是，DDD 提供了一个好的解决方案。

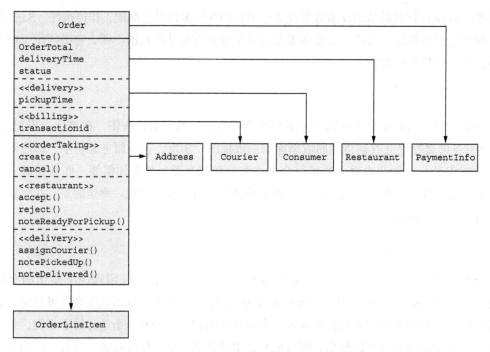

图 2-10   Order 这个上帝类承载了太多的职责

更好的方法是应用 DDD 并将每个服务视为具有自己的领域模型的单独子域。这意味着 FTGO 应用程序中与订单有关的每个服务都有自己的领域模型及其对应的 Order 类的版本。Delivery Service 是多领域模型的一个很好的例子。如图 2-11 所示为 Order，它非常简单：取餐地址、取餐时间、送餐地址和送餐时间。此外，Delivery Service 使用更合适的 Delivery 名称，而不是称之为 Order。

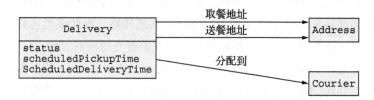

图 2-11   Delivery Service 的领域模型

Delivery Service 对订单的任何其他属性不感兴趣。

Kitchen Service 有一个更简单的订单视图。它的 Order 版本就是一个 Ticket（后厨工单）。如图 2-12 所示，Ticket 只包含 status、requestedDeliveryTime、prepareByTime 以及告诉餐馆准备的订单项列表。它不关心消费者、付款、交付等这些与它无关的事情。

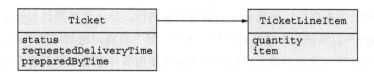

图 2-12　Kitchen Service 的领域模型

Order Service 具有最复杂的订单视图，如图 2-13 所示。即使它有相当多的字段和方法，它仍然比原始版本的那个 Order 上帝类简单得多。

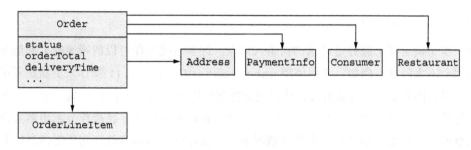

图 2-13　Order Service 的领域模型

每个领域模型中的 Order 类表示同一 Order 业务实体的不同方面。FTGO 应用程序必须维持不同服务中这些不同对象之间的一致性。例如，一旦 Order Service 授权消费者的信用卡，它必须触发在 Kitchen Service 中创建 Ticket。同样，如果 Kitchen Service 拒绝订单，则必须在 Order Service 中取消订单，并且为客户退款。在第 4 章中，我们将学习如何使用前面提到的事件驱动机制 Saga 来维护服务之间的一致性。

除了造成一些技术挑战以外，拥有多个领域模型还会影响用户体验。应用程序必须在用户体验（即其自己的领域模型）与每个服务的领域模型之间进行转换。例如，在 FTGO 应用程序中，向消费者显示的 Order 状态来自存储在多个服务中的 Order 信息。这种转换通常由 API Gateway 处理，将在第 8 章中讨论。尽管存在这些挑战，但在定义微服务架构时，必须识别并消除上帝类。

我们现在来看看如何定义服务 API。

2.2.6　定义服务 API

到目前为止，我们有一个系统操作列表和一个潜在服务列表。下一步是定义每个服务的 API：也就是服务的操作和事件。存在服务 API 操作有以下两个原因：首先，某些操作对应于系统操作。它们由外部客户端调用，也可能由其他服务调用。其次，存在一些其他操作用以支持服务之间的协作。这些操作仅由其他服务调用。

服务通过对外发布事件，使其能够与其他服务协作。第 4 章将描述如何使用事件来实现
Saga，这些 Saga 可以维护服务之间的数据一致性。第 7 章将讨论如何使用事件来更新 CQRS
视图，这些视图支持有效的查询。应用程序还可以使用事件来通知外部客户端。例如，可以
使用 WebSockets 将事件传递给浏览器。

定义服务 API 的起点是将每个系统操作映射到服务。之后确定服务是否需要与其他服
务协作以实现系统操作。如果需要协作，我们将确定其他服务必须提供哪些 API 才能支持协
作。首先来看一下如何将系统操作分配给服务。

把系统操作分配给服务

第一步是确定哪个服务是请求的初始入口点。许多系统操作可以清晰地映射到服务，但
有时映射会不太明显。例如，考虑使用 noteUpdatedLocation() 操作来更新送餐员的位
置。一方面，因为它与送餐员有关，所以应该将此操作分配给 Courier Service。另一方
面，它是需要送餐地点的 Delivery Service。在这种情况下，将操作分配给需要操作所
提供信息的服务是更好的选择。在其他情况下，将操作分配给具有处理它所需信息的服务可
能是有意义的。

表 2-2 显示了 FTGO 应用程序中的哪些服务负责哪些操作。

表 2-2　FTGO 应用程序的系统操作映射到具体的服务

服　　务	操　　作
Consumer Service	createConsumer()
Order Service	createOrder()
Restaurant Service	findAvailableRestaurants()
Kitchen Service	▪ acceptOrder() ▪ noteOrderReadyForPickup()
Delivery Service	▪ noteUpdatedLocation() ▪ noteDeliveryPickedUp() ▪ noteDeliveryDelivered()

把操作分配给服务后，下一步是确定在处理每一个系统操作时，服务之间如何交互。

确定支持服务协作所需要的 API

某些系统操作完全由单个服务处理。例如，在 FTGO 应用程序中，Consumer Service
完全独立地处理 createConsumer() 操作。但是其他系统操作跨越多个服务。处理这些
请求之一所需的数据可能分散在多个服务周围。例如，为了实现 createOrder() 操作，

Order Service 必须调用以下服务以验证其前置条件并使后置条件成立：

- Consumer Service：验证消费者是否可以下订单并获取其付款信息。
- Restaurant Service：验证订单行项目，验证送货地址和时间是否在餐厅的服务区域内，验证订单最低要求，并获得订单行项目的价格。
- Kitchen Service：创建 Ticket（后厨工单）。
- Accounting Service：授权消费者的信用卡。

同样，为了实现 acceptOrder() 系统操作，Kitchen Service 必须调用 Delivery Service 来安排送餐员交付订单。表 2-3 显示了服务、修订后的 API 及协作者。为了完整定义服务 API，你需要分析每个系统操作并确定所需的协作。

表 2-3 服务、修订后的 API 及协作者

服 务	操 作	协 作 者
Consumer Service	verifyConsumerDetails()	—
Order Service	createOrder()	■ Consumer Service verifyConsumerDetails() ■ Restaurant Service verifyOrderDetails() ■ Kitchen Service createTicket() ■ Accounting Service authorizeCard()
Restaurant Service	■ findAvailableRestaurants() ■ verifyOrderDetails()	—
Kitchen Service	■ createTicket() ■ acceptOrder() ■ noteOrderReadyForPickup()	■ Delivery Service scheduleDelivery()
Delivery Service	■ scheduleDelivery() ■ noteUpdatedLocation() ■ noteDeliveryPickedUp() ■ noteDeliveryDelivered()	—
Accounting Service	■ authorizeCard()	—

到目前为止，我们已经确定了每项服务实现的服务和操作。但重要的是要记住，我们勾勒出的架构非常抽象。我们没有选择任何特定的进程间通信技术。此外，即使术语操作表明某种基于同步请求和响应的进程间通信机制，你也会发现异步消息起着重要作用。在本书

中，我将会介绍可能影响这些服务协作方式的架构和设计概念。

第 3 章将介绍特定的进程间通信技术，包括 REST 等同步通信机制和使用消息代理的异步消息。我将讨论同步通信如何影响可用性并引入自包含服务的概念，该服务不会同步调用其他服务。实现自包含服务的一种方法是使用第 7 章中介绍的 CQRS 模式。例如，Order Service 可以维护 Restaurant Service 所拥有的数据的副本，以便消除同步调用 Restaurant Service 进行订单验证的需要。通过订阅 Restaurant Service 在其数据发生更新时对外发布的事件，Order Service 可以维护 Restaurant Service 的一份数据副本。

第 4 章将介绍 Saga 概念以及它如何使用异步消息来协调参与 Saga 的服务。除了可靠地更新分散在多个服务中的数据之外，Saga 也是实现自包含服务的一种方式。例如，我将描述如何使用 Saga 实现 createOrder() 操作，该 Saga 使用异步消息调用服务，例如 Consumer Service、Kitchen Service 和 Accounting Service。

第 8 章将描述 API Gateway 的概念，它将 API 公开给外部客户端。API Gateway 可以使用第 7 章中描述的 API 组合模式实现查询操作，而不是简单地将其路由到服务。API Gateway 中的逻辑通过调用多个服务并组合结果来收集查询所需的数据。在这种情况下，系统操作被分配给 API Gateway 而不是服务。服务需要实现 API Gateway 所需要的查询操作。

本章小结

- 架构决定了软件的各种非功能性因素，比如可维护性、可测试性、可部署性和可扩展性，它们会直接影响开发速度。
- 微服务架构是一种架构风格，它给应用程序带来了更高的可维护性、可测试性、可部署性和可扩展性。
- 微服务中的服务是根据业务需求进行组织的，按照业务能力或者子域，而不是技术上的考量。
- 有两种分解模式：
  - 按业务能力分解，其起源于业务架构。
  - 基于领域驱动设计的概念，通过子域进行分解。
- 可以通过应用 DDD 并为每个服务定义单独的领域模型来消除上帝类，正是上帝类引起了阻碍分解的交织依赖项。

微服务架构中的进程间通信

本章导读

- 通信模式的具体应用：远程过程调用、断路器、客户端发现、自注册、服务端发现、第三方注册、异步消息、事务性发件箱、事务日志拖尾、轮询发布者
- 进程间通信在微服务架构中的重要性
- 定义和演化 API
- 如何在各种进程间通信技术之间进行权衡
- 使用异步消息对服务的好处
- 把消息作为数据库事务的一部分可靠发送

　　与大多数其他开发人员一样，玛丽和她的团队在进程间通信（IPC）机制方面有一些经验。FTGO 应用程序有一个 REST API，供移动应用程序和浏览器端 JavaScript 使用。它还使用各种云服务，例如 Twilio 消息服务和 Stripe 支付服务。但是在像 FTGO 这样的单体应用程序中，模块之间通过语言级方法或函数相互调用。FTGO 开发人员通常不需要考虑进程间通信，除非他们正在开发 REST API 或与云服务集成有关的模块。

　　相反，正如你在第 2 章中看到的那样，微服务架构将应用程序构建为一组服务。这些服务必须经常协作才能处理各种外部请求。因为服务实例通常是在多台机器上运行的进程，所

以它们必须使用进程间通信进行交互。因此，进程间通信技术在微服务架构中比在单体架构中扮演着更重要的角色。当应用程序迁移到微服务时，玛丽和其他 FTGO 开发人员将需要花费更多时间来思考进程间通信有关的问题。

当前有多种进程间通信机制供开发者选择。比较流行的是 REST（使用 JSON）。但是，需要牢记"没有银弹"这个大原则。你必须仔细考虑这些选择。本章将探讨各种进程间通信机制，包括 REST 和消息传递，并讨论如何进行权衡。

选择合适的进程间通信机制是一个重要的架构决策。它会影响应用程序可用性。更重要的是，正如我在本章和下一章中所解释的那样，进程间通信甚至与事务管理互相影响。一个理想的微服务架构应该是在内部由松散耦合的若干服务组成，这些服务使用异步消息相互通信。REST 等同步协议主要用于服务与外部其他应用程序的通信。

我从介绍微服务架构中的进程间通信开始本章。接下来，我将以流行的 REST 为例描述基于远程过程调用的进程间通信。服务发现和如何处理"局部失效"是我会重点讨论的主题。在这之后，我会描述基于异步消息的进程间通信，还将讨论保留消息顺序、处理重复消息和实现事务性消息等问题。最后，我将介绍自包含服务的概念，这类服务在处理同步请求时无须与其他服务通信，可以提高可用性。

3.1　微服务架构中的进程间通信概述

有很多进程间通信技术可供开发者选择。服务可以使用基于同步请求 / 响应的通信机制，例如 HTTP REST 或 gRPC。另外，也可以使用异步的基于消息的通信机制，比如 AMQP 或 STOMP。消息的格式也不尽相同。服务可以使用具备可读性的格式，比如基于文本的 JSON 或 XML。也可以使用更加高效的、基于二进制的 Avro 或 Protocol Buffers 格式。

在深入细节之前，我想提出一些值得考虑的设计问题。我们先来看看服务的交互方式，我将采用独立于技术实现的方式抽象地描述客户端与服务之间的交互。接下来，我将讨论在微服务架构中精确定义 API 的重要性，包括 API 优先的设计概念。之后，我将讨论如何进行 API 演化（变更）这个重要主题。最后，我会讨论消息格式的不同选项以及它们如何决定 API 演化的难易。让我们首先从交互方式开始吧。

3.1.1　交互方式

在为服务的 API 选择进程间通信机制之前，首先考虑服务与其客户端的交互方式是非常重要的。考虑交互方式将有助于你专注于需求，并避免陷入特定进程间通信技术的细节。此外，如 3.4 节所述，交互方式的选择会影响应用程序的可用性。正如你将在第 9 章和第 10 章中看到的，交互方式还可以帮助你选择更合适的集成测试策略。

有多种客户端与服务的交互方式。如表 3-1 所示，它们可以分为两个维度。第一个维度关注的是一对一和一对多。

- 一对一：每个客户端请求由一个服务实例来处理。
- 一对多：每个客户端请求由多个服务实例来处理。

交互方式的第二个维度关注的是同步和异步。

- 同步模式：客户端请求需要服务端实时响应，客户端等待响应时可能导致堵塞。
- 异步模式：客户端请求不会阻塞进程，服务端的响应可以是非实时的。

表 3-1　各种交互方式可以用两个维度来表示：一对一和一对多，同步和异步

	一对一	一对多
同步模式	请求 / 响应	无
异步模式	异步请求 / 响应 单向通知	发布 / 订阅 发布 / 异步响应

一对一的交互方式有以下几种类型。

- 请求 / 响应：一个客户端向服务端发起请求，等待响应；客户端期望服务端很快就会发送响应。在一个基于线程的应用中，等待过程可能造成线程阻塞。这样的方式会导致服务的紧耦合。
- 异步请求 / 响应：客户端发送请求到服务端，服务端异步响应请求。客户端在等待响应时不会阻塞线程，因为服务端的响应不会马上就返回。
- 单向通知：客户端的请求发送到服务端，但是并不期望服务端做出任何响应。

需要牢记，同步请求 / 响应的交互方式并不会因为具体的进程间通信技术而发生改变。例如，一个服务使用请求 / 响应的方式与其他服务交互，底层的进程间通信技术可以是 REST，也可以是消息机制。也就是说，即使两个服务通过（异步）消息代理通信，客户端仍旧可能等待响应。这样的话，这两个服务在某种意义上仍旧是紧耦合的。我们稍后在讨论服务间通信和可用性这个话题时，会再深入讨论。

一对多的交互方式有以下几种类型。

- 发布 / 订阅方式：客户端发布通知消息，被零个或者多个感兴趣的服务订阅。
- 发布 / 异步响应方式：客户端发布请求消息，然后等待从感兴趣的服务发回的响应。

每个服务通常使用的都是以上这些交互方式的组合。FTGO 应用中的某些服务同时使用同步和异步 API，有些还可以发布事件。

现在，我们来看看如何定义服务的 API。

3.1.2   在微服务架构中定义 API

API 或接口是软件开发的中心。应用是由模块构成的，每个模块都有接口，这些接口定义了模块的客户端可以调用若干操作。一个设计良好的接口会在暴露有用功能同时隐藏实现的细节。因此，这些实现的细节可以被修改，而接口保持不变，这样就不会对客户端产生影响。

在单体架构的应用程序中，接口通常采用编程语言结构（如 Java 接口）定义。Java 接口制定了一组客户端可以调用的方法。具体的实现类对于客户端来说是不可见的。而且，由于 Java 是静态类型编程语言，如果接口变得与客户端不兼容，那么应用程序就无法通过编译。

API 和接口在微服务架构中同样重要。服务的 API 是服务与其客户端之间的契约（contract）。如第 2 章所述，服务的 API 由客户端结构可以调用的方法和服务发布的事件组成。方法具备名称、参数和返回类型。事件具有一个类型和一组字段，并且如 3.3 节所述，发布到消息通道。

相比单体架构，我们面临的挑战在于：并没有一个简单的编程语言结构可以用来构造和定义服务的 API。根据定义，服务和它的客户端并不会一起编译。如果使用不兼容的 API 部署新版本的服务，虽然在编译阶段不会出现错误，但是会出现运行时故障。

无论选择哪种进程间通信机制，使用某种接口定义语言（IDL）精确定义服务的 API 都很重要。人们围绕着是否应该使用 API 优先这类方法定义服务展开了一系列有益的争论（www.programmableweb.com/news/how-to-design-great-apis-api-first-design-and-raml/how-to/2015/07/10）。首先编写接口定义，然后与客户端开发人员一起查看这些接口定义。只有在反复迭代几轮 API 定义之后，才开始具体的服务实现编程。这种预先设计有助于你构建满足客户端需求的服务。

> **API 优先设计**
>
> 即使在那些最简单的项目中，组件和 API 之间也常常发生冲突。例如，负责后端的 Java 程序员和负责前端的 AngularJS 程序员都声称他们完成了开发，然而这个应用程序却无法工作。前端的 REST 和 WebSocket API 无法与后端的 API 一起工作。最终导致这个应用程序的前端和后端无法正常通信！

如何定义 API 取决于你使用的进程间通信机制。例如，如果你正在使用消息机制，则 API 由消息通道、消息类型和消息格式组成。如果你使用 HTTP，则 API 由 URL、HTTP 动词以及请求和响应格式组成。在本章的后面，我将解释如何定义 API。

服务的 API 很少一成不变，它可能会随着时间的推移而发展。让我们来看看如何做到这一点，并讨论你将面临的问题。

3.1.3　API 的演化

API 不可避免地会随着应用功能的增减而发生变化。在单体应用中，变更 API 并更新所有调用方的代码是相对简单的一件事情。如果你使用的是静态类型的编程语言，编译器就会对那些存在不兼容类型的调用给出编译错误[⊖]。唯一的挑战在于变更的范围。当变更使用较广的 API 时，可能需要较长的时间。

在基于微服务架构的应用中改变服务的 API 就没这么容易了。服务的客户端可能是另外的服务，通常是其他团队所开发的。客户端也极有可能是由组织之外的人所开发和控制的。你不能够强行要求客户端跟服务端的 API 版本保持一致。另外，由于现代应用程序有着极高的可用性要求，你一般会采用滚动升级的方式来更新服务，因此一个服务的旧版本和新版本肯定会共存。

为这些挑战制定应对措施是非常重要的。具体的措施取决于 API 演化的实际情况。

语义化版本控制

语义化版本控制规范（http://semver.org）为 API 版本控制提供了有用的指导。它是一组规则，用于指定如何使用版本号，并且以正确的方式递增版本号。语义化版本控制最初的目的是用软件包的版本控制，但你可以将其用在分布式系统中对 API 进行版本控制。

语义化版本控制规范（Semvers）要求版本号由三部分组成：MAJOR.MINOR.PATCH。必须按如下方式递增版本号：

- MAJOR：当你对 API 进行不兼容的更改时。
- MINOR：当你对 API 进行向后兼容的增强时。
- PATCH：当你进行向后兼容的错误修复时。

有几个地方可以在 API 中使用版本号。如果你正在实现 REST API，则可以使用主要版本作为 URL 路径的第一个元素，如下所述。或者，如果你要实现使用消息机制的服务，则

⊖　这并不一定适合所有的 API 变更场景。——译者注

可以在其发布的消息中包含版本号。目标是正确地为 API 设定版本，并以受控方式变更它们。让我们来看看如何处理次要和主要变化。

进行次要并且向后兼容的改变

理想情况下，你应该努力只进行向后兼容的更改。向后兼容的更改是对 API 的附加更改或功能增强：

- 添加可选属性。
- 向响应添加属性。
- 添加新操作。

如果你只进行这些类型的更改，那么老版本的客户端将能够直接使用更新的服务，但前提是客户端和服务都遵守健壮性原则（https://en.wikipedia.org/wiki/Robustness_principle），这个原则类似于我们常说的"严以律己，宽以待人"⊖。服务应该为缺少的请求属性提供默认值。同样，客户端应忽略任何额外的响应属性。为了避免问题，客户端和服务必须使用支持健壮性原则的请求和响应格式。在本节的后面部分，我将解释为什么基于文本格式（如 JSON 和 XML）的 API 通常更容易进行变更。

进行主要并且不向后兼容的改变

有时你必须对 API 进行主要并且不向后兼容的更改。由于你无法强制客户端立即升级，因此服务必须在一段时间内同时支持新旧版本的 API。如果你使用的是基于 HTTP 的进程间通信机制，例如 REST，则一种方法是在 URL 中嵌入主要版本号。例如，版本 1 路径以 /v1/... 为前缀，而版本 2 路径以 /v2/... 为前缀。

另一种选择是使用 HTTP 的内容协商机制，并在 MIME 类型中包含版本号。例如，客户端将使用如下格式针对 1.x 版的服务 API 发起 Order 相关的请求：

```
GET /orders/xyz HTTP/1.1
Accept: application/vnd.example.resource+json; version=1
...
```

此请求告诉 Order Service，它的客户端需要来自版本 1.x 的响应。

为了支持多个版本的 API，实现 API 的服务适配器将包含在旧版本和新版本之间进行转换的逻辑。此外，如第 8 章所述，API Gateway 几乎肯定会使用版本化的 API。它甚至可能必须支持许多旧版本的 API。

现在我们来看一看消息格式的问题，看选择哪种格式会影响 API 变更的难易。

⊖　这里原文是："Be conservative in what you do, be liberal in what you accept from others."——译者注

3.1.4　消息的格式

进程间通信的本质是交换消息。消息通常包括数据，因此一个重要的设计决策就是这些数据的格式。消息格式的选择会对进程间通信的效率、API 的可用性和可演化性产生影响。如果你正在使用一个类似 HTTP 的消息系统或者协议，那么你需要选择消息的格式。有些进程间通信机制，如我们马上就会讲到的 gRPC，已经指定了消息格式。在这两种情况下，使用跨语言的消息格式尤为重要。即使我们今天使用同一种编程语言来开发微服务应用，那也很有可能在今后会扩展到其他的编程语言。我们不应该使用类似 Java 序列化这样跟编程语言强相关的消息格式。

消息的格式可以分为两大类：文本和二进制。我们来逐一分析。

基于文本的消息格式

第一类是 JSON 和 XML 这样的基于文本的格式。这类消息格式的好处在于，它们的可读性很高，同时也是自描述的。JSON 消息是命名属性的集合。相似地，XML 消息也是命名元素和值的集合。这样的格式允许消息的接收方只挑选他们感兴趣的值，而忽略掉其他。因此，对消息结构的修改可以做到很好的后向兼容性。

XML 文档结构的定义由 XML Schema 完成（www.w3.org/XML/Schema）。开发者社区逐渐意识到 JSON 也需要一个类似的机制，因此使用 JSON Schema 变得逐渐流行（http://json-schema.org）。JSON Schema 定义了消息属性的名称和类型，以及它们是可选的还是必需的。除了能够起到文档的作用之外，应用程序还可以使用 JSON Schema 来验证传入的消息结构是否正确。

使用基于文本格式消息的弊端主要是消息往往过度冗长，特别是 XML。消息的每一次传递都必须反复包含除了值以外的属性名称，这样会造成额外的开销。另外一个弊端是解析文本引入的额外开销，尤其是在消息较大的时候。因此，在对效率和性能敏感的场景下，你可能需要考虑基于二进制格式的消息。

二进制消息格式

有几种不同的二进制格式可供选择。常用的包括 Protocol Buffers（https://developers.google.com/Protocol-buffers/docs/overview）和 Avro（https://avro.apache.org）。这两种格式都提供了一个强类型定义的 IDL（接口描述文件），用于定义消息的格式。编译器会自动根据这些格式生成序列化和反序列化的代码。因此你不得不采用 API 优先的方法来进行服务设计。此外，如果使用静态类型语言编写客户端，编译器会强制检查它是否使用了正确的 API 格式。

这两种二进制格式的区别在于，Protocol Buffers 使用 tagged fields（带标记的字段），而 Avro 的消费者在解析消息之前需要知道它的格式。因此，实行 API 的版本升级演进，使用 Protocol Buffer 会比 Avro 更容易。有篇博客文章对 Thrift、Protocol Buffers 和 Avro 做了非常全面的比较（http://martin.kleppmann.com/2012/12/05/schema-evolution-in-avro-protocol-buffers-thrift.html）。

现在我们已经了解了消息格式，再来看看用于传输消息的特定进程间通信机制，从远程过程调用（RPI）模式开始。

3.2   基于同步远程过程调用模式的通信

当使用基于远程过程调用（RPI）的进程间通信机制时，客户端向服务发送请求，服务处理该请求并发回响应。有些客户端可能会处在堵塞状态并等待响应，而其他客户端可能会有一个响应式的非阻塞架构。但与使用消息机制时不同，客户端假定响应将及时到达。

图 3-1 显示了远程过程调用的工作原理。客户端中的业务逻辑调用代理接口，这个接口由远程过程调用代理适配器类实现。远程过程调用代理向服务发出请求。该请求由远程过程调用服务器适配器类处理，该类通过接口调用服务的业务逻辑。然后它将回复发送回远程过程调用代理，该代理将结果返回给客户端的业务逻辑。

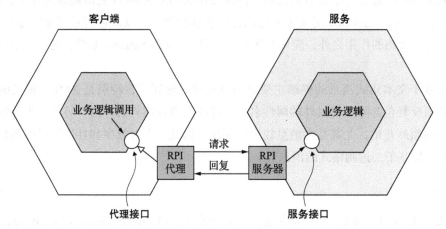

图 3-1   客户端的业务逻辑调用由 RPI 代理适配器类实现的接口。RPI 代理类向服务发出请求。
RPI 服务器适配器类通过调用服务的业务逻辑来处理请求

模式：远程过程调用
客户端使用同步的远程过程调用协议（如 REST）来调用服务。请参阅：http://microservices.io/patterns/communication-style/messaging.html。

代理接口通常封装底层通信协议。有许多协议可供选择。在本节中，我将介绍 REST 和 gRPC。我将介绍如何通过正确处理局部故障来提高服务的可用性，并解释为什么使用远程过程调用的基于微服务的应用程序必须使用服务发现机制。

我们先来看看 REST。

3.2.1　使用 REST

如今开发者非常喜欢使用 RESTful 风格来开发 API（https://en.wikipedia.org/wiki/Representational_state_transfer）。REST 是一种（总是）使用 HTTP 协议的进程间通信机制，REST 之父 Roy Fielding 曾经说过：

> REST 提供了一系列架构约束，当作为整体使用时，它强调组件交互的可扩展性、接口的通用性、组件的独立部署，以及那些能减少交互延迟的中间件，它强化了安全性，也能封装遗留系统。
>
> ——www.ics.uci.edu/~fielding/pubs/dissertation/top.htm

REST 中的一个关键概念是资源，它通常表示单个业务对象，例如客户或产品，或业务对象的集合。REST 使用 HTTP 动词来操作资源，使用 URL 引用这些资源。例如，GET 请求返回资源的表示形式，该资源通常采用 XML 文档或 JSON 对象的形式，但也可以使用其他格式（如二进制）。POST 请求创建新资源，PUT 请求更新资源。例如，Order Service 具有用于创建 Order 的 POST/order 端点以及用于检索 Order 的 GET/orders/{orderId} 端点。

很多开发者都表示他们基于 HTTP 的 API 是 RESTful 风格的。但是，如同 Roy Fielding 在他的博客中所说，并非所有这些 API 都是 RESTful 风格的（http://rog.gbiv.com/untangled/2008/rest-apis-must-be-hypertext-driven）。为了更好地理解这个概念，我们来看一看 REST 成熟度模型。

REST 成熟度模型

Leonard Richardson [⊖] 为 REST 定义了一个成熟度模型（https://martinfowler.com/articles/richardsonMaturityModel.html），具体包含以下四个层次。

- Level 0：Level 0 层级服务的客户端只是向服务端点发起 HTTP POST 请求，进行服务调用。每个请求都指明了需要执行的操作、这个操作针对的目标（例如，业务对象）和必要的参数。

⊖　Leonard 是 RESTful API 设计领域的专家，Beautiful Soup 的开发者，他还是一个科幻作家。——译者注

- Level 1：Level 1 层级的服务引入了资源的概念。要执行对资源的操作，客户端需要发出指定要执行的操作和包含任何参数的 POST 请求。
- Level 2：Level 2 层级的服务使用 HTTP 动词来执行操作，譬如 GET 表示获取、POST 表示创建、PUT 表示更新。请求查询参数和主体（如果有的话）指定操作的参数。这让服务能够借助 Web 基础设施服务，例如通过 CDN 来缓存 GET 请求。
- Level 3：Level 3 层级的服务基于 HATEOAS（Hypertext As The Engine Of Application State）原则设计，基本思想是在由 GET 请求返回的资源信息中包含链接，这些链接能够执行该资源允许的操作。例如，客户端通过订单资源中包含的链接取消某一订单，或者发送 GET 请求去获取该订单，等等。HATEOAS 的优点包括无须在客户端代码中写入硬链接的 URL。此外，由于资源信息中包含可允许操作的链接，客户端无须猜测在资源的当前状态下执行何种操作（www.infoq.com/news/2009/04/hateoas-restful-api-advantages）。

建议检查你手中项目的 REST API，看看它们达到了哪一个级别。

定义 REST API

如前面 3.1 节所述，你必须使用接口定义语言（IDL）定义 API。与旧的通信协议（如 CORBA 和 SOAP）不同，REST 最初没有 IDL。幸运的是，开发者社区重新发现了 RESTful API 的 IDL 价值。最流行的 REST IDL 是 Open API 规范（www.openapis.org），它是从 Swagger 开源项目发展而来的。Swagger 项目是一组用于开发和记录 REST API 的工具。它包括从接口定义到生成客户端桩（stub，存根）和服务器骨架的一整套工具。

在一个请求中获取多个资源的挑战

REST 资源通常以业务对象为导向，例如 Consumer 和 Order。因此，设计 REST API 时的一个常见问题是如何使客户端能够在单个请求中检索多个相关对象。例如，假设 REST 客户端想要检索 Order 和这个 Order 的 Consumer。纯 REST API 要求客户端至少发出两个请求，一个用于 Order，另一个用于 Consumer。更复杂的情况需要更多往返并且遭受过多的延迟。

此问题的一个解决方案是 API 允许客户端在获取资源时检索相关资源。例如，客户可以使用 GET/orders/order-id-1345?expand=consumer 检索 Order 及其 Consumer。请求中的查询参数用来指定要与 Order 一起返回的相关资源。这种方法在许多场景中都很有效，但对于更复杂的场景来说，它通常是不够的。实现它也可能很耗时。这导致了替代技术的日益普及，例如 GraphQL（http://graphql.org）和 Netflix Falcor（http://netflix.github.io/falcor），它们旨在支持高效的数据获取。

把操作映射为 HTTP 动词的挑战

另一个常见的 REST API 设计问题是如何将要在业务对象上执行的操作映射到 HTTP 动词。 REST API 应该使用 PUT 进行更新，但可能有多种方法来更新订单，包括取消订单、修改订单等。此外，更新可能不是幂等的，但这却是使用 PUT 的要求。一种解决方案是定义用于更新资源的特定方面的子资源。例如，`Order Service` 具有用于取消订单的 `POST/orders/{orderId}/cancel` 端点，以及用于修订订单的 `POST/orders/{orderId}/revise` 端点。另一种解决方案是将动词指定为 URL 的查询参数。可惜的是，这两种解决方案都不是特别符合 RESTful 的要求。

映射操作到 HTTP 动词的这个问题导致了 REST 替代方案的日益普及，例如 gPRC，我将在 3.2.2 节中讨论这项技术。但首先让我们来看看 REST 的好处和弊端。

REST 的好处和弊端

REST 有如下好处：

- 它非常简单，并且大家都很熟悉。
- 可以使用浏览器扩展（比如 Postman 插件）或者 curl 之类的命令行（假设使用的是 JSON 或其他文本格式）来测试 HTTP API。
- 直接支持请求 / 响应方式的通信。
- HTTP 对防火墙友好。
- 不需要中间代理，简化了系统架构。

它也存在一些弊端：

- 它只支持请求 / 响应方式的通信。
- 可能导致可用性降低。由于客户端和服务直接通信而没有代理来缓冲消息，因此它们必须在 REST API 调用期间都保持在线。
- 客户端必须知道服务实例的位置（URL）。如 3.2.4 节所述，这是现代应用程序中的一个重要问题。客户端必须使用所谓的服务发现机制来定位服务实例。
- 在单个请求中获取多个资源具有挑战性。
- 有时很难将多个更新操作映射到 HTTP 动词。

虽然存在这些缺点，但 REST 似乎是 API 的事实标准，尽管有几个有趣的替代方案。例如，通过 GraphQL 实现灵活、高效的数据提取。第 8 章将讨论 GraphQL，并介绍 API Gateway 模式。

gRPC 是 REST 的另一种替代方案。我们来看看它是如何工作的。

3.2.2 使用 gRPC

如上一节所述，使用 REST 的一个挑战是，由于 HTTP 仅提供有限数量的动词，因此设计支持多个更新操作的 REST API 并不总是很容易。避免此问题的进程间通信技术是 gRPC（www.grpc.io），这是一个用于编写跨语言客户端和服务端的框架（https://en.wikipedia.org/wiki/Remote_procedure_call）。gRPC 是一种基于二进制消息的协议，这意味着如同前面讨论二进制消息格式时所说的，你不得不采用 API 优先的方法来进行服务设计。你可以使用基于 Protocol Buffer 的 IDL 定义 gRPC API，这是谷歌公司用于序列化结构化数据的一套语言中立机制。你可以使用 Protocol Buffer 编译器生成客户端的桩（stub，也称为存根）和服务端骨架（skeleton）。编译器可以为各种语言生成代码，包括 Java、C#、Node.js 和 GoLang。客户端和服务端使用 HTTP/2 以 Protocol Buffer 格式交换二进制消息。

gRPC API 由一个或多个服务和请求 / 响应消息定义组成。服务定义类似于 Java 接口，是强类型方法的集合。除了支持简单的请求 / 响应 RPC 之外，gRPC 还支持流式 RPC。服务器可以使用消息流回复客户端。客户端也可以向服务器发送消息流。

gRPC 使用 Protocol Buffers 作为消息格式。如前所述，Protocol Buffers 是一种高效且紧凑的二进制格式。它是一种标记格式。Protocol Buffers 消息的每个字段都有编号，并且有一个类型代码。消息接收方可以提取所需的字段，并跳过它无法识别的字段。因此，gRPC 使 API 能够在保持向后兼容的同时进行变更。

代码清单 3-1 显示了 Order Service 的 gRPC API。它定义了几种方法，包括 createOrder()。此方法将 CreateOrderRequest 作为参数并返回 CreateOrderReply。

代码清单3-1　Order Service的gRPC API片段

```
service OrderService {
  rpc createOrder(CreateOrderRequest) returns (CreateOrderReply) {}
  rpc cancelOrder(CancelOrderRequest) returns (CancelOrderReply) {}
  rpc reviseOrder(ReviseOrderRequest) returns (ReviseOrderReply) {}
  ...
}

message CreateOrderRequest {
  int64 restaurantId = 1;
  int64 consumerId = 2;
  repeated LineItem lineItems = 3;
  ...
}

message LineItem {
  string menuItemId = 1;
  int32 quantity = 2;
}
```

```
message CreateOrderReply {
  int64 orderId = 1;
}
...
```

CreateOrderRequest 和 CreateOrderReply 是具有类型的消息。例如，Create-OrderRequest 消息具有 int64 类型的 restaurantId 字段。字段的标记值为 1。

gRPC 有几个好处：

- 设计具有复杂更新操作的 API 非常简单。
- 它具有高效、紧凑的进程间通信机制，尤其是在交换大量消息时。
- 支持在远程过程调用和消息传递过程中使用双向流式消息方式。
- 它实现了客户端和用各种语言编写的服务端之间的互操作性。

gRPC 也有几个弊端：

- 与基于 REST/JSON 的 API 机制相比，JavaScript 客户端使用基于 gRPC 的 API 需要做更多的工作。
- 旧式防火墙可能不支持 HTTP/2。

gRPC 是 REST 的一个引人注目的替代品，但与 REST 一样，它是一种同步通信机制，因此它也存在局部故障的问题。让我们来看看它是什么以及如何处理它。

3.2.3　使用断路器模式处理局部故障

分布式系统中，当服务试图向另一个服务发送同步请求时，永远都面临着局部故障的风险。因为客户端和服务端是独立的进程，服务端很有可能无法在有限的时间内对客户端的请求做出响应。服务端可能因为故障或维护的原因而暂停。或者，服务端也可能因为过载而对请求的响应变得极其缓慢。

客户端等待响应被阻塞，这可能带来的麻烦就是在其他客户端甚至使用服务的第三方应用之间传导，并导致服务中断。

> **模式：断路器**
> 这是一个远程过程调用的代理，在连续失败次数超过指定阈值后的一段时间内，这个代理会立即拒绝其他调用。请参阅：http://microservices.io/patterns/reliability/circuit-breaker.html。

例如，考虑图 3-2 所示的场景，其中 Order Service 无响应。移动客户端向 API Gateway 发出 REST 请求，如第 8 章所述，它是 API 客户端应用程序的入口点。API Gateway 将请求代理到无响应的 Order Service。

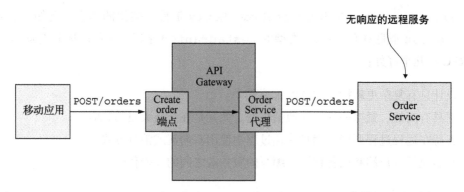

图 3-2　API Gateway 必须保护自己免受无响应服务的影响，例如图中的 Order Service

OrderServiceProxy 将无限期地阻塞，等待响应。这不仅会导致糟糕的用户体验，而且在许多应用程序中，它会消耗宝贵的资源，例如线程。最终，API Gateway 将耗尽资源，无法处理请求。整个 API 都不可用。

要通过合理地设计服务来防止在整个应用程序中故障的传导和扩散，这是至关重要的。解决这个问题分为两部分：

- 必须让远程过程调用代理（例如 OrderServiceProxy）有正确处理无响应服务的能力。
- 需要决定如何从失败的远程服务中恢复。

首先，我们将看看如何编写健壮的远程过程调用代理。

开发可靠的远程过程调用代理

每当一个服务同步调用另一个服务时，它应该使用 Netflix 描述的方法（http://techblog.netflix.com/2012/02/faulttolerance-in-high-volume.html）来保护自己。这种方法包括以下机制的组合。

- 网络超时：在等待针对请求的响应时，一定不要做成无限阻塞，而是要设定一个超时。使用超时可以保证不会一直在无响应的请求上浪费资源。
- 限制客户端向服务器发出请求的数量：把客户端能够向特定服务发起的请求设置一个上限，如果请求达到了这样的上限，很有可能发起更多的请求也无济于事，这时就应该让请求立刻失败。

■ 断路器模式：监控客户端发出请求的成功和失败数量，如果失败的比例超过一定的阈值，就启动断路器，让后续的调用立刻失效。如果大量的请求都以失败而告终，这说明被调服务不可用，这样即使发起更多的调用也是无济于事。在经过一定的时间后，客户端应该继续尝试，如果调用成功，则解除断路器。

Netflix Hystrix（https://github.com/Netflix/Hystrix）是一个实现这些和其他模式的开源库。如果你正在使用 JVM，那么在实现远程过程调用代理时一定要考虑使用 Hystrix。如果你在非 JVM 环境中开发，则应该找到并使用类似的库。例如，Polly 库（https://github.com/App-vNext/Polly）在 .NET 社区中很受欢迎。

从服务失效故障中恢复

使用诸如 Hystrix 之类的库只是解决方案的一部分。你还必须根据具体情况决定如何从无响应的远程服务中恢复你的服务。一种选择是服务只是向其客户端返回错误。例如，这种方法对于图 3-2 中所示的场景是有意义的，其中创建 Order 的请求失败。唯一的选择是 API Gateway 将错误返回给移动客户端。

在其他情况下，返回备用值（fallback value，例如默认值或缓存响应）可能会有意义。例如，第 7 章将描述 API Gateway 如何使用 API 组合模式实现 findOrder() 查询操作。如图 3-3 所示，其 GET/orders/{orderId} 端点的实现调用了多个服务，包括 Order Service、Kitchen Service 和 Delivery Service，并将结果组合在一起。

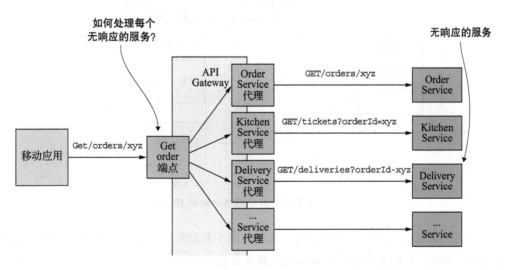

图 3-3　API Gateway 使用 API 组合实现 GET/orders/{orderId} 端点。它会调用多个服务，汇总其响应，并向移动应用程序发送响应。实现端点的代码必须包含处理其调用的每个服务的故障的策略

每个服务的数据对客户来说重要性可能不同。`Order Service` 的数据至关重要。如果此服务不可用，API Gateway 应返回其数据的缓存版本或错误。来自其他服务的数据不太重要。例如，即使送餐状态不可用，客户也可以向用户显示有用的信息。如果 `Delivery Service` 不可用，API Gateway 应返回其数据的缓存版本或从响应中省略它。

在设计服务时考虑局部故障至关重要，但这不是使用远程过程调用时需要解决的唯一问题。另一个问题是，为了让一个服务使用远程过程调用调用另一个服务，它需要知道服务实例的网络位置。表面上看起来很简单，但在实践中这是一个具有挑战性的问题。你必须使用服务发现机制。让我们来看看它是如何工作的。

3.2.4　使用服务发现

假设你正在编写一些调用具有 REST API 的服务的代码。为了发出请求，你的代码需要知道服务实例的网络位置（IP 地址和端口）。在物理硬件上运行的传统应用程序中，服务实例的网络位置通常是静态的。例如，你的代码可以从偶尔更新的配置文件中读取网络位置。但在现代的基于云的微服务应用程序中，通常不那么简单。如图 3-4 所示，现代应用程序更具动态性。

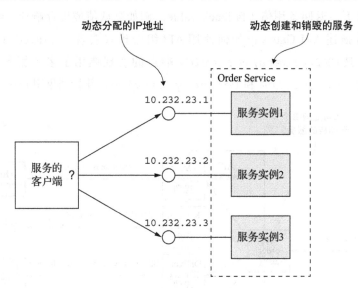

图 3-4　服务实例具有动态分配的 IP 地址

服务实例具有动态分配的网络位置。此外，由于自动扩展、故障和升级，服务实例集会动态更改。因此，你的客户端代码必须使用服务发现。

什么是服务发现

正如刚才所见，你无法使用服务的 IP 地址静态配置客户端。相反，应用程序必须使用动态服务发现机制。服务发现在概念上非常简单：其关键组件是服务注册表，它是包含服务实例网络位置信息的一个数据库。

服务实例启动和停止时，服务发现机制会更新服务注册表。当客户端调用服务时，服务发现机制会查询服务注册表以获取可用服务实例的列表，并将请求路由到其中一个服务实例。

实现服务发现有以下两种主要方式：

- 服务及其客户直接与服务注册表交互。
- 通过部署基础设施来处理服务发现。（我将在第 12 章中详细讨论这一点。）

我们来逐一进行分析。

应用层服务发现模式

实现服务发现的一种方法是应用程序的服务及其客户端与服务注册表进行交互。图 3-5 显示了它的工作原理。服务实例使用服务注册表注册其网络位置。客户端首先通过查询服务注册表获取服务实例列表来调用服务，然后它向其中一个实例发送请求。

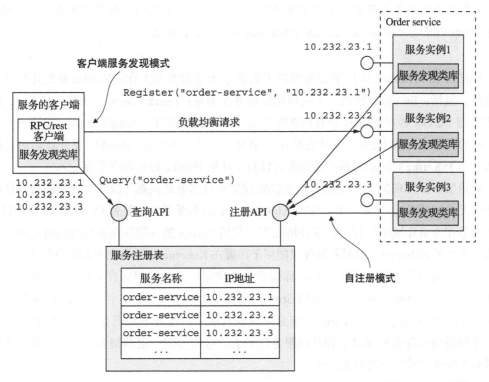

图 3-5　服务注册表跟踪服务实例。客户端查询服务注册表，以查找可用服务实例的网络位置

这种服务发现方法是两种模式的组合。第一种模式是自注册模式。服务实例调用服务注册表的注册 API 来注册其网络位置。它还可以提供运行状况检查 URL，在第 11 章中有更详细的描述。运行状况检查 URL 是一个 API 端点，服务注册表会定期调用该端点来验证服务实例是否正常且可用于处理请求。服务注册表还可能要求服务实例定期调用"心跳"API 以防止其注册过期。

> 模式：自注册
> 服务实例向服务注册表注册自己。请参阅：http://microservices.io/patterns/self-registration.html。

第二种模式是客户端发现模式。当客户端想要调用服务时，它会查询服务注册表以获取服务实例的列表。为了提高性能，客户端可能会缓存服务实例。然后，服客户端使用负载平衡算法（例如循环或随机）来选择服务实例。然后它向选择的服务实例发出请求。

> 模式：客户端发现
> 客户端从服务注册表检索可用服务实例的列表，并在它们之间进行负载平衡。请参阅：http://microservices.io/patterns/client-side-discovery.html。

Netflix 和 Pivotal 在应用层服务发现方面做了大量的普及工作。Netflix 开发并开源了几个组件，包括：Eureka，这是一个高可用的服务注册表；Eureka Java 客户端；Ribbon，这是一个支持 Eureka 客户端的复杂 HTTP 客户端。Pivotal 开发了 Spring Cloud，这是一个基于 Spring 的框架，使得 Netflix 组件的使用非常简单。基于 Spring Cloud 的服务自动向 Eureka 注册，基于 Spring Cloud 的客户端因此可以自动使用 Eureka 进行服务发现。

应用层服务发现的一个好处是它可以处理多平台部署的问题（服务发现机制与具体的部署平台无关）。例如，想象一下，你在 Kubernetes 上只部署了一些服务（将在第 12 章中讨论），其余服务在遗留环境中运行。在这种情况下，使用 Eureka 的应用层服务发现同时适用于两种环境，而基于 Kubernetes 的服务发现仅能用于部署在 Kubernetes 平台之上的部分服务。

应用层服务发现的一个弊端是：你需要为你使用的每种编程语言（可能还有框架）提供服务发现库。Spring Cloud 只能帮助 Spring 开发人员。如果你正在使用其他 Java 框架或非 JVM 语言（如 Node.js 或 GoLang），则必须找到其他一些服务发现框架。应用层服务发现的另一个弊端是开发者负责设置和管理服务注册表，这会分散一定的精力。因此，最好使用部署基础设施提供的服务发现机制⊖。

⊖ 这是没有"银弹"的又一个极好佐证。——译者注

平台层服务发现模式

在第 12 章中，你将了解许多现代部署平台（如 Docker 和 Kubernetes）都具有内置的服务注册表和服务发现机制。部署平台为每个服务提供 DNS 名称、虚拟 IP（VIP）地址和解析为 VIP 地址的 DNS 名称。客户端向 DNS 名称和 VIP 发出请求，部署平台自动将请求路由到其中一个可用服务实例。因此，服务注册、服务发现和请求路由完全由部署平台处理。图 3-6 显示了它的工作原理。

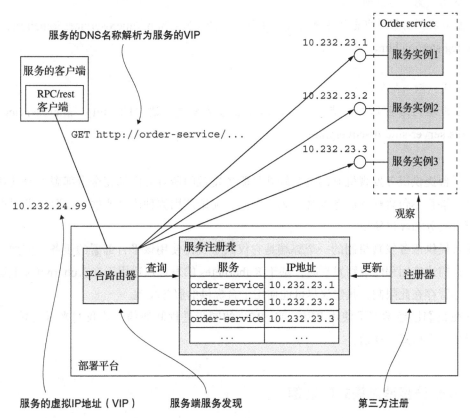

图 3-6　该平台负责服务注册、服务发现和请求路由。服务实例的地址由注册器写入服务注册表。每个服务都有一个网络位置、一个 DNS 名称和虚拟 IP 地址。客户端向服务的网络位置发出请求。路由器查询服务注册表并在可用服务实例之间负载均衡请求

部署平台包括一个服务注册表，用于跟踪已部署服务的 IP 地址。在此示例中，客户端使用 DNS 名称 order-service 访问 Order Service，该服务解析为虚拟 IP 地址 10.1.3.4。部署平台会自动在 Order Service 的三个实例之间对请求进行负载均衡。

这种方法是以下两种模式的组合。

■ 第三方注册模式：由第三方负责（称为注册服务器，通常是部署平台的一部分）处理注册，而不是服务本身向服务注册表注册自己。

■ 服务端发现模式：客户端不再需要查询服务注册表，而是向 DNS 名称发出请求，对该 DNS 名称的请求被解析到路由器，路由器查询服务注册表并对请求进行负载均衡。

> **模式：第三方注册**
>
> 服务实例由第三方自动注册到服务注册表。请参阅：http://microservices.io/patterns/3rd-party-registration.html。
>
> **模式：服务端发现**
>
> 客户端向路由器发出请求，路由器负责服务发现。请参阅：http://microservices.io/patterns/server-side-discovery.html。

由平台提供服务发现机制的主要好处是服务发现的所有方面都完全由部署平台处理。服务和客户端都不包含任何服务发现代码。因此，无论使用哪种语言或框架，服务发现机制都可供所有服务和客户使用。

平台提供服务发现机制的一个弊端是它仅限于支持使用该平台部署的服务。例如，如前所述，在描述应用程序级别发现时，基于 Kubernetes 的发现仅适用于在 Kubernetes 上运行的服务。尽管存在此限制，我建议尽可能使用平台提供的服务发现。

现在我们已经学习了使用 REST 或 gRPC 的同步进程间通信，让我们来看看替代方案：基于异步消息模式的通信。

3.3　基于异步消息模式的通信

使用消息机制⊖时，服务之间的通信采用异步交换消息的方式完成。基于消息机制的应用程序通常使用消息代理，它充当服务之间的中介。另一种选择是使用无代理架构，通过直接向服务发送消息来执行服务请求。服务客户端通过向服务发送消息来发出请求。如果希望服务实例回复，服务将通过向客户端发送单独的消息的方式来实现。由于通信是异步的，因此客户端不会堵塞和等待回复。相反，客户端都假定回复不会马上就收到。

⊖　这里原文是 messaging，这个词在不会引起歧义的地方译为"消息"，否则视上下文译为"消息传递"或"消息机制"。——译者注

> **模式：消息**
>
> 客户端使用异步消息调用服务。请参阅：http://microservices.io/patterns/communication-style/messaging.html。

我将从概述消息开始本节。我将展示如何独立于消息技术描述基于消息的架构。接下来，我将对比无代理和有代理的架构，并描述选择消息代理的标准。然后，我将讨论几个重要的主题，包括在扩展接收方的同时保持消息的顺序、检测和丢弃重复的消息，以及作为数据库事务的一部分发送和接收消息。让我们从查看消息机制的工作原理开始。

3.3.1　什么是消息传递

Gregor Hohpe 和 Bobby Woolf 在《Enterprise Integration Patterns》[⊖]一书（Addison-Wesley，2003 年）中定义了一种有用的消息传递模型。在此模型中，消息通过消息通道进行交换。发送方（应用程序或服务）将消息写入通道，接收方（应用程序或服务）从通道读取消息。让我们先学习消息，然后学习通道。

关于消息

消息由消息头部和消息主体组成（www.enterpriseintegrationpatterns.com/Message.html）。标题是名称与值对的集合，描述正在发送的数据的元数据。除了消息发送者提供的名称与值对之外，消息头部还包含其他信息，例如发件人或消息传递基础设施生成的唯一消息 ID，以及可选的返回地址，该地址指定发送回复的消息通道。消息正文是以文本或二进制格式发送的数据。

有以下几种不同类型的消息。

- 文档：仅包含数据的通用消息。接收者决定如何解释它。对命令式消息的回复是文档消息的一种使用场景。
- 命令：一条等同于 RPC 请求的消息。它指定要调用的操作及其参数。
- 事件：表示发送方这一端发生了重要的事件。事件通常是领域事件，表示领域对象（如 Order 或 Customer）的状态更改。

在本书描述的微服务架构实践中大量使用了命令式消息和事件式消息。

现在让我们看一看通道，即服务沟通的机制。

⊖　中文版书名为《企业集成模式：设计、构建及部署消息传递解决方案》。——译者注

关于消息通道

如图 3-7 所示,消息通过消息通道进行交换(www.enterpriseintegrationpatterns.com/
MessageChannel.html)。发送方中的业务逻辑调用发送端接口,该接口封装底层通信机制。
发送端由消息发送适配器类实现,该消息发送适配器类通过消息通道向接收器发送消息。消
息通道是消息传递基础设施的抽象。调用接收器中的消息处理程序适配器类来处理消息。它
调用接收方业务逻辑实现的接收端接口。任意数量的发送方都可以向通道发送消息。类似
地,任何数量的接收方都可以从通道接收消息。

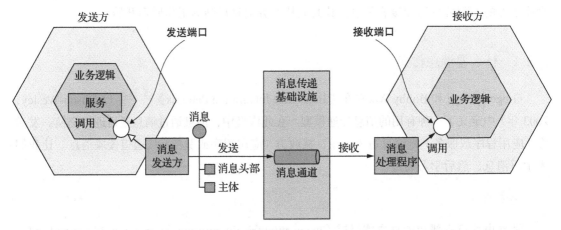

图 3-7　发送方中的业务逻辑调用发送端接口,该接口由消息发送方适配器实现。消息发送
　　　　方通过消息通道向接收方发送消息。消息通道是消息传递基础设施的抽象。调用接
　　　　收方的消息处理程序适配器来处理消息。它调用接收方业务逻辑实现的接收端接口

有以下两种类型的消息通道:点对点(www.enterpriseintegrationpatterns.com/Point
ToPointChannel.html)和发布 – 订阅(www.enterpriseintegrationpatterns.com/PublishSubscribe
Channel.html)。

- 点对点通道向正在从通道读取的一个消费者传递消息。服务使用点对点通道来实现前
  面描述的一对一交互方式。例如,命令式消息通常通过点对点通道发送。
- 发布 – 订阅通道将一条消息发给所有订阅的接收方。服务使用发布 – 订阅通道来实现
  前面描述的一对多交互方式。例如,事件式消息通常通过发布 – 订阅通道发送。

3.3.2　使用消息机制实现交互方式

消息机制的一个有价值的特性是它足够灵活,可以支持 3.1.1 节中描述的所有交互方式。
一些交互方式通过消息机制直接实现。其他必须在消息机制之上实现。

我们来看看如何实现每种交互方式，从请求 / 响应和异步请求 / 响应开始。

实现请求 / 响应和异步请求 / 响应

当客户端和服务使用请求 / 响应或异步请求 / 响应进行交互时，客户端会发送请求，服务会发回回复。两种交互方式之间的区别在于，对于请求 / 响应，客户端期望服务立即响应，而对于异步请求 / 响应，则没有这样的期望。消息机制本质上是异步的，因此只提供异步请求 / 响应。但客户端可能会堵塞，直到收到回复。

客户端和服务端通过交换一对消息来实现异步请求 / 响应方式的交互。如图 3-8 所示，客户端发送命令式消息，该消息指定要对服务执行的操作和参数，这些内容通过服务拥有的点对点消息通道传递。该服务处理请求，并将包含结果的回复消息发送到客户端拥有的点对点通道。

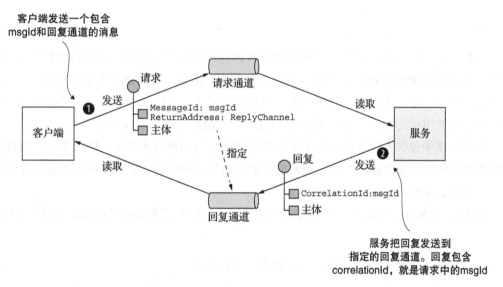

图 3-8　通过在请求消息中包含回复通道和消息标识符来实现异步请求 / 响应。接收方处理消息并将回复发送到指定的回复通道

客户端必须告知服务发送回复消息的位置，并且必须将回复消息与请求匹配。幸运的是，解决这两个问题并不困难。客户端发送具有回复通道头部的命令式消息。服务器将回复消息写入回复通道，该回复消息包含与消息标识符具有相同值的相关性 ID。客户端使用相关性 ID 将回复消息与请求进行匹配。

由于客户端和服务使用消息机制进行通信，因此交互本质上是异步的。理论上，使用消息机制的客户端可能会阻塞，直到收到回复，但实际上客户端将异步处理回复。而且，回复通常可以由任何一个客户端实例处理。

实现单向通知

使用异步消息实现单向通知非常简单。客户端将消息（通常是命令式消息）发送到服务所拥有的点对点通道。服务订阅该通道并处理该消息，但是服务不会发回回复。

实现发布/订阅

消息机制内置了对发布/订阅交互方式的支持。客户端将消息发布到由多个接收方读取的发布/订阅通道。如第 4 章和第 5 章所述，服务使用发布/订阅来发布领域事件，领域事件代表领域对象的更改。发布领域事件的服务拥有自己的发布/订阅通道，通道的名称往往派生自领域类。例如，`Order Service` 将 `Order` 事件发布到 `Order` 通道，`Delivery Service` 将 `Delivery` 事件发布到 `Delivery` 通道。对特定领域对象的事件感兴趣的服务只需订阅相应的通道。

实现发布/异步响应

发布/异步响应交互方式是一种更高级别的交互方式，它通过把发布/订阅和请求/响应这两种方式的元素组合在一起实现。客户端发布一条消息，在消息的头部中指定回复通道，这个通道同时也是一个发布–订阅通道。消费者将包含相关性 ID 的回复消息写入回复通道。客户端通过使用相关性 ID 来收集响应，以此将回复消息与请求进行匹配。

应用程序中包含异步 API 的每个服务都会使用这些实现技术中的一种或多种。带有异步 API 调用操作的服务会拥有一个用于发出请求的通道，同样地，需要发布事件的服务也会拥有一个事件式消息发布通道。

如 3.1.2 节所述，为服务编写 API 规范很重要。我们来看看如何设计和定义异步 API。

3.3.3　为基于消息机制的服务 API 创建 API 规范

如图 3-9 所示，服务的异步 API 规范必须指定消息通道的名称、通过每个通道交换的消息类型及其格式。你还必须使用诸如 JSON、XML 或 Protobuf 之类的标准来描述消息的格式。但与 REST 和 Open API 不同，并没有广泛采用的标准来记录通道和消息类型，你需要自己编写这样的文档。

服务的异步 API 包含供客户端调用的操作和由服务对外发布的事件。这些 API 的记录方式不尽相同。让我们从操作开始逐一分析。

记录异步操作

可以使用以下两种不同交互方式之一调用服务的操作：

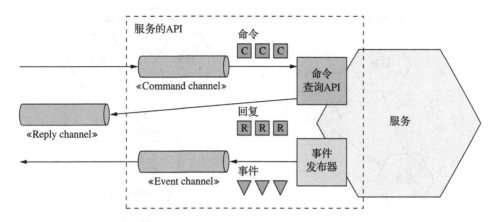

图 3-9　服务的异步 API 由消息通道和命令、回复和事件消息类型组成

- 请求 / 异步响应式 API：包括服务的命令消息通道、服务接受的命令式消息的具体类型和格式，以及服务发送的回复消息的类型和格式。
- 单向通知式 API：包括服务的命令消息通道，以及服务接受的命令式消息的具体类型和格式。

服务可以对异步请求 / 响应和单向通知使用相同的请求通道。

记录事件发布

服务还可以使用发布 / 订阅的方式对外发布事件。此 API 风格的规范包括事件通道以及服务发布到通道的事件式消息的类型和格式。

消息和消息通道模型是一种很好的抽象，也是设计服务异步 API 的好方法。但是，为了实现服务，你需要选择具体的消息传递技术并确定如何使用它们的能力来实现设计。让我们看一看所涉及的内容。

3.3.4　使用消息代理

基于消息传递的应用程序通常使用消息代理，即服务通信的基础设施服务。但基于消息代理的架构并不是唯一的消息架构。你还可以使用基于无代理的消息传递架构，其中服务直接相互通信。这两种方法（如图 3-10 所示）具有不同的利弊，但通常基于代理的架构是一种更好的方法。

本书侧重于基于消息代理的软件架构，但还是值得快速浏览一下无代理的架构，因为有些情况下你可能会发现它很有用。

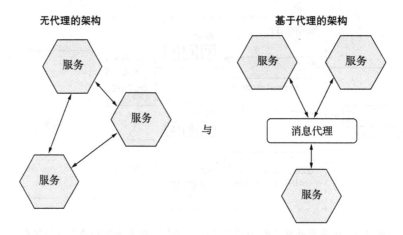

图 3-10   无代理的架构中的服务直接通信,而基于代理的架构中的服务通过消息代理进行通信

无代理消息

在无代理的架构中,服务可以直接交换消息。ZeroMQ(http://zeromq.org)是一种流行的无代理消息技术。它既是规范,也是一组适用于不同编程语言的库。它支持各种传输协议,包括 TCP、UNIX 风格的套接字和多播。

无代理的架构有以下一些好处:

- 允许更轻的网络流量和更低的延迟,因为消息直接从发送方发送到接收方,而不必从发送方到消息代理,再从代理转发到接收方。
- 消除了消息代理可能成为性能瓶颈或单点故障的可能性。
- 具有较低的操作复杂性,因为不需要设置和维护消息代理。

尽管这些好处看起来很吸引人,但无代理的消息具有以下明显的弊端:

- 服务需要了解彼此的位置,因此必须使用 3.2.4 节中描述的服务发现机制。
- 会导致可用性降低,因为在交换消息时,消息的发送方和接收方都必须同时在线。
- 在实现例如确保消息能够成功投递这些复杂功能时的挑战性更大。

实际上,这些弊端中的一些(例如可用性降低和需要使用服务发现),与使用同步请求 / 响应交互方式所导致的弊端相同。

由于这些限制,大多数企业应用程序使用基于消息代理的架构。让我们来看看它是如何工作的。

基于代理的消息

消息代理是所有消息的中介节点。发送方将消息写入消息代理,消息代理将消息发送给接收方。使用消息代理的一个重要好处是发送方不需要知道接收方的网络位置。另一个好处是消息代理缓冲消息，直到接收方能够处理它们。

有许多消息代理可供选择。流行的开源消息代理包括：

- Apache ActiveMQ（http://activemq.apache.org）。
- RabbitMQ（https://www.rabbitmq.com）。
- Apache Kafka（http://kafka.apache.org）。

还有基于云的消息服务，例如 AWS Kinesis（https://aws.amazon.com/kinesis）和 AWS SQS（https://aws.amazon.com/sqs/）。

选择消息代理时，你需要考虑以下各种因素：

- 支持的编程语言：你选择的消息代理应该支持尽可能多的编程语言。
- 支持的消息标准：消息代理是否支持多种消息标准，比如 AMQP 和 STOMP，还是它仅支持专用的消息标准？
- 消息排序：消息代理是否能够保留消息的排序？
- 投递保证：消息代理提供什么样的消息投递保证？
- 持久性：消息是否持久化保存到磁盘并且能够在代理崩溃时恢复？
- 耐久性：如果接收方重新连接到消息代理，它是否会收到断开连接时发送的消息？
- 可扩展性：消息代理的可扩展性如何？
- 延迟：端到端是否有较大延迟？
- 竞争性（并发）接收方⊖：消息代理是否支持竞争性接收方？

每个消息代理都有不同的侧重点。例如，一个非常低延迟的代理可能不会保留消息的顺序，不保证消息投递成功，只在内存中存储消息。保证投递成功并在磁盘上可靠地存储消息的代理可能具有更高的延迟。哪种消息代理最适合取决于你的应用程序的需求。你的应用程序的不同部分甚至可能具有不同的消息传递需求。

但是，消息顺序和可扩展性很可能是必不可少的。现在让我们看看如何使用消息代理实现消息通道。

使用消息代理实现消息通道

每个消息代理都用自己与众不同的概念来实现消息通道。如表 3-2 所示，ActiveMQ 等

⊖ 消息领域的另一个设计挑战就是在用户之间进行扩展。采用多实例的方式并发处理消息是一种非常常见的需求。而且，即使一个单一的服务实例也会采用多线程的方式来同时处理多个消息。使用多线程或者多实例同时处理消息增强了系统的吞吐能力。然而，随之而来的挑战是：在同时处理消息的情况下，需要确保消息仅被处理一次，并且按照应有的顺序来处理。——译者注

JMS 消息代理具有队列和主题。基于 AMQP 的消息代理（如 RabbitMQ）具有交换和队列。Apache Kafka 有主题，AWS Kinesis 有流，AWS SQS 有队列。更重要的是，一些消息代理提供了比本章中描述的消息和通道抽象更灵活的消息机制。

表 3-2　每个消息代理都用自己与众不同的概念来实现消息通道

消息代理	点对点通道	发布 – 订阅通道
JMS	队列	主题
Apache Kafka	主题	主题
基于 AMQP 的代理，如 RabbitMQ	交换 + 队列	组播式交换和每客户端队列
AWS Kinesis	流	流
AWS SQS	队列	/

这里描述的几乎所有消息代理都支持点对点和发布 – 订阅通道。唯一的例外是 AWS SQS，它仅支持点对点通道。

现在让我们来看看基于代理的消息的好处和弊端。

基于代理的消息的好处和弊端

使用消息有以下很多好处。

- 松耦合：客户端发起请求时只要发送给特定的通道即可，客户端完全不需要感知服务实例的情况，客户端不需要使用服务发现机制去获得服务实例的网络位置。
- 消息缓存：消息代理可以在消息被处理之前一直缓存消息。像 HTTP 这样的同步请求 / 响应协议，在交换数据时，发送方和接收方必须同时在线。然而，在使用消息机制的情况下，消息会在队列中缓存，直到它们被接收方处理。这就意味着，例如，即使订单处理系统暂时离线或不可用，在线商店仍旧能够接受客户的订单。订单消息将会在队列中缓存（并不会丢失）。
- 灵活的通信：消息机制支持前面提到的所有交互方式。
- 明确的进程间通信：基于 RPC 的机制总是企图让远程服务调用跟本地调用看上去没什么区别（在客户端和服务端同时使用远程调用代理）。然而，因为物理定律（如服务器不可预计的硬件失效）和可能的局部故障，远程和本地调用还是大相径庭的。消息机制让这些差异变得很明确，这样程序员不会陷入一种"太平盛世"的错觉。

然而，消息机制也有如下一些弊端。

- 潜在的性能瓶颈：消息代理可能存在性能瓶颈。幸运的是，许多现代消息代理都支持高度的横向扩展。

- 潜在的单点故障：消息代理的高可用性至关重要，否则系统整体的可靠性将受到影响。幸运的是，大多数现代消息代理都是高可用的。
- 额外的操作复杂性：消息系统是一个必须独立安装、配置和运维的系统组件。

现在我们来深入看看基于消息的架构可能会遇到的一些设计难题。

3.3.5　处理并发和消息顺序

挑战之一是如何在保留消息顺序的同时，横向扩展多个接收方的实例。为了同时处理消息，拥有多个实例是一个常见的要求。而且，即使单个服务实例也可能使用线程来同时处理多个消息。使用多个线程和服务实例来并发处理消息可以提高应用程序的吞吐量。但同时处理消息的挑战是确保每个消息只被处理一次，并且是按照它们发送的顺序来处理的。

例如，假设有 3 个相同的接收方实例从同一个点对点通道读取消息，发送方按顺序发布了 Order Created、Order Updated 和 Order Cancelled 这 3 个事件消息。简单的消息实现可能就会同时将每个消息给不同的接收方。若由于网络问题或 JVM 垃圾收集等原因导致延迟，消息可能没有按照它们发出时的顺序被处理，这将导致奇怪的行为。理论上，服务实例可能会在另一个服务处理 Order Created 消息之前处理 Order Cancelled 消息。

现代消息代理（如 Apache Kafka 和 AWS Kinesis）使用的常见解决方案是使用分片（分区）通道。图 3-11 展示了这是如何工作的。该解决方案分为三个部分。

1. 分片通道由两个或多个分片组成，每个分片的行为类似于一个通道。

2. 发送方在消息头部指定分片键，通常是任意字符串或字节序列。消息代理使用分片键将消息分配给特定的分片。例如，它可以通过计算分片键的散列来选择分片。

3. 消息代理将接收方的多个实例组合在一起，并将它们视为相同的逻辑接收方。例如，Apache Kafka 使用术语消费者组。消息代理将每个分片分配给单个接收器。它在接收方启动和关闭时重新分配分片。

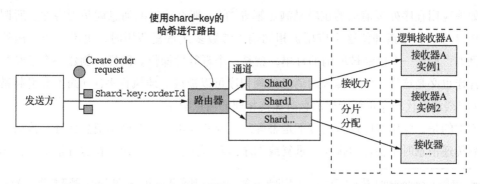

图 3-11　通过使用分片（分区）消息通道来扩展接收方，同时确保消息被处理的顺序。发送方在消息中包含分片键。消息代理将消息写入由分片键确定的分片。消息代理将特定的分片分配给接收方的实例

在此示例中，每个 Order 事件消息都将 orderId 作为其分片键。特定订单的每个事件都发布到同一个分片，而且该分片中的消息始终由同一个接收方实例读取。因此，这样做就能够保证按顺序处理这些消息。

3.3.6　处理重复消息

使用消息机制时必须解决的另一个挑战是处理重复消息。理想情况下，消息代理应该只传递一次消息，但保证有且仅有一次的消息传递通常成本很高。相反，大多数消息代理承诺至少成功传递一次消息。

当系统正常工作时，保证传递的消息代理只会传递一次消息。但是客户端、网络或消息代理的故障可能导致消息被多次传递。假设客户端在处理消息后、发送确认消息之前，它的数据库崩溃了，这时消息代理将再次发送未确认的消息，在数据库重新启动时向该客户端或客户端的另一个副本发送。

理想情况下，你应该使用消息代理，在重新传递消息时保留排序。想象一下，客户端处理 Order Created 事件，然后紧接着收到了同一 Order 的 Order Cancelled 事件，但这时候 Order Created 事件还没有得到确认。消息代理应重新投递 Order Created 和 Order Cancelled 事件。如果它仅重新发送 Order Created，客户可以撤回 Order 的取消。

处理重复消息有以下两种不同的方法：

- 编写幂等消息处理程序。
- 跟踪消息并丢弃重复项。

我们来逐一进行分析。

编写幂等消息处理器

如果应用程序处理消息的逻辑是满足幂等⊖的，那么重复的消息就是无害的。所谓应用程序的幂等性，是指即使这个应用被相同输入参数多次重复调用时，也不会产生额外的效果。例如，取消一个已经被取消的订单，就是一个幂等性操作。同样，创建一个已经存在的订单操作也必是这样。满足幂等的消息处理程序可以被放心地执行多次（而不会引起错误的结果）只要消息代理在重新传递消息时保持相同的消息顺序。

不幸的是，应用程序逻辑通常不是幂等的。或者你可能正在使用消息代理，该消息代理在重新传递消息时不会保留排序。重复或无序消息可能会导致错误。在这种情况下，你必须

⊖　幂等（idempotent）是一个数学与计算机学概念，常见于抽象代数中。在编程中，幂等操作的特点是任意多次执行所产生的影响均与一次执行的影响相同（也就是说，不管你在用户界面上猛击多少次鼠标，发送给后台请求所执行产生的影响，都与点击一次鼠标相同）。——译者注

编写跟踪消息并丢弃重复消息的消息处理程序。

跟踪消息并丢弃重复消息

例如，考虑一个授权消费者信用卡的消息处理程序。它必须为每个订单仅执行一次信用卡授权操作。这段应用程序逻辑在每次调用时都会产生不同的效果。如果重复消息导致消息处理程序多次执行该逻辑，则应用程序的行为将不正确。执行此类应用程序逻辑的消息处理程序必须通过检测和丢弃重复消息而成为幂等的。

一个简单的解决方案是消息接收方使用 message id 跟踪它已处理的消息并丢弃任何重复项。例如，在数据库表中存储它消费的每条消息的 message id。图 3-12 显示了如何使用专用表执行此操作。

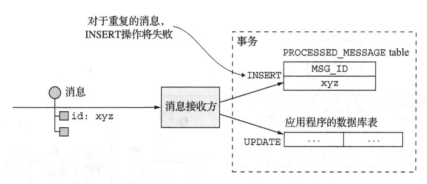

图 3-12　消息接收方通过在数据库表中记录已处理消息的 ID 来检测并丢弃重复消息。如果之前已处理过消息，则针对 PROCESSED_MESSAGES 表的 INSERT 操作将失败

当接收方处理消息时，它将消息的 message id 作为创建和更新业务实体的事务的一部分记录在数据库表中。在此示例中，接收方将包含 message id 的行插入 PROCESSED_MESSAGES 表。如果消息是重复的，则 INSERT 将失败，接收方可以选择丢弃该消息。

另一个选项是消息处理程序在应用程序表，而不是专用表中记录 message id。当使用具有受限事务模型的 NoSQL 数据库时，此方法特别有用，因为 NoSQL 数据库通常不支持将针对两个表的更新作为数据库的事务。第 7 章将介绍这种方法的一个例子。

3.3.7　事务性消息

服务通常需要在更新数据库的事务中发布消息。例如，在本书中，你将看到在创建或更新业务实体时发布领域事件的例子。数据库更新和消息发送都必须在事务中进行。否则，服务可能会更新数据库，然后在发送消息之前崩溃。如果服务不以原子方式执行这两个操作，则类似的故障可能使系统处于不一致状态。

传统的解决办法是在数据库和消息代理之间使用分布式事务。然而，在第 4 章中你会了解到，分布式事务对现今的应用程序而言并不是一个很好的选择。而且，很多新的消息代理，例如 Apache Kafka 并不支持分布式事务。

因此，应用必须采用不同的机制确保消息的可靠发送，我们在本章会介绍一些方案。

使用数据库表作为消息队列

我们假设你的应用程序正在使用关系型数据库。可靠地发布消息的直接方法是应用事务性发件箱模式。此模式使用数据库表作为临时消息队列。如图 3-13 所示，发送消息的服务有一个 OUTBOX 数据库表。作为创建、更新和删除业务对象的数据库事务的一部分，服务通过将消息插入到 OUTBOX 表中来发送消息。这样可以保证原子性，因为这是本地的 ACID 事务。

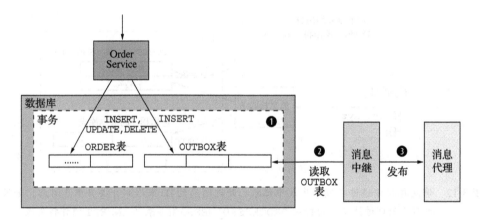

图 3-13   服务通过将消息作为更新数据库的事务的一部分插入到 OUTBOX 表中来可靠地发布消息。Message Relay 读取 OUTBOX 表并将消息发布到消息代理

OUTBOX 表充当临时消息队列。MessageRelay 是一个读取 OUTBOX 表并将消息发布到消息代理的组件。

模式：事务性发件箱

通过将事件或消息保存在数据库的 OUTBOX 表中，将其作为数据库事务的一部分发布。请参阅：http://microservices.io/patterns/data/transactional-outbox.html。

你可以对某些 NoSQL 数据库使用类似的方法。作为 record 存储在数据库中的每个业务实体都有一个属性，该属性是需要发布的消息列表。当服务更新数据库中的实体时，它会向该列表附加一条消息。这是原子的，因为它是通过单个数据库操作完成的。但是，挑战在于有效地找到那些拥有事件并发布事件的业务实体。

将消息从数据库移动到消息代理并对外发送有两种不同的方法。我们来逐一分析。

通过轮询模式发布事件

如果应用程序使用关系型数据库，则对外发布插入 OUTBOX 表的消息的一种非常简单的方法是让 MessageRelay 在表中轮询未发布的消息。它定期查询表：

```
SELECT * FROM OUTBOX ORDERED BY ... ASC
```

接下来，MessageRelay 把这些消息发送给消息代理，它把每个消息发送给它们的目的消息通道。最后，MessageRelay 把完成发送的消息从 OUTBOX 表中删除。

```
BEGIN
 DELETE FROM OUTBOX WHERE ID in (....)
COMMIT
```

> **模式：轮询发布数据**
>
> 通过轮询数据库中的发件箱来发布消息。请参阅：http://microservices.io/patterns/ data/polling-publisher.html。

轮询数据库是一种在小规模下运行良好的简单方法。其弊端是经常轮询数据库可能造成昂贵的开销（导致数据库性能下降）。此外，你是否可以将此方法与 NoSQL 数据库一起使用取决于 NoSQL 数据库支持的查询功能。这是因为应用程序必须查询业务实体，而不是查询 OUTBOX 表，这可能会无法有效地执行。由于这些弊端和限制，通常在某些情况下，更好的办法是使用更复杂和高性能的方法，来拖尾（tailing）数据库事务日志。

使用事务日志拖尾模式发布事件

更加复杂的实现方式，是让 MessageRelay 拖尾数据库的事务日志文件（也称为提交日志）。每次应用程序提交到数据库的更新都对应着数据库事务日志中的一个条目。事务日志挖掘器可以读取事务日志，把每条跟消息有关的记录发送给消息代理。图 3-14 展示了这个方案的具体实现方式。

Transaction-Log-Miner 读取事务日志条目。它将对应于插入消息的每个相关日志条目转换为消息，并将该消息发布到消息代理。此方法可用于发布写入关系型数据库中的 OUTBOX 表的消息或附加到 NoSQL 数据库中的记录的消息。

> **模式：事务日志拖尾**
>
> 通过拖尾事务日志发布对数据库所做的更改。请参阅：http://microservices.io/patterns/ data/transaction-log-tailing.html。

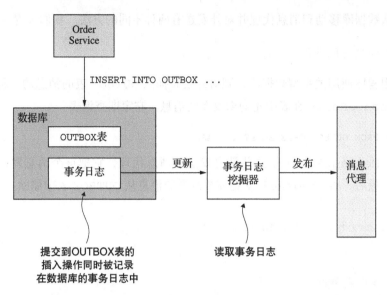

图 3-14   服务通过挖掘数据库的事务日志来发布插入到 OUTBOX 表中的消息

这个方案有一些实际的应用案例和实现可供参考：

- Debezium（http://debezium.io）：一个开源项目，它可以向 Apache Kafka 消息代理发布数据库更改。

- LinkedIn Databus（https://github.com/linkedin/databus）：一个开源项目，用于挖掘 Oracle 事务日志文件并将更改发布为事件。 LinkedIn 使用 Databus 将各种派生数据存储与记录系统同步。

- DynamoDB streams（http://docs.aws.amazon.com/amazondynamodb/latest/developerguide/Streams.html）：包含过去 24 小时内的 DynamoDB 表更改（创建、更新和删除）的序列，并且这个序列是按时间排序的。应用程序可以从流中读取这些更改，例如，将它们作为事件发布。

- Eventuate Tram（https://github.com/eventuate-tram/eventuate-tram-core）：这是我自己的开源事务消息库，它使用 MySQL binlog 协议、Postgres WAL 或轮询来读取对 OUTBOX 表所做的更改并将它们发布到 Apache Kafka。

虽然这种方法看似晦涩，但效果非常好。挑战在于实现它需要做一些开发努力。例如，你可以需要编写调用特定数据库 API 的底层代码。或者，你可以使用开源框架（如 Debezium）将应用程序对 MySQL、Postgres 或 MongoDB 所做的更改发布到 Apache Kafka。使用 Debezium 的缺点是它的重点是捕获数据库级别的更改，但是用于发送和接收消息的 API 超出了其范围。这就是我创建 Eventuate Tram 框架的原因，该框架可提供消息传递 API 以及事务拖尾和轮询。

3.3.8　消息相关的类库和框架

服务需要使用库来发送和接收消息。一种方法是使用消息代理的客户端库，但是直接使用这样的库有几个问题：

- 客户端库将发布消息的业务逻辑耦合到消息代理 API。
- 消息代理的客户端库通常是非常底层的，需要多行代码才能发送或接收消息。作为开发人员，你不希望重复编写类似的代码。另外，作为本书的作者，我不希望我的演示代码与重复性的底层消息实现代码混杂在一起。
- 客户端库通常只提供发送和接收消息的基本机制，不支持更高级别的交互方式。

更好的方法是使用更高级别的库或框架来隐藏底层的细节，并直接支持更高级别的交互方式。为简单起见，本书中的示例使用了我的 Eventuate Tram 框架。它有一个简单易用的 API，可以隐藏使用消息代理的复杂性。除了用于发送和接收消息的 API 之外，Eventuate Tram 还支持更高级别的交互方式，例如异步请求 / 响应和领域事件发布。

> **什么？！为什么要使用 Eventuate 框架？**
>
> 本书中的代码示例使用我开发的开源 Eventuate 框架，这个框架是为事务性消息、事件溯源和 Saga 量身定做的。之所以选择使用我的框架，是因为它与依赖注入和 Spring 框架不同，对于微服务架构所需的许多功能，目前开发者社区还没有广泛采用的框架。如果没有 Eventuate Tram 框架，许多演示代码必须直接使用底层消息传递 API，这会使它们变得更加复杂并且会模糊重要的概念。或者使用一个没有被广泛采用的框架，这也会引起批评。
>
> 相反，这些演示代码使用 Eventuate Tram 框架，该框架具有隐藏实现细节的简单易懂的 API。你可以在应用程序中使用这些框架。或者，你可以研究 Eventuate Tram 框架并自己重新实现这些概念。

Eventuate Tram 还实现了两个重要机制：

- 事务性消息机制：它将消息作为数据库事务的一部分发布。
- 重复消息检测机制：Eventuate Tram 支持消息的接收方检测并丢弃重复消息，这对于确保接收方只准确处理消息一次至关重要，如 3.3.6 节所述。

我们来看一看 Eventuate Tram 的 API。

基础消息 API

基础消息 API 由两个 Java 接口组成：`MessageProducer` 和 `MessageConsumer`。发送方服务使用 `MessageProducer` 接口将消息发布到消息通道。以下是使用此接口的例子：

```
MessageProducer messageProducer = ...;
String channel = ...;
String payload = ...;
messageProducer.send(destination, MessageBuilder.withPayload(payload).build())
```

接收方服务使用 `MessageConsumer` 接口订阅消息：

```
MessageConsumer messageConsumer;
messageConsumer.subscribe(subscriberId, Collections.singleton(destination),
        message -> { ... })
```

`MessageProducer` 和 `MessageConsumer` 是用于异步请求 / 响应和领域事件发布的更高级 API 的基础。

现在我们来谈谈如何发布和订阅事件。

领域事件发布 API

Eventuate Tram 具有用于发布和使用领域事件的 API。第 5 章将解释领域事件是聚合（业务对象）在创建、更新或删除时触发的事件。服务使用 `DomainEventPublisher` 接口发布领域事件。如下是一个具体的例子：

```
DomainEventPublisher domainEventPublisher;

String accountId = ...;

DomainEvent domainEvent = new AccountDebited(...);

domainEventPublisher.publish("Account", accountId, Collections.singletonList(
        domainEvent));
```

服务使用 `DomainEventDispatcher` 消费领域事件。如下是一个具体的例子：

```
DomainEventHandlers domainEventHandlers = DomainEventHandlersBuilder
            .forAggregateType("Order")
            .onEvent(AccountDebited.class, domainEvent -> { ... })
            .build();

new DomainEventDispatcher("eventDispatcherId",
            domainEventHandlers,
            messageConsumer);
```

事件式消息不是 Eventuate Tram 支持的唯一高级消息传递模式。它还支持基于命令 / 回复的消息机制。

基于命令 / 回复的消息

客户端可以使用 CommandProducer 接口向服务发送命令消息。例如：

```
CommandProducer commandProducer = ...;

Map<String, String> extraMessageHeaders = Collections.emptyMap();

String commandId = commandProducer.send("CustomerCommandChannel",
        new DoSomethingCommand(),
        "ReplyToChannel",
        extraMessageHeaders);
```

服务使用 CommandDispatcher 类接收命令消息。CommandDispatcher 使用 Message-Consumer 接口来订阅指定的事件。它将每个命令消息分派给适当的处理程序。如下是一个具体的例子：

```
CommandHandlers commandHandlers =CommandHandlersBuilder
          .fromChannel(commandChannel)
          .onMessage(DoSomethingCommand.class, (command) -
> { ... ; return withSuccess(); })
          .build();
CommandDispatcher dispatcher = new CommandDispatcher("subscribeId",
    commandHandlers, messageConsumer, messageProducer);
```

在本书中，你将看到使用这些 API 发送和接收消息的代码示例。

如你所见，Eventuate Tram 框架为 Java 应用程序实现事务性消息。它提供了一个相对底层的 API，用于以事务方式发送和接收消息。它还提供了更高级别的 API，用于发布和使用领域事件以及发送和处理命令式消息。

现在让我们看一下使用异步消息来提高可用性的服务设计方法。

3.4　使用异步消息提高可用性

正如你所见，我们需要在不同的进程间通信机制之间权衡利弊。其中的一个重要权衡因素，就是进程间通信机制与系统的可用性之间的关系。在本节中，你会看到，与其他服务采用同步通信机制作为请求处理的一部分，会对系统的可用性带来影响。因此，应该尽可能选择异步通信机制来处理服务之间的调用。

我们先看看同步消息带来的具体问题，以及这些问题是如何影响可用性的。

3.4.1　同步消息会降低可用性

REST 是一种非常流行的进程间通信机制。你可能很想将它用于服务间通信。但是，REST 的问题在于它是一个同步协议：HTTP 客户端必须等待服务端返回响应。只要服务使用同步协议进行通信，就可能降低应用程序的可用性。

要了解原因，请考虑图 3-15 中显示的情况。Order Service 有一个用于创建 Order 的 REST API。它调用 Consumer Service 和 Restaurant Service 来验证 Order。这两个服务都有 REST API。

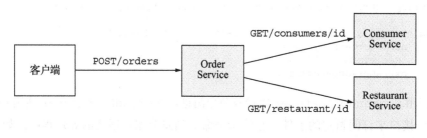

图 3-15　Order Service 使用 REST 调用其他服务。这很简单，但它要求所有服务同时可用，这会降低 API 的可用性

创建订单的流程如下：

1. 客户端发起 HTTP POST/orders 请求到 Order Service。

2. Order Service 通过向 Consumer Service 发起一个 HTTP GET/consumers/id 请求获取客户信息。

3. Order Service 通过向 Restaurant Service 发起一个 HTTP GET/restaurant/id 请求获取餐馆信息。

4. Order Service 使用客户和餐馆信息来验证请求。

5. Order Service 创建一个订单。

6. Order Service 向客户端发出 HTTP 响应作为客户端调用的返回。

因为这些服务都使用 HTTP，所以它们必须同时在线才能够完成 FTGO 应用程序中的 CreateOrder 这个请求。如果上述任意一个服务出了问题，FTGO 应用程序将无法创建新订单。从统计意义上讲，一个系统操作的可用性，由其所涉及的所有服务共同决定。如果 Order Service 服务和它所调用的两个服务的可用性都是 99.5[3]，那么这个系统操作的整体可用性就是 99.5%[3]，大约是 98.5%，这其实是个非常低的数值了。每一个额外增加的服务参与到其中，都会更进一步降低整体系统操作的可用性。

这个问题不仅仅跟基于 REST 的通信有关。当服务必须从另外一个服务获取信息后，才能够返回它客户端的调用，这种情况都会导致可用性问题。即使服务使用异步消息的请求/响应方式的交互进行通信，也存在此问题。例如，如果通过消息代理向 Consumer Service 发送消息然后等待响应，则 Order Service 的可用性将会降低。

如果你想最大化一个系统的可用性，就应该设法最小化系统的同步操作量。我们来看看如何实现。

3.4.2　消除同步交互

在必须处理同步请求的情况下，仍旧有一些方式可以最大限度地降低同步通信的数量。当然，最彻底的方式还是把所有的服务都改成异步 API，但是在现实情况下这并不太可能，例如一些公用 API 总是采用 RESTful 方式，另外有些情况下服务也必须被设计为采用同步 API。

幸运的是，总有一些办法在不发出同步调用请求的情况下来处理同步的调用请求。我们看看有哪些方法。

使用异步交互模式

理想的情况是，所有的交互都应该使用本章之前所描述的异步交互。例如，让我们假设 FTGO 采用请求 / 异步响应的交互方式来创建订单。客户端可以通过向 Order　Service 发送一个请求消息交换消息的方式创建订单。这个服务随即采用异步交换消息的方式跟其他服务通信完成订单的创建，并向客户端发回一个返回消息。图 3-16 展示了具体的设计。

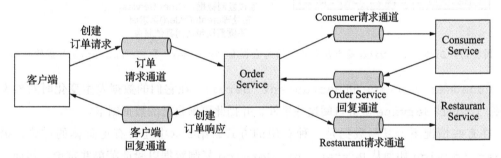

图 3-16　如果 FTGO 应用程序的服务使用异步消息而不是同步调用进行通信，那么它会具有更高的可用性

客户端和服务端使用消息通道发送消息来实现异步通信。这个交互过程中不存在堵塞等待响应的情况。

这样的架构非常有弹性，因为消息代理会一直缓存消息，直到有服务端接收并处理消息。然而，问题是服务很多情况下都采用类似 REST 这样的同步通信协议的外部 API，并且要求对请求立即做出响应。

在这种情况下，我们可以采用复制数据的方式来提高可用性。我们看看如何实现。

复制数据

在请求处理环节中减少同步请求的另外一种办法，就是进行数据复制。服务维护一个数据副本，这些数据是服务在处理请求时需要使用的。这些数据的源头会在数据变化时发出消息，服务订阅这些消息来确保数据副本的实时更新。例如，Order Service 可以维护来自 Consumer Service 和 Restaurant Service 的数据副本。在这种情况下，Order Service 可以在不与其他服务进行交互的情况下完成订单创建的请求。图 3-17 展示了具体的设计。

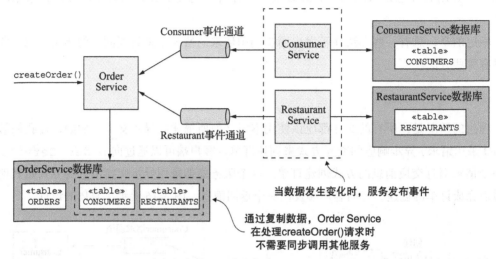

图 3-17　Order Service 是自包含的，因为它拥有 Consumers 和 Restaurants 数据的副本

Consumer Service 和 Restaurant Service 在它们的数据发生变化时对外发布事件。Order Service 服务订阅这些事件，并据此更新自己的数据副本。

在有些情况下，复制数据是一种有用的方式，第 5 章中还会有更具体的讨论，描述 Order Service 如何从 Restaurant Service 复制数据以验证菜单并定价。然而，复制数据的一个弊端在于，有时候被复制的数据量巨大，会导致效率低下。例如，让 Order Service 服务去维护一个 Consumer Service 的数据副本并不可行，因为数据量实在太大了。复制的另外一个弊端在于，复制数据并没有从根本上解决服务如何更新其他服务所拥有的数据这个问题。

解决该问题的一种方法是让服务暂缓与其他服务交互，直到它给客户端发送了响应。接下来我们将看看它是如何工作的。

先返回响应，再完成处理

另外一种在请求处理环节消除同步通信的办法如下：

1. 仅使用本地的数据来完成请求的验证。

2. 更新数据库，包括向 OUTBOX 表插入消息。

3. 向客户端返回响应。

当处理请求时，服务并不需要与其他服务直接进行同步交互。取而代之的是，服务异步向其他的服务发送消息。这种方式确保了服务之间的松耦合。正如我们将在下一章看到的，这是通过 Saga 实现的。

例如，Order Service 可以用这种方式创建一个未经验证（Pending）状态的订单，然后通过异步交互的方式直接跟其他服务通信来完成验证。图 3-18 展示了 createOrder() 被调用时发生的具体过程。

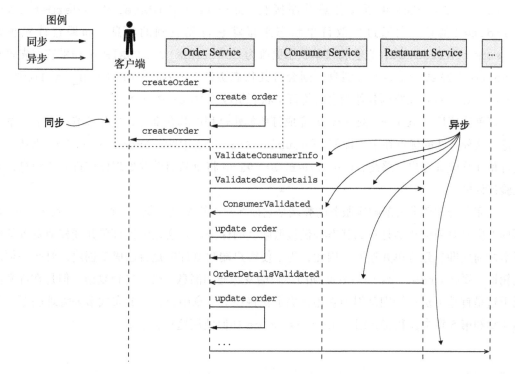

图 3-18　Order Service 在不调用任何其他服务的情况下创建订单。然后，它通过与其他服务（包括 Consumer Service 和 Kitchen Service）交换消息来异步验证新创建的 Order

事件的顺序是：

1. Order Service 在 PENDING 状态下创建订单。

2. Order Service 返回包含订单 ID 的响应给客户。

3. Order Service 向 Consumer Service 发送 ValidateConsumerInfo 消息。

4. Order Service 向 Restaurant Service 发送 ValidateOrderDetails 消息。

5. Consumer Service 接收 ValidateConsumerInfo 消息，验证消费者是否可以下订单，并向 Order Service 发送 ConsumerValidated 消息。

6. Restaurant Service 收到 ValidateOrderDetails 消息，验证菜单项是否有效以及餐馆是否可以交付订单的交付地址，并向 Order Service 发送 OrderDetailsValidated 消息。

7. Order Service 接收 ConsumerValidated 和 OrderDetailsValidated，并将订单状态更改为 VALIDATED。

8. ……

Order Service 可以按任意顺序接收 ConsumerValidated 和 OrderDetails-Validated 消息。它通过更改订单状态来跟踪它首先收到的消息。如果它首先收到 ConsumerValidated，它会将订单状态更改为 CONSUMER_VALIDATED；如果它首先收到 OrderDetailsValidated 消息，则会将其状态更改为 ORDER_DETAILS_VALIDATED。Order Service 在收到其他消息时将订单状态更改为 VALIDATED。

订单验证后，Order Service 完成订单创建过程的其余部分，这些细节将在下一章中讨论。这种方法的优点在于，即使 Consumer Service 中断，Order Service 仍然会创建订单并响应其客户。最终，Consumer Service 将重新启动并处理任何排队的消息，并且验证订单。

在完全处理请求之前响应服务的弊端是它使客户端更复杂。例如，Order Service 在返回响应时对新创建的订单的状态提供最低限度的保证。它会在验证订单并授权消费者的信用卡之前立即创建订单并返回。因此，为了使客户端知道订单是否已成功创建，要么必须定期轮询，要么 Order Service 必须向客户端发送通知消息。听起来很复杂，但是在许多情况下这是首选方法：特别是因为它还解决了我将在下一章中讨论的分布式事务管理问题。在第 4 章和第 5 章中，我将介绍 Order Service 如何使用这种方法。

本章小结

- 微服务架构是一种分布式架构，因此进程间通信起着关键作用。
- 仔细管理服务 API 的演化至关重要。向后兼容的更改是最容易进行的，因为它们不会影响客户端。如果对服务的 API 进行重大更改，通常需要同时支持旧版本和新版本，直到客户端升级为止。
- 有许多进程间通信技术，每种技术都有不同的利弊。一个关键的设计决策是选择同步远程过程调用模式或异步消息模式。基于同步远程过程调用的协议（如 REST）是最容易使用的。但是，理想情况下，服务应使用异步消息进行通信，以提高可用性。
- 为了防止故障通过系统层层蔓延，使用同步协议服务的客户端必须设计成能够处理局部故障，这些故障是在被调用的服务停机或表现出高延迟时发生的。特别是，它必须在发出请求时使用超时，限制未完成请求的数量，并使用断路器模式来避免调用失败的服务。

- 使用同步协议的架构必须包含服务发现机制，以便客户端确定服务实例的网络位置。最简单的方法是使用部署平台实现的服务发现机制：服务器端发现和第三方注册模式。但另一种方法是在应用程序级别实现服务发现：客户端发现和自注册模式。它需要的工作量更大，但它确实可以处理服务在多个部署平台上运行的场景。

- 设计基于消息的架构的一种好方法是使用消息和通道模型，它抽象底层消息系统的细节。然后，你可以将该设计映射到特定的消息基础结构，该基础结构通常基于消息代理。

- 使用消息机制的一个关键挑战是以原子化的方式同时完成数据库更新和发布消息。一个好的解决方案是使用事务性发件箱模式，并首先将消息作为数据库事务的一部分写入数据库。然后，一个单独的进程使用轮询发布者模式或事务日志拖尾模式从数据库中检索消息，并将其发布给消息代理。

第 4 章

使用 Saga 管理事务

本章导读

- 为什么分布式事务不适合现代应用程序
- 使用 Saga 模式维护微服务架构的数据一致性
- 使用协同和编排这两种方式来协调 Saga
- 采用对策来解决缺乏隔离的问题

当玛丽开始评估微服务架构时，她最关心的一个问题是如何实现跨多个服务的事务。事务是每个企业级应用程序的基本要素。没有事务处理就不可能保持数据的一致性。

ACID（原子性、一致性、隔离性和持久性）事务造成了一种错觉，让开发人员认为每个事务都具有对数据的独占访问权，这种错觉极大地简化了开发人员的工作。在微服务架构中，单个服务中的事务仍然可以使用 ACID 事务。然而，在对更新多个服务所拥有的数据的操作实现事务时，我们面临着新的挑战。

例如，如第 2 章所述，createOrder() 操作跨越多个服务，包括 Order Service、Kitchen Service 和 Accounting Service。诸如此类的操作需要跨服务的事务管理机制。

玛丽发现，如第 2 章所述，传统的分布式事务管理方法对于现代应用程序来说不是一个好的选择[二]。跨服务的操作必须使用所谓的 Saga [三]（一种消息驱动的本地事务序列）来维护数据一致性，而不是 ACID 事务。Saga 的一个挑战在于只满足 ACD（原子性、一致性和持久性）特性，而缺乏传统 ACID 事务的隔离性。因此，应用程序必须使用所谓的对策（countermeasure），找到办法来防止或减少由于缺乏隔离而导致的并发异常。

在许多方面，玛丽和 FTGO 开发人员在采用微服务时将面临的最大障碍是从具有 ACID 事务的单个数据库转变为具有 ACD Saga 的多数据库架构。他们已经习惯了 ACID 事务模型的简单性。但实际上，包括 FTGO 应用程序在内的很多单体架构应用程序通常不使用教科书上讲的那些非常严谨的 ACID 事务。例如，许多应用程序使用较低的事务隔离级别来提高性能。此外，许多重要的业务流程，例如在不同银行的账户之间转账，也都遵循最终一致性的原则。星巴克甚至连两阶段提交都没有使用（www.enterpriseintegrationpatterns.com/ramblings/18_starbucks.html）。

在本章开始，将研究微服务架构中事务管理的挑战，并解释为什么传统的分布式事务管理方法在微服务架构下不再是我们的选择。接下来，将解释如何使用 Saga 来维护数据一致性。之后，分析协调 Saga 的两种不同方式：一种是协同式（choreography），Saga 的参与方在没有集中控制器的情况下交换事件式消息；另外一种是编排式（orchestration），集中控制器告诉 Saga 参与方要执行的操作。我会讲解如何使用对策来防止或减少由于 Saga 之间缺乏隔离而导致的并发异常。最后，我会描述一个 Saga 的实现例子。

让我们首先看一看在微服务架构中管理事务的挑战。

4.1　微服务架构下的事务管理

企业应用在处理几乎每一个请求的过程中，都需要跟数据库打交道。企业应用的开发者使用大量成熟的编程框架和函数库来简化事务管理。一些编程框架和函数库提供了 API，用于显式地开始、提交或回滚事务。其他框架，例如 Spring 框架，则提供了注解式的机制，Spring 采用 `@Transactional` 注解来让方法调用自动地在事务范围内完成。这些机制让编写事务性的业务逻辑变得简单和透明。

更准确地说，在只访问一个数据库的单体应用中，事务管理是简单明了的。一些较为复杂的单体应用可能会使用多个数据库和消息代理。更进一步，微服务架构下的事务往往需要横跨多个服务，每个服务都有属于自己的私有数据库。在这种情况下，应用程序必须使用一些更为高级的事务管理机制来管理事务。正如你已经了解的，传统的分布式事务管理并不是

　　　⊖　请牢记服务的数据是私有的，外部只能通过服务暴露的 API 访问这些数据，因此在数据库层面实现的分布式事务不再可行。——译者注

　　　⊖　Saga 这个术语最早出现在普林斯顿大学研究人员发表的一篇关于数据库事务的论文中，这篇论文可在这里下载：ftp://ftp.cs.princeton.edu/reports/1987/070.pdf。——译者注

现代应用程序的合适选择。取而代之的是，微服务应用程序需要使用 Saga 机制。

　　在解释什么是 Saga 之前，我们先来仔细看看为什么微服务架构下的事务管理会具有如此大的挑战。

4.1.1　微服务架构对分布式事务的需求

　　想象一下，作为 FTGO 的开发人员，你负责实现 createOrder() 这个系统操作。正如我在第 2 章所提到的，这个操作必须验证消费者是否满足下订单的相关条件、验证订单内容、完成消费者的信用卡授权，以及在数据库中创建 Order。在 FTGO 单体应用中，这样的操作是相对直观和容易实现的。在验证中需要的所有数据都可以从数据库中直接读取，此外，可以使用一个 ACID 类事务来保证数据的一致性。我们只需要在 createOrder() 服务方法之前使用一个 @Transactional Spring 注解即可。

　　与之相反，在微服务架构下实现同样的操作则颇有难度。如图 4-1 所示，所需要的验证数据散布在不同的服务中。createOrder() 操作必须访问多个服务（包括：Consumer Service、Kitchen Service 和 Accounting Service）来获得它所需要的验证数据。

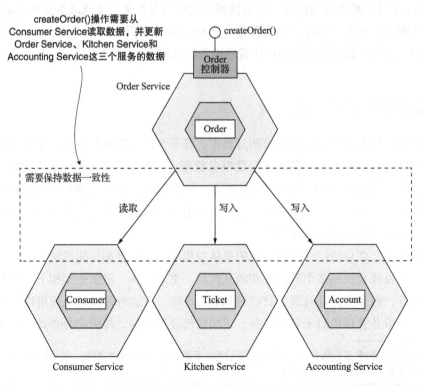

图 4-1　createOrder() 操作会更新多个服务中的数据。它必须使用一种机制来维护这些服务之间的数据一致性

因为每个服务都有自己的私有数据库，你需要一种机制来保障多数据库环境下的数据一致性。

4.1.2 分布式事务的挑战

在多个服务、数据库和消息代理之间维持数据一致性的传统方式是采用分布式事务。分布式事务管理的事实标准是 X/Open Distributed Transaction Processing (DTP) Model（X/Open XA，https://en.wikipedia.org/wiki/X/Open_XA）。XA 采用了两阶段提交（two phase commit，2PC）来保证事务中的所有参与方同时完成提交，或者在失败时同时回滚。应用程序的整个技术栈需要满足 XA 标准，包括符合 XA 要求的数据库、消息代理、数据库驱动、消息 API，以及用来传播 XA 全局事务 ID 的进程间通信机制。市面上绝大多数的 SQL 数据库和一部分消息代理满足 XA 标准。例如，Jave EE 应用程序可以使用 JTA 来完成分布式事务。

分布式事务并不像听起来这么简单，而是有着许多问题。其中一个问题是，许多新技术，包括 NoSQL 数据库（例如 MongoDB 和 Cassandra），并不支持 XA 标准的分布式事务。同样，一些流行的消息代理如 RabbitMQ 和 Apache Kafka 也不支持分布式事务。因此，如果你坚持在微服务架构中使用分布式事务，那么不得不放弃使用这些流行的数据库或消息代理。

分布式事务的另一个问题在于，它们本质上都是同步进程间通信，这会降低分布式系统的可用性。为了让一个分布式事务完成提交，所有参与事务的服务都必须可用。正如我们在第 3 章中讨论的，系统整体的可用性是所有事务参与方可用性的乘积。如果一个分布式事务包括两个可用性为 99.5% 的参与方，那么总的系统可用性可能就只有 99%，我们显然不能接受可用性的显著降低。而且，分布式事务每增加一个事务参与方，都会进一步降低总体的可用性。Eric Brewer 在他著名的 CAP 理论中早已经证明，系统只能够在它的一致性、可用性和分区容错性这三个属性中同时保证两个（https://en.wikipedia.org/wiki/CAP_theorem）。今天，架构师倾向于保证系统的可用性，而放弃对数据强一致性的要求。

表面上而言，分布式事务颇具吸引力，它让程序员可以采用跟本地事务几乎一样的编程模型来解决分布式场景下的问题。然而，因为上述的问题，分布式事务对于现代应用程序并不是一个很好的选择。在第 3 章中讨论消息系统时，我们展示了解决这个问题的方法，即把消息作为数据库事务的一部分，而不是采用分布式事务。为了解决在微服务架构下的数据一致性这个复杂问题，应用程序需要一些不同的机制，这就是构建在松耦合、异步服务概念之上的 Saga。

4.1.3 使用 Saga 模式维护数据一致性

Saga 是一种在微服务架构中维护数据一致性的机制，它可以避免分布式事务所带来的问题。一个 Saga 表示需要更新多个服务中数据的一个系统操作。Saga 由一连串的本地事务组

成。每一个本地事务负责更新它所在服务的私有数据库，这些操作仍旧依赖于我们所熟悉的
ACID 事务框架和函数库。

> **模式：Saga**
> 通过使用异步消息来协调一系列本地事务，从而维护多个服务之间的数据一致性。
> 请参阅：http://microservices.io/patterns/data/saga.html。

系统操作启动了 Saga 的第一步。完成本地事务会触发下一个本地事务的执行。稍后在
4.2 节中，你将看到如何使用异步消息实现 Saga 步骤间的协调。异步消息的一个重要好处是
它确保 Saga 的所有步骤都被执行，即使一个或多个 Saga 的参与方暂时不可用。

Saga 在几个重要方面与 ACID 事务不同。正如我将在 4.3 节中详细描述的那样，它们缺
少 ACID 事务的隔离性。此外，由于每个本地事务都提交了其更改，因此必须使用补偿事务
回滚 Saga。我将在本节后面详细讨论补偿事务。先来看一个例子。

示例 Saga：Create Order Saga

本章中使用的示例 Saga 是 `Create Order Saga`，如图 4-2 所示。`Order Service`
使用此 Saga 实现 `createOrder()` 操作。Saga 的第一个本地事务由创建订单的外部请求启
动。其他 5 个本地事务均由前一个完成触发。

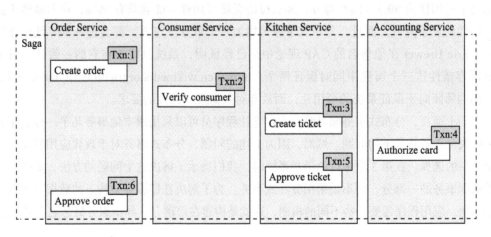

图 4-2 使用 Saga 创建订单。`createOrder()` 操作由跨服务的多个本地事务组成的 Saga 实现

这个 Saga 包含了以下几个本地事务：

1. `Order Service`：创建一个处于 `APPROVAL_PENDING` 状态的 `Order`。
2. `Consumer Service`：验证当前订单中的消费者可以下单。

3. `Kitchen Service`：验证订单内容，并创建一个后厨工单 `Ticket`，状态为 `CREATE_PENDING`。

4. `Accounting Service`：对消费者提供的信用卡做授权操作。

5. `Kitchen Service`：把后厨工单 `Ticket` 的状态改为 `AWAITING_ACCEPTANCE`。

6. `Order Service`：把 `Order` 的状态改为 `APPROVED`。

稍后在 4.2 节中，我将介绍参与 Saga 的服务如何使用异步消息进行通信。当本地事务完成时，服务会发布消息。然后，此消息将触发 Saga 中的下一个步骤。使用消息不仅可以确保 Saga 参与方之间的松散耦合，还可以保证 Saga 完成。这是因为如果消息的接收方暂时不可用，则消息代理会缓存消息，直到消息可以被投递为止。

从表面上看，Saga 似乎很简单，但使用它们有一些挑战。一个挑战是 Saga 之间缺乏隔离。4.3 节将描述如何处理这个问题。另一个挑战是在发生错误时的回滚更改。我们来看看如何做到这一点。

Saga 使用补偿事务来回滚所做出的改变

传统 ACID 事务的一个重要特性是：如果业务逻辑检测到违反业务规则，可以轻松回滚事务。通过执行 `ROLLBACK` 语句，数据库可以撤销（回滚）目前为止所做的所有更改。遗憾的是，Saga 无法自动回滚，因为每个步骤都会将其更改提交到本地数据库。这意味着，如果 `Create Order Saga` 的第 4 步（信用卡授权）失败，则 FTGO 应用程序必须明确撤销前三个步骤所做的更改。你必须编写所谓的补偿事务。

假设一个 Saga 的第 $n+1$ 个事务失败了。必须撤销前 n 个事务的影响。从概念上讲，每个步骤 T_i 都有一个相应的补偿事务 C_i，它可以撤销 T_i 的影响。要撤销前 n 个步骤的影响，Saga 必须以相反的顺序执行每个 C_i。步骤顺序为 $T_1...T_n$，$C_n...C_1$，如图 4-3 所示。在这个例子中，T_{n+1} 失败，这需要撤销步骤 $T_1...T_n$。

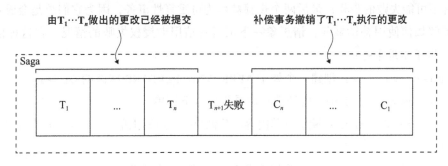

图 4-3　当 Saga 的步骤因违反业务规则而失败时，Saga 必须通过执行补偿事务显式撤销先前步骤所做的更新

Saga 按照正常事务的反向顺序来执行补偿事务：$C_n,...,C_1$。C_i 的顺序机制与 T_i 的顺序

机制并无差别。C_i 执行完成后必须触发 C_{i-1} 的执行。

比如我们来看 Create Order Saga。这个 Saga 可能有多种原因导致执行失败：

- 消费者的信息无效或者不允许他下单。
- 餐馆信息无效或餐馆无法接受订单。
- 消费者的信用卡验证失败。

如果本地事务失败，则 Saga 的协调机制必须执行取消 Order 和可能的 Ticket 的补偿事务。表 4-1 显示了 Create Order Saga 的每个步骤的补偿事务。值得注意的是，并非所有步骤都需要补偿事务。只读步骤，例如 verifyConsumerDetails()，不需要补偿事务。也不需要考虑为诸如 authorizeCreditCard() 之类的步骤设计补偿事务，因为这些步骤之后的操作总是会成功。

表 4-1　Create Order Saga 的补偿事务

步骤	服务	事务	补偿事务
1	Order Service	createOrder()	rejectOrder()
2	Consumer Service	verifyConsumerDetails()	—
3	Kitchen Service	createTicket()	rejectTicket()
4	Accounting Service	authorizeCreditCard()	—
5	Kitchen Service	approveTicket()	—
6	Order Service	approveOrder()	—

4.3 节将讨论 Create Order Saga 的前 3 个步骤，它们被称为可补偿性事务，因为它们后面跟着的步骤可能失败；第 4 步被称为 Saga 的关键性事务（pivot transaction），因为它后面跟着不可能失败的步骤；最后两个步骤被称为可重复性事务，因为它们总是会成功。

要了解如何使用补偿事务，请想象一下消费者信用卡授权失败的情况。在这种情况下，Saga 执行以下本地事务：

1. Order Service：创建一个处于 APPROVAL_PENDING 状态的 Order。
2. Consumer Service：验证消费者是否可以下订单。
3. Kitchen Service：验证订单内容，并创建一个后厨工单 Ticket，状态为 CREATE_PENDING。
4. Accounting Service：授权消费者的信用卡，但失败了。
5. Kitchen Service：将后厨工单 Ticket 的状态更改为 CREATE_REJECTED。
6. Order Service：将 Order 的状态更改为 REJECTED。

第 5 步和第 6 步分别是用于取消由 Kitchen Service 和 Order Service 进行的更新的补偿事务。Saga 的协调逻辑负责对正常事务和补偿事务的执行进行排序。让我们来看看它是如何工作的。

4.2 Saga 的协调模式

Saga 的实现包含协调 Saga 步骤的逻辑。当通过系统命令启动 Saga 时，协调逻辑必须选择并通知第一个 Saga 参与方执行本地事务。一旦该事务完成，Saga 协调选择并调用下一个 Saga 参与方。这个过程一直持续到 Saga 执行完所有步骤。如果任何本地事务失败，则 Saga 必须以相反的顺序执行补偿事务。以下几种不同的方法可用来构建 Saga 的协调逻辑。

- 协同式（choreography）：把 Saga 的决策和执行顺序逻辑分布在 Saga 的每一个参与方中，它们通过交换事件的方式来进行沟通。
- 编排式（orchestration）：把 Saga 的决策和执行顺序逻辑集中在一个 Saga 编排器类中。Saga 编排器发出命令式消息给各个 Saga 参与方，指示这些参与方服务完成具体操作（本地事务）。

我们来看看这两种方式的具体实现，首先从协同式开始。

4.2.1 协同式 Saga

实现 Saga 的一种方法是使用协同。使用协同时，没有一个中央协调器会告诉 Saga 参与方该做什么。相反，Saga 参与方订阅彼此的事件并做出相应的响应。为了展示基于协同的 Saga 如何运作，我将描述一个例子。然后，我将讨论必须要解决的几个设计问题。最后，我将讨论使用协同的好处和弊端。

实现协同式的 Create Order Saga

图 4-4 显示了 Create Order Saga 的基于协同式版本的设计。参与方通过交换事件进行沟通。每个参与方从 Order Service 开始，更新其数据库并发布触发下一个参与方的事件。

Saga 的正常工作路径如下所示：

1. Order Service 创建一个处于 APPROVAL_PENDING 状态的 Order 并发布 OrderCreated 事件。

2. Consumer Service 消费 OrderCreated 事件，验证消费者是否可以下订单，并发布 ConsumerVerified 事件。

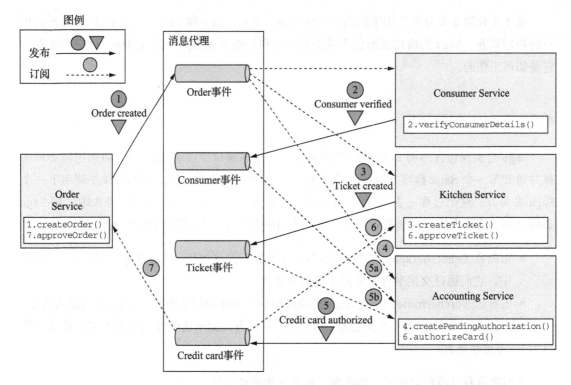

图 4-4   使用协同式实现 `Create Order Saga`。**Saga** 参与方通过交换事件进行沟通

3. `Kitchen Service` 消费 `OrderCreated` 事件，验证 `Order`，创建一个处于 `CREATE_PENDING` 状态的后厨工单 `Ticket`，并发布 `TicketCreated` 事件。

4. `Accounting Service` 消费 `OrderCreated` 事件并创建一个处于 `PENDING` 状态的 `CreditCardAuthorization`。

5. `Accounting Service` 消费 `TicketCreated` 和 `ConsumerVerified` 事件，向消费者的信用卡收费，并发布 `CreditCardAuthorized` 事件。

6. `Kitchen Service` 消费 `CreditCardAuthorized` 事件并将 `Ticket` 的状态更改为 `AWAITING_ACCEPTANCE`。

7. `Order Service` 接收 `CreditCardAuthorized` 事件，将 `Order` 的状态更改为 `APPROVED`，并发布 `OrderApproved` 事件。

`Create Order Saga` 还必须处理 **Saga** 参与方拒绝 `Order` 并发布某种失败事件的场景。例如，消费者信用卡的授权可能会失败。**Saga** 必须执行补偿性事务来撤销已经完成的事务。图 4-5 显示了 `Accounting Service` 无法授权消费者信用卡时的事件流。

事件的顺序如下：

1. `Order Service` 创建一个处于 `APPROVAL_PENDING` 状态的 `Order` 并发布

OrderCreated 事件。

2. Consumer Service 消费 OrderCreated 事件，验证消费者是否可以下订单，并发布 ConsumerVerified 事件。

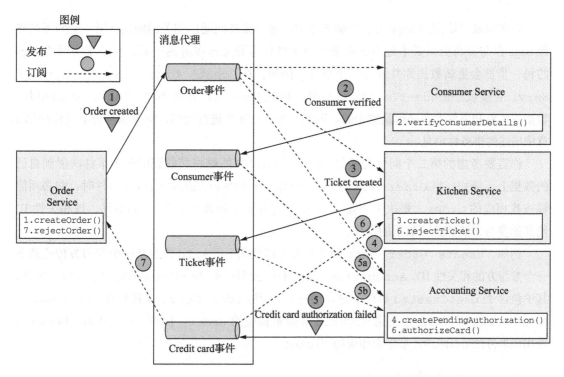

图 4-5　当消费者信用卡的授权失败时 Create Order Saga 中的事件序列。Accounting Service 发布 Credit Card Authorization Failed 事件，触发 Kitchen Service 拒绝 Ticket，以及 Order Service 拒绝 Order

3. Kitchen Service 消费 OrderCreated 事件，验证 Order，创建一个处于 CREATE_PENDING 状态的后厨工单 Ticket，并发布 TicketCreated 事件。

4. Accounting Service 消费 OrderCreated 事件并创建一个处于 PENDING 状态的 CreditCardAuthorization。

5. Account Service 消费 TicketCreated 和 ConsumerVerified 事件，向消费者的信用卡扣款（失败了），并发布 CreditCardAuthorizationFailed 事件。

6. Kitchen Service 消费 CreditCardAuthorizationFailed 事件，然后把后厨工单 Ticket 的状态更改为 REJECTED。

7. Order Service 消费 CreditCardAuthorizationFailed 事件，并将 Order 的状态更改为 REJECTED。

如你所见，基于协同式的 Saga 的参与方使用发布 / 订阅进行交互。让我们仔细想想在为 Saga 实现基于发布 / 订阅的通信时需要考虑的一些问题。

可靠的事件通信

在实现基于协同的 Saga 时，你必须考虑一些与服务间通信相关的问题。第一个问题是确保 Saga 参与方将更新其本地数据库和发布事件作为数据库事务的一部分。基于协同的 Saga 的每一步都会更新数据库并发布一个事件。例如，在 Create Order Saga 中，Kitchen Service 接收 ConsumerVerified 事件，创建 Ticket，并发布 TicketCreated 事件。数据库更新和事件发布必须是原子的。因此，为了可靠地进行通信，Saga 参与方必须使用第 3 章中描述的事务性消息。

你需要考虑的第二个问题是确保 Saga 参与方必须能够将接收到的每个事件映射到自己的数据上。例如，当 Order Service 收到 CreditCardAuthorized 事件时，它必须能够查找相应的 Order。解决方案是让 Saga 参与方发布包含相关性 ID 的事件，该相关性 ID 使其他参与方能够执行数据的操作。

例如，Create Order Saga 的参与方可以使用 orderId 作为从一个参与方传递到下一个参与方的相关性 ID。Accounting Service 发布一个 CreditCardAuthorized 事件，其中包含 TicketCreated 事件中的 orderId。当 Order Service 接收到 CreditCard-Authorized 事件时，它使用 orderId 来检索相应的 Order。同样，Kitchen Service 使用该事件的 orderId 来检索相应的 Ticket。

协同式 Saga 的好处和弊端

基于协同式的 Saga 有以下几个好处：

- 简单：服务在创建、更新或删除业务对象时发布事件。
- 松耦合：参与方订阅事件并且彼此之间不会因此而产生耦合。

但它也有以下一些弊端：

- 更难理解：与编排式不同，代码中没有一个单一地方定义了 Saga。相反，协调式 Saga 的逻辑分布在每个服务的实现中。因此，开发人员有时很难理解特定的 Saga 是如何工作的。
- 服务之间的循环依赖关系：Saga 参与方订阅彼此的事件，这通常会导致循环依赖关系。例如，如果仔细检查图 4-4，你将看到存在循环依赖关系，例如 Order Service→Accounting Service→Order Service。虽然这并不一定是个问题，但循环依赖性被认为是一种不好的设计风格。

■ 紧耦合的风险：每个 Saga 参与方都需要订阅所有影响它们的事件。例如，Accounting Service 必须订阅所有可能导致消费者信用卡被扣款或退款的事件。因此，存在一种风险，即 Accounting Service 的内部代码需要与 Order Service 实现的订单生命周期代码保持同步更新。

协同式可以很好地用于简单的 Saga，但由于这些弊端，我们通常更倾向使用编排式 Saga 来应对更复杂的场景。让我们来看看编排式 Saga 是如何工作的。

4.2.2　编排式 Saga

编排式是实现 Saga 的另外一种方式。当使用编排式 Saga 时，开发人员定义一个编排器类，这个类的唯一职责就是告诉 Saga 的参与方该做什么事情。Saga 编排器使用命令 / 异步响应方式与 Saga 的参与方服务通信。为了完成 Saga 中的一个环节，编排器对某个参与方发出一个命令式的消息，告诉这个参与方该做什么操作。当参与方服务完成操作后，会给编排器发送一个答复消息。编排器处理这个消息，并决定 Saga 的下一步操作是什么。

为了展示基于编排式的 Saga 如何工作，将首先展示一个例子。然后描述如何将基于编排式的 Saga 模型建模为状态机。将讨论如何利用事务性消息来确保 Saga 编排器和 Saga 参与方之间的可靠通信。然后，将描述使用基于编排式 Saga 的好处和弊端。

实现编排式的 Create Order Saga

图 4-6 显示了 Create Order Saga 的基于编排式的设计。该 Saga 由 CreateOrderSaga 类编排，该类使用异步请求 / 响应调用 Saga 参与方。该类跟踪流程并向 Saga 参与方发送命令式消息，例如 Kitchen Service 和 Consumer Service。CreateOrderSaga 类从其回复通道读取回复消息，然后确定 Saga 中的下一步（如果有的话）。

Order Service 首先创建（实例化）一个 Order 对象和一个 Create Order Saga 编排器对象。一切正常情况下的流程如下所示：

1. Saga 编排器向 Consumer Service 发送 Verify Consumer 命令。
2. Consumer Service 回复 Consumer Verified 消息。
3. Saga 编排器向 Kitchen Service 发送 Create Ticket 命令。
4. Kitchen Service 回复 Ticket Created 消息。
5. Saga 编排器向 Accounting Service 发送 Authorize Card 消息。
6. Accounting Service 使用 Card Authorized 消息回复。
7. Saga 编排器向 Kitchen Service 发送 Approve Ticket 命令。
8. Saga 编排器向 Order Service 发送 Approve Order 命令。

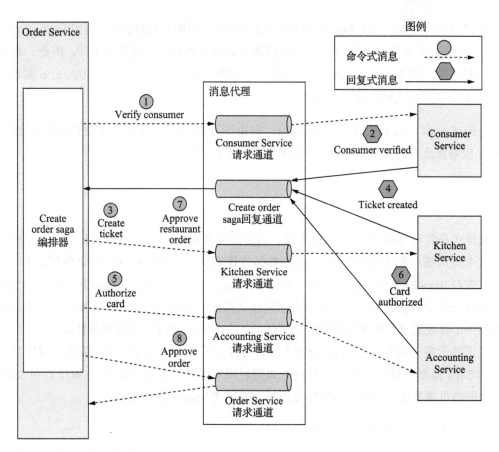

图 4-6 使用编排式实现 Create Order Saga。Order Service 实现了一个 Saga 编排
器，它使用异步请求 / 响应来调用 Saga 参与方

请注意，在最后一步中，Saga 编排器会向 Order Service 发送命令式消息，即使
它是 Order Service 的一个组件。原则上，Create Order Saga 可以通过直接更新
Order 来批准订单。但为了保持一致性，Saga 将 Order Service 视为另一个参与方。

图 4-6 描述了 Saga 的一个场景，但一个 Saga 可能有很多场景。例如，Create Order
Saga 有 4 个场景。除了一切正常情况下的流程，由于 Consumer Service、Kitchen
Service 或 Accounting Service 的失败，Saga 可能会失败。因此，将 Saga 建模为状
态机非常有用，因为它描述了所有可能的场景。

把 Saga 编排器视为一个状态机

状态机是建模 Saga 编排器的一个好方法。状态机由一组状态和一组由事件触发的状态
之间的转换组成。每个转换都可以有一个动作，对 Saga 来说动作就是对某个参与方的调用。
状态之间的转换由 Saga 参与方执行的本地事务完成触发。当前状态和本地事务的特定结果

决定了状态转换以及执行的动作（如果有的话）。对状态机也有有效的测试策略。因此，使用状态机模型可以更轻松地设计、实现和测试 Saga。

图 4-7 显示了 `Create Order Saga` 的状态机模型。此状态机由多个状态组成，包括以下内容：

- `Verifying Consumer`：初始状态。当处于此状态时，该 Saga 正在等待 `Consumer Service` 验证消费者是否可以下订单。
- `Creating Ticket`：该 Saga 正在等待对 `Create Ticket` 命令的回复。
- `Authorizing Card`：等待 `Accounting Service` 授权消费者的信用卡。
- `Order Approved`：最终状态，表示该 Saga 已成功完成。
- `Order Rejected`：最终状态，表示 `Order` 被其中一个参与方拒绝。

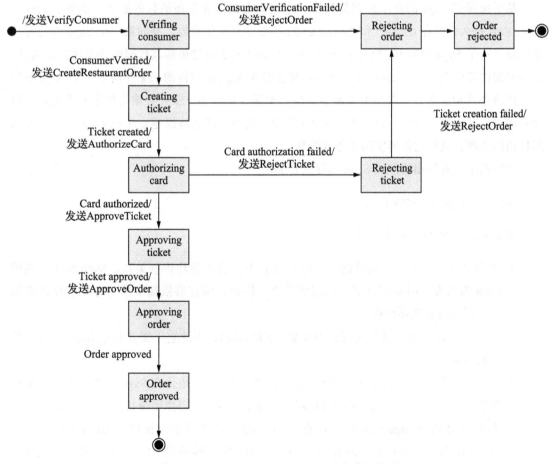

图 4-7　`Create Order Sage` 的状态机模型

状态机还定义了许多状态转换。例如，状态机从 Creating Ticket 状态转换为 Authorizing Card 或 Rejected Order 状态。当它收到成功回复 Create Ticket 命令时，它将转换到 Authorizing Card 状态。或者，如果 Kitchen Service 无法创建 Ticket，则状态机将转换为 Order Rejected 状态。

状态机的初始操作是将 Verify Consumer 命令发送到 Consumer Service。Consumer Service 的响应会触发下一次状态转型。如果消费者被成功验证，则 Saga 会创建 Ticket 并转换为 Creating Ticket 状态。但是，如果消费者验证失败，则 Saga 会拒绝 Order 并转换为 Order Rejected 状态。状态机经历了许多其他状态转换，由 Saga 参与方的响应驱动，直到达到最终状态为 Order Approved 或 Order Rejected 中的一种。

Saga 编排和事务性消息

基于编排的 Saga 的每个步骤都包括一个更新数据库和发布消息的服务。例如，Order Service 持久化保存 Order 和 Create Order Saga 编排器，并向第一个 Saga 参与方发送消息。一个 Saga 参与方（例如 Kitchen Service）通过更新其数据库并发送回复消息，作为对编排器的响应。Order Service 通过更新 Saga 编排器的状态并向下一个 Saga 参与方发送命令式消息来处理参与方的回复消息。如第 3 章所述，服务必须使用事务性消息，以便自动更新数据库并发布消息。稍后在 4.4 节中，我将更详细地描述 Create Order Saga 编排器的实现，包括它如何使用事务式消息。

让我们来看看使用编排式 Saga 的好处和弊端。

编排式 Saga 的好处和弊端

基于编排的 Saga 有以下好处：

- 更简单的依赖关系：编排的一个好处是它不会引入循环依赖关系。Saga 编排器调用 Saga 参与方，但参与方不会调用编排器。因此，编排器依赖于参与方，但反之则不然，因此没有循环依赖。
- 较少的耦合：每个服务实现供编排器调用的 API，因此它不需要知道 Saga 参与方发布的事件。
- 改善关注点隔离，简化业务逻辑：Saga 的协调逻辑本地化在 Saga 编排器中。领域对象更简单，并且不需要了解它们参与的 Saga。例如，当使用编排式 Saga 时，Order 类不知道任何 Saga，因此它具有更简单的状态机模型。在执行 Create Order Saga 期间，它直接从 APPROVAL_PENDING 状态转换到 APPROVED 状态。Order 类没有与 Saga 的步骤相对应的任何中间状态。因此，业务更加简单。

编排式 Saga 也有一个弊端：在编排器中存在集中过多业务逻辑的风险。这会导致这样的架构设计：智能编排器告诉哑服务（dumb service）要做什么操作。幸运的是，你可以通过设计只负责排序的编排器来避免此问题，并且不包含任何其他业务逻辑。

除了最简单的情况以外，我都建议在架构中使用编排式 Saga。为 Saga 实现协调逻辑只是你需要解决的设计问题之一。另外，处理缺乏隔离的问题也许是你在使用 Saga 时面临的最大挑战。让我们来看看这个问题以及如何解决它。

4.3 解决隔离问题

ACID 中的 I 代表隔离（isolation）。ACID 事务的隔离属性可确保同时执行多个事务的结果与顺序执行它们的结果相同。数据库为每个 ACID 事务提供了具有对数据的独占访问权的错觉。隔离使得编写并发执行的业务逻辑变得更加容易。

使用 Saga 的挑战在于它们缺乏 ACID 事务的隔离属性。这是因为一旦该事务提交，每个 Saga 的本地事务所做的更新都会立即被其他 Sagas 看到。此行为可能导致两个问题。首先，其他 Saga 可以在执行时更改该 Saga 所访问的数据。其他 Saga 可以在 Saga 完成更新之前读取其数据，因此可能会暴露不一致的数据。事实上，你可以认为 Saga 只满足 ACD 三个属性：

- 原子性：Saga 实现确保执行所有事务或撤销所有更改。
- 一致性：服务内的参照完整性（referential integrity）由本地数据库处理。服务之间的参照完整性由服务处理。
- 持久性：由本地数据库处理。

缺乏隔离可能导致数据库异常（anomaly）。异常是一个数据库术语，指多个事务以某种方式（往往是并行）读取或写入数据产生的结果，与多个事务按顺序执行时的结果不同。当异常发生时，并行执行多个 Saga 的结果与串行执行的结果不同。

从表面上看，缺乏隔离听起来是个大问题。但实际上，开发人员往往在减少隔离性和获得更高性能之间权衡。关系型数据库允许你为每个事务指定隔离级别（https://dev.mysql.com/doc/refman/5.7/en/innodb-transaction-isolation-levels.html）。默认的隔离级别通常是一个比完全隔离要弱一些的隔离级别，也称为可序列化事务。现实世界中的数据库事务通常与教科书中的 ACID 事务定义不同。

下一节将讨论一组处理缺乏隔离的 Saga 设计策略。这些策略被称为对策（countermeasure）。一些对策实现了应用程序级别的隔离。其他对策降低了缺乏隔离的业务风险。通过使用这些对策，你就能编写可以正常工作的基于 Saga 的业务逻辑。

我将首先描述由于缺乏隔离而导致的异常，在此之后，我将讨论消除这些异常或降低业务风险的对策。

4.3.1　缺乏隔离导致的问题

缺乏隔离可能导致以下三种异常：

- 丢失更新：一个 Saga 没有读取更新，而是直接覆盖了另一个 Saga 所做的更改。
- 脏读：一个事务或一个 Saga 读取了尚未完成的 Saga 所做的更新。
- 模糊或不可重复读：一个 Saga 的两个不同步骤读取相同的数据却获得了不同的结果，因为另一个 Saga 已经进行了更新。

所有三个异常都可能发生，但前两个是最常见和最具挑战性的。让我们来看看这两种类型的异常，从丢失更新开始。

丢失更新

当一个 Saga 覆盖另一个 Saga 所做的更新时，就会发生丢失更新异常。例如，考虑以下场景：

1. Create Order Saga 的第一步创建了 Order。
2. 当该 Saga 正在执行时，另外一个 Cancel Order Saga 取消了这个 Order。
3. Create Order Saga 的最后一步批准 Order。

在这种情况下，Create Order Saga 会忽略 Cancel Order Saga 所做的更新并覆盖它。因此，FTGO 应用将发出客户已取消的订单。在本节的后面部分，我将展示如何防止丢失更新。

脏读

当一个 Saga 试图访问正被另一个 Saga 更新的数据时，就会发生脏读。例如，我们假设某个版本的 FTGO 应用保存了消费者的可用额度。在此应用程序中，取消订单的 Saga 包含以下事务：

- Consumer Service：增加可用额度。
- Order Service：将 Order 状态更改为已取消。
- Delivery Service：取消送货。

让我们想象一个场景，Cancel Order Saga 和 Create Order Saga 交错执行，并且由于无法取消送货，Cancel Order Saga 被回滚。调用 Consumer Service 的事务的

可能顺序如下所示：

1. Cancel Order Saga：增加可用额度。

2. Create Order Saga：减少可用额度。

3. Cancel Order Saga：减少可用额度的补偿事务。

在这种情况下，Create Order Saga 对可用额度发生了脏读，使消费者下的订单能够超过其信用额度。这可能会对业务造成不可接受的风险。

让我们看看如何防止这种和其他类型的异常影响应用程序。

4.3.2　Saga 模式下实现隔离的对策

Saga 事务模型是 ACD，它缺乏隔离可能导致异常，从而导致应用程序行为错误。开发人员有责任以一种能够防止异常或最小化其对业务影响的方式来编写 Saga。这听起来可能像是一项艰巨的任务，但你已经看到了一个防止异常的策略示例。Order 使用 *_PENDING 状态，例如 APPROVAL_PENDING，这是这个策略的一个例子。更新 Order 的 Saga，例如 Create Order Saga，首先将 Order 状态设置为 *_PENDING。*_PENDING 状态告诉其他事务，该 Order 正在被一个 Saga 更新，请进行相应处理（例如等待 Saga 完成）。

Order 使用 *_PENDING 状态是 1998 年一篇名为《Semantic ACID properties in multidatabases using remote procedure calls and update propagations》的论文中的一个例子，Lars Frank 和 Torben U. Zahle 称之为语义锁定对策（https://dl.acm.org/citation.cfm?id=284472.284478）。论文描述了不使用分布式事务时如何处理多数据库架构中缺乏事务隔离的问题。在设计 Saga 时，这篇论文中的许多想法都很有用。论文描述了一组处理由于缺乏隔离而导致的异常的对策，这些对策可以防止一个或多个异常或最小化它们对业务的影响。论文中描述的对策如下：

- 语义锁：应用程序级的锁。
- 交换式更新：把更新操作设计成可以按任何顺序执行。
- 悲观视图：重新排序 Saga 的步骤，以最大限度地降低业务风险。
- 重读值：通过重写数据来防止脏写，以在覆盖数据之前验证它是否保持不变。
- 版本文件：将更新记录下来，以便可以对它们重新排序。
- 业务风险评级（by value）：使用每个请求的业务风险来动态选择并发机制。

在本节的后面，我将逐一介绍每一个对策，但首先我想介绍一些用来描述 Saga 结构的术语，这些术语对描述和理解对策很有帮助。

Saga 的结构

上一节中提到的对策论文定义了一个有用的 Saga 结构模型。在如图 4-8 所示的模型中，一个 Saga 包含三种类型的事务。

- 可补偿性事务：可以使用补偿事务回滚的事务。
- 关键性事务：Saga 执行过程的关键点。如果关键性事务成功，则 Saga 将一直运行到完成。关键性事务不见得是一个可补偿性事务，或者可重复性事务。但是它可以是最后一个可补偿的事务或第一个可重复的事务。
- 可重复性事务：在关键性事务之后的事务，保证成功。

可补偿性事务：
必须支持回滚

Step	Service	Transaction	CompensationTransaction
1	Order Service	createOrder()	rejectOrder()
2	Consumer Service	verifyConsumerDetails()	-
3	Kitchen Service	createTicket()	rejectTicket()
4	Accounting Service	authorizeCreditCard()	-
5	Restaurant Order Service	approveRestaurantOrder()	-
6	Order Service	approveOrder()	-

关键性事务：这是Saga的
关键点。如果这个事务成功，
Saga就可以一直执行到完成

可重复性事务：确保可以完成

图 4-8 一个 Saga 由三种不同类型的事务组成：可补偿性事务（可以回滚，因此有一个补偿事务）；关键性事务（这是 Saga 的成败关键点）；以及可重复性事务，它不需要回滚并保证能够完成

在 Create Order Saga 中，createOrder()、verifyConsumerDetails() 和 createTicket() 步骤是可补偿性事务。createOrder() 和 createTicket() 事务具有撤销其更新的补偿事务。verifyConsumerDetails() 事务是只读的，因此不需要补偿事务。authorizeCreditCard() 事务是这个 Saga 的关键性事务。如果消费者的信用卡可以授权，那么这个 Saga 保证完成。approveTicket() 和 approveOrder() 步骤是在关键性事务之后的可重复性事务。

可补偿性事务和可重复性事务之间的区别尤为重要。正如你将看到的，每种类型的事务在对策中扮演着不同的角色。第 13 章将指出，当迁移到微服务时，有时单体必须参与 Saga，如果单体只需要执行可重复性事务，那么它就会变得非常简单。

现在让我们看看每个对策，从语义锁对策开始。

对策：语义锁

使用语义锁对策时，Saga 的可补偿性事务会在其创建或更新的任何记录中设置标志。该标志表示该记录未提交且可能发生更改。该标志可以是阻止其他事务访问记录的锁，也可以是指示其他事务应该谨慎地处理该记录的一个警告。这个标志会被一个可重复的事务清除，这表示 Saga 成功完成；或通过补偿事务清除，这表示 Saga 发生了回滚。

Order.state 字段是语义锁的一个很好的例子。*_PENDING 状态（例如 APPROVAL_PENDING 和 REVISION_PENDING）实现语义锁定。它们告诉试图访问 Order 对象的其他 Saga，Order 对象当前正处在一个 Saga 的处理过程中。例如，Create Order Saga 的第一步是可补偿性事务，它创建一个处于 APPROVAL_PENDING 状态的 Order。Create Order Saga 的最后一步是一个可重复性事务，它将字段更改为 APPROVED。补偿事务将该字段更改为 REJECTED。

管理语义锁只是问题的一半。你还需要根据具体情况决定一个 Saga 应该如何处理已被锁定的记录。例如，考虑 cancelOrder() 这个系统命令。客户端可能会调用此操作来取消处于 APPROVAL_PENDING 状态的 Order。

有几种不同的方法可以处理这种情况。一个选择是让 cancelOrder() 系统命令执行失败并告诉客户端稍后再试。这种方法的主要好处是它易于实现。然而，弊端是它使客户端更复杂，因为它必须实现重试逻辑。

另一个选择是让 cancelOrder() 处于阻塞状态，直到其他 Saga 释放了语义锁。使用语义锁的好处是它们实质上重新创建了 ACID 事务提供的隔离。更新相同记录的 Saga 被序列化，这显著减少了编程工作量。另一个好处是它们消除了客户端重试的负担。缺点是应用程序必须管理锁。它还必须实现死锁检测算法，该算法执行 Saga 的回滚以打破死锁并重新执行它。

对策：交换式更新

一个简单的对策是将更新操作设计为可交换的。如果可以按任何顺序执行，则操作是可交换的（commutative）。账户的 debit() 和 credit() 操作是可交换的（如果忽略透支支票）。这种对策很有用，因为它可以避免更新的丢失。

例如，考虑一个场景，在一个可补偿性事务记入（或贷记）一个账户之后，需要回滚一个 Saga。补偿事务可以简单地贷记（或借记）账户以撤销更新。这就不可能覆盖其他 Saga 的更新。

对策：悲观视图

处理缺乏隔离性的另一种方法是悲观视图（Pessimistic View）。它重新排序 Saga 的步骤，以最大限度地降低由于脏读而导致的业务风险。例如，考虑先前用于描述脏读异常的场景。在这种情况下，Create Order Saga 执行了可用信用额度的脏读，并创建了超过消费者信用额度的订单。为了降低发生这种情况的风险，此对策将重新排序 Cancel Order Saga。

1. Order Service：将 Order 状态更改为已取消。
2. Delivery Service：取消送货。
3. Customer Service：增加可用信用额度。

在这个重新排序的 Saga 版本中，在可重复性事务中增加了可用的信用额度，消除了脏读的可能性。

对策：重读值

重读值对策可防止丢失更新。使用此对策的 Saga 在更新之前重新读取记录，验证它是否未更改，然后更新记录。如果记录已更改，则 Saga 将中止并可能重新启动。此对策是乐观脱机锁模式的一种形式（https://martinfowler.com/eaaCatalog/optimisticOfflineLock.html）。

Create Order Saga 可以使用此对策来处理 Order 在批准过程中被取消的情况。批准 Order 的事务验证 Order 是否保持不变，因为它是在 Saga 早期创建的。如果不变，事务将批准 Order。但是，如果 Order 已被取消，则事务将中止该 Saga，从而触发其补偿事务执行。

对策：版本文件

版本文件对策之所以如此命名，是因为它记录了对数据执行的操作，以便可以对它们进行重新排序。这是将不可交换操作转换为可交换操作的一种方法。要了解此对策的工作原理，请考虑 Create Order Saga 与 Cancel Order Saga 同时执行的场景。除非 Saga 使用语义锁对策，否则 Cancel Order Saga 可能会在 Create Order Saga 授权信用卡之前取消消费者信用卡的授权。

Accounting Service 处理这些无序请求的一种方法是在操作到达时记录操作，然后以正确的顺序执行操作。在这种情况下，它将首先记录 Cancel Authorization 请求。然后，当 Accounting Service 收到后续的 Authorize Card 请求时，它会注意到它已经收到 Cancel Authorization 请求并跳过授权信用卡。

对策：业务风险评级

最终的对策是基于价值（业务风险）对策。这是一种基于业务风险选择并发机制的策略。使用此对策的应用程序使用每个请求的属性来决定使用 Saga 和分布式事务。它使用 Saga 执行低风险请求，可能会应用前几节中描述的对策。但它使用分布式事务来执行高风险请求（例如涉及大量资金）。此对策使应用程序能够动态地对业务风险、可用性和可伸缩性进行权衡。

在应用程序中实现 Saga 时，你可能需要使用一种或多种这样的对策。让我们看一下使用语义锁对策的 Create Order Saga 的详细设计和实现。

4.4　Order Service 和 Create Order Saga 的设计

我们已经探讨了各种 Saga 设计和实现问题，现在来看一个具体例子。图 4-9 显示了 Order Service 的设计。服务的业务逻辑由传统的业务逻辑类组成，例如 Order Service 和 Order 实体。还有一些 Saga 编排器类，包括 CreateOrderSaga 类，它可以编排 Create Order Saga。此外，由于 Order Service 参与它自己的 Saga，它有一个 OrderCommandHandlers 适配器类，该适配器类通过调用 Order Service 来处理命令消息。

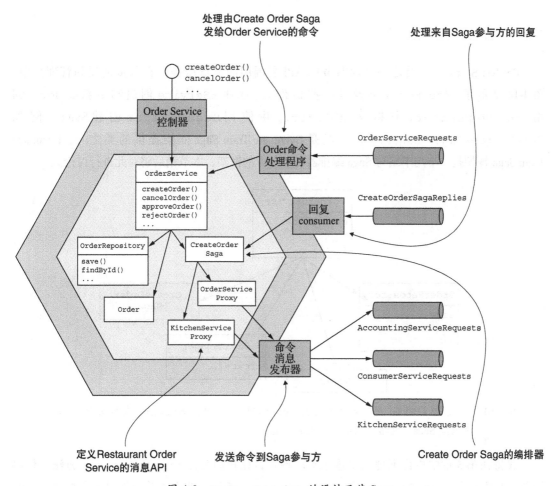

图 4-9　Order Service 的设计及其 Saga

`Order Service` 的某些部分应该看起来很熟悉。与传统应用程序一样，业务逻辑的核心由 `OrderService`、`Order` 和 `OrderRepository` 类实现。在本章中，我将简要介绍这些类。我会在第 5 章中更详细地描述它们。

`Order Service` 中我们不太熟悉的是与 Saga 相关的类。需要注意的是，`Order Service` 既是一个 Saga 编排器，也是一个 Saga 参与方。`Order Service` 有几个 Saga 编排器，比如 `CreateOrderSaga`。Saga 编排器通过使用 Saga 参与方代理类（例如 `KitchenServiceProxy` 和 `OrderServiceProxy`）将命令式消息发送给 Saga 参与方。Saga 参与方代理定义 Saga 参与方的消息 API。`Order Service` 还有一个 `OrderCommandHandlers` 类，用于处理由 Saga 发送到 `Order Service` 的命令式消息。

让我们从设计中更详细地了解 `OrderService` 类。

4.4.1　OrderService 类

`OrderService` 类是一个由服务的 API 层调用的领域服务。它负责创建和管理订单。图 4-10 显示了 `OrderService` 及其一些协作方。`OrderService` 创建和更新 `Order`，调用 `OrderRepository` 来 持 久 化 `Order`，并 使 用 `SagaManager` 创 建 Saga，例 如 `CreateOrderSaga`。`SagaManager` 类是 Eventuate Tram Saga 框架提供的类之一，Eventuate Tram Saga 框架是一个用于编写 Saga 编排器和参与方的框架，本节稍后将对此进行讨论。

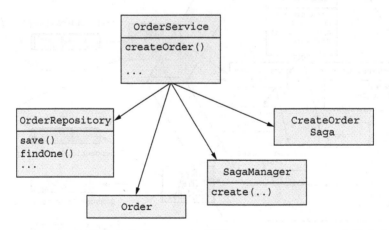

图 4-10　OrderService 创建和更新 Order，调用 OrderRepository 来持久化 Orders 并创建 Saga，包括 CreateOrderSaga

我将在第 5 章中更详细地讨论这个类。现在，让我们关注 `createOrder()` 方法。代码清单 4-1 显示了 `OrderService` 的 `createOrder()` 方法。此方法首先创建一个 `Order`，然后创建一个 CreateOrderSaga 来验证该订单。

代码清单4-1　OrderService类及其createOrder()方法

```
@Transactional                          ◁      确保服务的方法
 public class OrderService {                    是事务性的

   @Autowired
   private SagaManager<CreateOrderSagaState> createOrderSagaManager;

   @Autowired
   private OrderRepository orderRepository;

   @Autowired
   private DomainEventPublisher eventPublisher;
                                                            创建 Order
   public Order createOrder(OrderDetails orderDetails) {
     ...
     ResultWithEvents<Order> orderAndEvents = Order.createOrder(...);   ◁
      Order order = orderAndEvents.result;
     orderRepository.save(order);         ◁      把 Order 持久化
                                                 保存在数据库中

     eventPublisher.publish(Order.class,         ◁
                            Long.toString(order.getId()),
                            orderAndEvents.events);     发布领域事件

     CreateOrderSagaState data =
         new CreateOrderSagaState(order.getId(), orderDetails);
      createOrderSagaManager.create(data, Order.class, order.getId());   ◁

     return order;                                      创建
   }                                                    CreateOrderSaga
   ...
 }
```

createOrder() 方法通过调用工厂方法 Order.createOrder() 来创建 Order。然后它使用 OrderRepository 持久化 Order，OrderRepository 是一个基于 JPA 的存储库。它通过调用 SagaManager.create() 创建 CreateOrderSaga，传递包含新保存的 Order 和 OrderDetails ID 的 CreateOrderSagaState。SagaManager 实例化 Saga 编排器，使其向第一个 Saga 参与方发送命令式消息，并将 Saga 编排器持久化到数据库中。

我们来看看 CreateOrderSaga 及其相关的类。

4.4.2　Create Order Saga 的实现

图 4-11 显示了实现 Create Order Saga 的类。每个类的职责如下。

- CreateOrderSaga：定义 Saga 状态机的单例类。它调用 CreateOrderSagaState 来创建命令式消息，并使用 Saga 参与方代理类（例如 KitchenServiceProxy）指定的消息通道将它们发送给参与方。
- CreateOrderSagaState：一个 Saga 的持久状态，用于创建命令式消息。
- Saga 参与方的代理类，例如 KitchenServiceProxy：每个代理类定义一个 Saga 参与方的消息 API，它由命令通道、命令式消息类型和回复类型组成。

这些类是使用 Eventuate Tram Saga 框架编写的。

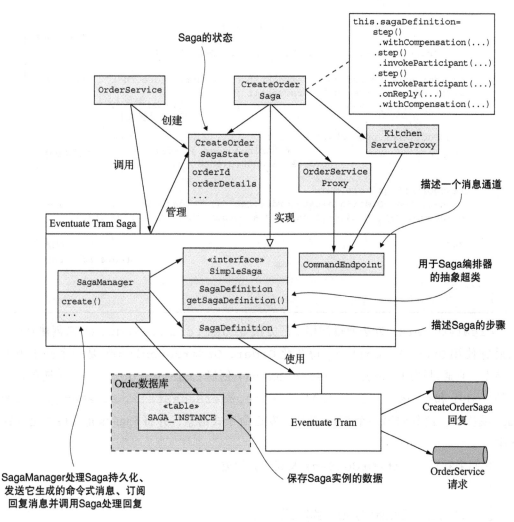

图 4-11　OrderService 的 Saga（例如 Create Order Saga）是使用 Eventuate Tram Saga 框架实现的

Eventuate Tram Saga 框架提供了一种特定于领域的语言（DSL），用于定义 Saga 的状态机。它执行 Saga 的状态机，并使用 Eventuate Tram 框架与 Saga 参与方交换消息。该框架还将 Saga 的状态持久化在数据库中。

让我们仔细看看 Create Order Saga 的实现，先从 CreateOrderSaga 类入手。

CreateOrderSaga 编排器

CreateOrderSaga 类实现了前面图 4-7 所示的状态机。这个类实现了 SimpleSaga，它是 Saga 的基本接口。CreateOrderSaga 类的核心是代码清单 4-2 中显示的 Saga 定义。它使用 Eventuate Tram Saga 框架提供的 DSL 来定义 Create Order Saga 的步骤。

代码清单4-2　CreateOrderSaga的定义

```java
public class CreateOrderSaga implements SimpleSaga<CreateOrderSagaState> {

  private SagaDefinition<CreateOrderSagaState> sagaDefinition;

  public CreateOrderSaga(OrderServiceProxy orderService,
                         ConsumerServiceProxy consumerService,
                         KitchenServiceProxy kitchenService,
                         AccountingServiceProxy accountingService) {
    this.sagaDefinition =
            step()
              .withCompensation(orderService.reject,
                              CreateOrderSagaState::makeRejectOrderCommand)
            .step()
              .invokeParticipant(consumerService.validateOrder,
                     CreateOrderSagaState::makeValidateOrderByConsumerCommand)
            .step()
              .invokeParticipant(kitchenService.create,
                     CreateOrderSagaState::makeCreateTicketCommand)
              .onReply(CreateTicketReply.class,
                     CreateOrderSagaState::handleCreateTicketReply)
              .withCompensation(kitchenService.cancel,
                   CreateOrderSagaState::makeCancelCreateTicketCommand)
            .step()
              .invokeParticipant(accountingService.authorize,
                     CreateOrderSagaState::makeAuthorizeCommand)
            .step()
              .invokeParticipant(kitchenService.confirmCreate,
                   CreateOrderSagaState::makeConfirmCreateTicketCommand)

            .step()
              .invokeParticipant(orderService.approve,
                              CreateOrderSagaState::makeApproveOrderCommand)
            .build();
  }

  @Override
  public SagaDefinition<CreateOrderSagaState> getSagaDefinition() {
   return sagaDefinition;
  }
```

CreateOrderSaga 的构造函数创建 Saga 定义并将其存储在 sagaDefinition 字段中。getSagaDefinition() 方法返回 Saga 的定义。

要了解 CreateOrderSaga 的工作原理，让我们看一下代码清单 4-3 所示的 Saga 第 3 步的定义。Saga 的这一步调用了 Kichen Service 来创建一个 Ticket。其补偿事务用于取消该 Ticket。step()、invokeParticipant()、onReply() 和 withCompensation() 方法是 Eventuate Tram Saga 提供的 DSL 的一部分。

代码清单4-3   Saga中第3步的定义

```
public class CreateOrderSaga ...                          收到成功回复后，调用
                                                         handleCreateTicketReply()
public CreateOrderSaga(..., KitchenServiceProxy kitchenService,
            ...) {
    ...                                                  定义转发事务
    .step()
      .invokeParticipant(kitchenService.create,      ◄─┐
              CreateOrderSagaState::makeCreateTicketCommand)
      .onReply(CreateTicketReply.class,
              CreateOrderSagaState::handleCreateTicketReply)  ◄─
      .withCompensation(kitchenService.cancel,         ◄─
              CreateOrderSagaState::makeCancelCreateTicketCommand)

    ...                                                  定义补偿事务
    ;
```

对 invokeParticipant() 的调用定义了转发事务。它通过调用 CreateOrderSaga-State.makeCreateTicketCommand() 创建 CreateTicket 命令式消息，并将其发送到 kitchenService.create 指定的通道。对 onReply() 的调用指定了当从 Kitchen Service 收到成功回复时应调用 CreateOrderSagaState.handleCreateTicketReply()。此方法将返回的 ticketId 存储在 CreateOrderSagaState 中。对 withCompensation() 的调用定义了补偿事务。它通过调用 CreateOrderSagaState.makeCancelCreateTicket() 创建一个 RejectTicketCommand 命令式消息，并将其发送到 kitchenService.create 指定的通道。

Saga 的其他步骤以类似的方式定义。CreateOrderSagaState 创建每条消息，消息由 Saga 发送到由 KitchenServiceProxy 定义的消息端点。让我们看看每个类，从 CreateOrderSagaState 开始。

CreateOrderSagaState 类

CreateOrderSagaState 类（如代码清单 4-4 所示）表示 Saga 实例的状态。此类的实例由 OrderService 创建，并由 Eventuate Tram Saga 框架持久化保存在数据库中。它的主要职责是创建发送给 Saga 参与方的消息。

代码清单4-4 `CreateOrderSagaState`保存Saga实例的状态

```
public class CreateOrderSagaState {

  private Long orderId;

  private OrderDetails orderDetails;
  private long ticketId;

  public Long getOrderId() {
    return orderId;
  }

  private CreateOrderSagaState() {
  }

  public CreateOrderSagaState(Long orderId, OrderDetails orderDetails) {
    this.orderId = orderId;
    this.orderDetails = orderDetails;
  }

  CreateTicket makeCreateTicketCommand() {
    return new CreateTicket(getOrderDetails().getRestaurantId(),
               getOrderId(), makeTicketDetails(getOrderDetails()));
  }

  void handleCreateTicketReply(CreateTicketReply reply) {
    logger.debug("getTicketId {}", reply.getTicketId());
    setTicketId(reply.getTicketId());
  }

  CancelCreateTicket makeCancelCreateTicketCommand() {
    return new CancelCreateTicket(getOrderId());
  }

  ...
```

由 OrderService
调用，实例化一个
CreateOrderSagaState

创建 CreateTicket
命令式消息

保存新建 Ticket
的 ID

创建
CancelCreateTicket
命令式消息

`CreateOrderSaga` 调用 `CreateOrderSagaState` 来创建命令式消息。它将这些命令式消息发送到 `SagaParticipantProxy` 类定义的端点。让我们来看看其中的一个类：`KitchenServiceProxy`。

KitchenServiceProxy 类

代码清单 4-5 中所示的 `KitchenServiceProxy` 类定义了 Kitchen Service 的命令式消息端点，这里有 3 个端点。

- `Create`：创建 Ticket。
- `confirmCreate`：确认创建。
- `cancel`：取消 Ticket。

每个 CommandEndpoint 都指定命令的类型、命令式消息的目标通道和预期的回复类型。

代码清单4-5 KitchenServiceProxy定义Kitchen Service的命令式消息端点

```
public class KitchenServiceProxy {

  public final CommandEndpoint<CreateTicket> create =
        CommandEndpointBuilder
          .forCommand(CreateTicket.class)
          .withChannel(
             KitchenServiceChannels.kitchenServiceChannel)
          .withReply(CreateTicketReply.class)
          .build();

  public final CommandEndpoint<ConfirmCreateTicket> confirmCreate =
        CommandEndpointBuilder
          .forCommand(ConfirmCreateTicket.class)
          .withChannel(
             KitchenServiceChannels.kitchenServiceChannel)
          .withReply(Success.class)
          .build();

  public final CommandEndpoint<CancelCreateTicket> cancel =
        CommandEndpointBuilder
          .forCommand(CancelCreateTicket.class)
          .withChannel(
              KitchenServiceChannels.kitchenServiceChannel)
          .withReply(Success.class)
          .build();

}
```

代理类（例如 KitchenServiceProxy）不是绝对必要的。一个 Saga 可以直接向参与方发送命令式消息。但代理类有两个重要的好处。首先，代理类定义静态类型端点，这减少了 Saga 向服务发送错误消息的可能性。其次，代理类是一个定义良好的调用服务的 API，使服务代码更易于理解和测试。例如，第 10 章将描述如何为 KitchenServiceProxy 编写测试，以验证 Order Service 是否正确调用了 Kitchen Service。如果没有 KitchenServiceProxy，就不可能编写这样一个范围明确的测试。

Eventuate Tram Saga 框架

如图 4-12 所示，Eventuate Tram Saga 是一个用于编写 Saga 编排器和 Saga 参与方的框架。它使用 Eventuate Tram 的事务性消息能力，我们在第 3 章中曾经讨论论过。

Saga Orchestration 包是框架中最复杂的部分。它提供了 SimpleSaga，这是 Saga 的基本接口，以及一个创建和管理 Saga 实例的 SagaManager 类。SagaManager 用于处理持久化 Saga，发送它生成的命令式消息、订阅回复消息并调用 Saga 来处理回复。图 4-13 显示了 OrderService 创建 Saga 时的事件序列。事件顺序如下：

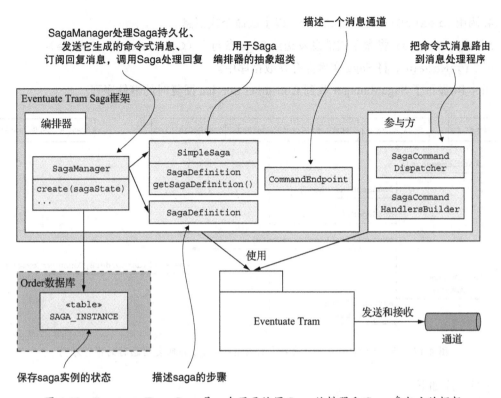

图 4-12 Eventuate Tram Saga 是一个用于编写 Saga 编排器和 Saga 参与方的框架

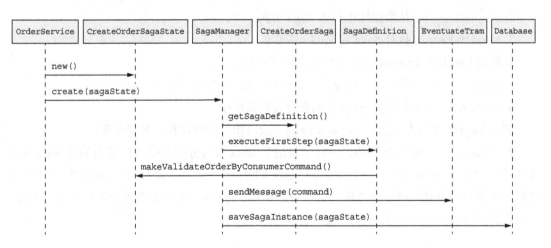

图 4-13 OrderService 创建 Create Order Saga 实例时的事件序列

1. OrderService 创建 CreateOrderSagaState。
2. 它通过调用 SagaManager 创建一个 Saga 实例。
3. SagaManager 执行 Saga 定义的第一步。

4. 调用 `CreateOrderSagaState` 以生成命令式消息。

5. `SagaManager` 将命令式消息发送给 Saga 参与方（`Consumer Service`）。

6. `SagaManager` 将 Saga 实例保存在数据库中。

图 4-14 显示了 SagaManager 收到 Consumer Service 回复时的事件序列。

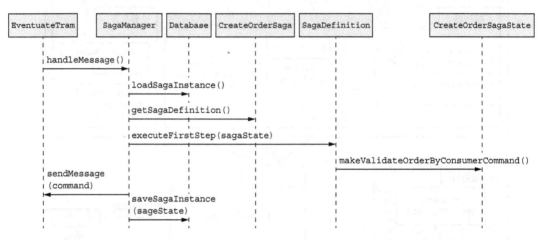

图 4-14　当 `SagaManager` 收到来自 Saga 参与方的回复消息时的事件序列

事件顺序如下：

1. Eventuate Tram 使用 `Consumer Service` 的回复作为参数调用 `SagaManager`。

2. `SagaManager` 从数据库中检索 Saga 实例。

3. `SagaManager` 执行 Saga 定义的下一步。

4. 调用 CreateOrderSagaState 以生成命令式消息。

5. **SagaManager** 将命令式消息发送给指定的 Saga 参与方（`Kitchen Service`）。

6. `SagaManager` 将更新 Saga 实例保存在数据库中。

如果 Saga 的参与方失败，`SagaManager` 会以相反的顺序执行补偿事务。

Eventuate Tram Saga 框架的另一部分是用于 Saga 参与方的程序库。它为编写 Saga 参与方提供了 `SagaCommandHandlersBuilder` 和 `SagaCommandDispatcher` 类。这些类将命令式消息路由到处理程序方法，这些方法调用 Saga 参与方的业务逻辑并生成回复消息。我们来看看 `Order Service` 如何使用这些类。

4.4.3　OrderCommandHandlers 类

`Order Service` 参与其自己的 Saga。例如，`CreateOrderSaga` 调用 `Order Service` 来批准或拒绝 Order。`OrderCommandHandlers` 类（如图 4-15 所示）定义了这些 Saga 发送

的命令式消息的处理程序方法。

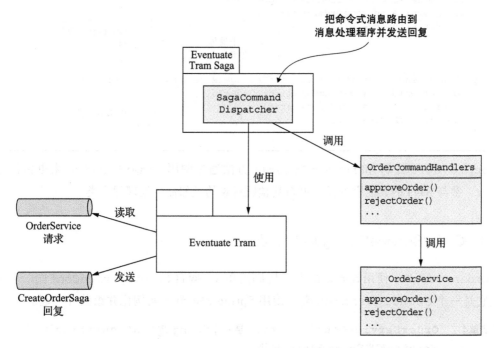

图 4-15　OrderCommandHandlers 为各种 Order Service Sasga 发送的命令实现命令处理程序

　　每个处理程序方法都调用 OrderService 来更新 Order 并发出回复消息。 SagaCommand-Dispatcher 类将命令式消息路由到适当的处理程序方法并发送回复。

　　代码清单 4-6 展示了 OrderCommandHandlers 类。它的 commandHandlers() 方法将命令式消息类型映射为处理程序方法。每个处理程序方法都将命令式消息作为参数，调用 OrderService，并返回一条回复消息。

代码清单4-6　Order Service的命令处理程序

```
public class OrderCommandHandlers {

  @Autowired
  private OrderService orderService;                        把命令式消息路由到
                                                            适当的消息处理程序
  public CommandHandlers commandHandlers() {    ⟵
    return SagaCommandHandlersBuilder
        .fromChannel("orderService")
        .onMessage(ApproveOrderCommand.class, this::approveOrder)
        .onMessage(RejectOrderCommand.class, this::rejectOrder)
        ...
        .build();

  }
```

```
public Message approveOrder(CommandMessage<ApproveOrderCommand> cm) {
  long orderId = cm.getCommand().getOrderId();
  orderService.approveOrder(orderId);
   return withSuccess();
 }

public Message rejectOrder(CommandMessage<RejectOrderCommand> cm) {
  long orderId = cm.getCommand().getOrderId();
  orderService.rejectOrder(orderId);
   return withSuccess();
 }
```

把 Order 的状态改
为已授权

返回一个通用
的成功消息

把 Order 的状态改
为已拒绝

approveOrder() 和 rejectOrder() 方法通过调用 OrderService 来更新指定的 Order。参与 Saga 的其他服务具有更新其领域对象的类似命令处理程序类。

4.4.4 OrderServiceConfiguration 类

Order Service 使用 Spring 框架。代码清单 4-7 摘自 OrderServiceConfiguration 类，它是一个 @Configuration 类，使用 Spring @Beans 实例化并组装在一起。

代码清单4-7 OrderServiceConfiguration是一个Spring @Configuration类，为Order Service定义Spring @Beans的类

```
@Configuration
public class OrderServiceConfiguration {

 @Bean
 public OrderService orderService(RestaurantRepository restaurantRepository,
                     ...
                     SagaManager<CreateOrderSagaState>
                           createOrderSagaManager,
                     ...) {
 return new OrderService(restaurantRepository,
                ...
                createOrderSagaManager
                ...);
 }

 @Bean
 public SagaManager<CreateOrderSagaState> createOrderSagaManager(CreateOrderS
   aga saga) {
 return new SagaManagerImpl<>(saga);
 }

 @Bean
 public CreateOrderSaga createOrderSaga(OrderServiceProxy orderService,
                        ConsumerServiceProxy consumerService,
                        ...) {
 return new CreateOrderSaga(orderService, consumerService, ...);
 }
```

```
@Bean
public OrderCommandHandlers orderCommandHandlers() {
 return new OrderCommandHandlers();
}

@Bean
public SagaCommandDispatcher  orderCommandHandlersDispatcher(OrderCommandHan
    dlers orderCommandHandlers) {
 return new SagaCommandDispatcher("orderService", orderCommandHandlers.comma
    ndHandlers());
}

@Bean
public KitchenServiceProxy kitchenServiceProxy() {
  return new KitchenServiceProxy();
}

@Bean
public OrderServiceProxy orderServiceProxy() {
  return new OrderServiceProxy();
}

...
}
```

该类定义了几个 Spring @Beans，包括 `orderService`、`createOrderSagaManager`、`createOrderSaga`、`orderCommandHandlers` 和 `orderCommandHandlersDispatcher`。它还为各种代理类定义了 Spring @Beans，包括 `kitchenServiceProxy` 和 `orderServiceProxy`。

`CreateOrderSaga` 只是 `Order Service` 的众多 Saga 之一。许多其他系统操作也使用 Saga。例如，`cancelOrder()` 操作使用 `Cancel Order Saga`，而 `reviseOrder()` 操作使用 `Revise Order Saga`。因此即使许多服务具有基于同步协议的外部 API（例如 REST 或 gRPC），大量的服务间通信仍将使用异步消息。

如你所见，事务管理和业务逻辑设计的某些方面在微服务架构中是完全不同的。幸运的是，Saga 编排器通常是非常简单的状态机，你可以使用 Saga 框架来简化代码。然而微服务架构中的事务管理肯定比单体架构更复杂。但这通常只是在享受微服务带来的巨大好处时付出的小代价。

本章小结

- 某些系统操作需要更新分散在多个服务中的数据。传统的基于 XA/2PC 的分布式事务不适合现代应用。更好的方法是使用 Saga 模式。Saga 是使用消息机制协调的一组本地事务序列。每个本地事务都在单个服务中更新数据。由于每个本地事务都会提交更改，因此如果由于违反业务规则而导致 Saga 必须回滚，则必须执行补偿事务以显式撤销更改。

- 可以使用协同或编排来协调 Saga 的步骤。在基于协同的 Saga 中，本地事务发布触发其他参与方执行本地事务的事件。在基于编排的 Saga 中，集中式 Saga 编排器向参与方发送命令式消息，告诉它们执行本地事务。可以通过将 Saga 编排器建模为状态机来简化开发和测试。简单的 Saga 可以使用协同式，但编排式通常是复杂 Saga 的更好选择。

- 设计基于 Saga 的业务逻辑可能具有挑战性，因为与 ACID 事务不同，Saga 不是彼此孤立的。你必须经常使用各种对策，即防止 ACD 事务模型引起的并发异常的设计策略。应用甚至可能需要使用锁来简化业务逻辑，即使这会导致死锁。

第 5 章

微服务架构中的业务逻辑设计

本章导读

- 设计业务逻辑组织模式：事务脚本模式和领域建模模式
- 使用领域驱动设计的聚合模式设计业务逻辑
- 在微服务架构中应用领域事件模式

企业应用程序的核心是业务逻辑，业务逻辑实现了业务规则。开发复杂的业务逻辑总是充满挑战。FTGO 应用程序的业务逻辑实现了一些非常复杂的业务规则，特别是一些复杂的订单管理和送餐管理规则。玛丽鼓励她的团队使用面向对象的设计原则，因为根据她的经验，这是实现复杂业务逻辑的最佳方式。一些业务逻辑使用面向过程的事务脚本模式。但是，FTGO 应用程序的大多数业务逻辑都是在面向对象的领域模型中实现的，领域模型使用 JPA 把自己映射到数据库。

由于业务逻辑散布在多个服务上，因此在微服务架构中开发复杂的业务逻辑更具挑战性。我们需要解决两个关键问题。首先，典型的领域模型是由各种类（class）交织在一起的一个网络。虽然这在单体应用程序中不是问题，但在微服务架构中，类分散在不同的服务中，你需要避免跨越服务边界（也就是进程）的对象引用。第二个挑战是设计在微服务架构下的业务逻辑，这些业务逻辑受到微服务下事务管理的种种约束。你的业务逻辑可以在一个服务内部使用 ACID 事务，但如第 4 章所述，它必须使用 Saga 模式来维护服务之间的数据一致性。

幸运的是，我们可以使用领域驱动设计中的聚合模式（Aggregate）来解决这些问题。聚合模式下，服务的业务逻辑通过多个聚合组成的一个集合来体现。聚合是一组对象，可以作为一个单元来处理。在微服务架构中开发业务逻辑时，聚合可以起到以下两个重要的作用：

- 使用聚合可以避免任何跨服务边界的对象引用，因为聚合之间通过主键进行引用，而不是通过对象的地址进行引用。
- 由于单个事务只能创建或更新单个聚合，因此聚合满足微服务事务模型的约束。

因此，我们可以确保单个服务中的事务都满足 ACID 特性。

本章将从描述组织业务逻辑的两种不同方法（事务脚本模式和领域建模模式）开始。接下来，我将介绍领域驱动设计中的聚合概念，并解释为什么可以用聚合来构建服务的业务逻辑。在这之后，我将描述领域事件模式，并解释领域事件对服务发布事件的价值。在本章末尾，我会提供几个来自 Kitchen Service 和 Order Service 的业务逻辑开发实例。

现在我们来看一看业务逻辑组织模式。

5.1　业务逻辑组织模式

图 5-1 显示了一个典型的服务架构。如第 2 章所述，业务逻辑是六边形架构的核心。业务逻辑的周围是入站和出站适配器。入站适配器处理来自客户端的请求并调用业务逻辑。出站适配器被业务逻辑调用，然后它们再调用其他服务和外部应用程序。

此服务由业务逻辑和以下适配器组成。

- REST API adapter：入站适配器，实现 REST API，这些 API 会调用业务逻辑。
- OrderCommandHandlers：入站适配器，它接收来自消息通道的命令式消息，并调用业务逻辑。
- Database Adapter：由业务逻辑调用以访问数据库的出站适配器。
- Domain Event Publishing Adapter：将事件发布到消息代理的出站适配器。

业务逻辑通常是服务中最复杂的部分。在开发业务逻辑时，你应该以最适合应用程序的方式，精心地设计和组织业务逻辑。我确信大多数读者都经历过不得不维护别人的糟糕代码的挫败感。大多数企业应用程序都是用面向对象的语言编写的，例如 Java，因此它们由类和方法组成。但是使用面向对象的语言并不能保证业务逻辑具有面向对象的设计。在开发业务逻辑时必须做出的关键决策是选用面向对象的方式，还是选用面向过程的方式。组织业务逻辑有两种主要模式：面向过程的事务脚本模式和面向对象的领域建模模式。

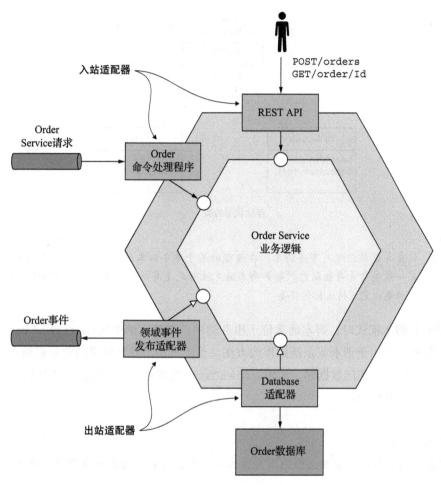

图 5-1　Order Service 具有六边形架构。它由业务逻辑和一个或多个与其他服务和外部应用程序连接的适配器组成

5.1.1　使用事务脚本模式设计业务逻辑

虽然我一直积极地倡导使用面向对象的方式，但在某些情况下使用面向对象的设计方法会有一种"杀鸡用牛刀"的感觉，例如在开发简单的业务逻辑时。在这种情况下，更好的方法是编写面向过程的代码，并使用 Martin Fowler 在《Patterns of Enterprise Application Architecture》⊖（Addison-Wesley Professional，2002 年）一书中提到的事务脚本模式。你可以编写一个称为事务脚本的方法来处理来自表示层的每个请求，而不是进行任何面向对象的设计。如图 5-2 所示，这种方法的一个重要特征是实现行为的类与存储状态的类是分开的。

⊖　中文版书名为《企业应用架构模式》，ISBN：978-7-111-30393-0。——译者注

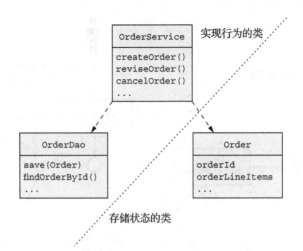

图 5-2　将业务逻辑组织为事务脚本。在典型的基于事务脚本的设计中，一组类实现行为，
　　　　另一组类负责存储状态。事务脚本通常被写成没有状态的类。脚本访问没有行为的
　　　　数据类以完成持久化的任务

使用事务脚本模式时，脚本通常位于服务类中，在此示例中是 OrderService 类。每个服务类都有一个用于请求或系统操作的方法。这个方法实现该请求的业务逻辑。它使用数据访问对象（DAO）访问数据库，例如 OrderDao。数据对象（在此示例中为 Order 类）是纯数据，几乎没有行为。

> **模式：事务脚本**
> 将业务逻辑组织为面向过程的事务脚本的集合，每种类型的请求都有一个脚本。

这种设计风格是高度面向过程的，仅仅依赖于面向对象编程（OOP）语言的少量功能。就好比你使用 C 或其他非 OOP 语言编写应用所能实现的功能。然而，在适当的时候，你不应该羞于使用面向过程的设计。这种方法适用于简单的业务逻辑。但这往往不是实现复杂业务逻辑的好方法。

5.1.2　使用领域模型模式设计业务逻辑

面向过程方法的简洁性可以迅速地搞定项目，这非常诱人。你可以专注编写业务逻辑代码，而无须仔细考虑如何设计和组织各种类。但是问题在于，如果业务逻辑变得复杂，你最终可能会得到噩梦般难以维护的代码。实际上，就像单体应用程序不断增长的趋势一样，事务脚本也存在同样的问题。因此，除非是编写一个非常简单的应用程序，否则你应该抵制编写面向过程代码的诱惑，使用领域模型模式，并进行面向对象的设计。

模式：领域模型
将业务逻辑组织为由具有状态和行为的类构成的对象模型。

在面向对象的设计中，业务逻辑由对象模型和相对较小的一些类的网络组成。这些类通常直接对应于问题域中的概念。在这样的设计中，有些类只有状态或行为，但很多类同时包含状态和行为，这样的类都是精心设计的。图 5-3 显示了领域模型模式的示例。

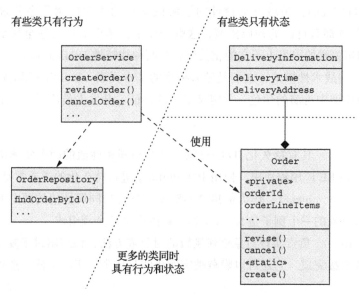

图 5-3　将业务逻辑组织为领域模型。大多数业务逻辑由具有状态和行为的类组成

与事务脚本模式一样，`OrderService` 类具有针对每个请求或系统操作的方法。但是在使用领域模型模式时，服务方法通常很简单。因为服务方法几乎总是调用持久化领域对象，这些对象中包含大量的业务逻辑。例如，服务方法可以从数据库加载领域对象并调用其中一个方法。在这个例子中，`Order` 类具有状态和行为。此外，它的状态是私有的，只能通过它的方法间接访问。

使用面向对象设计有许多好处。首先，这样的设计易于理解和维护。它不是由一个完成所有事情的大类组成，而是由许多小类组成，每个小类都有少量职责。此外，诸如 `Account`、`BankingTransaction` 和 `OverdraftPolicy` 这些类都密切地反映了现实世界，这使得它们在设计中的角色更容易理解。其次，我们的面向对象设计更容易测试：每个类都可以并且应该能够被独立测试。最后，面向对象的设计更容易扩展，因为它可以使用众所周知的设计模式，例如策略模式（Strategy pattern）和模板方法模式（Template method pattern），这些设计模式定义了在不修改代码的情况下扩展组件的方法。

领域建模模式看似完美，但这种方法同样也存在许多问题，尤其是在微服务架构中。要解决这些问题，你需要使用称为领域驱动设计的思路来优化面向对象设计。

5.1.3　关于领域驱动设计

领域驱动设计（Domain-Driven Design，DDD）的概念产生于 Eric Evans 写的《Domain Driven Design》[⊖] 一书，DDD 是对面向对象设计的改进，是开发复杂业务逻辑的一种方法。我在第 2 章介绍过 DDD，领域驱动设计的子域概念有助于把应用程序分解为服务。使用 DDD 时，每个服务都有自己的领域模型，这就避免了在单个应用程序全局范围内的领域模型问题。子域和相关联的限界上下文的相关概念是两种战略性 DDD 模式。

DDD 还有一些战术性模式，它们是领域模型的基本元素（building block）。每个模式都是一个类在领域模型中扮演的角色，并定义了类的特征。开发人员广泛采用的基本元素包括以下几种。

- 实体（entity）：具有持久化 ID 的对象。具有相同属性值的两个实体仍然是不同的对象。在 Java EE 应用程序中，使用 JPA @Entity 进行持久化的类通常是 DDD 实体。
- 值对象（value object）：作为值集合的对象。具有相同属性值的两个值对象可以互换使用。值对象的一个例子是 Money 类，它由币种和金额组成。
- 工厂（factory）：负责实现对象创建逻辑的对象或方法，该逻辑过于复杂，无法由类的构造函数直接完成。它还可以隐藏被实例化的具体类。工厂方法一般可实现为类的静态方法。
- 存储库（repository）：用来访问持久化实体的对象，存储库也封装了访问数据库的底层机制。
- 服务（service）：实现不属于实体或值对象的业务逻辑的对象。

许多开发人员都使用这些基本元素，有些基本元素是通过 JPA 和 Spring 框架等实现的。除了 DDD 纯粹主义者之外，还有一个被众人（包括我在内）忽略的基本元素：聚合。事实证明，在开发微服务时，聚合是一个非常有用的概念。让我们首先来看一看，聚合如何解决经典面向对象设计的一些微妙问题。

5.2　使用聚合模式设计领域模型

在传统的面向对象设计中，领域模型由一组类和它们之间的关系组成，这些类通常被组

⊖　Addison-Wesley Professional, 2003 年出版，中文版书名为《领域驱动设计——软件核心复杂性应对之道》。
　　——译者注

织成包。例如，图 5-4 显示了 FTGO 应用程序的领域模型的一部分。它是一个典型的领域模型，由一组互相关联的类组成。

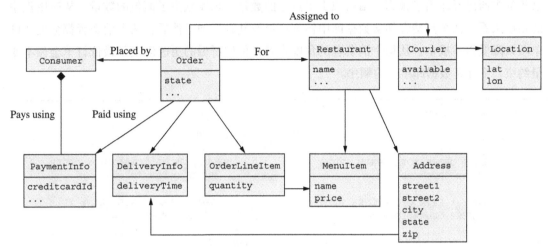

图 5-4　传统的领域模型是一个由互相关联的类构成的网络。它没有明确指定业务对象的边界，例如 Consumer 和 Order

这个例子包含与业务对象相对应的多个类：Consumer、Order、Restaurant 和 Courier。但有趣的是，这种传统领域模型缺少每个业务对象的明确边界。例如，它没有指定哪些类是 Order 业务对象的一部分。缺乏边界有时会导致问题，尤其是在微服务架构中。

我从讨论由于缺少明确的边界而导致的具体问题开始本节。接下来，我将描述聚合的概念以及它如何具有明确的边界。之后，我会介绍聚合必须遵守的规则，以及这些规则如何使聚合在微服务架构中很好地发挥作用。我将强调如何选择聚合的边界，以及边界的重要性。最后，我将讨论如何使用聚合来设计业务逻辑。我们先来看一看模糊边界所带来的问题。

5.2.1　模糊边界所带来的问题

假设你想要在 Order 业务对象上执行操作，例如加载或删除。这到底是什么意思呢？操作范围是什么？当然你会加载或删除 Order 对象。但实际上，订单中的 Order 不仅仅是 Order 对象。还有订单行项目、付款信息等。在图 5-4 所示的模型中，如何划定领域对象的边界其实是由开发人员拍脑袋决定的。

除了概念模糊之外，缺少明确的边界会在更新业务对象时导致问题。典型的业务对象具有一些不变量，即必须始终强制执行的业务规则。例如，Order 具有最小订单金额。FTGO 应用必须始终确保任何更新订单的尝试都不违反最低订单金额这个不变量约束。挑战在于，为了强制执行这些不变量约束，你必须仔细设计业务逻辑。

例如，让我们看一看当多个消费者一起创建订单时，如何确保满足最低订单金额这项不变量约束。两位消费者山姆和玛丽，正在一起买东西（使用同一张订单），他俩同时意识到自己买的东西已经超出了预算。山姆减少了点心的数量，玛丽减少了面包的数量。从应用程序的角度来看，两个消费者都从数据库中检索订单及其订单项。然后，两个消费者都会更新订单项以降低订单成本。从每个消费者的角度来看，他们所做的更改满足了最低订单金额不变量约束。下面是数据库事务的顺序。

```
Consumer - Mary                           Consumer - Sam

BEGIN TXN                                 BEGIN TXN

    SELECT ORDER_TOTAL FROM ORDER             SELECT ORDER_TOTAL FROM ORDER
      WHERE ORDER ID = X                         WHERE ORDER ID = X

    SELECT * FROM ORDER_LINE_ITEM             SELECT * FROM ORDER_LINE_ITEM
      WHERE ORDER_ID = X                         WHERE ORDER_ID = X
    ...                                       ...
END TXN                                   END TXN

Verify minimum is met

BEGIN TXN


    UPDATE ORDER_LINE_ITEM
      SET VERSION=..., QUANTITY=...
    WHERE VERSION = <loaded version>
      AND ID = ...


END TXN


                                          Verify minimum is met

                                          BEGIN TXN


                                              UPDATE ORDER_LINE_ITEM
                                                SET VERSION=..., QUANTITY=...
                                              WHERE VERSION = <loaded version>
                                                AND ID = ...

                                          END TXN
```

每个消费者都使用两个事务来完成订单项更改。第一个事务加载订单及其订单项。用户界面在执行第二个事务之前验证是否满足订单最小值。第二个事务使用乐观离线锁检查更新订单行项目数量，该检查验证订单行自第一个事务加载以来未被更改。

在这种情况下，山姆将订单总额减少了 X 美元，玛丽减少了 Y 美元。因此，即使应用程序在每次消费者更新后执行的订单验证结果仍满足最低订单的要求，Order 也不再有效。如你所见，直接更新业务对象的一部分可能会导致违反业务规则。DDD 聚合旨在解决此问题。

5.2.2　聚合拥有明确的边界

聚合是一个边界内的领域对象的集群，可以将其视为一个单元。它由根实体和可能的一个或多个其他实体和值对象组成。许多业务对象都被建模为聚合。例如，在第 2 章中，我们通过分析需求中使用的名词，与领域专家一起创建过粗略的领域模型。许多这些名词，如 Order、Consumer 和 Restaurant，都是聚合。

> **模式：聚合**
>
> 将领域模型组织为聚合的集合，每个聚合都是可以作为一个单元进行处理的一组对象构成的图。

图 5-5 显示了 Order 聚合及其边界。Order 聚合由 Order 实体、一个或多个 Order-LineItem 值对象以及其他值对象（如 Address 和 PaymentInformation）组成。

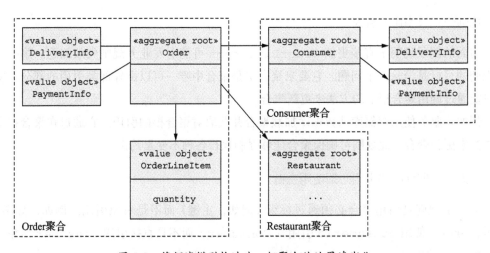

图 5-5　将领域模型构造为一组聚合使边界清晰化

聚合将领域模型分解为块，单独的每一块更容易理解。它们还阐明了加载、更新和删除等操作的范围。这些操作作用于整个聚合而不是部分聚合。聚合通常从数据库中完整加载，从而避免了延迟加载所导致的任何复杂性。删除聚合会从数据库中删除其所有对象。

聚合代表了一致的边界

更新整个聚合而不是聚合的一部分，可以解决前面例子中遇到的一致性问题。在聚合根上调用更新操作，这会强制执行各种不变量约束。此外，可以使用例如版本号或数据库级锁锁定聚合根来处理并发性。例如，客户端必须在 Order 聚合的根上调用方法，而不是直接更新订单项的数量，这会强制执行包括最小订单金额在内的各种不变量约束。但请注意，此方法不需要在数据库中更新整个聚合。例如，应用程序可能只更新与 Order 对象和更新的 OrderLineItem 相对应的行。

识别聚合是关键

在领域驱动设计中，设计领域模型的关键部分是识别聚合，以及它们的边界和根。聚合内部结构的细节是次要的。然而，聚合的价值不仅仅是帮助我们设计模块化的领域模型。更重要的是聚合必须遵守某些规则。

5.2.3　聚合的规则

领域驱动设计要求聚合遵守一组规则。这些规则确保聚合是一个可以强制执行各种不变量约束的自包含单元。让我们来看看每个规则。

规则一：只引用聚合根

前面的例子说明了直接更新 OrderLineItems 可能引发业务规则失效问题。第一个聚合规则的目标是消除这个问题。它要求聚合根是聚合中唯一可以由外部类引用的部分。客户端只能通过调用聚合根上的方法来更新聚合。

例如，服务使用存储库从数据库加载聚合并获取对聚合根的引用。它通过在聚合根上调用方法来更新聚合。此规则可确保聚合能够强制执行各种不变量约束。

规则二：聚合间的引用必须使用主键

另一个规则是引用聚合必须通过标识（例如，主键）而不是对象引用。例如，如图 5-6 所示，Order 使用 consumerId 引用其 Consumer，而不是直接引用 Consumer 对象。同样，Order 使用 restaurantId 引用 Restaurant 聚合。

这种方法与传统的对象建模完全不同，传统的对象建模将领域模型中的外键视为不好的设计。使用标识（例如，主键）而不是对象引用意味着聚合是松耦合的。它确保聚合之间的边界得到很好的定义，并避免意外更新不同的聚合。此外，如果聚合是另一个服务的一部分，则不会出现跨服务的对象引用问题。

聚合同时也是存储的单元，因此这种方法让持久化也变得简单。我们可以更容易地将聚合存储在 NoSQL 数据库（如 MongoDB）中。通过主键引用聚合，因此不再需要透明延迟加载（transparent lazy loading），同时也避免了它所带来的问题。通过分片（sharding）聚合来横向扩展数据库也相对简单。

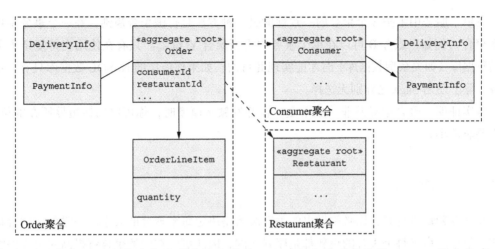

图 5-6　聚合之间的引用是通过主键完成的，而不是通过对象引用。Order 聚合具有 Consumer 和 Restaurant 聚合的 ID。在聚合内部，对象之间可以互相引用

规则三：在一个事务中，只能创建或更新一个聚合

聚合必须遵守的另一个规则是一个事务只能创建或更新一个聚合。多年前第一次读到它时，我感觉这条规则毫无意义！当时，我正在开发使用关系型数据库的传统单体应用程序，因此事务可以更新多个聚合。今天，这个约束对于微服务架构来说是完美的。它可以确保单个事务的范围不超越服务的边界。此约束还满足大多数 NoSQL 数据库的受限事务模型。

这个规则让创建或更新多个聚合的操作变得更加复杂。但这正是 Saga（第 4 章中描述过）旨在解决的问题。Saga 的每一步都只创建或更新一个聚合。图 5-7 显示了它的工作原理。

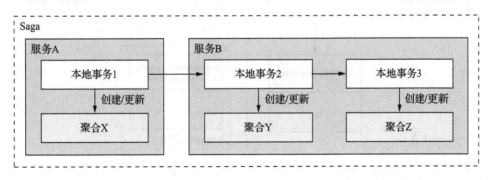

图 5-7　事务只能创建或更新单个聚合，因此应用程序使用 Saga 来更新多个聚合。Saga 的每个步骤都只会创建或更新一个聚合

在此示例中，Saga 由三个事务组成。第一个事务更新服务 A 中的聚合 X。其他两个事务都在服务 B 中。一个事务更新聚合 X，另一个更新聚合 Y。

在单个服务中维护多个聚合的一致性的另一种方法是打破聚合规则，在一个事务中更新多个聚合。例如，服务 B 可以在单个事务中更新聚合 Y 和 Z 。只有在使用支持复杂事务模型的数据库（如关系型数据库）时才能实现此目的。如果你使用的 NoSQL 数据库只有简单的事务，除了使用 Saga 之外别无选择。

事实证明，聚合边界并非一成不变。在开发领域模型时，你可以选择边界所在的位置，但需要非常小心。

5.2.4　聚合的颗粒度

在开发领域模型时，你必须做出的关键决策是决定每个聚合的大小。一方面，聚合理想上应该很小。由于每个聚合的更新都是序列化的，因此更细粒度的聚合将提高应用程序能同时处理的请求数量，从而提高可扩展性。它还将改善用户体验，因为它降低了两个用户尝试同时更新一个聚合而引发冲突的可能性。但是另一方面，因为聚合是事务的范围，所以你可能需要定义更大的聚合以使特定的聚合更新操作满足事务的原子性。

例如，早些时候我提到过 FTGO 应用的领域模型中 Order 和 Consumer 这两个彼此独立的聚合。另一种设计是使 Order 成为 Consumer 聚合的一部分。图 5-8 显示了这种替代性设计。

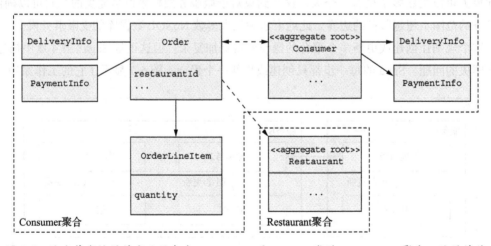

图 5-8　这个替代性设计定义了包含 Consumer 和 Order 类的 Consumer 聚合。此设计使
　　　　应用程序能够以原子化的方式同时更新 Consumer 及其关联的一个或多个 Order

这个更大的 Consumer 聚合的好处是，应用程序可以自动更新 Consumer 及其一个或多个与之相关联的 Order。这种方法的弊端是它降低了可扩展性。更新同一消费者的不同订单的事务将被序列化。同样，如果两个客户端都试图为同一个消费者编辑不同的订单，则会发生冲突。

在微服务架构中，这种方法的另一个弊端是它将成为服务分解的障碍。例如，Order 和 Consumer 的业务逻辑必须在同一服务中并置，这使服务变得更大。由于这些问题，聚合的粒度应该尽可能细化。

5.2.5　使用聚合设计业务逻辑

在典型的（微）服务中，大部分业务逻辑由聚合组成。其余的业务逻辑存在于领域服务和 Saga 中。Saga 编排本地事务的序列，以确保数据的一致性。服务是业务逻辑的入口，由入站适配器调用。服务使用存储库从数据库中检索聚合或将聚合保存到数据库。每个存储库都由访问数据库的出站适配器实现。图 5-9 显示了 Order Service 基于聚合设计的业务逻辑。

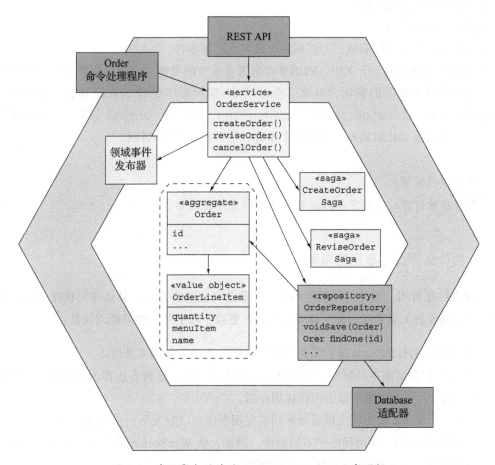

图 5-9　基于聚合设计的 Order Service 业务逻辑

业务逻辑由 Order 聚合、OrderService 服务类、OrderRepository 和一个或多

个 Saga 组成。`OrderService` 调用 `OrderRepository` 来保存和加载 `Order`。对于能在服务内部完成处理的简单请求，服务直接更新 `Order` 聚合。如果更新请求跨越多个服务，`OrderService` 将创建一个 Saga，如第 4 章所述。

我们需要看一看代码。但在此之前，我们先介绍与聚合密切相关的概念：领域事件。

5.3 发布领域事件

韦博词典（https://www.merriam-webster.com/dictionary/event）列出了事件（Event）这个单词的几个定义，包括：

1. 发生的事情。

2. 一件值得注意的事情。

3. 社交场合或活动。

4. 不良或有害的医疗事故，心脏病发作或其他心脏事件。

在领域驱动设计的上下文中，领域事件是聚合发生的事情。它由领域模型中的一个类表示。事件通常代表状态的变化。例如，考虑 FTGO 应用程序中的 `Order` 聚合。其状态变化事件包括 `Order Created`、`Order Cancelled`、`Order Shipped` 等。`Order` 聚合可以在每次进行状态变化时发布一个或多个事件，给那些感兴趣的接收方。

> **模式：领域事件**
> 聚合在被创建时，或发生其他重大更改时发布领域事件。

5.3.1 为什么需要发布变更事件

领域事件很有用，因为应用程序的其他协作方（比如客户端、其他应用程序或同一应用程序中的其他组件）通常有兴趣了解聚合的状态更改。以下是一些可能的场景：

- 使用基于编排的 Saga 维护服务之间的数据一致性，如第 4 章所述。
- 通知维护数据副本的服务，源数据已经发生了更改。这种方法称为命令查询职责隔离（CQRS），我会在第 7 章中进行详细介绍。
- 通过 Webhook 或消息代理通知不同的应用程序，以触发下一步业务流程。
- 按顺序通知同一应用程序的不同组件，例如，将 WebSocket 消息发送到用户的浏览器或更新如 ElasticSearch 这样的文本数据库。
- 向用户发送短信或电子邮件通知，告诉他们订单已发货、他们的医疗处方已准备就绪，或者他们的航班延误。

- 监控领域事件以验证应用程序是否正常运行。
- 分析领域事件，为用户行为建模。

在所有这些场景中，领域事件都是由应用程序数据库中聚合的状态更改所触发的。

5.3.2 什么是领域事件

在命名领域事件时，我们往往选择动词的过去分词。这样的命名能够明确表达事件的一些属性。领域事件的每个属性都是原始值或值对象。例如，`OrderCreated` 事件类具有 `orderId` 属性。

领域事件通常还具有元数据，例如事件 ID 和时间戳。它也可能包含执行了此次更改的用户的身份，因为这对用户行为审计很有用。元数据可以是事件对象的一部分，可能在超类中定义。事件元数据也可以位于封装事件对象的 "信封对象" 中。触发事件的聚合的 ID 也可以是事件 "信封对象" 的一部分，而不是明确的事件属性。

`OrderCreated` 事件是领域事件的一个例子。它没有任何字段，因为订单聚合的 ID 是事件信封对象的一部分。代码清单 5-1 显示了 `OrderCreated` 事件类和 `DomainEvent-Envelope` 类。

代码清单5-1 `OrderCreated`事件和`DomainEventEnvelope`类

```
interface DomainEvent {}

interface OrderDomainEvent extends DomainEvent {}

class OrderCreated implements OrderDomainEvent {}

class DomainEventEnvelope<T extends DomainEvent> {
  private String aggregateType;          ◁┐
  private Object aggregateId;             │
  private T event;                       ├─ 事件的元数据
  ...                                    │
}
```

`DomainEvent` 接口是一个标识接口，用于将类标识为领域事件。`OrderDomainEvent` 是 `Order` 聚合发布的事件的标识接口 (如 `OrderCreated`)。`DomainEventEnvelope` 是一个包含事件元数据和事件对象的类。它是一个由领域事件类型参数化的泛型类。

5.3.3 事件增强

想象一下，你正在编写一个处理 `Order` 领域事件的事件接收方。之前定义的 `OrderCreated` 事件类涵盖了已发生事件的本质。但是在处理 `OrderCreated` 事件时，事件接收方可能需要订单的详细信息。一种选择是从 `Order Service` 中检索该信息，让事件接收方查询聚合服务，但这样做的缺点是它会产生服务请求的开销。

另一种称为事件增强的方法是，事件包含接收方需要的信息。它简化了事件接收方，因为他们不再需要从发布事件的服务请求数据。在 `OrderCreated` 事件中，`Order` 聚合可以通过包含订单详细信息来增强事件。代码清单 5-2 显示了增强的事件。

代码清单5-2　增强的`OrderCreated`事件

```
class OrderCreated implements OrderEvent {
  private List<OrderLineItem> lineItems;
  private DeliveryInformation deliveryInformation;      ◁──┐ 接收方通常
  private PaymentInformation paymentInformation;           │ 需要的数据
  private long restaurantId;
  private String restaurantName;
  ...
}
```

由于此版本的 `OrderCreated` 事件包含订单的详细信息，因此在处理 `OrderCreated` 事件时，接收方（例如 `Order History Service`，将在第 7 章中讨论）不再需要发起额外的查询来获取数据。

虽然事件增强简化了接收方，但缺点是它可能会使领域事件的稳定性降低。每当接收方的需求发生变化时，事件类都可能需要更改。这可能会降低可维护性，因为这种更改会影响应用程序的多个部分⊖。尝试满足每个接收方也可能是徒劳的。幸运的是，在很多情况下，在事件中应该包含哪些属性是相当明显的。

现在已经介绍了领域事件的基础知识，让我们来看看如何发现它们。

5.3.4　识别领域事件

有一些不同的策略可用于识别领域事件。通常，软件的需求会描述需要发送通知的场景。需求可能包括诸如"当 X 发生时做 Y"之类的语言。例如，FTGO 应用程序中的一个需求是"当下订单时，向消费者发送电子邮件"，这个需求表明这里存在一个领域事件。

另一种越来越流行的方法是使用事件风暴。事件风暴是一种以事件为中心的研讨会，用于理解复杂的领域。它的具体方法是：把领域专家聚集在一个屋子里，准备大量便笺和一个非常大的白板。事件风暴的结果是一个以事件为中心的领域模型，它由聚合和事件组成。

事件风暴包括三个主要步骤：

1.头脑风暴：请求领域专家集体讨论领域事件。领域事件由橙色便笺表示，这些便笺在白板上按照时间轴顺序摆放。

⊖　在服务之间造成潜在的耦合性。——译者注

2. 识别事件触发器：**请求领域专家确定每个事件的触发器，例如：**

- 用户操作，表示为使用蓝色便笺的命令。
- 外部系统，由紫色便笺表示。
- 另一个领域事件。
- 时间的流逝。

3. 识别聚合：**请求领域专家识别那些使用命令的聚合并发出相应的事件。聚合由黄色便笺表示。**

图 5-10 显示了事件风暴研讨会的结果。在短短几个小时内，参与者发现了许多领域事件、命令和聚合。这是创建领域模型过程的第一步。

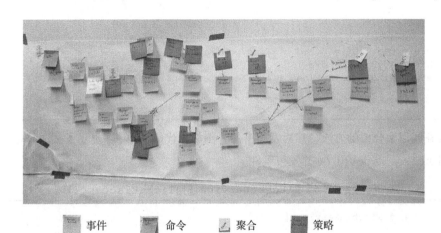

图 5-10　这是持续了几个小时的事件风暴研讨会的输出结果。便笺是沿着时间线排列的事件；
　　　　　命令代表用户动作；聚合负责响应命令发出事件

事件风暴是快速创建领域模型的有效技术。

现在我们已经介绍了领域事件的基础知识，再来看一下生成和发布它们的机制。

5.3.5　生成和发布领域事件

使用领域事件进行通信是第 3 章中讨论的异步消息传递的一种形式。但在业务逻辑将它们发布到消息代理之前，它必须首先生成领域事件。我们来看看如何做到这一点。

生成领域事件

从概念上讲，领域事件由聚合负责发布。聚合知道其状态何时发生变化，从而知道要发布的事件。聚合可以直接调用消息传递 API。这种方法的弊端在于，由于聚合不能使用依赖注入，所以消息传递 API 需要作为方法参数传递。这将把基础设施和业务逻辑交织在一起，是非常不可取的。

更好的方法是在聚合和调用它的服务（或类）之间分配职责。服务可以使用依赖注入[⊖]来获取对消息传递 API 的引用，从而轻松发布事件。只要状态发生变化，聚合就会生成事件并将它们返回给服务。聚合可以通过几种不同的方式将事件返回给服务。一种选择是在聚合方法的返回值中包括一个事件列表。例如，代码清单 5-3 显示了 Ticket 聚合的 accept() 方法如何将 TicketAcceptedEvent 返回给其调用者。

代码清单5-3　Ticket聚合的accept()方法

```
public class Ticket {

    public List<DomainEvent> accept(ZonedDateTime readyBy) {
        ...
        this.acceptTime = ZonedDateTime.now();         ←——｜ 更新 Ticket
        this.readyBy = readyBy;
        return singletonList(new TicketAcceptedEvent(readyBy));  ←— 返回
    }                                                               一个
}                                                                   事件
```

该服务调用聚合根的方法，然后发布事件。例如，代码清单 5-4 显示了 KitchenService 如何调用 Ticket.accept() 并发布事件。

代码清单5-4　KitchenService调用Ticket.accept()

```
public class KitchenService {

    @Autowired
    private TicketRepository ticketRepository;

    @Autowired
    private DomainEventPublisher domainEventPublisher;
    public void accept(long ticketId, ZonedDateTime readyBy) {
        Ticket ticket =
            ticketRepository.findById(ticketId)
                .orElseThrow(() ->
                        new TicketNotFoundException(ticketId));    ←—｜ 发布
        List<DomainEvent> events = ticket.accept(readyBy);             领域
        domainEventPublisher.publish(Ticket.class, orderId, events); ←— 事件
    }
}
```

accept() 方法首先调用 TicketRepository，从数据库加载 Ticket。然后通过调用 accept() 更新 Ticket。之后，KitchenService 通过调用 DomainEventPublisher.

⊖　请参阅 https://en.wikipedia.org/wiki/Dependency_injection。——译者注

publish() 发布之前 Ticket 调用中返回的事件，稍后将对此进行描述。

这种方法很简单。方法之前返回 void 类型，现在返回 List <Event> 即可。唯一的潜在缺点是非 void 方法的返回类型会变得更复杂。它们必须同时返回包含原始返回值和 List <Event> 的对象。你很快就会看到这种方法的一个例子。

另一种选择是聚合根在一个内部字段中累积保存事件。然后，服务检索这些事件并发布它们。例如，代码清单 5-5 显示了以这种方式工作的 Ticket 类的变体。

代码清单5-5　Ticket扩展了一个用于记录领域事件的超类

```java
public class Ticket extends AbstractAggregateRoot {

  public void accept(ZonedDateTime readyBy) {
    ...
    this.acceptTime = ZonedDateTime.now();
    this.readyBy = readyBy;
    registerDomainEvent(new TicketAcceptedEvent(readyBy));
  }

}
```

Ticket 扩展了 AbstractAggregateRoot，后者定义了记录事件的 registerDomain-Event() 方法。服务将调用 AbstractAggregateRoot.getDomainEvents() 来检索这些事件。

我的首选是第一个方法：让方法把事件返回给服务。但是在聚合根中累积和保存事件也是一种可行的选择。事实上，Spring Data Ingalls（https://spring.io/blog/2017/01/30/what-s-new-in-spring-data-release-ingalls）实现了一种自动发布事件到 Spring ApplicationContext 的机制。这种做法的主要问题是：为了减少代码重复，聚合根应该扩展一个超类，例如 AbstractAggregateRoot，这可能与扩展其他一些超类的要求相冲突。另一个问题是虽然聚合根的方法很容易调用 registerDomainEvent()，但聚合中其他类中的方法会发现调用该方法具有挑战性。它们很可能需要以某种方式将事件传递给聚合根。

如何可靠地发布领域事件

第 3 章我们讨论了如何可靠地发送消息，例如把消息发送作为本地数据库事务的一部分。领域事件也不例外。服务必须使用事务性消息来发布事件，以确保领域事件是作为更新数据库中聚合的事务的一部分对外发布。第 3 章中描述的 Eventuate Tram 框架实现了这样一种机制。它将事件插入到 OUTBOX 表中，作为更新数据库的 ACID 事务的一部分。事务提交后，插入到 OUTBOX 表中的事件将发布到消息代理。

Eventuate Tram 框架提供 DomainEventPublisher 接口，如代码清单 5-6 所示。它定义了几个重载的 publish() 方法，它们将聚合类型、聚合 ID 以及领域事件列表作为参数。

代码清单5-6　Eventuate Tram框架的DomainEventPublisher接口

```
public interface DomainEventPublisher {
 void publish(String aggregateType, Object aggregateId,
   List<DomainEvent> domainEvents);
```

它使用 Eventuate Tram 框架的 MessageProducer 接口，以事务方式发布这些事件。

服务可以直接调用 DomainEventPublisher 发布者。但这样做的一个弊端是它不能确保服务只发布有效的事件。例如，KitchenService 应该只发布实现了 TicketDomain Event 类型的事件，TicketDomainEvent 是 Ticket 聚合的领域事件的标识接口。一个更好的选择是让服务实现 AbstractAggregateDomainEventPublisher 的子类，如代码清单 5-7 所示。AbstractAggregateDomainEventPublisher 是一个抽象类，为发布领域事件提供了类型安全的接口。它是一个泛型类，有两个类型参数：聚合类型 A 和领域事件的标识接口类型 E。服务通过调用 publish() 方法发布事件，该方法有两个参数：类型为 A 的聚合和类型为 E 的事件列表。

代码清单5-7　类型安全的领域事件发布者的抽象超类

```
public abstract class AbstractAggregateDomainEventPublisher<A, E extends Doma
    inEvent> {
 private Function<A, Object> idSupplier;
 private DomainEventPublisher eventPublisher;
 private Class<A> aggregateType;

 protected AbstractAggregateDomainEventPublisher(
   DomainEventPublisher eventPublisher,
   Class<A> aggregateType,
   Function<A, Object> idSupplier) {
  this.eventPublisher = eventPublisher;
  this.aggregateType = aggregateType;
  this.idSupplier = idSupplier;
 }

 public void publish(A aggregate, List<E> events) {
  eventPublisher.publish(aggregateType, idSupplier.apply(aggregate),
   (List<DomainEvent>) events);
 }

}
```

Publish() 方法检索聚合的 ID 并调用 DomainEventPublisher.publish()。代码清单 5-8 显示了 TicketDomainEventPublisher，它发布 Ticket 聚合的领域事件。

代码清单5-8　用于发布Ticket聚合的领域事件的类型安全接口

```
public class TicketDomainEventPublisher extends
    AbstractAggregateDomainEventPublisher<Ticket, TicketDomainEvent> {

 public TicketDomainEventPublisher(DomainEventPublisher eventPublisher) {
```

```
        super(eventPublisher, Ticket.class, Ticket::getId);
    }

}
```

这个类只能够发布类型为 `TicketDomainEvent` 子类的事件。

现在我们已经了解了如何发布领域事件，来看看如何消费领域事件。

5.3.6　消费领域事件

领域事件最终作为消息发布到消息代理，例如 Apache Kafka。领域事件的接收方可以直接使用事件代理的客户端 API。但是使用更高级的 API 比较方便，例如第 3 章中描述的 **Eventuate Tram** 框架的 `DomainEventDispatcher`。`DomainEventDispatcher` 可以将领域事件调度到适当的处理程序方法。代码清单 5-9 展示了一个事件处理程序类。每当餐馆的菜单更新时，`KitchenServiceEventConsumer` 都会订阅 Restaurant Service 发布的事件。它负责使 Kitchen Service 的数据副本保持最新。

代码清单5-9　将事件调度到事件处理程序方法

```
public class KitchenServiceEventConsumer {
  @Autowired
  private RestaurantService restaurantService;

  public DomainEventHandlers domainEventHandlers() {        ┌─ 把事件映射
     return DomainEventHandlersBuilder                       └─ 事件处理程序
      .forAggregateType("net.chrisrichardson.ftgo.restaurantservice.Restaurant")
      .onEvent(RestaurantMenuRevised.class, this::reviseMenu)
      .build();
  }

  public void reviseMenu(DomainEventEnvelope<RestaurantMenuRevised> de) {   ◄─┐
    long id = Long.parseLong(de.getAggregateId());                            │
    RestaurantMenu revisedMenu = de.getEvent().getRevisedMenu();              │
    restaurantService.reviseMenu(id, revisedMenu);                           │
  }                                                                           │
                                                       RestaurantMenuRevised  │
}                                                         事件的处理程序      ┘
```

`reviseMenu()` 方法处理 `RestaurantMenuRevised` 事件。它调用 `restaurant-Service.reviseMenu()`，后者负责更新餐馆的菜单。该方法返回的领域事件列表会由事件处理程序发布。

现在我们已经查看了聚合和领域事件，现在是时候考虑一些使用聚合实现的示例业务逻辑了。

5.4 Kitchen Service 的业务逻辑

第一个例子是 Kitchen Service，这个服务主要负责实现餐馆的订单管理功能。该服务的两个主要聚合是 Restaurant 和 Ticket。Restaurant 聚合知道餐馆的菜单和营业时间，并可以验证订单。Ticket 代表餐馆厨房的工单，工单烹饪完成后由送餐员负责派送。图 5-11 显示了这些聚合和业务逻辑的其他关键部分，以及服务的适配器。

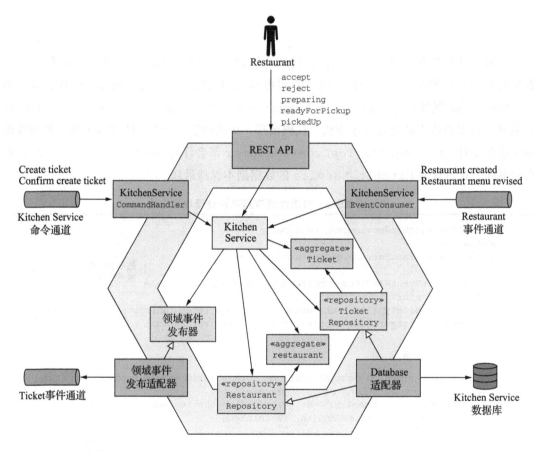

图 5-11 Kitchen Service 的设计

除了聚合之外，Kitchen Service 业务逻辑的其他核心部分是 KitchenService、TicketRepository 和 RestaurantRepository。KitchenService 是业务逻辑的入口。它定义了创建和更新 Restaurant 及 Ticket 聚合的方法。TicketRepository 和 RestaurantRepository 分别定义了持久化 Tickets 和 Restaurants 的方法。

Kitchen Service 服务有三个入站适配器：

- REST API：餐馆工作人员通过他们的用户界面调用这些 REST API。它调用 Kitchen-Service 来创建和更新 Ticket。
- KitchenServiceCommandHandler：由 Saga 调用的基于异步请求 / 响应的 API。它调用 KitchenService 来创建和更新 Ticket。
- KitchenServiceEventConsumer：订阅 Restaurant Service 发布的事件。它调用 KitchenService 来创建和更新 Restaurant 聚合。

该服务还有两个出站适配器：

- DB Adapter：实现 TicketRepository 和 RestaurantRepository 接口并访问作数据库。
- DomainEventPublishingAdapter：实现 DomainEventPublisher 接口并发布 Ticket 领域事件。

让我们仔细看看 KitchenService 的设计，从 Ticket 聚合开始。

Ticket 聚合

Ticket 是 Kitchen Service 的聚合之一。如第 2 章所述，在谈论限界上下文的概念时，这个聚合代表了厨房用于订单的视图。它不包含有关消费者的信息，例如他们的身份、送餐地址或付款信息。它只关心于那些有助于厨房准备 Order 的信息。此外，KitchenService 不会为此聚合生成唯一 ID。相反，它使用 OrderService 提供的 ID。

让我们看一看这个类的结构并检查它的方法。

Ticket 类的结构

代码清单 5-10 显示了这个类的部分代码。Ticket 类跟传统的领域类很像。主要区别是使用主键引用其他聚合。

代码清单5-10　**Ticket类的一部分，它一个是JPA实体**

```
@Entity(table="tickets")
public class Ticket {

  @Id
  private Long id;
  private TicketState state;
  private Long restaurantId;

  @ElementCollection
  @CollectionTable(name="ticket line items")
```

```
    private List<TicketLineItem> lineItems;

    private ZonedDateTime readyBy;
    private ZonedDateTime acceptTime;
    private ZonedDateTime preparingTime;
    private ZonedDateTime pickedUpTime;
    private ZonedDateTime readyForPickupTime;
    ...
```

这个类使用 JPA 进行持久化，并映射到 TICKETS 表。restaurantId 字段是长整型而不是 Restaurant 对象的引用。readyBy 字段存储了订单可以准备好的一个预估时间。Ticket 类有几个跟踪订单历史的字段，包括 acceptTime、preparingTime 和 pickupTime。我们来看看这个类的方法。

Ticket 聚合的行为

Ticket 聚合定义了几种方法。如前所述，它有一个静态 create() 方法，这是一个创建 Ticket 的工厂方法。Ticket 聚合还有一些其他方法，这些方法在餐馆更新订单状态时会被调用：

- accept()：餐馆已接受订单。
- preparing()：餐馆已开始准备订单，这意味着订单无法再更改或取消。
- readyForPickup()：订单可以派送。

代码清单 5-11 显示了它的一些方法。

代码清单5-11 Ticket的一些方法

```
public class Ticket {

public static ResultWithAggregateEvents<Ticket, TicketDomainEvent>
    create(Long id, TicketDetails details) {
  return new ResultWithAggregateEvents<>(new Ticket(id, details), new
    TicketCreatedEvent(id, details));
}

public List<TicketPreparationStartedEvent> preparing() {
  switch (state) {
    case ACCEPTED:
      this.state = TicketState.PREPARING;
      this.preparingTime = ZonedDateTime.now();
      return singletonList(new TicketPreparationStartedEvent());
    default:
      throw new UnsupportedStateTransitionException(state);
  }
}

public List<TicketDomainEvent> cancel() {
```

```
    switch (state) {
      case CREATED:
      case ACCEPTED:
        this.state = TicketState.CANCELLED;
        return singletonList(new TicketCancelled());
      case READY_FOR_PICKUP:
        throw new TicketCannotBeCancelledException();

      default:
        throw new UnsupportedStateTransitionException(state);

    }
  }
```

create() 方法创建一个 Ticket。当餐馆开始准备订单时，会调用 preparing() 方法。它将订单状态更改为 PREPARING，记录时间并发布事件。当用户尝试取消订单时，将调用 cancel() 方法。如果允许取消，则此方法更改订单的状态并返回事件。否则，它会抛出异常。调用这些方法是为了响应 REST API 请求以及事件和命令式消息。让我们看一下调用聚合方法的类。

KitchenService 的领域服务

KitchenService 由服务的入站适配器调用。它定义了用于更改订单状态的各种方法，包括 accept()、reject()、preparing() 等方法。每个方法加载指定的聚合，在聚合根上调用相应的方法，并发布领域事件。代码清单 5-12 显示了其 accept() 方法。

代码清单5-12　服务的accept()方法更新Ticket

```
public class KitchenService {

  @Autowired
  private TicketRepository ticketRepository;

  @Autowired
  private TicketDomainEventPublisher domainEventPublisher;

  public void accept(long ticketId, ZonedDateTime readyBy) {
    Ticket ticket =
        ticketRepository.findById(ticketId)
          .orElseThrow(() ->
                    new TicketNotFoundException(ticketId));
    List<TicketDomainEvent> events = ticket.accept(readyBy);
    domainEventPublisher.publish(ticket, events);      ◁── 发布
  }                                                         领域
                                                           事件
}
```

当餐馆接受新订单时，会调用 accept() 方法。它有两个参数：

- orderId：要接受订单的 ID。
- readyBy：订单可被派送的预计时间。

此方法检索 Ticket 聚合并调用其 accept() 方法。它发布任何生成的事件。
现在让我们看一下处理异步命令的类。

KitchenServiceCommandHandler 类

KitchenServiceCommandHandler 类是一个适配器，负责处理 Order Service
实现的各种 Saga 发送的命令式消息。此类为每个命令定义一个处理程序方法，该方法调用
KitchenService 来创建或更新 Ticket。代码清单 5-13 显示了这个类的部分代码。

代码清单5-13　处理由Saga发送的命令式消息

```java
public class KitchenServiceCommandHandler {

  @Autowired
  private KitchenService kitchenService;

  public CommandHandlers commandHandlers() {           把命令式消息映射
   return CommandHandlersBuilder                        到消息处理程序
        .fromChannel("orderService")
        .onMessage(CreateTicket.class, this::createTicket)
        .onMessage(ConfirmCreateTicket.class,
                this::confirmCreateTicket)
        .onMessage(CancelCreateTicket.class,
                this::cancelCreateTicket)
        .build();
  }

  private Message createTicket(CommandMessage<CreateTicket>
                                              cm) {
   CreateTicket command = cm.getCommand();
   long restaurantId = command.getRestaurantId();
   Long ticketId = command.getOrderId();
   TicketDetails ticketDetails =
       command.getTicketDetails();

   try {                                          调用 KitchenService
     Ticket ticket =                              创建 Ticket
       kitchenService.createTicket(restaurantId,
                           ticketId, ticketDetails);
     CreateTicketReply reply =
              new CreateTicketReply(ticket.getId());
     return withSuccess(reply);                   发送成功回复
   } catch (RestaurantDetailsVerificationException e) {
     return withFailure();
   }
  }                                      发送失败回复
}
```

```
private Message confirmCreateTicket
        (CommandMessage<ConfirmCreateTicket> cm) {
    Long ticketId = cm.getCommand().getTicketId();              ←——┐ 确认 Order
    kitchenService.confirmCreateTicket(ticketId);
    return withSuccess();
}

    ...
```

所有命令处理程序方法都会调用 KitchenService 并返回成功或失败响应。

现在你已经看到了相对简单服务的业务逻辑，我们将看一个更复杂的示例：Order Service。

5.5　Order Service 的业务逻辑

如前几章所述，Order Service 提供了用于创建、更新和取消订单的 API。此 API 主要由用户调用。图 5-12 显示了该服务的抽象设计。Order 聚合是 Order Service 的核心聚合。但服务中也包括了 Restaurant 聚合，这是 Restaurant Service 拥有的部分数据的复制品。它使 Order Service 能够验证 Order 的订单项并为其定价。

除了 Order 和 Restaurant 聚合之外，业务逻辑还包括 OrderService、Order-Repository、RestaurantRepository 和各种 Saga，例如第 4 章中描述的 Create-OrderSaga。OrderService 是业务逻辑的主要入口，定义了创建和更新 Order 以及 Restaurant 的方法。OrderRepository 定义了持久化 Orders 的方法，而 Restaurant-Repository 定义了持久化 Restaurants 的方法。Order Service 有几个入站适配器：

- REST API：供消费者利用用户界面调用的 REST API。它调用 OrderService 来创建和更新 Order。
- OrderEventConsumer：订阅 Restaurant Service 发布的活动。它调用 OrderService 来创建和更新其 Restaurant 副本。
- OrderCommandHandlers：由 Saga 调用的基于异步请求 / 响应的 API。它调用 OrderService 来更新 Order。
- SagaReplyAdapter：订阅 Saga 回复通道并调用 Saga。

该服务还有一些出站适配器：

- DB Adapter：实现 OrderRepository 接口并访问 Order Service 的数据库。
- DomainEventPublishingAdapter：实现 DomainEventPublisher 接口并发布 Order 领域事件。

■ `OutboundCommandMessageAdapter`：实现 `CommandPublisher` 接口并向 Saga
参与方发送命令式消息。

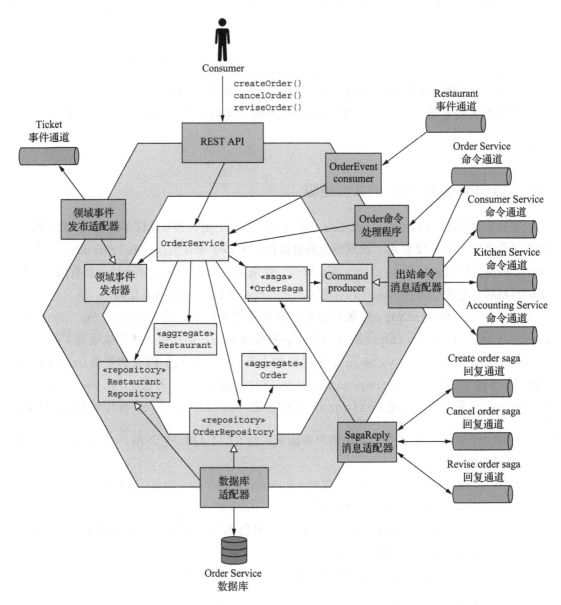

图 5-12 `Order Service` 的设计。它有一个用于管理订单的 REST API。它通过多个消息
通道与其他服务交换消息和事件

让我们先仔细看看 `Order` 聚合，然后再讨论 `OrderService`。

5.5.1　Order 聚合

Order 聚合代表消费者下的订单。我们首先看一看 Order 聚合的结构，然后再查看它的方法。

Order 聚合的结构

图 5-13 显示了 Order 聚合的结构。Order 类是 Order 聚合的根。Order 聚合还包含了值对象，例如 OrderLineItem、DeliveryInfo 和 PaymentInfo。

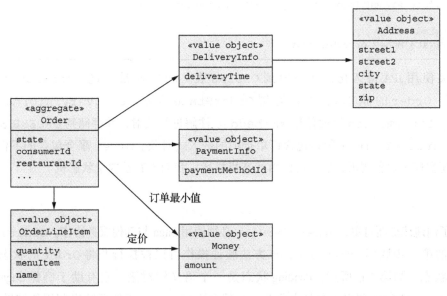

图 5-13　Order 聚合的设计，它由 Order 聚合根和各种值对象组成

Order 类包含了 OrderLineItems 的集合。由于 Order 的 Consumer 和 Restaurant 是其他聚合，因此它通过主键引用它们。Order 类有一个 DeliveryInfo 类，它存储送餐地址和期望的送餐时间，以及 PaymentInfo，用于存储付款信息，如代码清单 5-14 所示。

代码清单5-14　Order类和它的字段

```
@Entity
@Table(name="orders")
@Access(AccessType.FIELD)
public class Order {

  @Id
  @GeneratedValue
  private Long id;

  @Version
```

```
    private Long version;

    private OrderState state;
    private Long consumerId;
    private Long restaurantId;

    @Embedded
    private OrderLineItems orderLineItems;

    @Embedded
    private DeliveryInformation deliveryInformation;

    @Embedded
    private PaymentInformation paymentInformation;

    @Embedded
    private Money orderMinimum;
```

此类使用 JPA 持久化，并映射到 ORDERS 表。id 字段是主键。version 字段用于乐观锁。Order 的状态由枚举类型 OrderState 表示。DeliveryInformation 和 PaymentInformation 字段使用 @Embedded 注解进行映射，并存储到 ORDERS 表对应的列。orderLineItems 字段是包含订单行项的嵌入式对象。Order 聚合包含的不仅仅是字段。它还实现了业务逻辑，后者可以由状态机描述。我们来看看这个状态机。

Order 聚合状态机

为了创建或更新订单，Order Service 必须使用 Saga 与其他服务协作。OrderService 或 Saga 的第一步调用 Order 方法，该方法验证操作可以被执行并将 Order 的状态更改为 Pending 状态。如第 4 章所述，Pending 状态是一个语义锁对策，它有助于确保 Saga 彼此隔离。最终，一旦 Saga 调用了参与方服务，它就会更新 Order 以便反映出调用的结果。例如，如第 4 章所述，Create Order Saga 包含多个参与方服务，包括 Consumer Service、Accounting Service 和 Kitchen Service。OrderService 首先在 APPROVAL_PENDING 状态下创建一个 Order，稍后将其状态更改为 APPROVED 或 REJECTED。Order 的行为可以建模为图 5-14 所示的状态机。

类似地，其他 Order Service 的操作（如 revise() 和 cancel()）首先将 Order 更改为 *Pending 状态，并使用 Saga 验证是否可以执行操作。然后，一旦 Saga 成功验证该操作可以执行，它就会将 Order 转换为反映操作成功结果的其他状态。如果操作验证失败，则订单将恢复到之前的状态。例如，cancel() 操作首先将 Order 转换为 CANCEL_PENDING 状态。如果订单可以取消，则 Cancel Order Saga 会将 Order 状态更改为 CANCELED 状态。否则，如果 cancel() 操作被拒绝，例如，取消订单为时已晚，则 Order 转换回 APPROVED 状态。

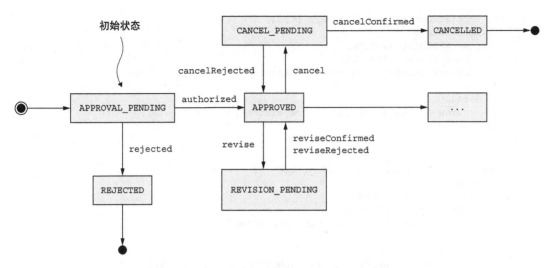

图 5-14　Order 聚合状态机的一部分

现在让我们看一看 Order 聚合如何实现这个状态机。

Order 聚合的方法

Order 类有几组方法，每组都对应一个 Saga。在每组方法中，Saga 开始时会调用其中一个方法，并在 Saga 结束时调用另外的方法。我将首先讨论创建 Order 的业务逻辑。之后我们将了解 Order 的更新方式。代码清单 5-15 显示了在创建 Order 的过程中调用的Order 方法。

代码清单5-15　创建订单需要调用的方法

```java
public class Order { ...

  public static ResultWithDomainEvents<Order, OrderDomainEvent>
   createOrder(long consumerId, Restaurant restaurant,
                              List<OrderLineItem> orderLineItems) {
    Order order = new Order(consumerId, restaurant.getId(), orderLineItems);
    List<OrderDomainEvent> events = singletonList(new OrderCreatedEvent(
          new OrderDetails(consumerId, restaurant.getId(), orderLineItems,
                  order.getOrderTotal()),
          restaurant.getName()));
    return new ResultWithDomainEvents<>(order, events);
  }

  public Order(OrderDetails orderDetails) {
    this.orderLineItems = new OrderLineItems(orderDetails.getLineItems());
    this.orderMinimum = orderDetails.getOrderMinimum();
    this.state = APPROVAL_PENDING;
  }
  ...
```

```
    public List<DomainEvent> noteApproved() {
      switch (state) {
        case APPROVAL_PENDING:
          this.state = APPROVED;
          return singletonList(new OrderAuthorized());
        ...
        default:
          throw new UnsupportedStateTransitionException(state);
      }
    }

    public List<DomainEvent> noteRejected() {
      switch (state) {
        case APPROVAL_PENDING:
          this.state = REJECTED;
          return singletonList(new OrderRejected());
        ...
        default:
          throw new UnsupportedStateTransitionException(state);
      }

    }
```

createOrder() 方法是一个静态工厂方法，它创建一个 Order 并发布 OrderCreated-Event。OrderCreatedEvent 包含 Order 的详细信息，如订单项、总金额、餐馆 ID 和餐馆名称等。第 7 章将讨论 Order History Service 如何使用 Order 事件（包括 Order-CreatedEvent）来维护一个容易查询的 Order 副本。

Order 的初始状态为 APPROVAL_PENDING。当 CreateOrderSaga 完成时，它将调用 noteApproved() 或 noteRejected()。当消费者的信用卡被成功授权时，将调用 noteApproved() 方法。当其中一个服务拒绝订单或授权失败时，将调用 noteRejected() 方法。如你所见，Order 聚合的 state 决定了其大多数方法的行为。与 Ticket 聚合一样，它也会发出事件。

除了 createOrder() 之外，Order 类还定义了几种更新方法。例如，Revise Order Saga 通过首先调用 revise() 方法来修改订单，然后，一旦确认可以进行修订，它就会调用 confirmRevised() 方法。代码清单 5-16 显示了这些方法。

代码清单5-16　修改 Order 需要调用的方法

```
class Order ...

  public List<OrderDomainEvent> revise(OrderRevision orderRevision) {
    switch (state) {

      case APPROVED:
        LineItemQuantityChange change =
                orderLineItems.lineItemQuantityChange(orderRevision);
        if (change.newOrderTotal.isGreaterThanOrEqual(orderMinimum)) {
```

```
          throw new OrderMinimumNotMetException();
      }
      this.state = REVISION_PENDING;
      return singletonList(new OrderRevisionProposed(orderRevision,
                     change.currentOrderTotal, change.newOrderTotal));

    default:
      throw new UnsupportedStateTransitionException(state);
    }
  }

  public List<OrderDomainEvent> confirmRevision(OrderRevision orderRevision) {
    switch (state) {
      case REVISION_PENDING:
        LineItemQuantityChange licd =
          orderLineItems.lineItemQuantityChange(orderRevision);

        orderRevision
              .getDeliveryInformation()
              .ifPresent(newDi -> this.deliveryInformation = newDi);

        if (!orderRevision.getRevisedLineItemQuantities().isEmpty()) {
          orderLineItems.updateLineItems(orderRevision);
        }

        this.state = APPROVED;
        return singletonList(new OrderRevised(orderRevision,
                        licd.currentOrderTotal, licd.newOrderTotal));
      default:
        throw new UnsupportedStateTransitionException(state);
      }
    }
  }
}
```

调用 revise() 方法会发起订单修订的操作。除此之外，它还验证修订后的订单不会违反订单最小值约束，并将订单状态更改为 REVISION_PENDING。一旦 Revise Order Saga 成功更新了 Kitchen Service 和 Accounting Service，它就会调用 confirmRevision() 来完成更新。

OrderService 调用这些方法。我们来看看这个类。

5.5.2　OrderService 类

OrderService 类定义了用于创建和更新 Orders 的方法。它是业务逻辑的主要入口，由各种入站适配器调用，例如 REST API。它的大多数方法都会创建一个 Saga 来协调 Order 聚合的创建和更新。因此，此服务比前面讨论的 KitchenService 类更复杂。代码清单 5-17 显示了此类的一部分实现代码。OrderService 注入了各种依赖项，包括

OrderRepository、OrderDomainEventPublisher 和几个 SagaManager。它定义了几种方法，包括 createOrder() 和 reviseOrder()。

代码清单5-17　OrderService类包含创建和管理订单的方法

```
@Transactional
public class OrderService {

  @Autowired
  private OrderRepository orderRepository;

  @Autowired
  private SagaManager<CreateOrderSagaState, CreateOrderSagaState>
    createOrderSagaManager;

  @Autowired
  private SagaManager<ReviseOrderSagaState, ReviseOrderSagaData>
    reviseOrderSagaManagement;

  @Autowired
  private OrderDomainEventPublisher orderAggregateEventPublisher;

  public Order createOrder(OrderDetails orderDetails) {

    Restaurant restaurant = restaurantRepository.findById(restaurantId)
          .orElseThrow(()
      -> new RestaurantNotFoundException(restaurantId));
List<OrderLineItem> orderLineItems =                    ◁────┐  创建 Order 聚合
    makeOrderLineItems(lineItems, restaurant);

ResultWithDomainEvents<Order, OrderDomainEvent> orderAndEvents =
        Order.createOrder(consumerId, restaurant, orderLineItems);

Order order = orderAndEvents.result;                         发布领域事件
                                        把 Order 持久化
orderRepository.save(order);       ◁──┘  保存在数据库中

orderAggregateEventPublisher.publish(order, orderAndEvents.events);  ◁──┘

OrderDetails orderDetails =
    new OrderDetails(consumerId, restaurantId, orderLineItems,
                     order.getOrderTotal());
CreateOrderSagaState data = new CreateOrderSagaState(order.getId(),
        orderDetails);

createOrderSagaManager.create(data, Order.class, order.getId());  ◁──┐

    return order;                                       创建 Create
  }                                                     Order Saga

  public Order reviseOrder(Long orderId, Long expectedVersion,
                           OrderRevision orderRevision) {
    public Order reviseOrder(long orderId, OrderRevision orderRevision) {
```

```
    Order order = orderRepository.findById(orderId)
            .orElseThrow(() -> new OrderNotFoundException(orderId));
    ReviseOrderSagaData sagaData =
      new ReviseOrderSagaData(order.getConsumerId(), orderId,
            null, orderRevision);                              检索 Order
    reviseOrderSagaManager.create(sagaData);        创建
    return order;                                   Revise Order
  }                                                 Saga
}
```

createOrder() 方法首先创建并持久化了一个 Order 聚合。然后它发布聚合生成的领域事件。最后，它创建了一个 CreateOrderSaga。reviseOrder() 首先从数据库检索 Order，然后创建一个 ReviseOrderSaga。

在许多方面，基于微服务的应用程序的业务逻辑与单体应用程序的业务逻辑没有什么不同。它由诸如服务、JPA 支持的实体和存储库等这样的类组成。但还是有一些不同之处。领域模型被组织为一组 DDD 聚合，在其上可以施加各种约束。与传统的对象模型不同，不同聚合中的类之间的引用是基于主键而不是对象引用。此外，事务只能创建或更新单个聚合。聚合在状态发生变化时会发布领域事件。

另一个主要区别是服务通常使用 Saga 来维护多个服务之间的数据一致性。例如，Kitchen Service 仅仅参与 Saga，但不会启动它们。相比之下，Order Service 在很大程度上依赖于 Saga 创建和更新订单。因为订单必须与其他服务拥有的数据在事务上保持一致。因此，大多数 OrderService 方法都会创建一个 Saga，而不是直接更新 Order。

本章介绍了如何使用传统的持久化方法实现业务逻辑。这涉及将消息和事件发布与数据库事务管理集成在一起。事件发布代码与业务逻辑交织在一起。下一章将介绍事件溯源，这是一种以事件为中心的编写业务逻辑的方法，其中事件生成是业务逻辑的一部分，而不是凌驾于业务逻辑之上。

本章小结

- 事务脚本模式通常是实现简单业务逻辑的好方法。但是在实现复杂的业务逻辑时，应该考虑使用面向对象的领域模型模式。
- 设计服务的业务逻辑的好方法是使用 DDD 聚合。DDD 聚合很有用，因为它们把领域模型模块化，消除了服务之间对象的直接引用，并确保每个 ACID 事务都在服务内。
- 创建或更新聚合时应发布领域事件。领域事件具有广泛的用途。第 4 章讨论了如何实现协同式 Saga。第 7 章中将讨论如何使用领域事件来更新从其他服务复制来的数据。领域事件的订阅者还可以通知用户和其他应用程序，并将 WebSocket 消息发布到用户的浏览器。

第 6 章

使用事件溯源开发业务逻辑

本章导读

- 使用事件溯源模式开发业务逻辑
- 实现事件存储库
- 整合 Saga 和基于事件溯源的业务逻辑
- 使用事件溯源实现 Saga 编排器

玛丽很喜欢第 5 章描述的方法，这个方法就是将业务逻辑设计为一组可以对外发布领域事件的 DDD 聚合。她也认为领域事件在微服务架构中非常有用。玛丽计划使用事件来实现第 4 章中提到的基于协同的 Saga，这些 Saga 用于确保服务之间的数据一致性。她还希望使用 CQRS 视图，这些数据副本能够实现我在第 7 章中介绍的高效查询。

然而，她担心事件发布逻辑可能容易出错。一方面，事件发布逻辑相当简单。对聚合状态进行初始化或更改的那些聚合方法都会返回一个事件列表，领域服务然后发布这些事件。但另一方面，事件发布逻辑被固化在业务逻辑中。即使开发人员忘记编写发布事件的代码，业务逻辑的执行依然不受影响。玛丽担心这种发布事件的方式可能会导致诸多错误。

许多年前，玛丽已经了解了事件溯源（Event Sourcing），这是一种以事件为中心的编写业务逻辑和持久化领域对象的方法。当时她被事件溯源技术的众多好处所吸引，包括它如何保留聚合变化的完整历史，但那时她也仅限于是一种好奇心，并未深入研究。鉴于领域事件在微服务架构中的重要性，她现在想知道在 FTGO 应用程序中是否应该使用事件溯源技术。毕竟，事件溯源可以消除一些可能的编程错误，因为这项技术可以保证在创建或更新聚合时一定会发布事件。

在本章开头，我将描述事件溯源的工作方式，以及如何使用它来编写业务逻辑。我会介绍事件溯源如何将每个聚合作为一系列事件保存在所谓的事件存储库中。我将讨论事件溯源的好处和弊端，并介绍如何实现事件存储。我还会介绍用于编写基于事件溯源业务逻辑的简单框架。之后，我将讨论事件溯源如何成为实现 Saga 的良好基础。让我们首先看一看如何通过事件溯源来开发业务逻辑。

6.1 使用事件溯源开发业务逻辑概述

事件溯源是构建业务逻辑和持久化聚合的另一种选择。它将聚合以一系列事件的方式持久化保存。每个事件代表聚合的一次状态变化。应用程序通过重放（replaying）事件来重新创建聚合的当前状态。

> **模式：事件溯源**
> 使用一系列表示状态更改的领域事件来持久化聚合。请参阅：http://microservices.io/patterns/data/event-sourcing.html。

事件溯源有几个重要的好处。例如，它保留了聚合的历史记录，这对于实现审计和监管的功能非常有帮助。它可靠地发布领域事件，这在微服务架构中特别有用。事件溯源也有弊端。它有一定的学习曲线，因为这是一种完全不同的业务逻辑开发方式。此外，查询事件存储库通常很困难，这需要你使用第 7 章中描述的 CQRS 模式。

我将通过描述传统持久化技术的局限性来开始本节。然后，我会详细描述事件溯源技术，并讨论它是如何克服这些局限性的。之后，我将展示如何使用事件溯源来实现 Order 聚合。最后，我将描述事件溯源的好处和弊端。

让我们首先看一下传统持久化技术的局限性。

6.1.1 传统持久化技术的问题

传统的持久化技术将类映射到数据库表，将这些类的字段映射到数据表中的列，将这些类的实例映射到数据表中的行。例如，图 6-1 显示了第 5 章中描述的 Order 聚合如何映射到 ORDER 表。其 OrderLineItems 映射到 ORDER_LINE_ITEM 表。

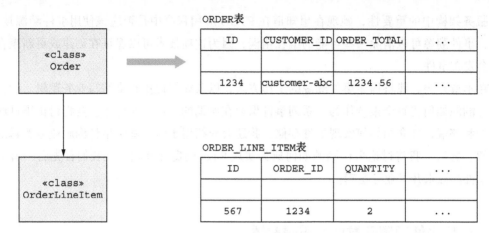

图 6-1   传统的持久化技术将类映射到表，将对象映射到这些表中的行

应用程序将订单实例保存为 ORDER 和 ORDER_LINE_ITEM 表中的行。它可以使用诸如 JPA 之类的 ORM 框架或诸如 MyBATIS 之类的框架来实现。

这种方法显然效果很好，因为大多数企业应用程序以这种方式保存数据，但它有几个弊端：

- 对象与关系的"阻抗失调"（impedance mismatch）。
- 缺乏聚合历史。
- 实施审计功能将非常烦琐且容易出错。
- 事件发布凌驾于业务逻辑之上。

让我们从对象与关系的阻抗失调问题开始来仔细分析每个问题。

对象与关系的"阻抗失调"

所谓的对象与关系的"阻抗失调"是一个古老的问题。关系型数据的表格结构模式，与领域模型及其复杂关系的图状结构之间，存在基本的概念不匹配问题。人们一直就对象与关系映射（ORM）框架是否真正有效这个问题进行辩论，这也是"阻抗失调"问题某些方面的一种体现。公平地说，我已成功使用 Hibernate 来开发从对象模型派生数据库结构的应用程序。但这个问题本身比讨论任何具体 ORM 框架的局限性都要深刻。

缺乏聚合的历史

传统持久化的另一个限制是它只存储聚合的当前状态。聚合更新后，其先前的状态将丢失。如果应用程序必须保留聚合的历史记录（可能是出于监管目的），那么开发人员必须自己实现此机制。实现聚合历史记录机制是非常耗时的一项工作，其中还会涉及复制那些必须与业务逻辑保持同步的代码。

实施审计功能将非常烦琐且容易出错

另一个问题是审计功能。许多应用程序必须维护审计日志,用于跟踪哪些用户更改了聚合。某些应用程序需要审计功能,以满足安全性或监管的要求。在一些应用程序中,记录用户操作历史是一个重要的功能。例如,问题跟踪器和任务管理应用程序(如 Asana 和 JIRA)显示任务和问题更改的历史记录。实施审计的挑战在于,除了这是一项耗时的工作之外,负责记录审计日志的代码可能会和业务逻辑代码发生偏离,从而导致各种错误。

事件发布是凌驾于业务逻辑之上

传统持久化的另一个限制是它通常不支持发布领域事件。第 5 章讨论的领域事件是聚合在状态发生变化时发布的事件。它们是在微服务架构中同步数据和发送通知的有效机制。某些 ORM 框架(如 Hibernate)可以在数据对象更改时调用应用程序提供的回调接口。但是,我们无法把自动发布消息作为更新数据事务的一部分。因此,与操作历史和审计一样,开发人员必须自己处理事件生成的逻辑,这可能会与业务逻辑代码不完全同步。幸运的是,这些问题有一个解决方案:事件溯源。

6.1.2　什么是事件溯源

事件溯源是一种以事件为中心的技术,用于实现业务逻辑和聚合的持久化。聚合作为一系列事件存储在数据库中。每个事件代表聚合的状态变化。聚合的业务逻辑围绕生成和使用这些事件的要求而构建。让我们看看它是如何工作的。

事件溯源通过事件来持久化聚合

之前在 6.1.1 节中,我们讨论了传统持久化技术如何把聚合映射到数据库表,将聚合的字段映射到数据库表的列,将聚合的实例映射到数据库表的行。事件溯源采用基于领域事件的概念来实现聚合的持久化,这是一种非同寻常的方法。它将每个聚合持久化为数据库中的一系列事件,我们称之为事件存储。

以 Order 聚合为例。如图 6-2 所示,事件溯源不是将每个 Order 作为一行存储在 ORDER 表中,而是将每个 Order 聚合持久化为 EVENTS 表中的一行或多行。每行都是跟 Order 聚合有关的一个领域事件,例如 Order Created、Order Approved、Order Shipped,等等。

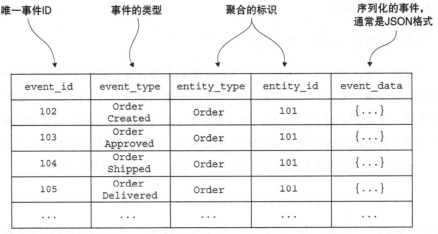

图 6-2 事件溯源将每个聚合作为一系列事件来持久化保存。例如，基于关系型数据库的应用程序可以将这些事件存储在 EVENTS 表中

当应用程序创建或更新聚合时，它会将聚合发出的事件插入到 EVENTS 表中。应用程序通过从事件存储中检索并重放事件来加载聚合。具体来说，加载聚合包含以下三个步骤：

1. 加载聚合的事件。

2. 使用其默认构造函数创建聚合实例。

3. 调用 apply() 方法遍历事件。

例如，后面在 6.2.2 节中介绍的 Eventuate Client 框架使用类似于以下的代码来重建聚合：

```
Class aggregateClass = ...;
Aggregate aggregate = aggregateClass.newInstance();
for (Event event : events) {
  aggregate = aggregate.applyEvent(event);
}
// use aggregate...
```

它创建了一个类的实例，遍历事件并调用聚合的 applyEvent() 方法。如果你熟悉函数式编程，则可以将其视为折叠（fold）或归约（reduce）操作。

事件溯源通过加载事件和重放事件来重建聚合的内存状态，这对一些开发人员来说可能是新奇和陌生的做法。它与 JPA 或 Hibernate 等 ORM 框架加载实体的方式并不完全不同。ORM 框架通过执行一个或多个 SELECT 语句检索当前对象的持久化状态，并使用其默认构造函数实例化对象，从而实现加载对象。它使用反射机制来初始化这些对象。事件溯源的不同之处在于使用事件完成实例内存状态的重建。

现在让我们看看事件溯源对领域事件提出的新需求。

事件代表状态的改变

在第 5 章中，我们将领域事件定义为一种机制，它用来通知订阅者聚合发生了改变。事件可以包含少量的数据，例如只包含聚合 ID，也可以包含对典型事件接收方有用的数据。例如，Order Service 可以在创建订单时发布 OrderCreated 事件。OrderCreated 事件可能只包含 orderId。或者，事件可能包含完整的订单，因此该事件的消费者不必从 Order Service 获取数据。是否发布事件以及这些事件包含的内容是由事件接收方的需求驱动的。但是，在事件溯源的情况下，聚合主要决定事件及其结构。

使用事件溯源时，事件不再是可有可无的。包括创建在内的每一个聚合状态变化，都由领域事件表示。每当聚合的状态发生变化时，它必须发出一个事件。例如，Order 聚合必须在创建时发出 OrderCreated 事件，并在更新时发出 Order* 事件。这是一个比以前更严格的要求，在此之前，聚合只需要发出那些外部接收方感兴趣的事件。

而且，事件中必须包含聚合执行状态变化所需的数据。聚合的状态由构成聚合对象的字段值组成。状态更改可能与更改对象字段的值一样简单，例如 Order.state。或者，状态更改可能涉及添加或删除聚合中的对象，例如修改 Order 的订单项。

假设，如图 6-3 所示，聚合的当前状态是 S，新状态是 S'。表示状态更改的事件 E 必须包含必要的数据，以便当 Order 处于状态 S 时，调用 order.apply(E) 可以将订单更新为状态 S'。在下一节中，你将看到 apply() 是用来执行事件所代表的状态更改的方法。

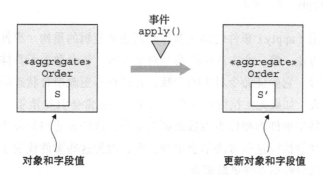

图 6-3　当 Order 处于状态 S 时，应用事件 E 必须能够将订单状态更改为 S'。事件必须包含执行状态更改所需的数据

某些事件，例如 Order Shipped 事件，包含很少的数据或几乎没有数据，只表示状态转换。apply() 方法通过将 Order 的状态字段更改为 SHIPPED 来处理 Order Shipped 事件。但是，其他事件包含大量数据。例如，OrderCreated 事件必须包含 apply() 方法初始化订单所需的所有数据，包括其订单项、付款信息、交付信息等。由于使用事件完成聚合的持久化，因此你不能够再发布只包含 orderId 的简化 OrderCreated 事件。

聚合方法都和事件相关

业务逻辑通过调用聚合根上的命令方法（command method）来处理对聚合的更新请求。在传统的应用程序中，命令方法通常会验证其参数，然后更新一个或多个聚合字段。基于事件溯源的应用程序中的命令方法则通过生成事件来起作用。如图 6-4 所示，调用聚合命令方法的结果是一系列事件，表示必须进行的状态更改。这些事件将保存在数据库中，并应用于聚合以更新其状态。

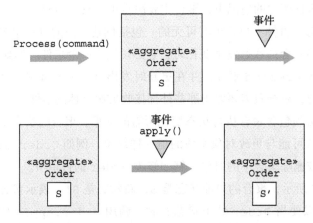

图 6-4　处理（process）一个命令会生成事件，但不会更改聚合的状态。聚合状态的更改通过应用（apply）事件完成

生成事件并应用（apply）事件的做法将导致对业务逻辑的重构。事件溯源将命令方法重构为两个或更多的方法。第一个方法接收命令对象参数，该参数表示具体的请求，并确定需要执行哪些状态更改。它验证命令对象的参数，并且在不更改聚合状态的情况下，返回表示状态更改的事件列表。如果无法执行该命令，则此方法通常会引发异常。

其他方法都将特定事件类型作为参数来更新聚合。这些方法与聚合产生的事件类型一一对应。重要的是要注意执行这些方法不会出现失败，因为这些事件代表了一个已经发生的状态变化。每个方法都会根据事件更新聚合。

Eventuate Client 框架是一个事件溯源框架，在 6.2.2 节中有更详细的描述，它将这些方法命名为 process() 和 apply()。process() 方法将包含更新请求的命令对象作为参数，并返回事件列表。apply() 方法将事件作为参数，并返回空（VOID）。聚合将定义这些方法的多个重载版本：每个命令类有一个 process() 方法，聚合发出的每个事件类型都有一个与之对应的 apply() 方法。图 6-5 显示了一个例子。

在这个例子中，reviseOrder() 方法被 process() 方法和 apply() 方法替代。process() 方法将 ReviseOrder 命令作为参数。针对 reviseOrder() 方法，我们使用了被称之为 "Introduce Parameter Object"（https://refactoring.com/catalog/introduceParameterObject.html）的

重构策略来定义此命令类。process() 方法要么返回 OrderRevisionProposed 事件，要
么抛出异常，比如当时间太晚已不能修改订单或建议的订单修订不满足订单最小值的时候。
OrderRevisionProposed 事件的 apply() 方法将 Order 的状态更改为 REVISION_
PENDING。

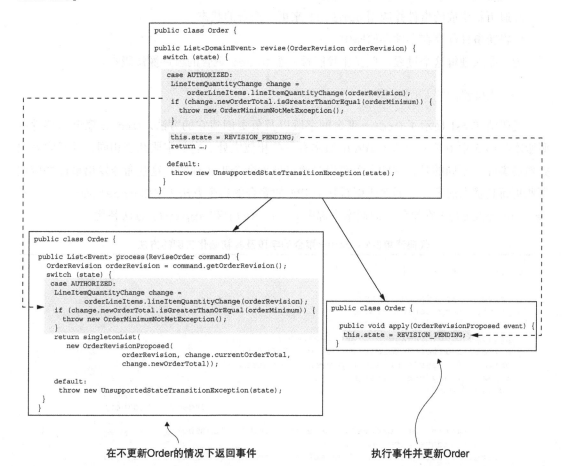

在不更新Order的情况下返回事件　　　　执行事件并更新Order

图 6-5　事件溯源把更新聚合的一个方法分解为多个方法：process() 方法接收命令并返回
　　　　事件列表；一个或多个 apply() 方法，它们接收事件作为输入，并更新聚合

创建聚合的步骤如下：

1. 使用聚合的默认构造函数实例化聚合根。

2. 调用 process() 以生成新事件。

3. 遍历新生成的事件并调用 apply() 来更新聚合的状态。

4. 将新事件保存在事件存储库中。

更新聚合的步骤如下：

1. 从事件存储库加载聚合事件。

2. 使用其默认构造函数实例化聚合根。

3. 遍历加载的事件，并在聚合根上调用 apply() 方法。

4. 调用其 process() 方法以生成新事件。

5. 遍历新生成的事件并调用 apply() 来更新聚合的状态。

6. 将新事件保存在事件存储库中。

为了深入理解这个过程，现在让我们看一看 Order 聚合的事件溯源版本。

基于事件溯源的 Order 聚合

代码清单 6-1 显示了 Order 聚合的字段以及负责创建它的方法。Order 聚合的事件溯源版本与第 5 章中显示的基于 JPA 的版本有一些相似之处。它的字段几乎相同，并且它发出类似的事件。不同的是，它的业务逻辑是通过处理命令来实现的，这些命令发出事件并应用那些更新其状态的事件。创建或更新基于 JPA 的聚合的每个方法（例如 createOrder() 和 reviseOrder()）在事件溯源版本中都由 process() 和 apply() 方法替代。

代码清单6-1　Order聚合的字段及其初始化实例的方法

```java
public class Order {

  private OrderState state;
  private Long consumerId;
  private Long restaurantId;
  private OrderLineItems orderLineItems;
  private DeliveryInformation deliveryInformation;
  private PaymentInformation paymentInformation;
  private Money orderMinimum;
  public Order() {                                    验证命令并返回
  }                                                 OrderCreatedEvent

  public List<Event> process(CreateOrderCommand command) {    ◄──
    ... validate command ...
    return events(new OrderCreatedEvent(command.getOrderDetails()));
  }

  public void apply(OrderCreatedEvent event) {              ◄──
    OrderDetails orderDetails = event.getOrderDetails();
    this.orderLineItems = new OrderLineItems(orderDetails.getLineItems());
    this.orderMinimum = orderDetails.getOrderMinimum();
    this.state = APPROVAL_PENDING;
  }                                           初始化 Order 的字段，执行
}                                             OrderCreatedEvent 事件
```

这个类的字段与基于 JPA 的 Order 的字段类似。唯一的区别是聚合的 id 不存储在聚合中。Order 类中的方法完全不同。createOrder() 工厂方法已被 process() 和 apply() 方法替换。process() 方法接受 CreateOrder 命令并发出 OrderCreated 事

件。apply()方法以 OrderCreated 事件为参数,并初始化 Order 的字段。

我们现在看看用于修改订单的稍微复杂的业务逻辑。以前,此业务逻辑由三个方法组成:reviseOrder()、confirmRevision() 和 rejectRevision()。事件溯源版本使用三个 process() 方法和一些 apply() 方法替换这三个方法。代码清单 6-2 显示了 reviseOrder() 和 confirmRevision() 的事件溯源版本。

代码清单6-2 修改Order聚合的process()和apply()方法

```
public class Order {

public List<Event> process(ReviseOrder command) {          验证修改后的
  OrderRevision orderRevision = command.getOrderRevision();  Order 仍旧满足
  switch (state) {                                           最小金额的要求
    case APPROVED:
      LineItemQuantityChange change =
            orderLineItems.lineItemQuantityChange(orderRevision);
      if (change.newOrderTotal.isGreaterThanOrEqual(orderMinimum)) {
        throw new OrderMinimumNotMetException();
      }
      return singletonList(new OrderRevisionProposed(orderRevision,
                          change.currentOrderTotal, change.newOrderTotal));

    default:
      throw new UnsupportedStateTransitionException(state);
  }
}

public void apply(OrderRevisionProposed event) {    把 Order 状态更改为
  this.state = REVISION_PENDING;                     REVISION_PENDING
}
public List<Event> process(ConfirmReviseOrder command) {    验证 Order 的修改
  OrderRevision orderRevision = command.getOrderRevision();   已经确认,然后返
  switch (state) {                                            回 OrderRevised
    case REVISION_PENDING:                                    事件
      LineItemQuantityChange licd =
            orderLineItems.lineItemQuantityChange(orderRevision);
      return singletonList(new OrderRevised(orderRevision,
            licd.currentOrderTotal, licd.newOrderTotal));
    default:
      throw new UnsupportedStateTransitionException(state);
  }
}


public void apply(OrderRevised event) {             修改
  OrderRevision orderRevision = event.getOrderRevision();  Order
  if (!orderRevision.getRevisedLineItemQuantities().isEmpty()) {
    orderLineItems.updateLineItems(orderRevision);
  }
  this.state = APPROVED;
}
```

如你所见，每个方法都已被 process() 方法和一个或多个 apply() 方法所取代。reviseOrder() 方法已被 process(ReviseOrder) 和 apply(OrderRevisionProposed) 取代。同样，confirmRevision() 已被 process(ConfirmReviseOrder) 和 apply(OrderRevised) 替换。

6.1.3　使用乐观锁处理并发更新

两个或多个请求同时更新同一聚合的情况并不少见。使用传统持久化技术的应用程序通常使用乐观锁来防止一个事务覆盖另一个事务的更改。乐观锁通常使用版本列来检测聚合自读取以来是否已更改。应用程序将聚合根映射到具有 VERSION 列的表，每当更新聚合时，该列都会递增。应用程序使用 UPDATE 语句更新聚合，如下所示：

```
UPDATE AGGREGATE_ROOT_TABLE
SET VERSION = VERSION + 1 ...
WHERE VERSION = <original version>
```

只有当前版本和应用程序读取聚合时的版本一致时，此 UPDATE 语句才会成功。如果两个事务读取相同的聚合，则第一个更新聚合的事务将成功。第二个将失败，因为版本号已更改，因此它不会意外覆盖第一个事务的更改。

事件存储库也可以使用乐观锁来处理并发更新。每个聚合实例都有一个与事件一起读取的版本号。当应用程序插入事件时，事件存储会验证版本是否未更改。一种简单的方法是使用事件数作为版本号。或者，正如你将在 6.2 节中看到的那样，事件存储库可以维护一个显式的版本号。

6.1.4　事件溯源和发布事件

严格来说，事件溯源将聚合作为事件进行持久化，并从这些事件中重建聚合的当前状态。你还可以将事件溯源作为可靠的事件发布机制。在事件存储库中保存事件本质上是一个原子化的操作。我们需要实现一种机制，将这些持久化保存的事件传递给所有感兴趣的消费者。

第 3 章描述了几种不同的机制，例如轮询和事务日志拖尾，这些机制可以把插入到数据库中的消息作为事务一部分的对外发布。基于事件溯源的应用程序可以使用这些机制之一发布事件。主要区别在于它将事件永久存储在 EVENTS 表中，而不是暂时将事件保存在 OUTBOX 表中，后者在事件发布后会将其删除。让我们来分析每一种方法，从轮询开始。

使用轮询发布事件

如果事件存储在图 6-6 所示的 EVENTS 表中，则事件发布方可以通过执行 SELECT 语句轮询 EVENTS 表，以查找新事件，并将事件发布到消息代理。这种做法的挑战在于如何确定哪些事件是新事件。例如，假设 eventIds 是单调递增的。表面上可行的方法是让事件发布方记录它已处理的最后一个 eventId。然后它将使用如下查询检索新事件：SELECT * FROM EVENTS where event_id>? ORDER BY event_id ASC。

这种方法的问题在于事务可以按照与生成事件不同的顺序提交。因此，事件发布方可能会意外跳过事件。图 6-6 显示了一个场景。

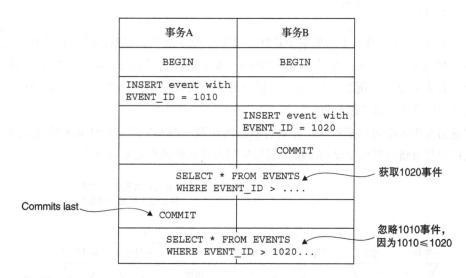

图 6-6　由于事务 A 在事务 B 之后提交而跳过事件的情况。轮询看到 eventId = 1020，然后跳过 eventId = 1010

在此方案中，事务 A 插入 EVENT_ID 为 1010 的事件。接下来，事务 B 插入 EVENT_ID 为 1020 的事件，并且提交（commit）事务。如果事件发布方现在要查询 EVENTS 表，它将看到已经提交的事件 1020。稍后，在事务 A 提交并且事件 1010 变得可见之后，事件发布者将忽略事件 1010。

此问题的一个解决方案是向 EVENTS 表添加一个额外的列，以跟踪事件是否已发布。然后，事件发布方将使用以下过程：

1. 通过执行此 SELECT 语句查找未发布的事件：SELECT * FROM EVENTS WHERE PUBLISHED = 0 ORDER BY event_id ASC。

2. 将事件发布到消息代理。

3. 将事件标记为已发布：UPDATE EVENTS SET PUBLISHED = 1 WHERE EVENT_ID in。

此方法可防止事件发布方跳过事件。

使用事务日志拖尾技术来可靠地发布事件

许多成熟和复杂的事件存储库会使用事务日志拖尾技术发布事件。正如第 3 章所述,它保证事件会被发布,并且具备高性能和可扩展性。例如,开源事件存储库 Eventuate Local 使用的就是这种方法。它从数据库事务日志中读取插入 EVENTS 表的事件,并将它们发布到消息代理。6.2 节会更详细地讨论 Eventuate Local 是如何工作的。

6.1.5　使用快照提升性能

在一个 Order 聚合的生命周期中往往不会发生很多次状态转换,因此它只有少量事件。查询事件存储库,找到这些事件并重新构建 Order 聚合是可行的。但是,长生命周期的聚合可能会有大量事件。例如,Account 聚合可能包含大量事件。随着时间的推移,加载和重放这些事件会变得越来越低效。

常见的解决方案是定期持久保存聚合状态的快照。图 6-7 显示了使用快照的示例。应用程序通过加载最新快照以及仅加载快照后发生的事件来快速恢复聚合状态。

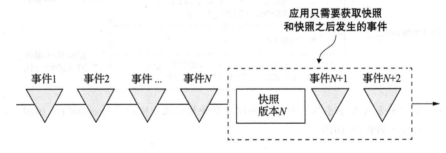

图 6-7　使用快照可以避免加载聚合的所有事件,从而提高性能。应用程序只需要加载快照以及之后发生的事件

在此示例中,快照版本为 N。应用程序仅需要加载快照及其后面的两个事件,以便恢复聚合的状态。不再需要从事件存储库中加载之前的 N 个事件。

从快照恢复聚合状态时,应用程序首先从快照创建聚合实例,然后遍历快照之后的事件并应用它们。例如,6.2.2 节中描述的 Eventuate Client 框架使用类似于以下内容的代码来重构聚合:

```
Class aggregateClass = ...;
Snapshot snapshot = ...;
Aggregate aggregate = recreateFromSnapshot(aggregateClass, snapshot);
for (Event event : events) {
```

```
        aggregate = aggregate.applyEvent(event);
}
// use aggregate...
```

使用快照时，将从快照创建聚合实例，而不是使用其默认构造函数创建聚合实例。如果聚合具有简单、易于串行化的结构，则快照可以使用 JSON 序列化。复杂结构的聚合可以使用 Memento 模式进行快照（https://en.wikipedia.org/wiki/Memento_pattern）。

Customer 聚合具有非常简单的结构：客户信息、信用额度和信用保留。Customer 的快照是其状态的 JSON 序列化。图 6-8 显示了如何从事件 #103 的客户状态对应的快照中重新创建 Customer。Customer Service 需要加载快照以及事件 #103 之后发生的事件。

EVENTS						SNAPSHOTS			
event_id	event_type	entity_type	entity_id	event_data		event_id	entity_type	event_id	snapshot_data
...	...	...	...	...		...	...	...	...
103	...	Customer	101	{...}	←	103	Customer	101	{name: "...", ...}
104	Credit Reserved	Customer	101	{...}		...	...	...	...
105	Address Changed	Customer	101	{...}		...	...	...	...
106	Credit Reserved	Customer	101	{...}					

图 6-8　Customer Service 通过反序列化快照的 JSON，然后加载和应用事件 #104 到 #106 来重新创建 Customer 对象的当前状态

Customer Service 通过反序列化快照的 JSON，然后加载和应用事件 #104 到 #106 来重新创建 Customer。

6.1.6　幂等方式的消息处理

服务通常会消费来自其他应用程序或其他服务的消息。例如，服务可能会消费聚合发布的领域事件，或 Saga 编排器发送的命令式消息。如第 3 章所述，开发消息接收方需要注意的重要问题是确保它是幂等的，因为消息代理可能会多次传递相同的消息。

如果可以使用相同的消息多次安全地调用消息接收方，则消息接收方是幂等的。例如，Eventuate Tram 框架通过检测和丢弃重复消息来实现幂等的消息处理。它将已处理消息的 id 记录在 PROCESSED_MESSAGES 表中，作为业务逻辑用于创建或更新聚合的本地 ACID 事务的一部分。如果消息的 ID 在 PROCESSED_MESSAGES 表中，则它是重复的并可以被丢弃。基于事件溯源的业务逻辑必须实现类似的机制。具体的实现方式取决于事件存储库是关系型数据库还是 NoSQL 数据库。

基于关系型数据库事件存储库的幂等消息处理

如果应用程序使用基于关系型数据库的事件存储库，则它可以使用相同的方法来检测和丢弃重复消息。它将消息 ID 插入 PROCESSED_MESSAGES 表，作为插入 EVENTS 表的事件的事务的一部分。

基于非关系型数据库事件存储库的幂等消息处理

基于 NoSQL 的事件存储库的事务模式往往功能有限，必须使用不同的机制来实现幂等消息处理。消息接收方必须以某种原子化的方式同时完成事件持久化和记录消息 ID。幸运的是，有一个简单的解决方案。消息消费者把消息的 ID 存储在处理它时生成的事件中。它通过验证聚合的所有事件中是否包含该消息 ID 来做重复检测。

使用此方法的挑战是处理一些消息时可能不会生成任何事件。缺少事件意味着没有处理过消息的记录。随后重新传递和重新处理相同的消息可能会导致错误的行为。例如，请考虑以下情形：

1. 处理消息 A 但不更新聚合。

2. 处理消息 B，消息接收方更新聚合。

3. 消息 A 被重新传递，并且没有记录表明该消息已经被处理过，消息的接收方将更新聚合。

4. 再次处理消息 B……

在这种情况下，事件的重新传递会导致不同，且可能是错误的结果。

避免此问题的一种方法是始终发布事件。如果聚合不发出事件，则应用程序仅保存记录消息 ID 的伪事件。事件接收方必须忽略这些伪事件。

6.1.7 领域事件的演化

事件溯源在概念上将会永久存储事件，而这是一把双刃剑。一方面，它能为应用程序提供准确的更改信息的审计日志。它还使应用程序能够重建聚合的历史状态。另一方面，它也会带来一个挑战，因为事件的结构经常随着时间的推移而变化。

应用程序可能需要处理多个事件版本。例如，加载 Order 聚合的服务可能需要处理多个版本的事件。同样，事件订阅者可能会看到多个版本。

让我们首先看看事件可以演化的不同方式，然后介绍一种常用的处理事件演化的方法。

事件结构的演化

从概念上讲，事件溯源应用程序的结构（Schema）分为三个层次：

- 由一个或多个聚合组成。
- 定义每个聚合发出的事件。
- 定义事件的结构。

表 6-1 显示了每个级别可能发生的不同类型的更改。

表 6-1　应用程序事件演化的几种可能方式

级别	更改	向后兼容性
聚合的结构	定义一个新的聚合类型	是
移除聚合	移除一个已存在的聚合	否
重命名聚合	更改一个聚合类型的名字	否
聚合	添加新的事件类型	是
移除事件	移除一个事件类型	否
重命名事件	更改一个事件类型的名称	否
事件	添加一个新的字段	是
删除字段	删除一个字段	否
重命名字段	更改字段的名称	否
更改字段的数据类型	更改字段的数据类型	否

　　服务的领域模型随着时间的推移而发展，这些变化会自然发生。例如，当服务的需求发生变化时，或者当开发人员更深入地了解领域并改进领域模型时。在结构级别，开发人员可能会添加、删除和重命名聚合类。在聚合级别，特定聚合发出的事件类型可能会发生变化。开发人员可以通过添加、删除和更改字段的名称或类型，来更改事件类型的结构。

　　幸运的是，许多这些类型的更改都是向后兼容的。例如，向事件添加字段不太可能影响接收方。因为接收方会忽略那些未知的字段。但是，其他更改不向后兼容。例如，更改事件名称或字段名称，都需要更改该事件类型的消费者。

通过向上转换（Upcasting）来管理结构的变化

　　在 SQL 数据库的世界中，通常使用模式（结构）迁移来处理对数据库结构的更改。每个结构更改都由迁移表示，这是一个更改结构并将数据迁移到新模式的 SQL 脚本。结构迁移脚本存储在版本控制系统中，并使用 Flyway $^{\ominus}$ 等工具应用于数据库。

　　事件溯源应用程序可以使用类似的方法来处理非向后兼容的更改。但是，事件溯源框架不是将事件迁移到新的版本，而是在从事件存储库加载事件时执行转换。通常用称为"向上

　　$\ominus$　https://flywaydb.org/。——译者注

转换"（upcaster）的组件将各个事件从旧版本更新为更新的版本。因此，应用程序代码只需处理当前事件结构。

现在我们已经了解了事件溯源的工作原理，再来看看它的好处和弊端。

6.1.8 事件溯源的好处

事件溯源技术有利有弊，它的好处包括：

- 可靠地发布领域事件。
- 保留聚合的历史。
- 最大限度地避免对象与关系的"阻抗失调"问题。
- 为开发者提供一个"时光机"。

让我们来逐一分析这些好处。

可靠地发布领域事件

事件溯源的一个主要好处是，只要聚合状态发生变化，它就可以可靠地发布事件。它为事件驱动的微服务架构提供了一个可靠的基础。此外，由于每个事件都可以存储进行更改操作的用户身份，因此事件溯源提供了准确的审计日志。事件流可用于各种其他目的，包括通知用户、应用程序集成、分析和监控。

保留聚合的历史

事件溯源的另一个好处是它存储了每个聚合的完整历史记录。你可以轻松实现检索聚合过去状态的查询。想要确定给定时间点的聚合状态，只需重放直到该时间点为止发生的所有事件。例如可以很容易地计算客户在过去某个时刻的可用信用额度。

最大程序地避免对象与关系的"阻抗失调"问题

事件溯源持久化聚合发出的事件，而不是聚合本身。事件通常具有简单和易于序列化的结构。如前所述，服务可以通过序列化复杂聚合的状态对它进行快照，这会在聚合及其序列化表示之间增加一个间接层次。

为开发者提供一个"时光机"

事件溯源存储了应用程序生命周期中发生的所有事件的历史记录。想象一下，FTGO 开发人员需要对将商品添加到购物车后又将其删除的客户进行一些新的促销行为。传统应用程序不会保留此信息，因此只能在实现该功能后，向进行添加和删除项目的客户发起促销。相比之下，基于事件溯源的应用程序可以立即向过去已经进行过此操作的客户发起促销。这就好像事件溯源为开发人员提供了一个时光机，可以用来"回到过去"，并轻易实现预期之外的需求。

6.1.9　事件溯源的弊端

事件溯源也并不是包治百病的灵丹妙药，它有如下弊端：

- 这类编程模式有一定的学习曲线。
- 基于消息传递的应用程序的复杂性。
- 处理事件的演化有一定难度。
- 删除数据存在一定难度。
- 查询事件存储库非常有挑战性。

让我们来逐一分析各个弊端。

这类编程模式有一定的学习曲线

这是一个完全不同的、陌生的编程模型，这意味着一定程度的学习曲线。为了使现有应用程序使用事件溯源，你必须重写其业务逻辑。幸运的是，当你将应用程序迁移到微服务时，这样的转换并不算太麻烦。

基于消息传递的应用程序的复杂性

事件溯源的另一个缺点是消息代理确保至少一次成功投递。这意味着非幂等的事件处理程序必须检测并丢弃重复事件。事件溯源框架可以通过为每个事件分配单调递增的 ID 来解决此问题。事件处理程序可以通过跟踪最大可见事件 ID 来检测重复事件。当事件处理程序更新聚合时，这甚至可以自动完成。

处理事件的演化有一定难度

在事件溯源中，事件和快照的结构将随着时间的推移而发生变化。由于事件是永久存储的，因此聚合可能需要处理与多个结构版本相对应的事件。使用代码处理所有不同的版本事件时，聚合会变得很臃肿。如 6.1.7 节所述，此问题的一个很好的解决方案是在从事件存储库加载事件时，将事件升级到最新版本。此方法将事件版本处理与聚合的代码分开，这简化了聚合，因为它们只需要应用最新版本的事件。

删除数据存在一定难度

因为事件溯源的目标之一是保留聚合的历史，所以它的目的就是永久地存储数据。使用事件溯源时删除数据的传统方法是进行软删除。应用程序通过设置已删除标志来删除聚合。聚合通常会发出 Deleted 事件通知任何感兴趣的接收方。访问该聚合的任何代码都可以检查该标志并相应地执行操作。

使用软删除适用于多种数据。然而，一个新的挑战是遵守通用数据保护法规（GDPR），这是一项欧洲的数据保护和隐私法规，它授予了个人用户对数据的擦除权（https://gdpr-info.eu/art-17-gdpr/）。应用程序必须能够彻底删除用户的个人信息，例如他们的电子邮件地址。基于事件溯源的应用程序遇到的问题是电子邮件地址可能存储在 AccountCreated 事件中，也可能被用作聚合的主键。应用程序必须在不删除事件的情况下清除特定的用户信息。

加密是可用于解决此问题的一种机制。每个用户都有一个加密密钥，该密钥存储在单独的数据库表库中。应用程序使用该加密密钥加密包含用户个人信息的任何事件，然后将其存储在事件存储库中。当用户请求删除时，应用程序将从数据库表中删除加密密钥记录。用户的个人信息被有效删除，因为事件无法再被解密。

加密事件解决了大多数删除用户个人信息的问题。但是，如果用户个人信息的某些方面（例如电子邮件地址）被用作聚合 ID，则丢弃加密密钥可能还不够。例如，6.2 节将描述一个事件存储库，它具有一个 entities 表，其主键是聚合 ID。该问题的一个解决方案是使用称之为假名（Pseudonymization）的技术，用 UUID 令牌替换电子邮件地址并将其用作聚合 ID。应用程序将 UUID 令牌和电子邮件地址之间的关联存储在数据库表中。当用户请求删除时，应用程序将从该表中删除其电子邮件地址的行。这可以防止应用程序将 UUID 映射回电子邮件地址。

查询事件存储库非常有挑战性

想象一下，你需要找到已经耗尽信用额度的客户。因为事件存储库的数据表中没有包含信用（CREDIT_LIMIT）的列，所以不能编写 SELECT * FROM CUSTOMER WHERE CREDIT_LIMIT=0。相反，你必须使用包含嵌套 SELECT 的更复杂且可能低效的查询来计算信用限额，通过设置初始信用并重放事件进行调整来得到。更糟糕的是，基于 NoSQL 的事件存储库通常只支持基于主键的查找。因此，你必须使用第 7 章中描述的 CQRS 方法实现查询。

6.2　实现事件存储库

使用事件溯源的应用程序将事件存储在事件存储库中。事件存储库是数据库和消息代理功能的组合。它表现为数据库，因为它具有用于通过主键插入和检索聚合事件的 API。它表现为消息代理，因为它有一个用于订阅事件的 API。

有几种不同的方法来实现事件存储库。一种选择是实现自己的事件存储库和事件溯源代码框架。例如，你可以在关系型数据库中执行事件。可以让订阅者轮询 EVENT 表的方式发布事件，这种发布事件的方法简单但性能低下。但是，如 6.1.4 节所述，一个挑战是确保订阅者按顺序处理所有事件。

另一种选择是使用专用事件存储库，它通常提供丰富的功能集、更好的性能和可扩展性。有以下几种可供选择：

- Event Store：由事件溯源技术的先驱 Greg Young 开发的基于 .NET 的开源事件存储库（https://eventstore.org）。
- Lagom：由 Lightbend 开发的微服务框架，该公司之前的名字是 Typesafe（www.lightbend.com/lagom-framework）。
- Axon：一个开源 Java 框架，用于开发使用事件溯源和 CQRS 的事件驱动应用程序（www.axonframework.org）。
- Eventuate：由我的创业公司 Eventuate 开发（www.eventuate.io）。Eventuate 有两个版本：Eventuate SaaS，它是一个云服务，以及一个基于 Apache Kafka 和关系型数据库的开源项目 Eventuate Local。

虽然这些框架在细节上有所不同，但核心概念仍然相同。因为 Eventuate 是我最熟悉的框架，举贤不避亲，我就在本书选择 Eventuate 进行介绍。它具有简单易懂的架构，可以说明事件溯源概念。你可以在应用程序中使用它，自己重新实现这些概念，或者应用你在此处学到的知识，并使用其他事件溯源代码框架来构建应用程序。

在以下内容中，我将首先分析 Eventuate Local 事件存储库的工作原理。接着我会介绍适用于 Java 的 Eventuate Client 框架，这是一个易于使用的编程框架，用于编写使用 Eventuate Local 作为事件存储库的基于事件溯源的业务逻辑。

6.2.1　Eventuate Local 事件存储库的工作原理

Eventuate Local 是一个开源事件存储库。图 6-9 显示了它的架构。事件存储在数据库中，例如 MySQL。应用程序按主键插入和检索聚合事件。应用程序接收来自消息代理（例如 Apache Kafka）的事件。事务日志拖尾机制将事件从数据库发送到消息代理。

让我们从数据库的结构开始，查看不同的 Eventuate Local 组件。

Eventuate Local 的事件数据库的结构

事件数据库由三个表组成：

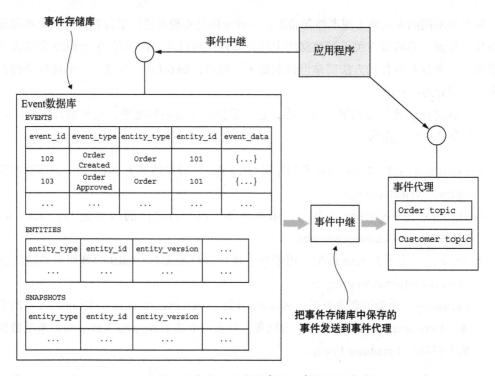

图 6-9   Eventuate Local 的架构。它包含一个存储事件的事件数据库（如 MySQL）、一个向订
       阅者传递事件的事件代理（如 Apache Kafka），以及一个将事件数据库中存储的事件
       发布到事件代理的事件中继

- ■ events：存储事件。
- ■ entities：每个实体一行。
- ■ snapshots：存储快照。

　　数据库结构中最核心的表是 events 表。该表的结构与图 6-2 所示的表非常相似。以下
是它的定义：

```
create table events (
  event_id varchar(1000) PRIMARY KEY,
  event_type varchar(1000),
  event_data varchar(1000) NOT NULL,
  entity_type VARCHAR(1000) NOT NULL,
  entity_id VARCHAR(1000) NOT NULL,
  triggering_event VARCHAR(1000)
);
```

　　triggering_event 列用于检测重复的事件或消息。它存储处理生成此事件的消息或
事件的 ID。

entities 表存储每个实体的当前版本。它用于实现乐观锁。以下是这个表的定义：

```
create table entities (
  entity_type VARCHAR(1000),
  entity_id VARCHAR(1000),
  entity_version VARCHAR(1000) NOT NULL,
  PRIMARY KEY(entity_type, entity_id)
);
```

创建实体时，会在该表中插入一行。每次更新实体时，都会更新 entity_version 列。
snapshots 表存储每个实体的快照。以下是这个表的定义：

```
create table snapshots (
  entity_type VARCHAR(1000),
  entity_id VARCHAR(1000),
  entity_version VARCHAR(1000),
  snapshot_type VARCHAR(1000) NOT NULL,
  snapshot_json VARCHAR(1000) NOT NULL,
  triggering_events VARCHAR(1000),
  PRIMARY KEY(entity_type, entity_id, entity_version)
)
```

entity_type 和 entity_id 列指定快照的实体。snapshot_json 列是快照的序列化表示，snapshot_type 是其类型。entity_version 指定此快照对应实体的版本。

此结构支持的三个操作是 find()、create() 和 update()。find() 操作查询 snapshots 表以检索最新的快照（如果有）。如果存在快照，则 find() 操作将查询事件表以查找 event_id 大于快照的 entity_version 的所有事件。否则，find() 将检索指定实体的所有事件。find() 操作还查询 entities 表以检索实体的当前版本。

create() 操作将一行插入 entities 表，并将事件插入 events 表中。update() 操作将事件插入到 events 表中。它还负责实现乐观锁，具体的做法是使用 UPDATE 语句在 entities 表更新实体的版本号：

```
UPDATE entities SET entity_version = ?
WHERE entity_type = ? and entity_id = ? and entity_version = ?
```

此语句验证由之前 find() 操作检索的版本是否未更改。它还将 entity_version 更新为新版本。update() 操作在事务中执行这些更新以确保原子性。

现在我们已经了解了 Eventuate Local 如何存储聚合事件和快照，让我们看看客户端如何使用 Eventuate Local 的事件代理订阅事件。

通过订阅 Eventuate Local 的事件代理接收事件

服务通过订阅事件代理来使用事件，事件代理是使用 Apache Kafka 实现的。事件代理具有每个聚合类型的主题。如第 3 章所述，主题是分区的消息通道。这使接收方能够在保持消息排序的同时进行水平扩展。聚合 ID 被用作分区键，保留给定聚合发布的事件的顺序。要接收来自聚合的事件，服务需要订阅聚合的主题。

现在让我们看一看事件中继，这是事件数据库和事件代理之间的桥梁。

Eventuate Local 的事件中继把事件从数据库传播到消息代理

事件中继将插入事件数据库的事件传播到事件代理。它尽可能使用事务日志拖尾，或轮询其他数据库。例如，MySQL 版本的事件中继使用 MySQL 主 / 从复制协议。事件中继连接到 MySQL 服务器，就好像它是一个从服务器，通过读取 MySQL binlog 对数据库进行同步更新。对 EVENTS 表的插入操作，将作为对应事件发布到相应的 Apache Kafka 主题。事件中继忽略任何其他类型的更改。

事件中继部署为独立进程。为了正确地重新启动，它会定期将当前在 binlog 的位置（文件名和偏移量）保存到一个特殊的 Apache Kafka 主题中。在启动时，它首先从主题中检索最后记录的位置。事件中继然后开始从该位置读取 MySQL 的 binlog。

事件数据库、消息代理和事件中继这三个部分构成了事件存储库。现在让我们看一下Java 应用程序用来访问事件存储库的框架。

6.2.2　Eventuate 的 Java 客户端框架

Eventuate Client 框架使开发人员能够使用 Eventuate Local 事件存储库编写基于事件溯源的应用程序。该框架如图 6-10 所示，它为开发基于事件溯源的聚合、服务和事件处理程序提供了框架基础。

该框架为聚合、命令和事件提供基类。还有一个提供 CRUD 功能的 AggregateRepository 类。框架也提供了用于订阅事件的 API。

让我们简要地看一看图 6-10 中所示的每种类型。

通过 ReflectiveMutableCommandProcessingAggregate 类定义聚合

ReflectiveMutableCommandProcessingAggregate 是聚合的基类。它是一个泛型类，有两个类型参数：第一个是具体的聚合类，第二个是聚合命令类的超类。正如它那个冗长的名称所表示的，它使用反射将命令和事件分派给适当的方法。命令将被分派给 process() 方法，事件将被分派给 apply() 方法。

你之前看到的 Order 类扩展了 ReflectiveMutableCommandProcessingAggregate。代码清单 6-3 显示了 Order 类。

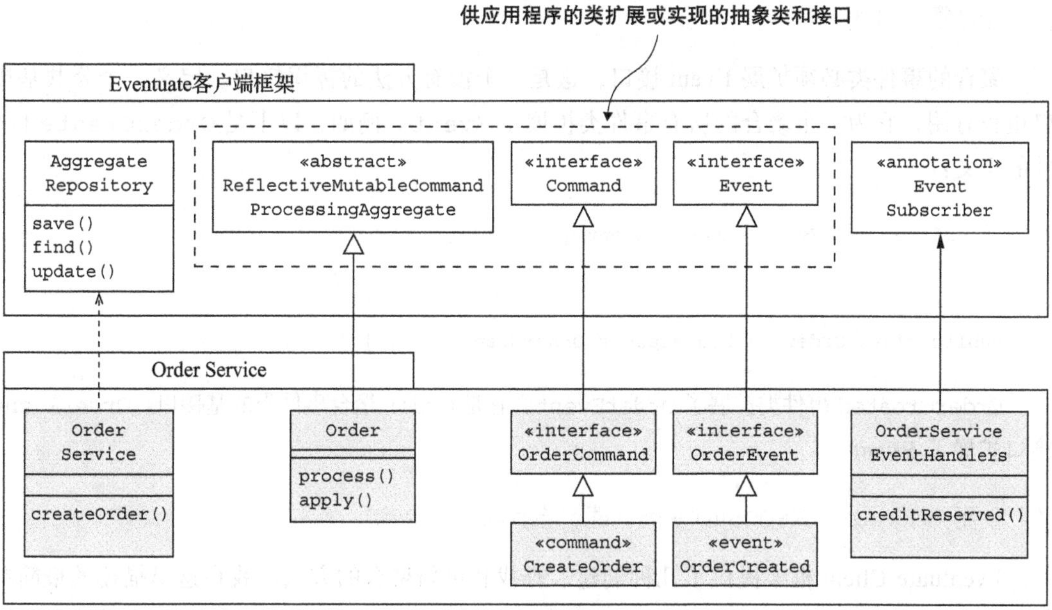

供应用程序的类扩展或实现的抽象类和接口

图 6-10　针对 Java 语言的 Eventuate Client 框架提供的主要类和接口

代码清单6-3　Order类的Eventuate版本

```
public class Order extends ReflectiveMutableCommandProcessingAggregate<Order,
    OrderCommand> {

  public List<Event> process(CreateOrderCommand command) { ... }

  public void apply(OrderCreatedEvent event) { ... }
  ...
}
```

传递给 ReflectiveMutableCommandProcessingAggregate 的两个类型参数是 Order 和 OrderCommand，它是 Order 命令的基接口。

定义聚合的命令

聚合的命令类必须扩展特定于聚合的基接口，该接口本身必须扩展 Command 接口。例如，Order 聚合的命令扩展了 OrderCommand：

```
public interface OrderCommand extends Command {
}

public class CreateOrderCommand implements OrderCommand { ... }
```

OrderCommand 接口扩展了 Command，CreateOrderCommand 命令类扩展了 Order-Command。

定义领域事件

聚合的事件类必须扩展 Event 接口，这是一个没有方法的标识接口。定义一个公共基接口也很有用，它为一个聚合的所有事件类扩展了 Event。例如，以下是 OrderCreated 事件的定义：

```
interface OrderEvent extends Event {

}

public class OrderCreated extends OrderEvent { ... }
```

OrderCreated 事件类扩展了 OrderEvent，它是 Order 聚合事件类的基接口。OrderEvent 接口扩展了 Event。

使用 AggregateRepository 类创建、查找和更新聚合

Eventuate Client 框架提供了几种创建、查找和更新聚合的方法。我在这里描述的最简单的方法是使用 AggregateRepository。AggregateRepository 是一个泛型类，它接收的参数是聚合类和聚合的基命令类。它提供了三种重载方法：

- save()：创建聚合。
- find()：查找聚合。
- update()：更新聚合。

save() 和 update() 方法特别方便，因为它们封装了创建和更新聚合所需的样板代码。例如，save() 将命令对象作为参数并执行以下步骤：

1. 使用其默认构造函数实例化聚合。
2. 调用 process() 处理命令并生成新事件。
3. 调用 apply() 应用生成的事件
4. 将生成的事件保存在事件存储库中。

update() 方法与此类似。它有两个参数，即聚合 ID 和命令，并执行以下步骤：

1. 从事件存储库中检索聚合。
2. 调用 process() 处理命令。
3. 调用 apply() 应用生成的事件。
4. 将生成的事件保存在事件存储库中。

AggregateRepository 类主要由服务使用，在服务响应外部请求时创建和更新聚合。例如，代码清单 6-4 显示了 OrderService 如何使用 AggregateRepository 创建 Order。

代码清单6-4 **OrderService使用AggregateRepository**

```java
public class OrderService {
  private AggregateRepository<Order, OrderCommand> orderRepository;

  public OrderService(AggregateRepository<Order, OrderCommand> orderRepository)
  {
    this.orderRepository = orderRepository;
  }

  public EntityWithIdAndVersion<Order> createOrder(OrderDetails orderDetails) {
    return orderRepository.save(new CreateOrder(orderDetails));
  }
}
```

OrderService 注入了一个 Order 的 AggregateRepository。它的 create() 方法使用 CreateOrder 命令调用 AggregateRepository.save()。

订阅领域事件

Eventuate Client 框架还提供了用于编写事件处理程序的 API。代码清单 6-5 显示了 CreditReserved 事件的事件处理程序。@EventSubscriber 注解指定持久化订阅方的 ID。订阅方未运行时发布的事件，将在订阅方启动时传递。@EventHandlerMethod 注解将 creditReserved() 方法标识为事件处理程序。

代码清单6-5 **OrderCreatedEvent的事件处理程序**

```java
@EventSubscriber(id="orderServiceEventHandlers")
public class OrderServiceEventHandlers {

  @EventHandlerMethod
  public void creditReserved(EventHandlerContext<CreditReserved> ctx) {
    CreditReserved event = ctx.getEvent();
    ...
  }
```

事件处理程序具有一个 EventHandlerContext 类型的参数，该参数包含事件及其元数据。

现在我们已经了解了如何使用 Eventuate Client 框架编写基于事件溯源的业务逻辑，让我们看看如何在基于事件溯源的业务逻辑中使用 Saga 技术。

6.3 同时使用 Saga 和事件溯源

想象一下，你已经使用事件溯源实现了一项或多项服务。你编写的服务可能类似于代码清单 6-4 中所展示的服务。但是如果你已经阅读过第 4 章，那么你就知道服务通常需要启动和参与 Saga，一组用以维护服务之间数据一致性的本地事务序列。例如，Order Service 使用 Saga 来验证 Order 单。Kitchen Service、Consumer Service 和 Accounting Service 参与该 Saga。因此，你必须在基于事件溯源的业务逻辑中同时使用 Saga。

事件溯源可以轻松使用基于协调式的 Saga 。参与方交换其聚合发出的领域事件。每个参与方的聚合都可以处理命令和发出新事件。你需要编写聚合和事件处理程序类，这些事件处理程序负责更新聚合。

但是，将基于事件溯源的业务逻辑与基于编排的 Saga 相结合更具挑战性。因为事件存储库的事务处理能力可能非常有限。使用某些事件存储库时，应用程序只能创建或更新单个聚合并发布生成的事件。但是，Saga 的每一步都包含几个必须以原子化方式执行的动作：

- Saga 创建：启动 Saga 的服务必须以原子方式创建或更新聚合，并同时创建 Saga 编排器。例如，Order Service 的 createOrder() 方法必须同时创建 Order 聚合和 CreateOrderSaga。
- Saga 编排器：一个 Saga 编排器必须以原子方式消费回复（消息），更新其状态并发送命令式消息。
- Saga 参与方：Saga 的参与方服务，例如 Kitchen Service 和 Order Service，必须自动接收消息、检测和丢弃重复消息、创建或更新聚合，以及发送回复消息。

由于这些需求与事件存储库的事务功能之间可能存在不匹配，因此集成基于编排的 Saga 和事件溯源可能会产生一些有趣的挑战。

集成事件溯源和基于编排的 Saga 的难易程度，关键取决于事件存储库是使用关系型数据库还是 NoSQL 数据库。第 4 章中描述的 Eventuate Tram Saga 框架和第 3 章中描述的底层 Tram 消息传递框架依赖于关系型数据库提供的强大的 ACID 事务能力。Saga 编排器和 Saga 参与方使用 ACID 事务以原子方式更新其数据库并交换消息。如果应用程序使用基于关系型数据库的事件存储库，例如 Eventuate Local，那么它可以"欺骗"并调用 Eventuate Tram Saga 框架并在 ACID 事务中更新事件存储。但是，如果事件存储库使用 NoSQL 数据库，它不能参与和 Eventuate Tram Saga 框架相同的事务，则必须采用不同的方法。

让我们仔细看看需要解决的一些不同场景和问题：

- 实现协同式 Saga。
- 使用编排式 Saga。
- 实现基于事件溯源的 Saga 参与方。
- 实现使用事件溯源的 Saga 编排器。

我们首先介绍如何使用事件溯源实现协同式 Saga。

6.3.1　使用事件溯源实现协同式 Saga

事件溯源的事件驱动属性使得实现基于协同式的 Saga 非常简单。当聚合被更新时，它会发出一个事件。不同聚合的事件处理程序可以接收该事件，并更新该聚合。事件溯源框架自动使每个事件处理程序具有幂等性。

例如，第 4 章讨论了如何使用协同来实现 `Create Order Saga`。`ConsumerService`、`KitchenService` 和 `AccountingService` 订阅了 `OrderService` 的事件，反之亦然。每个服务都有一个类似于代码清单 6-5 中所示的事件处理程序。事件处理程序更新相应的聚合，并发出另外一个事件。

把事件溯源和协同式 Saga 相结合会产生很好的协同作用。事件溯源代码提供了 Saga 所需的机制，包括基于消息传递的进程间通信、消息去重，以及原子化状态更新和消息发送。尽管简单，协同式 Saga 也有一些弊端。我在第 4 章讨论了其中的一部分，但有一个弊端是特定于事件溯源的。

使用事件进行 Saga 协同的问题在于，在这样的场景下，事件体现出了双重目的。事件溯源使用事件来表示状态更改，但是使用事件实现 Saga 协同，需要聚合即使没有状态更改也必须发出事件。例如，如果更新聚合会违反业务规则，则聚合必须发出事件以报告错误。更糟糕的问题是当 Saga 参与方无法创建聚合时。没有会发布错误事件的聚合。

由于存在这些问题，最好使用编排式来实现复杂的 Saga。以下部分介绍了如何集成基于编排的 Saga 和事件溯源。正如你将看到的，它可以解决一些有趣的问题。

让我们首先看看 `OrderService.createOrder()` 这样的服务方法如何创建 Saga 编排器。

6.3.2　创建编排式 Saga

Saga 编排器由服务的方法创建。服务的方法，例如 `OrderService.createOrder()`，会执行两项操作：创建或更新聚合，并创建 Saga 编排器。该服务必须保证方法的第一个和第二个操作会在同一个事务的范围内完成，也就是说，如果第一个操作执行成功了，必须确保第二个操作也要执行成功。服务如何确保这一点，取决于它使用的事件存储库的类型。

当关系型数据库作为事件存储库时，应该如何创建 Saga 编排器

如果服务使用基于关系型数据库的事件存储库，它可以在同一个 ACID 事务中更新事件存储库并创建 Saga 编排器。例如，假设 `OrderService` 使用 Eventuate Local 和 Eventuate Tram Saga 框架。它的 `createOrder()` 方法如下所示：

```
class OrderService

  @Autowired
  private SagaManager<CreateOrderSagaState> createOrderSagaManager;

  @Transactional
   public EntityWithIdAndVersion<Order> createOrder(OrderDetails orderDetails) {
   EntityWithIdAndVersion<Order> order =
       orderRepository.save(new CreateOrder(orderDetails));

   CreateOrderSagaState data =
       new CreateOrderSagaState(order.getId(), orderDetails);

   createOrderSagaManager.create(data, Order.class, order.getId());

   return order;
  }
...
```

确保 createOrder()
在一个数据库事务内执行

创建 Order 聚合

创建
CreateOrderSaga

它是代码清单 6-4 中的 OrderService 和第 4 章中描述的 OrderService 的组合。因为 Eventuate Local 使用关系型数据库，它可以参与跟 Eventuate Tram Saga 框架相同的 ACID 事务。但是，如果服务使用基于 NoSQL 的事件存储库，则创建 Saga 编排器并不是那么简单。

当非关系型数据库作为事件存储库时，应该如何创建 Saga 编排器

使用基于 NoSQL 的事件存储库的服务很可能无法以原子方式更新事件存储库并创建 Saga 编排器。Saga 编排框架可能使用完全不同的数据库。即使它使用相同的 NoSQL 数据库，由于 NoSQL 数据库的事务模型功能有限，应用程序将无法以原子方式创建或更新两个不同的对象。相反，服务必须具有一个事件处理程序，该事件处理程序将创建 Saga 编排器来响应聚合发出的领域事件。

例如，图 6-11 显示了 Order Service 如何创建 CreateOrderSaga，它使用了 OrderCreated 事件的事件处理程序。Order Service 首先创建 Order 聚合并将其持久化保存在事件存储库中。事件存储库发布 OrderCreated 事件，该事件由事件处理程序使用。事件处理程序调用 Eventuate Tram Saga 框架来创建 CreateOrderSaga。

编写创建 Saga 编排器的事件处理程序时，要注意的一个问题是它必须处理重复事件。至少一次消息传递意味着可以多次调用创建 Saga 的事件处理程序。确保只创建一个 Saga 实例非常重要。

一种直接的方法是从事件的唯一属性中导出 Saga 的 ID。有几种不同的选择。一种是使用发出事件的聚合的 ID 作为 Saga 的 ID。这适用于为响应聚合创建事件而创建的 Saga。

另一种选择是使用事件 ID 作为 Saga ID。因为事件 ID 是唯一的，所以这将保证 Saga ID 是唯一的。如果事件是重复的，则事件处理程序尝试创建 Saga 将失败，因为该 ID 已存在。当给定聚合实例存在同一 Saga 的多个实例时，此方法很有用。

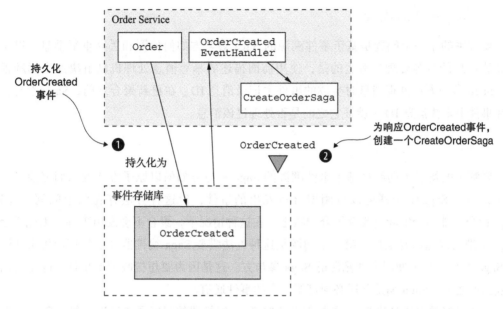

图 6-11　在服务创建基于事件溯源的聚合之后，使用事件处理程序可靠地创建 Saga

使用基于关系型数据库的事件存储库的服务也可以使用相同的事件驱动方法来创建 Saga。这种方法的一个好处是它可以保证松耦合，因为 OrderService 之类的服务不再明确地实例化 Saga。

现在我们已经了解了如何可靠地创建一个 Saga 编排器，让我们看看基于事件溯源的服务如何参与基于编排的 Saga。

6.3.3　实现基于事件溯源的 Saga 参与方

想象一下，如何使用事件溯源来实现一个需要参与编排式 Saga 的服务。毫不奇怪，如果你的服务使用基于关系型数据库的事件存储库（如 Eventuate Local），你可以轻松地确保它以原子方式处理 Saga 的命令式消息并发送回复。它可以将事件存储库更新做为 Eventuate Tram 框架启动的 ACID 事务的一部分。但是，如果你的服务使用的事件存储库无法参与和 Eventuate Tram 框架相同的事务，则必须使用完全不同的方法。

你必须解决几个不同的问题：

- 命令式消息的幂等处理。
- 以原子方式发送回复消息。

我们先来看看如何实现幂等命令式消息处理程序。

命令式消息的幂等处理

要解决的第一个问题是基于事件溯源的 Saga 参与方如何检测和丢弃重复消息,以实现命令式消息的幂等处理。幸运的是,使用前面描述的幂等消息处理机制解决这个问题很容易。Saga 参与方在处理消息时生成的事件中记录消息 ID。在更新聚合之前,Saga 参与方通过在事件中查找消息 ID 来验证它之前是否处理过该消息。

以原子方式发送回复消息

要解决的第二个问题是基于事件溯源的 Saga 参与方如何以原子方式发送回复消息。原则上,一个 Saga 编排器可以订阅聚合所发出的事件,但这种方法存在两个问题。首先,Saga 命令可能不会实际上改变聚合的状态。在这种情况下,聚合不会发出事件,因此不会向 Saga 编排器发送回复消息。第二个问题是这种方法需要 Saga 编排器区别处理使用事件溯源的 Saga 参与方与不使用事件溯源的 Saga 参与方。这是因为要想接收领域事件,除了自己的回复通道之外,Saga 编排器还必须订阅聚合的事件通道。

一个更好的方法是让 Saga 参与方继续向 Saga 编排器的回复通道发送回复消息。但 Saga 参与方不是直接发送回复消息,而是使用如下两步过程:

1. 当 Saga 命令处理程序创建或更新聚合时,它会安排将 `SagaReplyRequested` 伪事件与聚合发出的实际事件一起保存在事件存储库中。

2. `SagaReplyRequested` 伪事件的事件处理程序使用事件中包含的数据构造回复消息,然后将其写入 Saga 编排器的回复通道。

让我们通过一个例子来看看它是如何工作的。

基于事件溯源的 Saga 参与方的例子

本示例查看 `Accounting Service`,即 `Create Order Saga` 的参与方之一。图 6-12 显示了 `Accounting Service` 如何处理 Saga 发送的 `Authorize Command`。`Accounting Service` 使用 Eventuate Saga 框架实现。Eventuate Saga 框架是一个开源框架,用于编写使用事件溯源的 Saga。它建立在 Eventuate Client 框架之上。

图 6-12 显示了 `Create Order Saga` 和 `AccountingService` 如何交互。事件顺序如下:

1. `Create Order Saga` 通过消息通道向 `AccountingService` 发送 `Authorize-Account` 命令。Eventuate Saga 框架的 `SagaCommandDispatcher` 调用 `AccountingService-CommandHandler` 来处理此命令式消息。

2. `AccountingServiceCommandHandler` 将命令发送到指定的 `Account` 聚合。

3. 聚合发出两个事件,`AccountAuthorized` 和 `SagaReplyRequestedEvent`。

4. SagaReplyRequestedEventHandler 通过向 CreateOrderSaga 发送回复消息来处理 SagaReplyRequestedEvent。

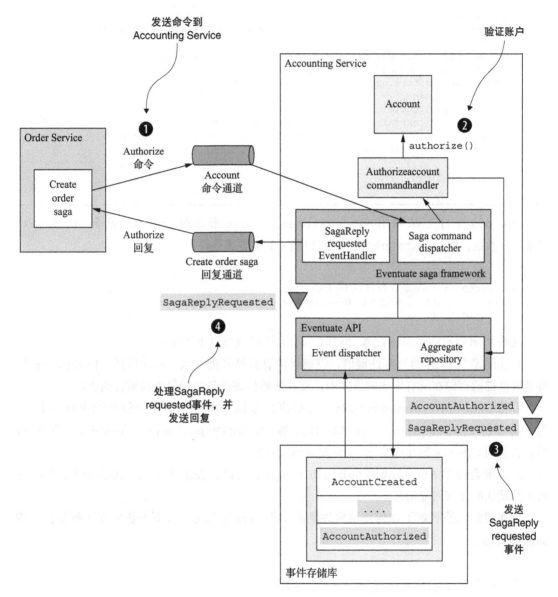

图 6-12　基于事件溯源的 Accounting Service 如何参与 Create Order Saga

代码清单 6-6 中显示的 AccountingServiceCommandHandler 通过调用 Aggregate-Repository.update() 方法更新 Account 聚合来处理 AuthorizeAccount 命令式消息。

代码清单6-6 处理由Saga发送的命令式消息

```
public class AccountingServiceCommandHandler {

  @Autowired
  private AggregateRepository<Account, AccountCommand> accountRepository;

  public void authorize(CommandMessage<AuthorizeCommand> cm) {
    AuthorizeCommand command = cm.getCommand();
    accountRepository.update(command.getOrderId(),
            command,
            replyingTo(cm)
                .catching(AccountDisabledException.class,
                          () -> withFailure(new AccountDisabledReply()))
                .build());
  }

  ...
```

authorize() 方法调用 AggregateRepository 来更新 Account 聚合。update() 的第三个参数，即 UpdateOptions，可以通过如下方式获得：

```
replyingTo(cm)
    .catching(AccountDisabledException.class,
              () -> withFailure(new AccountDisabledReply()))
    .build()
```

这些 UpdateOptions 配置 update() 方法以执行以下操作：

1. 使用消息 ID 作为幂等性键值，以确保消息只被处理一次。如前所述，Eventuate 框架将幂等性键值存储在所有生成的事件中，使其能够检测并忽略重复更新聚合的尝试。

2. 将 SagaReplyRequestedEvent 伪事件添加到事件存储库中保存的事件列表中。当 SagaReplyRequestedEventHandler 收 到 SagaReplyRequestedEvent 伪 事 件时，它会向 CreateOrderSaga 的回复通道发送回复。

3. 当聚合抛出 AccountDisabledException 时，发送 AccountDisabledReply 而不是默认的错误回复消息。

现在我们已经了解了如何使用事件溯源实现 Saga 参与方，接下来我们来了解如何实现 Saga 编排器。

6.3.4 实现基于事件溯源的 Saga 编排器

到目前为止，我已经描述了基于事件溯源的服务如何启动和参与 Saga。你还可以使用事件溯源来实现 Saga 编排器。这将使你能够开发完全基于事件存储库的应用程序。

实现 Saga 编排器时必须解决以下三个关键设计问题：

1. 如何持久化一个 Saga 编排器？

2. 如何以原子方式更改编排器的状态并发送命令式消息？

3. 如何确保 Saga 编排器只处理一次回复消息？

第 4 章讨论了如何实现基于关系型数据库的 Saga 编排器。让我们来看看如何在使用事件溯源时解决这些问题。

使用事件溯源持久化 Saga 编排器

一个 Saga 编排器的生命周期非常简单。首先，它被创建，然后它被更新，用以响应来自 Saga 参与方的回复。因此，我们可以使用以下事件持久化 Saga：

- SagaOrchestratorCreated：Saga 编排器已创建。
- SagaOrchestratorUpdated：Saga 编排器已更新。

Saga 编排器在创建时发出 SagaOrchestratorCreated 事件，在更新时发出 SagaOrchestratorUpdated 事件。这些事件包含重新创建 Saga 编排器状态所需的数据。例如，第 4 章中描述的 CreateOrderSaga 事件将包含一个序列化的（例如，JSON）CreateOrderSagaState。

可靠地发送命令式消息

另一个关键设计问题是如何以原子方式更新 Saga 的状态并发送命令。如第 4 章所述，基于 Eventuate Tram 的 Saga 实现通过更新编排器并将命令式消息作为同一事务的一部分插入 message 表来实现。使用基于关系型数据库的事件存储库（例如 Eventuate Local）的应用程序可以使用相同的方法。尽管具有非常有限的事务能力，但使用基于 NoSQL 的事件存储库（例如 Eventuate SaaS）的应用程序也可以使用类似的方法。

关键是持久化 SagaCommandEvent，它表示要发送的命令。然后，事件处理程序订阅 SagaCommandEvents 并将每个命令式消息发送到适当的通道。图 6-13 显示了这是如何工作的。

Saga 编排器使用两步过程发送命令：

1. 一个 Saga 编排器为它想要发送的每个命令发出一个 SagaCommandEvent。SagaCommandEvent 包含发送命令所需的所有数据，例如目标通道和命令对象。这些事件存储在事件存储库中。

2. 事件处理程序处理这些 SagaCommandEvents 并将命令式消息发送到目标消息通道。

这种两步法可确保命令至少发送一次。

由于事件存储库保证至少一次成功的消息传递，因此可能会使用同一事件多次调用事件处理程序。这将导致 SagaCommandEvents 的事件处理程序发送重复的命令式消息。幸运的是，Saga 参与方可以使用以下机制轻松检测并丢弃重复命令。保证唯一的

`SagaCommandEvent` 的 ID 被用作命令式消息的 ID。因此，重复的消息将具有相同的 ID。接收重复命令式消息的 Saga 参与者将使用前面描述的机制丢弃它。

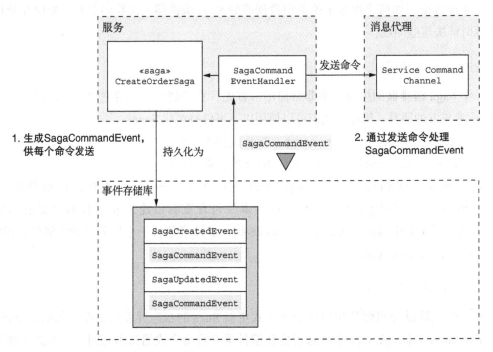

图 6-13　基于事件溯源的 Saga 编排器如何向 Saga 参与方发送命令

确保只处理一次回复消息

Saga 编排器还需要检测并丢弃重复的回复消息，它可以使用前面描述的机制来完成。编排器将回复消息的 ID 存储在处理回复时发出的事件中。然后，它可以轻松地确定消息是否重复。

如你所见，事件溯源是实现 Saga 的良好基础。事件溯源拥有众多好处，例如数据更改时可靠地生成事件、可靠的审计日志记录以及执行历史状态查询的能力。但是，事件溯源同样也不是包治百病的"银弹"。它的学习曲线比较陡峭。演化事件结构并不总是轻而易举的。但是，尽管有这些缺点，事件溯源仍然在微服务架构中发挥着重要作用。在下一章中，我们将开始研究如何在微服务架构中解决分布式数据管理挑战：查询。我将描述如何实现查询分散在多个服务中的数据。

本章小结

- 事件溯源将聚合作为一系列事件持久化保存。每个事件代表聚合的创建或状态更改。应用程序通过重放事件来重建聚合的当前状态。事件溯源保留领域对象的历史记录，提供准确的审计日志，并可靠地发布领域事件。

- 快照通过减少必须重放的事件数来提高性能。
- 事件存储在事件存储库中，该存储库是数据库和消息代理的混合。当服务在事件存储库中保存事件时，它会将事件传递给订阅者。
- Eventuate Local 是一个基于 MySQL 和 Apache Kafka 的开源事件存储库。开发人员使用 Eventuate Client 框架来编写聚合和事件处理程序。
- 使用事件溯源的一个挑战是处理事件的演变。应用程序在重放事件时可能必须处理多个事件版本。一个好的解决方案是使用向上转换，当事件从事件存储库加载时，它会将事件升级到最新版本。
- 在事件溯源应用程序中删除数据非常棘手。应用程序必须使用加密和假名等技术，以遵守欧盟 GDPR 等法规，确保在应用程序中彻底清除个人数据。
- 事件溯源可以很容易实现基于协同的 Saga。服务具有事件处理程序，用于监听基于事件溯源的聚合发布的事件。
- 我们也可以使用事件溯源技术实现 Saga 编排器。你可以编写专门使用事件存储库的应用程序。

第7章

在微服务架构中实现查询

本章导读

- 在微服务架构中查询数据的挑战
- 何时以及如何使用 API 组合模式实现查询
- 何时以及如何使用 CQRS 模式实现查询

最初，玛丽和她的团队对于使用 Saga 来维持数据一致性的想法感到满意。然后，他们发现在将 FTGO 应用程序迁移到微服务架构时，事务管理并不是他们唯一需要解决的难题。在分布式数据领域，他们还必须搞清楚如何实现查询。

为了支持用户界面，FTGO 应用程序需要实现各种查询操作。在现有的单体应用程序中实现这些查询相对简单，因为它有一个单独的数据库。在大多数情况下，所有 FTGO 开发人员需要做的是编写 SQL SELECT 语句并定义必要的索引。正如玛丽所发现的那样，在微服务架构中编写查询非常具有挑战性。查询通常需要检索分散在多个服务所拥有的数据库中的数据。但是，你不能使用传统的分布式查询处理机制，因为即使技术上可行，它也会打破服务之间的隔离和封装。

例如，以第 2 章中描述的 FTGO 应用程序的查询操作为例。某些查询检索仅由一个服务拥有的数据。例如，findConsumerProfile() 查询从 Consumer Service 返回的数据。但是其他 FTGO 查询操作，例如 findOrder() 和 findOrderHistory() 返回多个服务所拥有的数据。实现这些查询操作并不那么简单。

在微服务架构中实现查询操作有两种不同的模式：

- API 组合模式：这是最简单的方法，应尽可能使用。它的工作原理是让拥有数据的服务的客户端负责调用服务，并组合服务返回的查询结果。
- 命令查询职责隔离（CQRS）模式：它比 API 组合模式更强大，但也更复杂。它维护一个或多个视图数据库，其唯一目的是支持查询。

在讨论了这两种模式之后，我将介绍如何设计 CQRS 视图，然后展示视图的实现例子。让我们首先看一看 API 组合模式。

7.1   使用 API 组合模式进行查询

FTGO 应用程序实现了大量的查询操作。如前所述，某些查询从单个服务获取数据。实现这些查询通常很简单，本章后半部分，当我介绍 CQRS 模式时，你也会看到实现起来具有挑战性的单个服务查询的例子。

还有一些查询可以从多个服务中获取数据。在本节中，我将描述 findOrder() 查询操作，它是从多个服务获取数据的查询方法。同时，我将剖析在微服务架构中实现此类查询时经常出现的问题。随后，我会描述 API 组合模式，并展示如何使用它来实现 findOrder() 等查询。

7.1.1   findOrder() 查询操作

findOrder() 操作通过主键检索订单。它将 orderId 作为参数并返回 OrderDetails 对象，该对象包含有关订单的信息。如图 7-1 所示，此操作由实现订单状态视图（Order Status View）的前端模块（如移动设备或 Web 应用程序）调用。

订单状态视图显示的信息包括有关订单的基本信息，包括订单状态、付款状态、从餐馆角度看的订单状态以及送餐进度，其中包括送餐员的位置和估计送达时间等。

由于其数据驻留在单个数据库中，因此单体 FTGO 应用程序可以通过执行连接（join）各个表的单个 SELECT 语句轻松检索订单详细信息。相比之下，在基于微服务的 FTGO 应用程序版本中，数据分散在以下服务中：

- Order Service：基本订单信息，包括详细信息和状态。
- Kitchen Service：从餐馆的角度看订单的状态以及预计取餐时间。
- Delivery Service：订单的交付状态、预计送餐时间及送餐员的当前位置。
- Accounting Service：订单的付款状态。

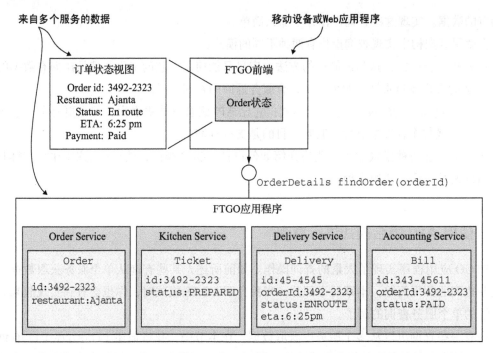

图 7-1 `findOrder()` 操作由 FTGO 前端模块调用，并返回 Order 的详细信息

任何需要订单详细信息的客户端都必须从所有这些服务获取数据。

7.1.2　什么是 API 组合模式

我们可以使用 API 组合模式实现查询操作，例如 `findOrder()`，它会检索多个服务所拥有的数据。这个模式通过调用拥有数据的服务并组合结果来实现查询操作。图 7-2 显示了该模式的结构。它有两种类型的参与者：

- API 组合器：它通过查询数据提供方的服务来实现查询操作。
- 数据提供方服务：拥有查询返回的部分数据的服务。

图 7-2 显示了三个提供方服务。API 组合器通过从提供方服务检索数据并组合结果来实现查询。API 组合器可能是需要数据呈现网页的客户端，例如 Web 应用程序。或者，它可能是一个服务，例如 API Gateway 及第 8 章中描述的后端前置模式⊖，这个模式将查询操作公开为 API 接口。

⊖　Backends for frontends 模式在本书中译为 "后端前置模式"。——译者注

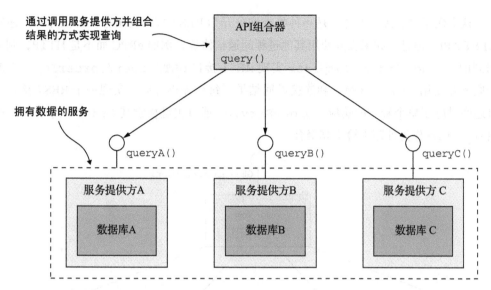

图 7-2　API 组合模式由 API 组合器和两个或多个提供方服务组成。API 组合器通过查询提供方服务并组合结果来实现查询

模式：API 组合

通过查询每个服务的 API 并组合结果，实现从多个服务检索数据的查询。请参阅：http://microservices.io/patterns/data/api- composition.html。

是否可以使用此模式实现特定查询操作取决于几个因素，包括数据的分区方式、拥有数据的服务公开的 API 的功能，以及服务使用数据库的功能，等等。例如，即使提供方服务拥有用于检索所需数据的 API，聚合器也可能需要执行大量数据集的低效内存连接。稍后，你将看到使用此模式无法实现查询操作的例子。但幸运的是，有许多场景可以应用这种模式。为了看到它的实际效果，我们来举个例子。

7.1.3　使用 API 组合模式实现 findOrder() 查询操作

findOrder() 查询操作相当于一个简单的基于主键的 equi-join 查询。可以假设每个提供方服务都有一个 API 接口，用于通过 orderId 检索所需的数据。因此，采用 API 组合模式来实现 findOrder() 查询操作似乎是合情合理的。API 组合器调用四个服务并将结果组合在一起。图 7-3 显示了 Find Order Composer 的设计。

在这个例子中，API 组合器是一种将查询公开为 REST 接口的服务。提供方服务还实现了 REST API。但是，如果服务使用其他进程间通信协议，例如 gRPC 而不是 HTTP，则概念是相同的。Find Order Composer 实现 REST 接口 GET/order/{orderId}。它调用四个服务并使用 orderId 筛选和连接返回结果。每个提供方服务实现一个 REST 接口，该接口返回对应于单个聚合的响应。OrderService 通过主键检索其 Order 版本，其他服务使用 orderId 作为外键来检索其聚合。

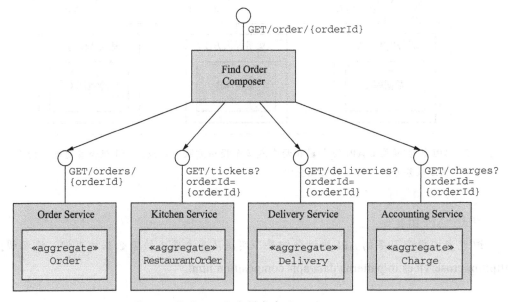

图 7-3   使用 API 组合模式实现 findOrder()

显而易见，API 组合模式非常简单。让我们看一下在应用此模式时必须解决的几个设计问题。

7.1.4   API 组合模式的设计缺陷

使用此模式时，你必须解决两个设计问题：

- 确定架构中的哪个组件是查询操作的 API 组合器。
- 如何编写有效的聚合逻辑。

让我们看看每个问题。

由谁来担任 API 组合器的角色

这是你必须做出的一个决定，选择由谁来扮演查询操作的 API 组合器这个角色。你有三个选择。第一个选择，如图 7-4 所示，是由服务的客户端扮演 API 组合器的角色。

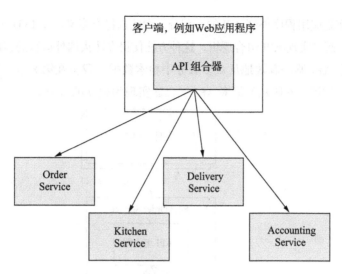

图 7-4　在客户端中实现 API 组合。客户端查询提供方服务以检索数据

　　实现 Order Status 视图并在同一局域网上运行的前端客户端（如 Web 应用程序）可以使用此模式有效地检索订单详细信息。但正如你将在第 8 章中学到的那样，对于防火墙之外的客户以及通过较慢网络访问的服务，此选择可能不实用。

　　第二个选择（如图 7-5 所示），由实现应用程序外部 API 的 API Gateway 来扮演 API 组合器的角色，用来完成查询操作和查询结果的组合。

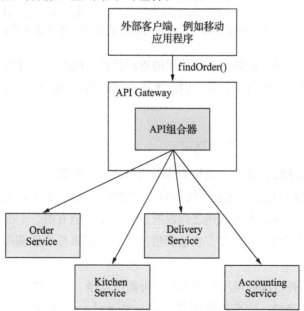

图 7-5　在 API Gateway 中实现 API 组合。API 查询提供方服务以检索数据，组合结果并向
　　　　客户端返回响应

如果查询操作是应用程序外部 API 的一部分，则此选择有意义。API Gateway 不是将请求路由到另一个服务，而是实现 API 组合逻辑。这种方法使得在防火墙外运行的客户端（例如移动设备）能够通过单个 API 调用有效地从众多服务中检索数据。我将在第 8 章讨论 API Gateway。

第三个选择（如图 7-6 所示）是将 API 组合器实现为独立的服务。

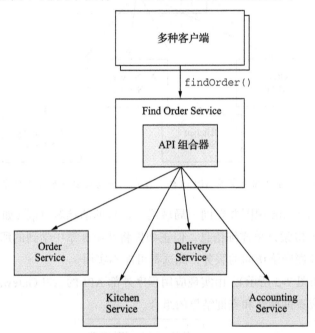

图 7-6　将多个客户端和服务使用的查询操作实现为独立的服务

此选择可以用于由多个服务在内部使用的查询操作。此操作还可用于外部可访问的查询操作，由于它们的聚合逻辑过于复杂，因此无法在 API Gateway 中完成查询，必须使用单独的服务。

API 组合器应该使用响应式编程模型

在开发分布式系统时，我们一直努力降低服务之间的延迟。API 组合器应尽可能地并行调用提供方服务，最大限度地缩短查询操作的响应时间。例如，Find Order Aggregator 应该同时调用这四个服务，因为调用之间没有依赖关系。但有时，API 组合器需要一个提供方服务的结果才能调用另一个服务。在这种情况下，它需要按顺序调用一部分（但希望不是全部）提供方服务。

高效执行顺序和并行服务调用混合的逻辑可能很复杂。为了使 API 组合器达到较高的可维护性、性能和可扩展性，它应该使用基于 Java CompletableFuture、RxJava 可观测或其他类似的响应式设计。我将在第 8 章讲 API Gateway 模式的时候再深入讨论这个主题。

7.1.5　API 组合模式的好处和弊端

此模式是在微服务架构中实现查询操作的简单直观方式。但它也有一些缺点：

- 增加了额外的开销。
- 带来可用性降低的风险。
- 缺乏事务数据一致性。

我们来逐一分析。

增加了额外的开销

这种模式的一个缺点是它需要调用多个服务和查询多个数据库，这带来了额外的开销。在单体应用程序中，客户端可以使用单个请求检索数据，这通常会执行单个数据库查询。相比之下，使用 API 组合模式会涉及多个请求和多个数据库查询。因此，它需要更多计算和网络资源，运行应用程序的成本也相应增加。

带来可用性降低的风险

这种模式的另一个缺点是导致可用性降低。如第 3 章所述，操作的可用性随着所涉及的服务数量而下降。因为查询操作的实现涉及至少三个服务：API 组合器和至少两个提供方服务，其可用性将显著小于单个服务的可用性。例如，如果单个服务的可用性为 99.5%，则调用四个提供方服务的 `findOrder()` 接口的可用性为 $99.5\%^{(4+1)}$=97.5%！

你可以使用几种策略来提高可用性。一种策略是 API 组合器在提供方服务不可用时，返回先前缓存的数据。API 组合器有时会缓存提供方服务返回的数据，以提高性能。它还可以使用此缓存来提高可用性。如果提供方服务不可用，则 API 组合器可以从缓存中返回数据，尽管这些缓存数据可能是过时的。

另一种提高可用性的策略是让 API 组合器返回不完整的数据。例如，假设 Kitchen Service 暂时不可用。`findOrder()` 查询操作的 API 组合器可以从响应中省略该服务的数据，因为用户界面仍然可以显示其他有用的信息。你将在第 8 章中看到有关 API 设计、缓存和可靠性的更多详细信息。

缺乏事务数据一致性

API 组合模式的另一个缺点是缺乏数据一致性。单体应用程序通常使用一个数据库事务执行查询操作。ACID 事务受制于隔离级别的约束，可以确保应用程序具有一致的数据视图，即使它执行多个数据库查询。相反，API 组合模式则是针对多个数据库执行查询。这种方式存在一种风险，即查询操作将返回不一致的数据。

例如，从 Order Service 检索的 Order 可能处于 CANCELED 状态，而从 Kitchen Service 检索的相应 Ticket 可能尚未取消。API 组合器必须解决这种差异，因为这会增加代码复杂性。更糟糕的是，API 组合器可能无法总是检测到不一致的数据，并将其返回给客户端。

尽管存在这些缺点，API 组合模式还是非常有用的。你可以使用它来实现许多查询操作。但是有一些查询操作无法使用此模式有效实现。例如，查询操作可能需要 API 组合器执行大规模数据的内存连接。

通常使用 CQRS 模式实现这些类型的查询操作会更好。我们来看看这种模式是如何工作的。

7.2 使用 CQRS 模式

许多企业级应用程序使用关系型数据库作为数据记录的事务系统，并使用文本搜索数据库（如 Elasticsearch 或 Solr）进行文本搜索查询。某些应用程序可以通过同时写入来保持数据库同步。然后再定期将数据从关系型数据库复制到文本搜索引擎中。具有此架构的应用程序利用了多个数据库的优势：关系型数据库的事务属性和文本数据库的查询功能。

> **模式：命令查询职责隔离（CQRS）**
> 使用事件来维护从多个服务复制数据的只读视图，借此实现对来自多个服务的数据的查询。请参阅：http://microservices.io/patterns/data/cqrs.html。

CQRS 是这种架构的概括。它维护一个或多个视图数据库，而不仅仅是文本搜索数据库，进而实现一个或多个应用程序的查询。为了理解这个概念，我们将查看一些使用 API 组合模式无法有效实现的查询。我将解释 CQRS 的工作原理，然后讨论 CQRS 的优点和弊端。下面，我们先来看看何时需要使用 CQRS。

7.2.1 为什么要使用 CQRS

API 组合模式是实现需要从多个服务检索数据查询的好办法。不幸的是，它只是解决微服务架构中查询问题的不完整解决方案。因为针对一些涉及多个服务的查询，API 组合模式无法有效地实现。

更重要的是，实现一些特定的服务查询很有挑战性。也许服务的数据库不能有效地支持查询。或者，有时服务必须实现检索不同服务所拥有的数据的查询。让我们从使用 API 组合无法有效实现的多服务查询开始，逐一看看这些问题。

实现 findOrderHistory() 查询操作

findOrderHistory() 操作可以检索消费者的订单历史记录。它有几个参数：

- consumerId：用于识别消费者。
- pagination：用于分页显示返回结果。
- filter：过滤条件，包括要退货的订单的最大期限、可选的订单状态以及与餐馆名称和菜单项匹配等可选的关键字。

此查询操作返回一个 OrderHistory 对象，该对象包含按时间递增排序的订单摘要。它由实现 Order History 视图的模块调用。此视图显示每个订单的摘要，其中包括订单号、订单状态、订单总额和预计送餐时间。

从表面上看，此操作类似于 findOrder() 查询操作。唯一的区别是它返回多个订单而不是一个。看起来 API 组合器只需针对每个提供方服务执行相同的查询并组合结果。不幸的是，它并不那么简单。

因为并非所有服务都存储用于过滤或排序的属性。例如，findOrderHistory() 操作的过滤条件之一是与菜单项匹配的关键字。只有 Order Service 和 Kitchen Service 这两项服务存储 Order 的菜单项。Delivery Service 和 Accounting Service 都不存储菜单项，因此无法使用此关键字过滤其数据。同样，Kitchen Service 和 Delivery Service 都不能按 orderCreationDate 属性进行排序。

API 组合器有两种方法可以解决此问题。一种解决方案是让 API 组合器进行内存中连接，如图 7-7 所示。它从 Delivery Service 和 Accounting Service 检索消费者的所有订单，并使用从 Order Service 和 Kitchen Service 检索的订单执行连接。

这种方法的缺点是它可能需要 API 组合器来检索和连接大规模的数据集，相当低效。

另一个解决方案是让 API 组合器从 Order Service 和 Kitchen Service 检索匹配的订单，然后通过 ID 从其他服务请求订单。但是，只有这些服务具有支持批量查询的 API 时，这才是实用的。由于网络流量过大，单独请求订单可能效率低下。

诸如 findOrderHistory() 之类的查询要求 API 组合器在某种程度上实现关系型数据库查询执行引擎的功能。一方面，这可能会将查询工作从可扩展性较低的数据库转移到可扩展性较高的应用程序。另一方面，这样做效率很低。此外，开发人员应该编写业务功能，而不是实现一个查询执行引擎。

接下来，我将展示如何应用 CQRS 模式并使用单独的数据存储区，该数据存储区旨在有效地实现 findOrderHistory() 查询操作。

但首先让我们看一个查询操作的例子，尽管它是单个服务的本地实现，但仍然很有挑战性。

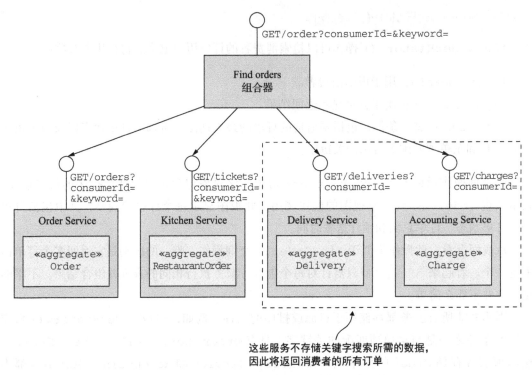

图 7-7　API 组合无法有效地检索消费者的订单，因为某些提供方服务（如 Delivery Service）不存储用于过滤的属性

单一服务查询的挑战：findAvailableRestaurants()

正如你刚才所见，实现从多个服务检索数据的查询可能具有挑战性。但即使是单个服务的本地查询其实也很难实现。有几个可能的原因。一种情况是，如这里所讨论的，拥有数据的服务不适合实现查询。另一个原因是有时服务的数据库（或数据模型）不能有效支持查询。

例如，考虑 findAvailableRestaurants() 查询操作。此查询查找在给定时间可送餐到客户地址的餐馆。它的核心是在地理空间（基于位置）搜索位于客户地址一定距离内的餐馆。它是订单处理的关键部分，由显示可用餐馆的用户界面模块调用。

实现此查询操作的关键挑战是执行有效的地理空间查询。如何实现 findAvailable-Restaurants() 查询取决于存储餐馆的数据库的功能。例如，使用 MongoDB 或 Postgres 和 MySQL 地理空间扩展实现 findAvailableRestaurants() 查询很简单。这些数据库支持地理空间数据类型和针对这些类型的索引及查询。使用其中一个数据库时，Restaurant Service 会将餐馆保存为具有 location 属性的数据库记录。它使用地理空间查询找到可用的餐馆，该查询通过 location 属性上的地理空间索引进行优化。

如果 FTGO 应用程序将餐馆存储在其他类型的数据库中，实现 findAvailableRestaurant() 查询将更具挑战性。它必须以一种旨在支持地理空间查询的形式保存餐馆数据的副本。例如，该应用程序可以使用 DynamoDB 的地理空间索引库（https://github.com/awslabs/dynamodb-geo），该库使用表作为地理空间索引。或者，应用程序可以将餐馆数据的副本存储在完全不同类型的数据库中，这种情况与使用文本搜索数据库进行文本查询非常相似。

使用副本的挑战是在原始数据发生变化时使其保持最新状态。正如你将在下面学到的，CQRS 解决了同步副本的问题。

隔离问题的必要性

单个服务查询难以实现的另一个原因是，拥有数据的服务有时不是实现查询的服务。findAvailableRestaurants() 查询操作检索 Restaurant Service 拥有的数据。该服务使餐馆老板能够管理他们的餐馆简介和菜单项。它存储餐馆的各种属性，包括名称、地址、美食、菜单和营业时间。鉴于此服务拥有数据，至少从表面来看，它实现这个查询操作是有道理的。但数据所有权并不是唯一要考虑的因素。

你还必须考虑到隔离问题的必要性，并避免过多的职责导致过载服务。例如，开发 Restaurant Service 团队的主要职责是使餐馆经理能够维护他们的餐馆。这与实现高容量、关键查询完全不同。更重要的是，如果他们负责 findAvailableRestaurants() 查询操作，团队担心他们的下一次部署可能导致消费者无法下订单。

Restaurant Service 仅仅将餐馆数据提供给另一个实现 findAvailableRestaurants() 查询操作的服务是有意义的，并且此服务很可能属于 Order Service 团队。与 findOrderHistory() 查询操作一样，当需要维护地理空间索引时，维护一些数据的最终一致性副本以实现查询是必需的。让我们看看如何使用 CQRS 实现这一目标。

7.2.2　什么是 CQRS

7.2.1 节中描述的例子强调了在微服务架构中实现查询时经常会遇到的三个问题：

- 使用 API 组合模式检索分散在多个服务中的数据会导致昂贵、低效的内存中连接。
- 拥有数据的服务将数据存储在不能有效支持所需查询的表单或数据库中。
- 隔离问题的考虑意味着，拥有数据的服务不一定是会实现查询操作的服务。

所有这三个问题的解决方案是使用 CQRS 模式。

CQRS 隔离命令和查询

CQRS 是命令查询职责隔离（Command Query Responsibility Segregation）的简称，顾

名思义，它涉及隔离或问题的分隔。如图 7-8 所示，它将持久化数据模型和使用数据的模块分为两部分：命令端和查询端。命令端模块和数据模型实现创建、更新和删除操作（缩写为 CUD，例如：HTTP POST、PUT 和 DELETE）。查询端模块和数据模型实现查询（例如 HTTP GET）。查询端通过订阅命令端发布的事件，使其数据模型与命令端数据模型保持同步。

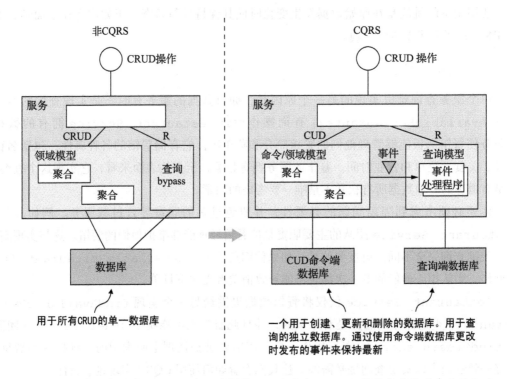

图 7-8　左侧是服务的非 CQRS 版本，右侧是 CQRS 版本。CQRS 将服务重构为命令端和查询端模块，这些模块具有独立的数据库

　　服务的非 CQRS 和 CQRS 版本都包括由各种 CRUD 操作组成的 API。在基于非 CQRS 的服务中，这些操作通常由映射到数据库的领域模型实现。为了提高性能，一些查询可能会绕过领域模型并直接访问数据库。持久化数据模型同时支持命令端和查询端。

　　在基于 CQRS 的服务中，位于命令端的领域模型处理 CRUD 操作并映射到其自己的数据库。它还可以处理简单查询，例如不需要 join，仅是基于主键的查询。命令端在数据发生变化时发布领域事件。可以使用诸如 Eventuate Tram 之类的框架或使用事件溯源来发布这些事件。

　　独立的查询模型可以用来处理复杂的查询场景。查询端的代码往往比命令端简单很多，因为它不需要负责实现具体的业务逻辑。查询端可以使用的数据库种类很灵活，只要数据库能够支持需要的查询功能即可。查询端的事件处理程序会订阅领域事件并更新数据库。甚至可能存在多个查询模型，与需要的查询类型一一对应。

CQRS 和查询专用服务

CQRS 不仅可以在服务中应用，还可以使用此模式来定义查询服务。查询服务的 API 只包含查询操作，并无命令操作。它通过订阅由一个或多个其他服务发布的事件来确保它的数据库是不断更新的，并由此实现查询操作。查询端服务订阅由多个服务发布的事件。这是实现查询用视图的好方法。这种视图（和它的数据）不属于任何特定服务，因此将其实现为独立的服务是合理的。这种服务的一个很好的例子是 Order History Service，它是一个实现 findOrderHistory() 查询操作的专用查询服务。如图 7-9 所示，此服务订阅了多个服务发布的事件，包括 Order Service 和 Delivery Service 等。

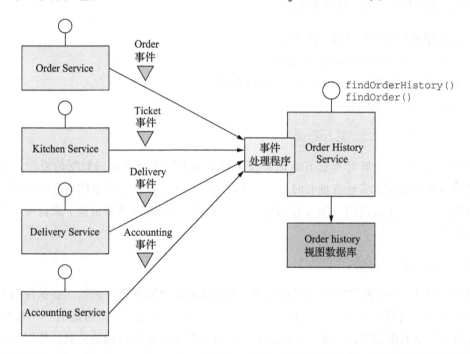

图 7-9 Order History Service 的设计，它是一种查询端服务。它通过查询数据库来实现 findOrderHistory() 查询操作，该数据库通过订阅由多个其他服务发布的事件来维护和保持更新

Order History Service 具有事件处理程序，订阅由多个服务发布的事件并更新 Order History View Database 数据库。我在 7.4 节中将更详细地描述该服务的实现。

查询服务也是实现复制单个服务所拥有的数据的视图的好方法，这样我们可以把查询的实现和服务的功能分隔开。例如，FTGO 开发人员可以定义 Available Restaurants Service，该服务实现前面描述的 findAvailableRestaurants() 查询操作。它订阅了 Restaurant Service 发布的事件，并更新为高效地理空间查询而设计的数据库。

在许多方面，CQRS 也代表了当前流行的基于事件的数据库应用场景，例如它使用关系型数据库作为记录系统，使用文本搜索引擎（如 Elasticsearch）来处理文本查询。不同之处在于 CQRS 使用更广泛的数据库类型，而不仅仅是文本搜索引擎。此外，通过订阅事件，近乎实时地更新 CQRS 查询端视图。

现在让我们来看看 CQRS 的好处和弊端。

7.2.3　CQRS 的好处

CQRS 既有利也有弊。好处如下：

- 在微服务架构中高效地实现查询。
- 高效地实现多种不同的查询类型。
- 在基于事件溯源技术的应用程序中实现查询。
- 更进一步地实现问题隔离。

在微服务架构中高效地实现查询

CQRS 模式的一个好处是它有效地实现了检索多个服务所拥有的数据的查询。如前所述，使用 API 组合模式实现查询有时会导致大规模数据集的昂贵、低效的内存中连接。对于那些查询，使用易于查询的 CQRS 视图更有效，该视图预加载（并预处理）来自两个或更多服务的数据。

高效地实现多种不同的查询类型

CQRS 的另一个好处是它使应用程序或服务能够高效地实现各种查询。尝试使用单个持久化数据模型支持所有查询通常具有挑战性，并且在某些情况下是不可能的。一些 NoSQL 数据库具有非常有限的查询功能。即使数据库具有支持特定类型查询的扩展，使用专用数据库通常也更有效。CQRS 模式通过定义一个或多个视图来避免单个数据存储的限制，每个视图都有效地实现特定查询。

在基于事件溯源技术的应用程序中实现查询

CQRS 还克服了事件溯源的主要限制。事件存储库仅支持基于主键的查询。CQRS 模式订阅由基于事件溯源的聚合发布的事件流，可以保持最新的聚合的一个或多个视图，由此解决此限制。这也是基于事件溯源的应用程序总是使用 CQRS 的原因。

更进一步地实现问题隔离

CQRS 的另一个好处是它会隔离问题。领域模型及其相应的持久化数据模型不必同时处理命令和查询。CQRS 模式为服务的命令端和查询端定义了单独的代码模块和数据库模式。通过隔离问题，命令端和查询端可能更简单，更易于维护。

此外，CQRS 使实现查询的服务与拥有数据的服务不同。例如，之前我曾提到，尽管 `Restaurant Service` 拥有 `findAvailableRestaurants` 查询操作查询的数据，但是由另一个专用服务来实现这样一个关键、高吞吐量的查询似乎更加合理。CQRS 查询服务通过订阅由拥有该数据的一个或多个服务发布的事件来维护视图。

7.2.4　CQRS 的弊端

尽管 CQRS 有不少好处，但它也有一些弊端：
- 更加复杂的架构。
- 处理数据复制导致的延迟。

让我们从复杂性增加开始看看这些弊端。

更加复杂的架构

CQRS 的一个缺点是它使复杂性增加了。开发人员必须编写更新和查询视图的查询端服务。管理和运维额外的数据存储库提高了运维的复杂性。此外，应用程序可能使用不同类型的数据库，这进一步增加了开发人员和运维人员面临的复杂性。

处理数据复制导致的延迟

CQRS 的另一个缺点是处理命令端和查询端视图之间的"滞后"。正如你所料，在命令端发布事件和在查询端处理该事件以及更新视图之间存在延迟。更新聚合然后立即查询视图的客户端应用程序可能会看到聚合的先前版本。它必须避免用向用户暴露潜在的不一致性的方式编写 CQRS 的查询端。

一种解决方案是采用命令端和查询端 API 为客户端提供版本信息，使其能够判断查询端是否过时。客户端可以轮询查询端的视图，直到它是最新的。稍后我将介绍客户端如何通过服务 API 做到这一点。

用户界面（如移动应用程序或单页面 JavaScript 应用程序）可以通过在针对聚合的命令执行成功后，更新其本地版本的领域模型，而不必发出查询来克服复制可能带来的延迟。例如，它可以使用命令返回的数据更新其本地领域模型。当用户操作触发查询时，本地领域模型的数据视图将是最新的。这种方法的一个缺点是用户界面代码可能需要复制服务器端代码，只有这样才能保持对本地领域模型的不断更新。

如你所见，CQRS 既有利也有弊。如前所述，你应尽可能使用 API 组合，并在必要时使用 CQRS。

现在你已经了解了 CQRS 的好处和弊端，让我们来看看如何设计 CQRS 视图。

7.3   设计 CQRS 视图

CQRS 视图模块包括由一个或多个查询操作组成的 API。它通过订阅由一个或多个服务发布的事件来更新它的数据库视图，从而实现这些查询操作。如图 7-10 所示，视图模块包含视图数据库和三个子模块。

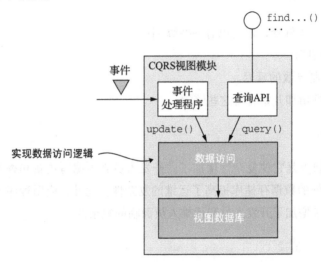

图 7-10   CQRS 视图模块的设计。事件处理程序更新视图数据库，查询 API 模块会查询该数据库

数据访问模块实现数据库访问逻辑。事件处理程序和查询 API 模块使用数据访问模块来更新和查询数据库。事件处理程序模块订阅事件并更新数据库。查询 API 模块负责实现查询 API。

在开发视图模块时，你必须做出一些重要的设计决策：

- 你必须选择合适的底层数据库，并设计数据库结构。
- 在设计数据访问模块时，你必须解决各种问题，包括确保更新是幂等的，并且能够处理并发更新。
- 在现有应用程序中实现新视图或更改现有应用程序的模式时，必须实现一种机制，以便有效地构建或重建视图。
- 你必须决定如何设计视图的客户端，以应对前面描述的复制延迟。

让我们来逐一分析。

7.3.1　选择视图存储库

关键的设计决策是数据库的选择和数据库结构的设计。数据库和数据库模型存在的主要目的是有效地实现视图模块的查询操作。这些查询的特征是选择数据库时的首要考虑因素。但是数据库还必须有效地实现由事件处理程序执行的更新操作。

SQL 还是 NoSQL 数据库

不久之前，基于 SQL 的关系型数据库统治着整个世界。然而，随着 Web 的普及，人们逐渐发现关系型数据库无法满足互联网和大规模数据的需求。这就导致了所谓的 NoSQL 数据库的诞生。NoSQL 数据库通常具有有限的事务模式和较少的查询功能。在一些情况下，NoSQL 数据库比 SQL 数据库更有优势，包括更灵活的数据模型以及更好的性能和可扩展性。

NoSQL 数据库通常是 CQRS 视图的一个很好的选择，CQRS 可以利用它们的优势并忽略其弱点。CQRS 视图受益于 NoSQL 数据库更丰富的数据模型和性能。它不受 NoSQL 数据库事务处理能力的限制，因为 CQRS 只需要使用简单的事务并执行一组固定的查询即可。

话虽如此，有时使用 SQL 数据库实现 CQRS 视图也是有意义的。在主流硬件上运行的现代关系型数据库具有出色的性能。通常，开发人员、数据库管理员和 IT 运维人员对 SQL 数据库比对 NoSQL 数据库更熟悉。如前所述，SQL 数据库通常具有非关系特征的扩展，例如地理空间数据类型和查询。此外，CQRS 视图可能需要使用 SQL 数据库才能支持报表引擎。

如表 7-1 所示，有许多不同的选项可供选择。为了使选择更加复杂，不同类型的数据库之间的差异开始变得模糊。例如，MySQL 是一个关系型数据库，它对 JSON 有很好的支持，JSON 是 MongoDB 的优势之一，MongoDB 是一个 JSON 风格的面向文档的数据库。

表 7-1　可供选择的查询端视图存储库

如果你需要	使　用	例　如
基于主键的 JSON 对象查找	文档型数据库，例如 MongoDB 或 DynamoDB，或者 Redis 这样的键值存储数据库	通过维护包含每个客户的 MongoDB 文档来实现订单历史记录
基于查询的 JSON 对象查找	文档型数据库，例如 MongoDB 或 DynamoDB	使用 MongoDB 或 DynamoDB 实现客户视图
文本查询	文本搜索引擎，例如 Elasticsearch	通过维护每个订单的 Elasticsearch 文档来实现订单的文本搜索
图查询	图数据库，例如 Neo4j	通过维护客户、订单和其他数据的图表来实现欺诈检测
传统的SQL报表/BI	关系型数据库	标准业务报告和分析

现在我们已经讨论了可用于实现 CQRS 视图的不同类型的数据库，再来看看如何有效更新视图。

支持更新操作

除了有效地实现查询之外，视图数据模型还必须有效地实现事件处理程序执行的数据更新操作。事件处理程序通常使用其主键更新或删除视图数据库中的记录。例如，下面我将介绍用于 `findOrderHistory()` 查询的 CQRS 视图的设计。它使用 `orderId` 作为主键将每个 `Order` 存储为数据库记录。当此视图从 `Order Service` 接收事件时，它可以直接更新相应的记录。

但有时，它需要使用类似外键的做法来更新或删除记录。例如，`Delivery*` 事件的事件处理程序。如果 `Delivery` 和 `Order` 之间存在一对一的对应关系，那么 `Delivery.id` 可能与 `Order.id` 相同。如果是，那么 `Delivery*` 事件处理程序就可以轻松更新订单的数据库记录。

但假设 `Delivery` 有自己的主键或 `Order` 和 `Delivery` 之间存在一对多的关系，某些 `Delivery*` 事件（例如 `DeliveryCreated` 事件）将包含 `orderId`，但是有些事件（例如 `DeliveryPickedUp` 事件）可能不会包含 `OrderId`。在这种情况下，`DeliveryPickedUp` 的事件处理程序将需要通过类似外键的处理方式使用 `deliveryId` 更新订单的记录。

某些类型的数据库能够有效地支持基于外键的更新操作。例如，如果你使用的是关系型数据库或 MongoDB，则需要在必要的列上创建索引。但是，使用其他 NoSQL 数据库时，不基于主键的更新并不那么容易。应用程序需要维护某种特定于数据库的映射，从外键到主键，以确定要更新的记录。例如，使用仅支持基于主键的更新和删除的 DynamoDB 的应用程序必须首先查询 DynamoDB 二级索引（稍后讨论）以确定要更新或删除的项的主键。

7.3.2 设计数据访问模块

事件处理程序和查询 API 模块不直接访问数据存储区。相反，它们使用数据访问模块，该模块由数据访问对象（DAO）及其辅助类组成。DAO 有几项职责。它实现由事件处理程序调用的更新操作，以及查询模块调用的查询操作。DAO 把上层代码映射到数据库 API 使用的数据类型。它还必须处理并发更新并确保更新是幂等的。

让我们看一下这些问题，从如何处理并发更新开始。

并发处理

有时，DAO 必须处理对同一数据库记录进行多个并发更新的可能性。如果视图订阅由单个聚合类型发布的事件，则不会出现任何并发问题。因为特定的聚合实例发布的事件是按顺序处理的。因此，对应于聚合实例的记录不会同时更新。但是，如果视图订阅由多个聚合类型发布的事件，则多个事件处理程序可能同时更新同一记录。

例如，Order* 事件的事件处理程序可能与同一订单的 Delivery* 事件的事件处理程序同时调用。然后，两个事件处理程序同时调用 DAO 来更新该 Order 的数据库记录。DAO 必须以确保正确处理这种情况的方式编写。它不能允许一次更新覆盖另一次更新。如果 DAO 通过读取记录进行更新，然后再写入已更新记录的做法，则必须使用悲观锁或乐观锁。在下一节中，你将看到一个 DAO 实例，它通过更新数据库记录而不是先读取它们来处理并发更新。

幂等事件处理程序

如第 3 章所述，可以多次使用同一事件调用事件处理程序。如果查询端事件处理程序是幂等的，这通常不是问题。如果多次处理重复事件，结果仍旧不会出错，则事件处理程序是幂等的。在最坏的情况下，视图数据存储将暂时过时。例如，维护 Order History 视图的事件处理程序可能会被，如图 7-11 所示（事实上不可能的）事件序列：DeliveryPickedUp、DeliveryDelivered、DeliveryPickedUp 和 DeliveryDelivered 调用。在第一次交付 DeliveryPickedUp 和 DeliveryDelivered 事件之后，消息代理可能由于网络错误而开始从较早的时间点开始传递事件，因此重新传递 DeliveryPickedUp 和 DeliveryDelivered。

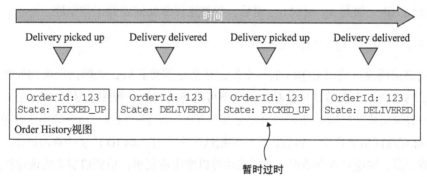

图 7-11　DeliveryPickedUp 和 DeliveryDelivered 事件两次传递，这导致视图中的订单状态暂时过时

在事件处理程序处理第二个 DeliveryPickedUp 事件之后，Order History 视图暂时包含 Order 的过时状态，直到处理 DeliveryDelivered 为止。如果不希望出现这种情况，则事件处理程序应检测并丢弃重复事件，像非幂等事件处理程序一样。

如果重复事件导致不正确的结果，则事件处理程序不是幂等的。例如，增加银行账户余额的事件处理程序不是幂等的。如第 3 章所述，非幂等事件处理程序必须通过记录它在视图数据存储中处理事件的 ID 来检测和丢弃重复事件。

为了确保可靠，事件处理程序必须记录事件 ID 并以原子化的方式更新数据存储区。如何执行此操作取决于数据库的类型。如果视图的底层数据库是 SQL 数据库，则事件处理程序可以将已处理的事件作为更新视图事务的一部分插入 PROCESSED_EVENTS 表中。但是，如果视图底层数据库是具有有限事务模型的 NoSQL 数据库，则事件处理程序必须将事件保存在它更新的数据存储区“记录”（例如，MongoDB 文档或 DynamoDB 表项）中。

请务必注意，事件处理程序不需要记录每个事件的 ID。如果与 Eventuate 的情况一样，事件具有单调递增的 ID，则每个记录仅需要存储从给定聚合实例接收的 max(eventId)。此外，如果记录对应于单个聚合实例，则事件处理程序仅需要记录 max(eventId)。只有表示来自多个聚合的事件连接的记录必须包含从 [aggregate type, aggregate id] 到 max(eventId) 的映射。

例如，你很快就会看到 Order History 视图的 DynamoDB 实现包含具有跟踪事件属性的项目，如下所示：

```
{...
    "Order3949384394-039434903" : "0000015e0c6fc18f-0242ac1100e50002",
    "Delivery3949384394-039434903" : "0000015e0c6fc264-0242ac1100e50002",
}
```

此视图是各种服务发布事件的连接。每个事件跟踪属性的名称是«aggregateType»«aggregateId»，值是 eventId。稍后，我将更详细地描述其工作原理。

让客户端应用程序采用最终一致性的视图

正如我之前所说，使用 CQRS 的一个问题是命令端更新后，立即执行查询的客户端可能看不到自己的更新。由于消息传递基础设施不可避免的延迟，视图是最终一致的。

命令和查询模块 API 可以使客户端使用以下方法检测不一致性。命令端操作将包含已发布事件的 ID 标记返回给客户端。然后，客户端把这个事件有关的 ID 传递给查询操作，如果该事件尚未更新视图，则返回查询错误。视图模块可以使用重复事件检测机制来实现这样的功能。

7.3.3 添加和更新 CQRS 视图

CQRS 视图将在应用程序的整个生命周期内被不断地添加和更新。有时你需要添加新视图以支持新查询。在其他时候，你可能需要重新创建视图，因为架构已更改，或者你需要修复更新视图代码中的错误。

添加和更新视图在概念上非常简单。要创建新视图，你需要开发查询端模块、设置数据存储区并部署服务。查询端模块的事件处理程序处理所有事件，最终视图将是最新的。同样，更新现有视图在概念上也很简单：更改事件处理程序并从头开始重建视图。然而，问题是这些想法在实践中不太可行。我们来看看具体的问题。

使用归档事件构建 CQRS 视图

一个问题是消息代理无法无限期地存储消息。传统的消息代理如 RabbitMQ 会在消费者处理完消息后删除该消息。更为现代的消息代理，例如 Apache Kafka，在可配置的保留期内保留消息，但也不会无限期地存储事件。因此，只能通过从消息代理读取所有需要的事件来构建视图。相反，应用程序还必须读取已存档的旧事件，这些旧事件可能都已经被保存到了 AWS S3 之上。你可以通过使用可扩展的大数据技术（如 Apache Spark）来实现此目的。

增量式构建 CQRS 视图

视图创建的另一个问题是处理所有事件所需的时间和资源随着时间的推移而不断增长。最终，视图创建将变得缓慢且昂贵。解决方案是使用两步增量算法。第一步基于其先前的快照和自创建快照以来发生的事件，定期计算每个聚合实例的快照。第二步使用快照和任何后续事件创建视图。

7.4　实现基于 AWS DynamoDB 的 CQRS 视图

我们已经了解了使用 CQRS 时必须解决的各种设计问题，现在来看一个具体例子。本节介绍如何使用 DynamoDB 为 `findOrderHistory()` 操作实现 CQRS 视图。AWS DynamoDB 是一个可扩展的 NoSQL 数据库，可作为 Amazon 云上的服务使用。DynamoDB 数据模型由包含项（item）的表组成，这些项与 JSON 对象一样，是分层的名称与值对的集合。AWS DynamoDB 是一个完全托管的数据库，你可以动态地调整数据表的吞吐量规模。

`findOrderHistory()` 的 CQRS 视图使用来自多个服务的事件，因此它被实现为独立的 `Order View Service`。该服务有一套实现了两个操作的 API：`findOrderHistory()` 和 `findOrder()`。尽管可以使用 API 组合实现 `findOrder()`，但此视图可以免费提供此操作。图 7-12 显示了该服务的设计。`Order History Service` 被设计为一组模块，每个模块都肩负特定的职责，以简化开发和测试。每个模块的职责如下：

- `OrderHistoryEventHandlers`：订阅各种服务发布的事件并调用 `OrderHistoryDAO`。
- `OrderHistoryQueryAPI` 模块：实现前面描述的 REST API 接口。
- `OrderHistoryDataAccess`：包含 `OrderHistoryDAO`，它定义了更新和查询 `ftgo-order-history` DynamoDB 表及其辅助类的方法。
- `ftgo-order-history DynamoDB 表`：存储订单的 DynamoDB 表。

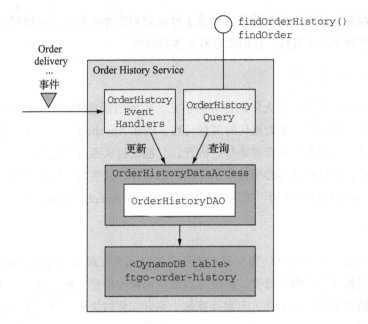

图 7-12　OrderHistoryService 的设计。OrderHistoryEventHandlers 更新数据库以
　　　　响应事件。OrderHistoryQuery 模块通过查询数据库来实现查询操作。这两个模
　　　　块使用 OrderHistoryDataAccess 模块来访问数据库

让我们更详细地看一下事件处理程序、DAO 和 DynamoDB 表的设计。

7.4.1　OrderHistoryEventHandlers 模块

此模块由接收事件和更新 DynamoDB 表的事件处理程序组成。如下面的代码清单 7-1 所
示，事件处理程序都是简单的方法。每个方法都是一个单行程序，使用从事件派生的参数调
用 OrderHistoryDao。

代码清单7-1　调用 **OrderHistoryDao** 的事件处理程序

```
public class OrderHistoryEventHandlers {

  private OrderHistoryDao orderHistoryDao;

  public OrderHistoryEventHandlers(OrderHistoryDao orderHistoryDao) {
    this.orderHistoryDao = orderHistoryDao;
  }

  public void handleOrderCreated(DomainEventEnvelope<OrderCreated> dee) {
    orderHistoryDao.addOrder(makeOrder(dee.getAggregateId(), dee.getEvent()),
                 makeSourceEvent(dee));
  }
```

```
private Order makeOrder(String orderId, OrderCreatedEvent event) {
    ...
}

public void handleDeliveryPickedUp(DomainEventEnvelope<DeliveryPickedUp>
                                   dee) {
  orderHistoryDao.notePickedUp(dee.getEvent().getOrderId(),
        makeSourceEvent(dee));
}

    ...
```

每个事件处理程序都有一个 DomainEventEnvelope 类型的参数，其中包含事件和描述事件的一些元数据。例如，调用 handleOrderCreated() 方法来处理 OrderCreated 事件。它调用 orderHistoryDao.addOrder() 在数据库中创建一个 Order。类似地，调用 handleDeliveryPickedUp() 方法来处理 DeliveryPickedUp 事件。调用 order-HistoryDao.notePickedUp() 来更新数据库中 Order 的状态。

这两个方法都调用辅助方法 makeSourceEvent()，该方法构造一个 SourceEvent，其中包含发出事件的聚合类型和 ID 以及事件 ID。在下一节中，你将看到 OrderHistoryDao 使用 SourceEvent 来确保更新操作是幂等的。

现在让我们看一下 DynamoDB 表的设计，然后再查看 OrderHistoryDao。

7.4.2　DynamoDB 中的数据建模和查询设计

与许多 NoSQL 数据库一样，DynamoDB 的数据访问操作能力远远低于关系型数据库。因此，你必须仔细设计数据的存储方式。特别是，查询通常决定了数据库结构的设计。我们需要解决几个设计问题：

- 设计 ftgo-order-history 表。
- 定义用于 findOrderHistory 查询的索引。
- 实现 findOrderHistory 查询。
- 分页显示查询结果。
- 更新订单。
- 检测重复事件。

让我们来逐一分析。

设计 FTGO-ORDER-HISTORY 表

DynamoDB 存储模型由包含项（item）和索引的表组成，这些表提供了访问表项的替代方法（稍后讨论）。项是命名属性的集合。属性值可以是标量值（如字符串）、多值字符串集合或命名属性集合。虽然项相当于关系型数据库中的一行，但它更灵活，可以存储整个聚合。

这种灵活性使 OrderHistoryDataAccess 模块能够将每个订单作为单个项存储在名为 ftgo-order-history 的 DynamoDB 表中。Order 类的每个字段都映射到项的属性，如图 7-13 所示。orderCreationTime 和 status 等简单字段将映射到单值项属性中。lineItems 字段映射到属性中，该属性是图构成的一个列表，每个时间线一个图。它可以被认为是 JSON 对象数组。

ftgo-order-history table

主键					
orderId	consumerId	orderCreationTime	status	lineItems	...
...	xyz-abc	22939283232	CREATED	[{...}, {...}, ...]	...
...	...	...	....	....	...

图 7-13   DynamoDB OrderHistory 表的初步结构

表定义的一个重要部分是它的主键。DynamoDB 应用程序通过主键插入、更新和检索表的项目。把 orderId 设为主键似乎是正确的选择。这使 Order History Service 能够通过 orderId 插入、更新和检索订单。但在最终确定此决定之前，让我们首先探讨一下表的主键如何影响它所支持的各种数据访问操作。

定义用于 FINDORDERHISTORY 查询的索引

此表定义支持基于主键的 Orders 读写。但是它不支持返回按时间增长排序的多个匹配订单的查询，例如 findOrderHistory()。这是因为，正如你将在本节后面看到的，此查询使用 DynamoDB query() 操作，该操作需要一个具有由两个标量属性组成的复合主键的表。第一个属性是分区键。之所以称为分区键，是因为 DynamoDB 的 Z 轴扩展（在第 1 章中描述过）使用它来选择项目的存储分区。第二个属性是排序键。query() 操作返回具有指定分区键、具有指定范围内的排序键，并与可选过滤器表达式匹配的项。它按排序键指定的顺序返回项。

findOrderHistory() 的查询操作是返回按时间增长排序的消费者订单。因此，它需要一个将 consumerId 作为分区键、orderCreationDate 作为排序键的主键。但是（consumerId, orderCreationDate）作为 ftgo-order-history 表的主键是没有意义的，因为它不是唯一的。

解决方案是 findOrderHistory() 查询 ftgo-order-history 表上 DynamoDB 称

为二级索引的内容。该索引可把 (consumerId,orderCreationDate) 作为其非唯一键。与关系型数据库索引一样，每当表更新时，DynamoDB 索引都会自动更新。但与典型的关系型数据库索引不同，DynamoDB 索引可以具有非键属性。非键属性可以提高性能，因为它们是由查询返回的，因此应用程序不必从表中获取它们。此外，你很快就会看到，它们可用于过滤。图 7-14 显示了表和该索引的结构。

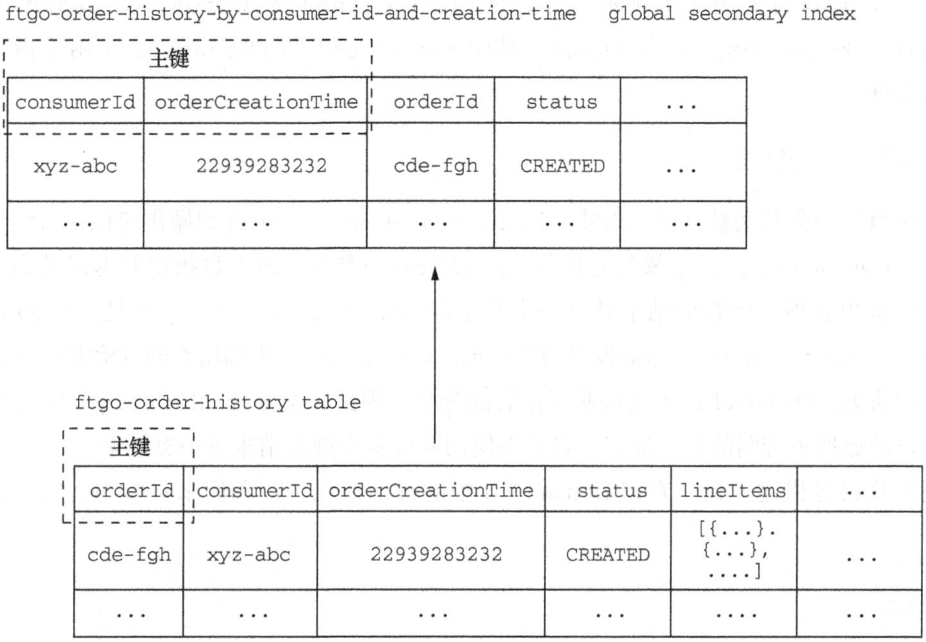

ftgo-order-history-by-consumer-id-and-creation-time　global secondary index

主键		orderId	status	...
consumerId	orderCreationTime	orderId	status	...
xyz-abc	22939283232	cde-fgh	CREATED	...
...	...	...	...	...

ftgo-order-history table

主键					
orderId	consumerId	orderCreationTime	status	lineItems	...
cde-fgh	xyz-abc	22939283232	CREATED	[{...}. {...}, ...]	...
...	...	...	...	....	...

图 7-14　OrderHistory 表和索引的设计

索引是 ftgo-order-history 表定义的一部分，并被称为 ftgo-order-history-by-consumer-id-and-creation-time。索引的属性包括主键属性 consumerId、orderCreationTime 和非键属性 orderId 和 status。

ftgo-order-history-by-consumer-id-and-creation-time 索引使 Order-HistoryDaoDynamoDb 能够有效地检索按时间增长排序的消费者订单。

现在让我们看看如何只获取那些符合过滤条件的订单。

实现 FindOrderHistory 查询

findOrderHistory() 查询操作具有指定搜索条件的 filter 参数。一个过滤条件是要返回处理时间跨度最大的订单。这很容易实现，因为 DynamoDB Query 操作的键条件表达式支持对排序键的范围限制。其他过滤条件对应于非键属性，可以使用过滤器表达式实现，该表达式是布尔表达式。DynamoDB Query 操作仅返回满足过滤器表达式的项目。例如，要查找 CANCELED 的订单，OrderHistoryDaoDynamoDb 使用查询表达式 orderStatus=:orderStatus，其中：orderStatus 是占位符参数。

实现关键字过滤条件更具挑战性。它选择餐馆名称或菜单项与指定关键字匹配订单。OrderHistoryDaoDynamoDb 通过标记餐馆名称和菜单项并将该组关键字存储在名为 keywords 的集值属性中，来实现关键字搜索。它通过使用 contains() 函数的过滤器表达式查找与关键字匹配的订单，例如 contains(keywords,:keyword1) 或者 contains(keywords,:keyword2)，其中 :keyword1 和 :keyword2 是用于指定关键字的占位符。

分页显示查询结果

一些消费者会有大量订单。因此，findOrderHistory() 查询操作应该支持结果的分页显示。DynamoDB Query 操作有操作 pageSize 的参数，该参数指定要返回的最大项目数。如果有更多项，则查询结果具有一个非空的 LastEvaluatedKey 属性。DAO 可以通过将 exclusiveStartKey 参数设置为 LastEvaluatedKey 来调用查询以检索下一页项。

如你所见，DynamoDB 不支持基于位置的分页。因此，Order History Service 会向其客户端返回不透明的分页标记。客户端使用此分页令牌来请求下一页结果。

现在我已经描述了如何查询 DynamoDB 中的订单信息，让我们来看看如何实现插入和更新。

更新订单

DynamoDB 支持插入和更新项两种操作：PutItem() 和 UpdateItem()。PutItem() 操作通过其主键创建或替换整个项目。理论上，OrderHistoryDaoDynamoDb 可以使用此操作插入并更新订单。但是，使用 PutItem() 的一个挑战是确保正确处理对同一项的同时更新。

例如，考虑两个事件处理程序同时尝试更新同一项的情况。每个事件处理程序调用 OrderHistoryDaoDynamoDb 从 DynamoDB 加载项目，在内存中更改它，并使用 PutItem() 在 DynamoDB 中更新它。一个事件处理程序可能会覆盖另一个事件处理程序所做的更改。OrderHistoryDaoDynamoDb 可以通过使用 DynamoDB 的乐观锁机制来防止丢失更新。但是更简单、更有效的方法是使用 UpdateItem() 操作。

UpdateItem() 操作更新项目的各个属性，必要时创建项目。由于不同的事件处理程序更新 Order 项的不同属性，因此使用 UpdateItem 是有意义的。此操作也更有效，因为无须先从表中检索订单。

如前所述，响应事件并更新数据库的一个挑战是检测和丢弃重复事件。让我们看一下使用 DynamoDB 时如何做到这一点。

检测重复事件

Order History Service 的所有事件处理程序都是幂等的。每个都设置 Order 项的一个或多个属性。因此，Order History Service 可以简单地忽略重复事件的问题。然而，忽略这个问题的缺点是订单项有时会暂时过时。因为接收重复事件的事件处理程序会将 Order 项的属性设置为以前的值。在重新传递后续事件之前，Order 项将没有正确的值。

如前所述，防止数据过时的一种方法是检测并丢弃重复事件。OrderHistory-DaoDynamoDb 可以通过在每个项目中记录导致其更新的事件来检测重复事件。然后，它可以使用 UpdateItem() 操作的条件更新机制，仅在事件不重复时才更新项目。

仅当条件表达式为真时才执行条件更新。条件表达式测试属性是否存在或是否具有特定值。OrderHistoryDaoDynamoDb DAO 可以使用名为 «aggregateType»«aggregateId» 的属性跟踪从每个聚合实例接收的事件，其值是接收到的最高事件 ID。如果属性存在且其值小于或等于事件 ID，则事件是重复的。OrderHistoryDaoDynamoDb DAO 使用以下条件表达式：

```
attribute_not_exists(«aggregateType»«aggregateId»)
    OR «aggregateType»«aggregateId» < :eventId
```

条件表达式仅允许在属性不存在或 eventId 大于上次处理的事件 ID 时更新。

例如，假设事件处理程序从 ID 为 3949384394-039434903 的 Delivery 聚合中接收 ID 为 123323-343434 的 DeliveryPickup 事件。跟踪属性的名称为 Delivery3949384394-039434903。如果此属性的值大于或等于 123323-343434，则事件处理程序应将事件视为重复事件。事件处理程序调用的 query() 操作使用以下条件表达式更新 Order 项：

```
attribute_not_exists(Delivery3949384394-039434903)
    OR Delivery3949384394-039434903 < :eventId
```

现在我已经描述了 DynamoDB 数据模型和查询设计，让我们看一下 OrderHistory-DaoDynamoDb，它定义了更新和查询 ftgo-order-history 表的方法。

7.4.3　OrderHistoryDaoDynamoDb 类

OrderHistoryDaoDynamoDb 类实现读取和写入 ftgo-order-history 表中项的方法。它的更新方法由 OrderHistoryEventHandlers 调用，其查询方法由 Order-

HistoryQuery API 调用。让我们看一些示例方法，从 addOrder() 方法开始。

addOrder() 方法

addOrder() 方法（如代码清单 7-2 所示）向 ftgo-order-history 表添加一个订单。它有两个参数：order 和 sourceEvent。order 参数是要添加的 Order，它从 Order-Created 事件中获得。sourceEvent 参数包含 eventId 以及发出事件的聚合类型和 ID。它用于实现条件更新。

代码清单7-2 addOrder()方法添加或更新Order

```
public class OrderHistoryDaoDynamoDb ...

@Override
public boolean addOrder(Order order, Optional<SourceEvent> eventSource) {    ← 需要更新的
  UpdateItemSpec spec = new UpdateItemSpec()                                      Order 的主键
          .withPrimaryKey("orderId", order.getOrderId())
          .withUpdateExpression("SET orderStatus = :orderStatus, " +          ← 用于更新属
                  "creationDate = :cd, consumerId = :consumerId, lineItems ="     性的表达式
                  " :lineItems, keywords = :keywords, restaurantName = " +
                  ":restaurantName")
          .withValueMap(new Maps()                                            ← 更新表达式
                  .add(":orderStatus", order.getStatus().toString())             中占位符的值
                  .add(":cd", order.getCreationDate().getMillis())
                  .add(":consumerId", order.getConsumerId())
                  .add(":lineItems", mapLineItems(order.getLineItems()))
                  .add(":keywords", mapKeywords(order))
                  .add(":restaurantName", order.getRestaurantName())
                  .map())
          .withReturnValues(ReturnValue.NONE);
  return idempotentUpdate(spec, eventSource);
}
```

addOrder() 方法创建 UpdateSpec，它是 AWS SDK 的一部分，描述了更新操作。在创建 UpdateSpec 之后，它调用 idempotentUpdate()，这是一个辅助方法，在添加防止重复更新的条件表达式后执行更新。

notePickedUp() 方法

代码清单 7-3 中所示的 notePickedUp() 方法由 DeliveryPickedUp 事件的事件处理程序调用。它将 Order 项的 deliveryStatus 更改为 PICKED_UP。

代码清单7-3 notePickedUp()方法将订单状态更改为PICKED_UP

```
public class OrderHistoryDaoDynamoDb ...

@Override
public void notePickedUp(String orderId, Optional<SourceEvent> eventSource) {
```

```
UpdateItemSpec spec = new UpdateItemSpec()
        .withPrimaryKey("orderId", orderId)
        .withUpdateExpression("SET #deliveryStatus = :deliveryStatus")
        .withNameMap(Collections.singletonMap("#deliveryStatus",
                DELIVERY_STATUS_FIELD))
        .withValueMap(Collections.singletonMap(":deliveryStatus",
                DeliveryStatus.PICKED_UP.toString()))
        .withReturnValues(ReturnValue.NONE);
  idempotentUpdate(spec, eventSource);
}
```

此方法类似于 `addOrder()`。它创建一个 `UpdateItemSpec` 并调用 `idempotent-Update()`。我们来看看 `idempotentUpdate()` 方法。

idempotentUpdate() 方法

代码清单 7-4 显示了 `idempotentUpdate()` 方法，该方法在向 `UpdateItemSpec` 添加条件表达式后更新项目，以防止重复更新。

代码清单7-4 `idempotentUpdate()`方法忽略重复事件

```
public class OrderHistoryDaoDynamoDb ...

private boolean idempotentUpdate(UpdateItemSpec spec, Optional<SourceEvent>
        eventSource) {
 try {
  table.updateItem(eventSource.map(es -> es.addDuplicateDetection(spec))
        .orElse(spec));
  return true;
 } catch (ConditionalCheckFailedException e) {
  // Do nothing
  return false;
 }
}
```

如果提供了 sourceEvent，则 `idempotentUpdate()` 将调用 SourceEvent.addDuplicateDetection() 以向 `UpdateItemSpec` 添加前面描述的条件表达式。`idempotentUpdate()` 方法捕获并忽略 `ConditionalCheckFailedException`，如果事件是重复的，则由 `updateItem()` 抛出。

现在我们已经看到了更新表的代码，让我们看一下查询方法。

findOrderHistory() 方法

代码清单 7-5 中所示的 `findOrderHistory()` 方法通过使用 `ftgo-order-history-by-consumer-id-and-creation-time` 二级索引查询 `ftgoorder-history` 表来检索消费者的订单。它有两个参数：`consumerId` 指定消费者，`filter` 指定搜索条件。此方

法创建 QuerySpec，与 UpdateSpec 一样，是 AWS SDK 的一部分，在其参数中指定需要查询的索引，并将返回的项转换为 OrderHistory 对象。

代码清单7-5 findOrderHistory()方法检索与消费者匹配的Order

```java
public class OrderHistoryDaoDynamoDb ...

@Override
public OrderHistory findOrderHistory(String consumerId, OrderHistoryFilter
        filter) {

    QuerySpec spec = new QuerySpec()            // 指定查询必须按时
            .withScanIndexForward(false)        // 间递增的排序方式返
            .withHashKey("consumerId", consumerId)  // 回订单
            .withRangeKeyCondition(new RangeKeyCondition("creationDate")
                    .gt(filter.getSince().getMillis()));
                                                // 返回时间最
    filter.getStartKeyToken().ifPresent(token ->    // 长的订单
            spec.withExclusiveStartKey(toStartingPrimaryKey(token)));

    Map<String, Object> valuesMap = new HashMap<>();

    String filterExpression = Expressions.and(
            keywordFilterExpression(valuesMap, filter.getKeywords()),
            statusFilterExpression(valuesMap, filter.getStatus()));
                                                // 从 OrderHistoryFilter
    if (!valuesMap.isEmpty())                   // 构造过滤器表达式和占位符值
     spec.withValueMap(valuesMap);              // 映射

    if (StringUtils.isNotBlank(filterExpression)) {
     spec.withFilterExpression(filterExpression);
    }
                                                // 如果调用者
    filter.getPageSize().ifPresent(spec::withMaxResultSize);  // 指定了页面的
                                                // 大小，则限制
    ItemCollection<QueryOutcome> result = index.query(spec);  // 结果数

    return new OrderHistory(
            StreamSupport.stream(result.spliterator(), false)

            .map(this::toOrder)                 // 从查询返回的
              .collect(toList()),               // 结果创建订单
            Optional.ofNullable(result
                .getLastLowLevelResult()
                .getQueryResult().getLastEvaluatedKey())
            .map(this::toStartKeyToken));
}
```

在构建 QuerySpec 之后，执行查询并从返回的项构建 OrderHistory，其中包含 Orders 列表。

findOrderHistory() 方法通过将 getLastEvaluatedKey() 返回的值序列化为 JSON 标记

来实现分页。如果客户端在 `OrderHistoryFilter` 中指定了开始标记，则 `findOrder-History()` 将其序列化并调用 `withExclusiveStartKey()` 来设置开始键。

如你所见，在实现 CQRS 视图时必须解决许多问题，包括选择数据库、设计有效实现更新和查询的数据模型、处理并发更新以及处理重复事件等。代码中唯一复杂的部分是 DAO，因为它必须正确地处理并发，并确保更新是幂等的。

本章小结

- 实现从多个服务检索数据的查询具有挑战性，因为每个服务的数据都是私有的。
- 有两种方法可以实现这些类型的查询：API 组合模式和命令查询职责隔离（CQRS）模式。
- 从多个服务获取数据的 API 组合模式是实现查询的最简单方法，应尽可能使用。
- API 组合模式的局限性是某些复杂查询需要大型数据集的低效内存连接。
- 使用视图数据库实现查询的 CQRS 模式功能更强大，但实现起来更复杂。
- CQRS 视图模块必须处理并发更新以及检测和丢弃重复事件。
- CQRS 有助于改善问题隔离，服务不必为自己拥有的数据实现查询功能。
- 客户必须处理 CQRS 视图的最终一致性。

第8章

外部 API 模式

本章导读

- 设计能够支持多种客户端的 API 的挑战
- 使用 API Gateway 模式和后端前置模式
- 设计和实现 API Gateway
- 使用响应式编程来简化 API 组合
- 使用 GraphQL 实现 API Gateway

与许多其他应用程序一样，FTGO 应用程序也有 REST API。这些 REST API 的客户端包括 FTGO 移动端应用程序、浏览器中运行的 JavaScript 以及合作伙伴开发的应用程序。在这种单体架构中，暴露给客户端的 API 往往就是单体应用自身的 API。但是，一旦 FTGO 团队开始部署微服务，就不再是有单一 API，因为每个服务都有自己的 API。玛丽和她的团队必须决定 FTGO 应用程序现在应该向客户端公开哪种 API。例如，客户端是否应该知道服务的存在，并直接向每个服务发出请求？

设计应用程序外部 API 的任务因其客户端的多样性而变得更具挑战性。不同客户端通常需要不同的数据。通常，基于桌面浏览器的用户界面显示的信息远远多于移动应用程序。此外，不同的客户端通过不同类型的网络访问服务。防火墙内的客户端使用高性能局域网，防火墙外的客户端使用性能较低的互联网或移动网络。因此，你会发现，拥有单一、适合所有客户端的 API 通常没有意义。

本章首先介绍各种外部 API 的设计问题。然后我会引入外部 API 模式。我将介绍 API Gateway 模式，然后介绍后端前置模式。之后，我将讨论如何设计和实现 API Gateway。我将对比各种可用的产品，其中包括现成的 API Gateway 产品和用于自行开发 API Gateway 的框架。我将讨论使用 Spring Cloud Gateway 框架构建 API Gateway 相关的设计和实现，还将讨论如何使用 GraphQL（一种提供基于图形查询语言的框架）构建 API Gateway。

8.1 外部 API 的设计难题

为了探索与 API 相关的各种问题，让我们考虑一下 FTGO 应用程序。如图 8-1 所示，该应用程序的服务由各种客户端使用。使用服务 API 的客户端一共有四种：

- Web 应用程序，如 `Consumer Web` 应用程序——为消费者实现基于浏览器的用户界面，`Restaurant Web` 应用程序——实现基于浏览器的餐馆用户界面，以及 `Admin Web` 应用程序——实现供内部管理员使用的用户界面。
- 在浏览器中运行的 JavaScript 应用程序。
- 移动应用程序，一个供消费者使用，另一个供送餐员使用。
- 由第三方开发人员编写的应用程序。

Web 应用程序在防火墙内部运行，因此它们通过高带宽、低延迟的局域网访问服务。其他客户端在防火墙之外运行，因此它们通过较低带宽、较高延迟的互联网或移动网络访问服务。

API 的一种设计思路是让客户端直接调用服务。从表面上看，这听起来非常简单，毕竟，这就是客户端调用单体应用程序的 API 的方式。但由于存在以下弊端，这种方法很少用于微服务架构：

- 细粒度服务 API 要求客户端发出多个请求以检索所需的数据，这样做效率低，并且可能导致糟糕的用户体验。
- 由于客户端了解每项服务以及服务的 API 从而导致封装不足（紧耦合），因此今后很难更改服务的架构和 API。
- 服务可能使用对客户端而言不便或不能使用的进程间通信机制，尤其是防火墙外的客户端。

要了解有关这些弊端的更多信息，让我们来看看 FTGO 移动应用程序如何从服务中检索数据。

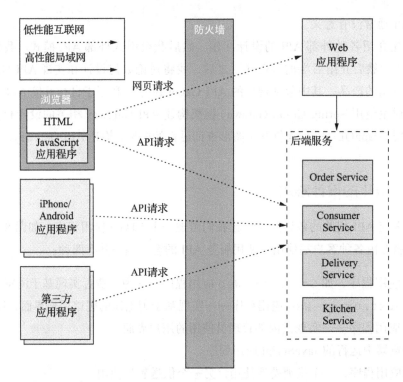

图 8-1　FTGO 应用程序的服务及客户端。有几种不同类型的客户端。有些在防火墙内，有
些在防火墙外。防火墙外的客户端通过性能较低的互联网或移动网络访问服务。防
火墙内的客户端使用性能更高的局域网

8.1.1　FTGO 移动客户端 API 的设计难题

消费者使用 FTGO 移动客户端来下订单和管理他们的订单。想象一下，你正在开发移动
客户端的 View Order 视图，该视图显示订单。如第 7 章所述，此视图显示的信息包括基
本订单信息，如订单状态、付款状态、餐馆视角下的订单状态，以及送餐状态（包括其位置
和运输过程中的预计送餐时间）。

FTGO 应用程序的单体版本具有返回订单详细信息的 API 接口。移动客户端通过发出单
一请求来检索所需的信息。相比之下，在 FTGO 应用程序的微服务版本中，如前所述，订单
详细信息分散在多个服务中，包括以下内容：

- Order Service：基本订单信息，包括详细信息和状态。
- Kitchen Service：餐馆视角下的订单状态以及送餐员可以取餐的预计时间。
- Delivery Service：订单的送餐状态，预计送餐时间和当前位置。

- Accounting Service：订单的付款状态。

如果移动客户端直接调用服务，则必须如图 8-2 所示，进行多次调用以检索此数据。

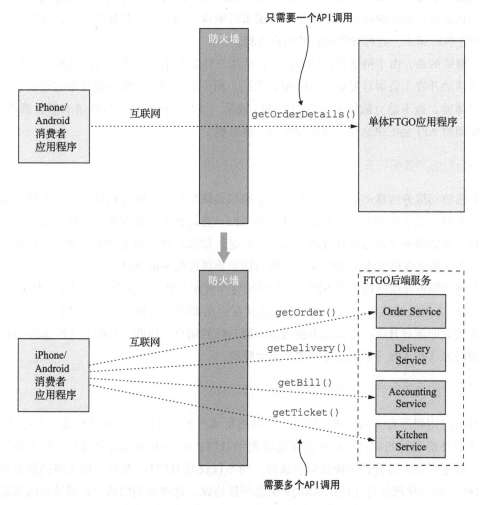

图 8-2　客户端可以通过单个请求从单体 FTGO 应用程序中检索订单详细信息。但是客户端必须发出多个请求才能在微服务架构中检索相同的信息

在此设计中，移动应用程序扮演着 API 组合器的角色。它调用多个服务并组合结果。尽管这种方法看似合理，但它有几个严重的问题。

多次客户端请求导致用户体验不佳

第一个问题是移动应用程序有时必须发出多个请求来检索它想要显示给用户的数据。应用程序和服务之间的频繁交互可能使应用程序看起来无响应，尤其是当它使用互联网或移动网络时。与局域网相比，互联网具有更低的带宽和更高的延迟，移动网络甚至更糟。移动网络（和互联网）的延迟通常是局域网的 100 倍。

检索订单详细信息时，较高的延迟可能不是问题，因为移动应用程序通过同时执行请求来最小化延迟。总体响应时间不大于单个请求的响应时间。但在其他情况下，客户端可能需要按顺序执行请求，这将导致糟糕的用户体验。

更重要的是，由于网络延迟导致的糟糕的用户体验并不是烦琐的 API 的唯一问题。它可能要求移动开发人员编写复杂的 API 组合代码。而前端开发人员的首要任务应该是创建优质的用户体验，而不是分散精力与后端的 API 较劲。此外，由于每个网络请求都会消耗电力，因此烦琐的 API 会更快地耗尽移动设备的电池电量。

缺乏封装导致前端开发做出的代码修改影响后端

直接访问服务的移动应用程序的另一个弊端是缺少封装。随着应用程序的发展，服务开发人员有时会以破坏现有客户端的方式更改 API。他们甚至可能将系统分解为服务。开发人员可以添加新服务并拆分或合并现有服务。但是，如果将有关服务的知识融入到移动应用程序中（导致客户端和服务端过度耦合），则可能很难更改服务的 API。

与更新服务器端应用程序不同，推出移动应用程序的新版本需要数小时甚至数天。Apple或 Google 必须批准移动应用的升级，并使其在应用商店中可供下载。在这种情况下，用户可能无法立即下载升级。而你又不能强迫不愿升级的用户。因此，将服务 API 暴露给移动设备的策略为这些 API 今后的变更带来了重大障碍。

服务可能选用对客户端不友好的进程间通信机制

移动应用程序直接调用服务的另一个挑战是某些服务可能使用对客户端不友好的协议。在防火墙外部运行的客户端应用程序通常使用 HTTP 和 WebSockets 等协议。但正如第 3 章所述，服务开发人员有许多协议可供选择，而不仅仅是 HTTP。某些应用程序的服务可能使用 gRPC，而其他服务可能使用 AMQP 消息传递协议。这些类型的协议在局域网内部运行良好，但可能不容易被移动客户端使用，有些甚至无法穿透防火墙。

8.1.2 其他类型客户端 API 的设计难题

我们之前都以移动客户端为例讨论 API 的设计难题，因为这是一种直观的方式，可以展示客户端直接访问服务的弊端。但是，向客户端公开服务 API 所产生的问题并不仅仅针对移动客户端。其他类型的客户端，尤其是防火墙外的客户端，也会遇到同样的问题。如前所述，FTGO 应用程序的服务由 Web 应用程序、基于浏览器的 JavaScript 应用程序和第三方应用程序使用。我们来看看这些类型客户端的 API 设计问题。

Web 应用程序的 API 设计难题

传统的服务器端 Web 应用程序处理来自浏览器的 HTTP 请求并返回 HTML 页面，在防火墙内运行并通过局域网访问服务。网络带宽和延迟不是在 Web 应用程序中实现 API 组合的障碍。此外，Web 应用程序可以使用非 Web 友好的协议来访问服务。开发 Web 应用程序的团队是同一组织的一部分，并且经常与编写后端服务的团队密切合作，因此无论何时更改后端服务，都可以轻松更新 Web 应用程序。因此，Web 应用程序直接访问后端服务是可行的。

基于浏览器的 JavaScript 应用程序的 API 设计难题

现代浏览器应用程序使用一些 JavaScript。即使 HTML 主要由服务器端 Web 应用程序生成，但在浏览器中运行的 JavaScript 通常会调用服务。例如，所有 FTGO 应用程序 Web 应用程序（Consumer、Restaurant 和 Admin）都包含调用后端服务的 JavaScript。例如，Consumer Web 应用程序使用调用服务 API 的 JavaScript 动态刷新 Order Details 页面。

一方面，当服务 API 发生变化时，基于浏览器的 JavaScript 应用程序很容易更新。另一方面，通过互联网访问服务的 JavaScript 应用程序与移动应用程序具有相同的网络延迟问题。更糟糕的是，基于浏览器的用户界面，尤其是桌面用户界面，通常比移动应用程序更复杂，需要组合更多服务。通过互联网访问服务的 Consumer 和 Restaurant 应用程序很可能无法有效地组合服务的 API。

为第三方应用程序设计 API

与许多其他组织一样，FTGO 向第三方开发人员公开 API。开发人员可以使用 FTGO API 编写下订单和管理订单的应用程序。这些第三方应用程序通过互联网访问 API，因此 API 组合可能效率低下。但是，与设计第三方应用程序使用的 API 面临的更大问题相比，API 组合的低效率是一个相对较小的问题。因为第三方开发人员需要一个稳定的 API。

很少有组织可以强制第三方开发人员升级到新的 API。具有不稳定 API 的组织可能会使开发人员加入竞争对手阵营。因此，你必须仔细管理第三方开发人员使用的 API 的演变。通常你必须长时间维护旧版本（可能永远）。

这个要求对组织来说是一个巨大的负担。让后端服务的开发人员负责维护长期的后向兼容性是不切实际的。组织应该拥有一个由独立团队开发的独立公共 API，而不是直接向第三方开发人员公开服务的 API。稍后你将了解到，公共 API 由名为 API Gateway 的架构组件实现。我们来看看 API Gateway 的工作原理。

8.2　API Gateway 模式

正如你刚才所见，直接访问服务的 API 会导致很多问题。客户端通过互联网完成 API 组合通常是不切实际的。缺乏封装使开发人员难以更改服务分解和 API。服务有时会使用不适合防火墙之外的通信协议。因此，更好的方法是使用 API Gateway。

> **模式：API Gateway**
> 实现一个服务，该服务是外部 API 客户端进入基于微服务应用程序的入口点。请参阅：http://microservices.io/patterns/apigateway.html。

API Gateway 是一种服务，它是外部世界进入应用程序的入口点。它负责请求路由、API 组合和身份验证等各项功能。本节介绍 API Gateway 模式。我将分析它的优点和弊端，并讨论在开发 API Gateway 时必须解决的各种设计问题。

8.2.1　什么是 API Gateway 模式

8.1.1 节描述了客户端存在的问题，例如 FTGO 移动应用程序，为了向用户显示信息而必须发出多个 API 请求。一种更好的方法是客户端向 API Gateway 发出单个请求。我们可以把 API Gateway 视为一种服务，作为从防火墙外部进入应用程序的 API 请求的单一入口点。它类似于面向对象设计的外观（Façade）模式⊖。与外观一样，API Gateway 封装了应用程序的内部架构，并为其客户端提供 API。它还可能具有其他职责，例如身份验证、流量监控和速率限制。图 8-3 显示了客户端、API Gateway 和服务之间的关系。

API Gateway 负责请求路由、API 组合和协议转换。来自外部客户端的所有 API 请求首先转到 API Gateway，后者将一些请求路由到相应的服务。API Gateway 使用 API 组合模式处理其他请求，调用多个服务并聚合结果。它还可以在客户端友好的协议（如 HTTP 和 WebSockets）与客户端不友好的协议之间进行转换。

请求路由

API Gateway 的关键功能之一是请求路由。API Gateway 通过将请求路由到相应的服务

⊖　外观模式，也称门面模式，详见《设计模式》一书。——译者注

来实现一些 API 操作。当它收到请求时，API Gateway 会查询路由映射，该映射指定将请求路由到哪个服务。例如，路由映射可以将 HTTP 方法和路径映射到服务的 HTTP URL。此功能与 NGINX 等 Web 服务器提供的反向代理功能相同。

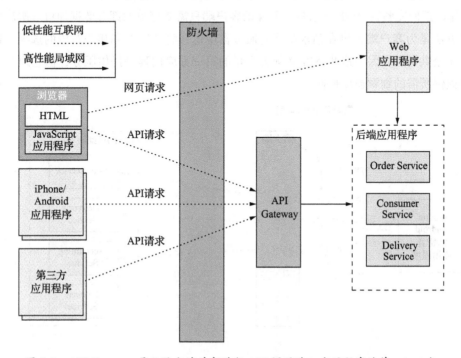

图 8-3　API Gateway 是从防火墙外部进行 API 调用进入应用程序的单一入口点

API 组合

API Gateway 通常不仅仅是简单地扮演反向代理的角色。它也可能使用 API 组合实现一些 API 操作。例如，FTGO API Gateway 使用 API 组合实现 `Get Order Details` API 操作。如图 8-4 所示，移动应用程序向 API Gateway 发出一个请求，该 API Gateway 从多个服务获取订单详细信息。

FTGO API Gateway 提供粗粒度 API，使移动客户端能够通过单个请求检索所需的数据。例如，移动客户端向 API Gateway 发出单个 `getOrderDetails()` 请求。

协议转换

API Gateway 也可以完成协议转换。它可能为外部客户端提供 RESTful API，即使应用程序服务在内部使用混合协议，包括 REST 和 gRPC。在需要时，某些 API 的操作实现在 RESTful 外部 API 和基于内部的 gRPC API 之间进行转换。

API Gateway 能够为每一个客户端提供它们专用的 API

API Gateway 可以提供单一的万能（one-size-fits-all, OSFA）API。单一 API 的问题在于不同的客户端通常具有不同的需求。例如，第三方应用程序可能需要 Get Order Details API 操作以返回完整的 Order 信息；而移动客户端只需要订单的部分数据即可。解决此问题的一种方法是为客户端提供在请求中指定服务器应返回哪些字段和相关对象的选项。这种方法适用于公共 API，因为这些 API 必须为大量的第三方应用程序提供服务，但它通常不会为客户端提供所需的细颗粒度控制。

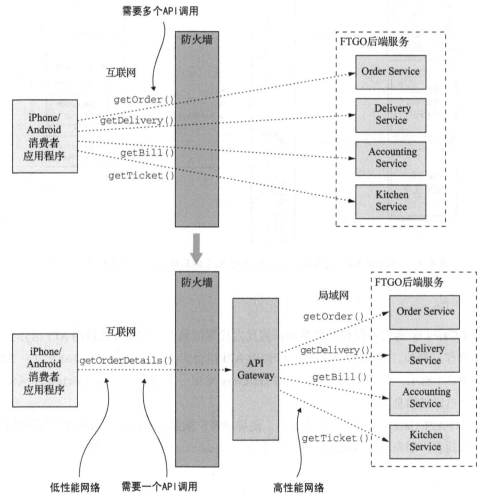

图 8-4　API Gateway 通常扮演 API 组合的角色，这使得诸如移动设备的客户端能够使用单个 API 请求有效地检索到它们需要的数据

更好的方法是 API Gateway 为每个客户端提供自己的 API。例如，FTGO API Gateway

可以为 FTGO 移动客户端提供专门为满足其要求而设计的 API。它甚至可以为 Android 和 iPhone 移动应用程序提供不同的 API。API Gateway 还将为第三方开发人员实现公共 API。稍后，我将介绍后端前置模式，它通过为每个客户端定义一个单独的 API Gateway，进一步实现为每个客户端提供独立 API 的想法。

实现边缘功能

虽然 API Gateway 的主要职责是 API 路由和 API 组合，但它也可以实现所谓的边缘功能。边缘功能（Edge Function），顾名思义，是在应用程序边缘实现的请求、处理功能。应用程序可能实现的边缘功能包括：

- 身份验证：验证发出请求的客户端身份。
- 访问授权：验证客户端是否有权执行该特定操作。
- 速率限制：限制特定客户或所有客户端每秒的请求数。
- 缓存：缓存响应以减少对服务的请求数。
- 指标收集：收集有关 API 使用情况的指标，以进行计费分析。
- 请求日志：记录请求历史。

应用程序中有三个不同的位置可以实现这些边缘功能。首先，你可以在后端服务中实现它们。这可能对某些功能有意义，例如缓存、指标收集和可能的访问授权。但是，如果应用程序在到达服务之前对边缘上的请求进行身份验证，则通常会更安全。

第二种选择是在 API Gateway 上游的边缘服务中实现这些边缘功能。边缘服务是外部客户端的第一个联系点。它在将请求传递给 API Gateway 之前对请求进行身份验证并完成其他边缘处理。

使用专用边缘服务的一个重要好处是它可以分隔问题。API Gateway 侧重于 API 路由和组合。另一个好处是它集中了关键边缘功能的职责，例如身份验证。当应用程序具有多种语言和框架编写的 API Gateway 时，这一点变得尤为重要。我稍后会谈到更多。这种方法的弊端是由于额外的请求跳跃而增加了网络延迟。它还增加了应用程序的复杂性。

因此，使用第三个选项，在 API Gateway 中实现这些边缘功能（尤其是访问授权）通常就很方便。网络跳跃少一个，就可以改善延迟状况。需要改动的部分也较少，这就降低了复杂性。第 11 章将介绍 API Gateway 和服务如何协作以实现安全性。

API Gateway 的架构

API Gateway 具有分层的模块化架构。其架构由两层组成，如图 8-5 所示：API 层和公共层。API 层由一个或多个独立的 API 模块组成。每个 API 模块都为特定客户端实现 API。公共层实现共享功能，包括边缘功能，如身份验证。

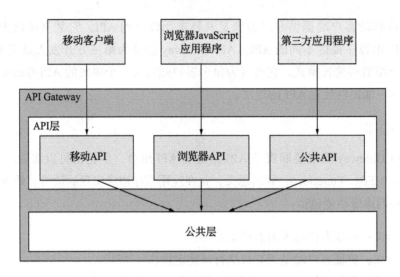

图 8-5　API Gateway 具有分层模块化架构。每个客户端的 API 由单独的模块实现。公共层实现所有 API 共有的功能，例如身份验证

在这个例子中，API Gateway 有三个 API 模块：

- 移动设备 API：为 FTGO 移动客户端实现 API。
- 浏览器 API：为浏览器中运行的 JavaScript 应用程序实现 API。
- 公共 API：为第三方开发人员实现 API。

API 模块以两种方式实现每个 API 操作。某些 API 操作直接映射到单个服务 API 操作。API 模块通过将请求路由到相应的服务 API 操作来实现这些操作。它可以使用通用路由模块路由请求，该模块读取描述路由规则的配置文件。

API 模块也会使用 API 组合实现其他更复杂的 API 操作。此 API 操作的实现包含自定义代码。每个 API 操作实现都通过调用多个服务并将结果进行组合来处理请求。

API Gateway 的所有者模式

你必须回答的一个重要问题：谁负责 API Gateway 的开发及运维？这个问题有几种不同的答案。其一是由一个单独的团队负责 API Gateway。弊端是它与 SOA 类似，SOA 中企业服务总线（ESB）团队负责所有 ESB 开发。如果从事移动应用程序的开发人员需要访问特定服务，他们必须向 API Gateway 团队提交请求并等待他们公开 API。组织中的这种集式的瓶颈与微服务架构的理念背道而驰，微服务架构下我们更提倡松散耦合的自治团队。

Netflix 推出的方法或许更好，此方法让客户端团队（包括移动、Web 和公共 API 团队）拥有与他们有关的 API 模块并公开 API。API Gateway 团队负责开发公共模块和 API

Gateway 的运维。如图 8-6 所示，该所有权模型使团队可以控制属于他们自己的 API。

当团队需要更改其 API 时，他们会把对 API 代码的更改提交到 API Gateway 的代码仓库中。为了更好地工作，API Gateway 的部署流水线必须完全自动化。否则，客户端团队不得不等待 API Gateway 团队手工部署一个新的版本。

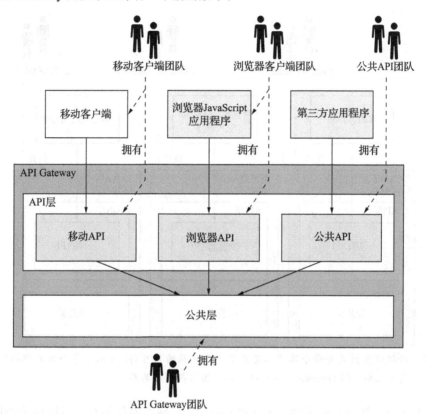

图 8-6　客户端团队拥有他们的 API 模块。当更改客户端时，他们可以直接更改 API 模块，而不是要求 API Gateway 团队进行更改

使用后端前置模式

API Gateway 的一个问题是它的职责不明确。多个团队为相同的代码库做贡献。API Gateway 团队负责运维。虽然没有 SOA ESB 那么糟糕，但这种职责模糊与"如果你构建它，你就拥有它"的微服务架构哲学背道而驰。

解决方案是为每个客户端提供一个 API Gateway，即所谓的后端前置（Backends for frontends, BFF）模式，由 Phil Calçado 和他在 SoundCloud 的同事开创（http://www.philcalcado.com）。如图 8-7 所示，每个 API 模块都成为自己的独立 API Gateway，由对应的客户端团队开发和运维。

> **模式：后端前置**
> 为每种类型的客户端实现单独的 API Gateway。请参阅：http://microservices.io/patterns/
> apigateway.html。

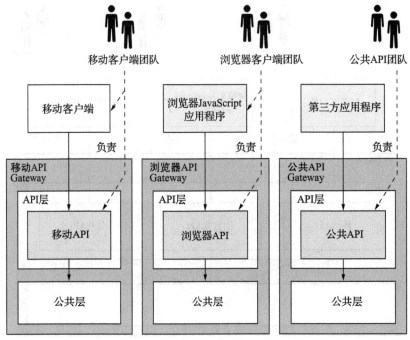

图 8-7   后端前置模式为每个客户端定义了一个单独的 API Gateway。每个客户端团队都拥有自己的 API Gateway。API Gateway 团队拥有公共层

公共 API 团队拥有并运维他们的 API Gateway，移动团队拥有并运维属于他们的 API，等等。理论上，可以使用不同的技术栈开发不同的 API Gateway。但这有可能需要通过复制代码来实现公共层的功能，例如实现边缘功能的代码。理想情况下，所有 API Gateway 都使用相同的技术栈。公共层的功能是由 API Gateway 团队实现的共享库。

除了明确界定职责外，后端前置模式还有其他好处。API 模块彼此隔离，从而提高了可靠性。一个行为不端的 API 不会轻易影响其他 API。它还能提高可观测性，因为不同的 API 模块是不同的进程。后端前置模式的另一个好处是每个 API 都是可独立扩展的。后端前置模式还能减少启动时间，因为每个 API Gateway 都是一个更小、更简单的应用程序。

8.2.2   API Gateway 模式的好处和弊端

正如你所料，API Gateway 模式既有好处也有弊端。

API Gateway 的好处

使用 API Gateway 的一个主要好处是它封装了应用程序的内部结构。客户端不必调用特定服务，而是与 API Gateway 通信。API Gateway 为每个客户端提供特定于客户端的 API，从而减少客户端和应用程序之间的往返次数。它还简化了客户端代码。

API Gateway 的弊端

API Gateway 模式也有一些弊端。它是另一个必须开发、部署和管理的高可用组件，但存在成为开发瓶颈的风险。开发人员必须更新 API Gateway 才能对外公开服务的 API。更新 API Gateway 的过程尽可能轻量化是非常重要的。否则，开发人员将被迫排队等待更新 API Gateway。尽管存在这些弊端，但对于大多数实际应用来说，使用 API Gateway 是有意义的。如有必要，你可以使用后端前置模式使团队能够独立开发和部署其 API。

8.2.3　以 Netflix 为例的 API Gateway

一个很好的 API Gateway 的例子是 Netflix API。Netflix 流媒体服务可用于数百种不同类型的设备，包括电视机、蓝光播放器、智能手机以及更多有趣的小玩意。最初，Netflix 试图为其流媒体服务提供一种万能的 API（https://www.programmableweb.com/news/why-rest-keeps-me-night/2012/05/15）。但该公司很快发现，由于设备种类繁多，且需求不同，这种万能 API 的效果并不好。如今，Netflix 使用 API Gateway 为每个设备实现单独的 API。同时，客户端设备团队开发并负责 API 实现。

在 API Gateway 的第一个版本中，每个客户端团队利用实现路由和 API 组合的 Groovy 脚本实现其 API。每个脚本使用服务团队提供的 Java 客户端库调用一个或多个服务 API。一方面，这很好用，客户端开发人员编写了数千个脚本。Netflix API Gateway 每天处理数十亿个请求，平均每个 API 调用可以支持 6～7 个后端服务。另一方面，Netflix 发现这种单体架构有点麻烦。

因此，Netflix 现在转向类似于后端前置模式的 API Gateway 架构。在这个新架构中，客户端团队使用 Node.js 编写 API 模块。每个 API 模块都运行自己的 Docker 容器，但脚本不直接调用服务。相反，他们调用第二个"API Gateway"，它使用 Netflix Falcor 公开服务 API。Netflix Falcor 是一种 API 技术，可执行声明性动态 API 组合，并使客户端能够使用单个请求调用多个服务。这种新架构有许多好处。API 模块彼此隔离，提高了可靠性和可观察性，客户端 API 模块可独立扩展。

8.2.4　API Gateway 的设计难题

现在我们已经了解了 API Gateway 模式，以及它的好处和弊端，现在来看看各种 API Gateway 设计问题。设计 API Gateway 时需要考虑以下几个问题：

- 性能和可扩展性。
- 使用响应式编程抽象编写可维护的代码。
- 处理局部故障。
- 成为应用程序架构中的好公民。

我们来逐一分析。

性能和可扩展性

API Gateway 是应用程序的入口。所有外部请求必须首先通过 API Gateway。虽然大多数公司的运营规模没有每天处理数十亿个请求的 Netflix 那么大，但 API Gateway 的性能和可扩展性通常非常重要。影响性能和可扩展性的关键设计决策是 API Gateway 应该使用同步还是异步 I/O。

在同步 I/O 模型中，每个网络连接由专用线程处理。这是一个简单的编程模型，并且工作得相当好。例如，它是广泛使用的 Java EE Servlet 框架的基础，尽管该框架提供了异步完成请求的选项。然而，同步 I/O 的一个限制是操作系统线程是重量级的，因此 API Gateway 可以拥有的线程数量和并发连接数量存在上限。

另一种方法是使用异步（非阻塞）I/O 模型。在此模型中，单个事件循环线程将 I/O 请求分派给事件处理程序。你可以选择各种异步 I/O 技术。在 JVM 上，你可以使用一个基于 NIO 的框架，如 Netty、Vertx、Spring Reactor 或 JBoss Undertow。一个流行的非 JVM 选项是 Node.js，这是一个基于 Chrome JavaScript 引擎的平台。

非阻塞 I/O 更具可扩展性，因为它没有使用多个线程的开销。但弊端是它比基于异步回调的编程模型要复杂得多，代码更难编写、理解和调试。事件处理程序必须快速返回以避免阻塞事件循环线程。

此外，使用非阻塞 I/O 是否具有有意义的整体优势取决于 API Gateway 的请求处理逻辑特性。Netflix 使用 NIO 重写其边缘服务器 Zuul 的结果喜忧参半（https://medium.com/netflix-techblog/zuul-2-the-netflix-journey-to-asynchronous-non-blocking-systems- 45947377fb5c）。一方面，正如你所期望的那样，使用 NIO 降低了每个网络连接的成本，因为每个网络都不再有专用线程。此外，运行 I/O 密集型逻辑的 Zuul 集群（例如请求路由）的吞吐量增加了 25%，CPU 利用率降低了 25%。另一方面，运行 CPU 密集型逻辑的 Zuul 集群（如解密和压缩）没有显示出任何改进。

使用响应式编程抽象

如前所述，API 组合包括调用多个后端服务。一些后端服务请求完全取决于客户端请求的参数。其他人可能依赖于其他服务请求的结果。一种方法是 API 端点处理程序方法按照依赖性确定的顺序调用服务。例如，代码清单 8-1 显示了以这种方式编写的 findOrder() 请求的处理程序。它一个接一个地调用四种服务中的每一种。

代码清单8-1 按顺序调用后端服务，获取订单详细信息

```
@RestController
public class OrderDetailsController {
@RequestMapping("/order/{orderId}")
public OrderDetails getOrderDetails(@PathVariable String orderId) {

  OrderInfo orderInfo = orderService.findOrderById(orderId);

  TicketInfo ticketInfo = kitchenService
        .findTicketByOrderId(orderId);

  DeliveryInfo deliveryInfo = deliveryService
        .findDeliveryByOrderId(orderId);

  BillInfo billInfo = accountingService
        .findBillByOrderId(orderId);

  OrderDetails orderDetails =
      OrderDetails.makeOrderDetails(orderInfo, ticketInfo,
                                    deliveryInfo, billInfo);

  return orderDetails;
}
...
```

按顺序调用服务的弊端是服务响应时间过长（响应时间是每个服务响应时间的总和）。为了最小化响应时间，组合逻辑应尽可能同时调用服务。在此示例中，服务调用之间没有依赖关系。应同时调用所有服务，这样可以显著缩短响应时间。但，编写可维护的并发代码存在挑战。

因为编写可扩展的并发代码的传统方法是使用回调。异步和事件驱动 I/O 本质上是基于回调的。使用基于 Servlet API 并发调用服务的 API 组合器也往往使用回调。它可以通过调用 ExecutorService.submitCallable() 来并发执行请求。问题是这个方法返回一个 Future，其中存在一个阻塞式 API。一种更具扩展性的方法是让 API 组合器调用 ExecutorService.submit (Runnable)，并为每个 Runnable 调用一个带有请求结果的回调。回调会收集结果，一旦收到所有结果，它就会将响应发送回客户端。

使用传统的异步回调方法编写 API 组合代码很快就会导致 "回调地狱"。代码将纠结成一团，难以理解，且容易出错，尤其是当组合同时使用并发请求和顺序请求时。更好的方法是使用响应式方法，以声明式风格编写 API 组合代码。JVM 的响应式抽象包括：

- Java 8 `CompletableFutures`。
- Project Reactor `Monos`。
- 由 Netflix 创建的 RxJava（用于 Java 的 Reactive Extensions）Observable，专门用于在其 API Gateway 中解决此问题。
- Scala `Futures`。

基于 Node.js 的 API Gateway 将使用 JavaScript promises 或 RxJS，这是 JavaScript 的响应式扩展。使用这些响应式抽象中的一个将使你能够编写简单易懂的并发代码。在本章的后面，我将展示使用 Project Reactor `Monos` 和 Spring Framework V5 的编码风格的例子。

处理局部故障

除了可扩展之外，API Gateway 也必须可靠。实现可靠性的一种方法是在负载均衡器后面运行多个 API Gateway 实例。如果一个实例失败，负载均衡器会将请求路由到其他实例。

还有一种方法可以提高 API Gateway 的可靠性，API Gateway 需要正确处理可能导致高延迟的请求。当 API Gateway 调用服务时，服务总是很慢或不可用。API Gateway 可能会在很长一段时间内（可能无限期地）等待响应，这会消耗资源并堵塞向客户端发送的响应。对失败服务未完成的请求甚至可能消耗宝贵的资源（例如线程），并最终导致 API Gateway 无法处理任何其他请求。如第 3 章所述，解决方案是 API Gateway 在调用服务时使用断路器模式。

成为应用程序架构中的好公民

第 3 章中介绍了服务发现模式，第十一章中将介绍可观测性模式。服务发现模式使服务的客户端（如 API Gateway）能够确定服务实例的网络位置，以便客户端可以调用服务。可观测性模式使开发人员能够监控应用程序的行为并解决问题。与架构中的其他服务一样，API Gateway 必须实现整个架构中选择的各种模式。

8.3 实现一个 API Gateway

现在让我们看看如何实现 API Gateway。如前所述，API Gateway 的职责如下：

- 请求路由：根据 HTTP 请求方法和路径等条件，将请求路由到服务。当应用程序具有一个或多个 CQRS 查询服务时，API Gateway 必须使用 HTTP 请求方法进行路由。如

第 7 章所述，在这种架构中，命令和查询由不同的服务处理。

- API 组合：使用 API 组合模式实现 GET REST 接口，如第 7 章所述。请求处理程序会组合调用多个服务的结果。
- 边缘功能：其中最值得注意的是身份验证。
- 协议转换：在服务使用的客户友好协议和客户不友好协议之间进行转换。
- 成为应用程序架构中的好公民。

实现 API Gateway 有两种不同的方法：

- 使用现成的 API Gateway 产品或服务：此选项几乎不需要代码开发，但灵活性最低。例如，现成的 API Gateway 通常不支持 API 组合。
- 使用 API Gateway 框架或 Web 框架作为起点，开发属于自己的 API Gateway：这是最灵活的方法，但需要进行一些开发工作。

让我们看看这些选项，从使用现成的 API Gateway 产品或服务开始。

8.3.1　使用现成的 API Gateway 产品或服务

一些现成的服务或产品实现了 API Gateway 功能。让我们首先看一下 AWS 提供的一些服务。之后将讨论一些可以自行下载、配置和运行的产品。

AWS API Gateway

AWS API Gateway 是 Amazon Web Services 提供的众多服务之一，是用于部署和管理 API 的服务。AWS API Gateway 对外暴露的 API 通常都是一组 REST 资源，每个资源都支持一个或多个 HTTP 方法。你可以配置 API Gateway 将每个（Method, Resource）路由到后端服务。后端服务可以是 AWS Lambda 函数（稍后将在第 11 章中介绍）、应用程序定义的 HTTP 服务或 AWS 服务。如有必要，你可以使用基于模板的机制配置 API Gateway，用来实现转换请求和响应。AWS API Gateway 还可以对请求进行身份验证。

AWS API Gateway 满足了我之前列出的 API Gateway 的部分要求。API Gateway 由 AWS 提供，因此你不必负责安装和运维。你负责配置 API Gateway，AWS 处理其他所有内容，包括扩展。

遗憾的是，AWS API Gateway 有几个弊端和限制，导致它无法满足其他要求。它不支持 API 组合，因此你需要在后端服务中实现 API 组合。AWS API Gateway 仅支持 HTTP(S)，并且非常依赖 JSON。它仅支持第 3 章中描述的服务器端发现模式。应用程序通常使用 AWS Elastic Load Balancer 在一组 EC2 实例或 ECS 容器之间对请求进行负载均衡。尽管有这些限制，除非你需要 API 组合，否则 AWS API Gateway 是实现 API Gateway 模式的不二的选择。

AWS Application Load Balancer

另一个提供类似 API Gateway 功能的 AWS 服务是 AWS Application Load Balancer（应用程序负载均衡器），它是 HTTP、HTTPS、WebSocket 和 HTTP/2 的负载均衡器（https://aws.amazon.com/blogs/aws/new-aws-application-load-balancer/）。配置 Application Load Balancer 时，你可以定义将请求路由到后端服务的路由规则，后端服务必须在 AWS EC2 实例上运行。

与 AWS API Gateway 一样，AWS Application Load Balancer 满足了 API Gateway 的一些要求。它实现了基本的路由功能。它是托管的，因此你不需要为安装或运维操心。不幸的是，它的功能非常有限，没有实现基于 HTTP 方法的路由，也没有实现 API 组合或身份验证。因此，AWS Application Load Balancer 不符合 API Gateway 的要求。

使用产品化的 API Gateway

另一种选择是使用诸如 Kong [⊖]或 Traefik [⊜]之类的 API Gateway 产品。这些是允许你自己安装和运行的开源软件包。Kong 基于 NGINX HTTP 服务器，Traefik 是用 GoLang 编写的。这两种产品都允许你配置灵活的路由规则，这些规则使用 HTTP 方法、标头和路径来选择后端服务。Kong 允许你配置实现边缘功能（如身份验证）的插件。Traefik 甚至可以与第 3 章中描述的一些服务注册表集成。

虽然这些产品实现了边缘功能和强大的路由功能，但它们也有一些弊端。你必须自己安装、配置和运维它们。它们不支持 API 组合。如果你希望 API Gateway 完成 API 组合，则必须开发自己的 API Gateway。

8.3.2　开发自己的 API Gateway

开发 API Gateway 并不是特别困难。它本质上是一个代理其他服务请求的 Web 应用程序。你可以使用自己喜欢的 Web 框架构建一个。但是，你需要解决两个关键设计问题：

- 实现定义路由规则的机制以简化复杂的代码。
- 正确实现 HTTP 代理行为，包括如何处理 HTTP 标头。

因此，开发 API Gateway 更好的起点是使用满足上述目的的框架。框架中内置的功能可显著减少你需要编写的代码量。

⊖　请参阅：https://konghq.com/。——译者注
⊜　请参阅：https://traefik.io/。——译者注

我们先看看 Netflix 开源项目 Netflix Zuul，然后再介绍 Pivotal 公司的开源项目 Spring Cloud Gateway。

使用 Netflix Zuul

Netflix 开发了 Zuul 框架来实现边缘功能，例如路由、速率限制和身份验证（https://github.com/Netflix/zuul）。Zuul 框架使用过滤器的概念，可重用的请求拦截器类似于 Servlet 过滤器或 Node.js Express 中间件。Zuul 通过组合一系列适用的过滤器来处理 HTTP 请求，然后转换请求，调用后端服务，并在响应发送回客户端之前转换响应。虽然你可以直接使用 Zuul，但使用 Pivotal 的开源项目 Spring Cloud Zuul 要容易得多。Spring Cloud Zuul 构建于 Zuul 之上，采用了约定优于配置（convention-over-configuration）设计，使得开发基于 Zuul 的服务器非常容易。

Zuul 处理路由和边缘功能。你可以通过定义实现 API 组合的 Spring MVC 控制器来扩展 Zuul。但 Zuul 的一个主要限制是它只能实现基于路径的路由。例如，它无法将 `GET/orders` 路由到一个服务，将 `POST/orders` 路由到另一个服务。因此，Zuul 不支持第 7 章中描述的查询架构。

关于 Spring Cloud Gateway

到目前为止，我所描述的选项都没有满足所有要求。实际上，我已经放弃了对 API Gateway 框架的搜索，并开始自己着手开发基于 Spring MVC 的 API Gateway。但后来我发现了 Spring Cloud Gateway 项目（https://cloud.spring.io/spring-cloud-gateway/）。它是一个基于多个框架（包括 Spring Framework 5、Spring Boot 2 和 Spring Webflux）构建的 API Gateway 框架，属于响应式 Web 框架，是 Spring Framework 5 的一部分，构建在 Project Reactor 之上。Project Reactor 是一个基于 NIO 的 JVM 响应式框架，它提供了本章稍后使用的 Mono 抽象。

Spring Cloud Gateway 提供了一种简单而全面的方法来执行以下操作：

- 将请求路由到后端服务。
- 实现执行 API 组合的请求处理程序。
- 处理边缘功能，例如身份验证。

图 8-8 显示了使用此框架构建的 API Gateway 的关键部分。

API Gateway 包含以下包：

- `ApiGatewayMain` 包：定义 API Gateway 的主程序。
- 一个或多个 API 包：一个 API 包实现一组 API 端点。例如，`Orders` 包实现与 `Order` 相关的 API 端点。

■ **代理程序包：** 由 API 程序包用于调用服务的代理类组成。

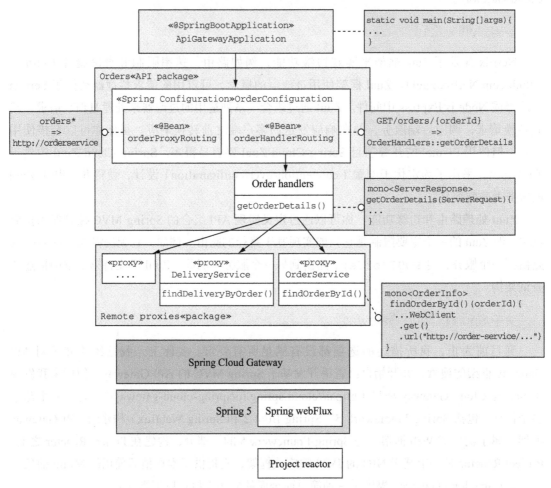

图 8-8 使用 Spring Cloud Gateway 构建的 API Gateway 的架构

`OrderConfiguration` 类定义了一些 Spring beans，它们负责路由与 Order 相关的请求。路由规则可以匹配 HTTP 方法、标头和路径的某些组合。`orderProxyRoutes @Bean` 中定义了将 API 操作映射到后端服务 URL 的规则。例如，它将以 `/orders` 开头的路径路由到 `Order Service`。

在 `orderHandlers @Bean` 中，定义了覆盖 `orderProxyRoutes` 的规则。这些规则描述了将 API 操作映射到处理程序的具体方法，这些方法是与 Spring MVC 控制器方法等同的 Spring WebFlux 方法[⊖]。例如，`orderHandlers` 将操作 `GET/orders/{orderId}` 映

⊖ 请参阅：https://docs.spring.io/spring/docs/current/spring-framework-reference/web-reactive.html。——译者注

射到 OrderHandlers::getOrderDetails() 方法中。

OrderHandlers 类实现各种请求处理程序方法，例如 OrderHandlers::getOrderDetails()。此方法使用 API 组合来获取订单详细信息（如前所述）。处理程序的方法使用远程代理类（如 OrderService）调用后端服务。该类定义了调用 OrderService 的方法。

让我们来看看代码，从 OrderConfiguration 类开始。

OrderConfiguration 类

OrderConfiguration 类（如代码清单 8-2 所示）是一个 Spring @Configuration 类。它定义了实现 /orders 端点的 Spring @Beans。orderProxyRouting 和 orderHandlerRouting @Beans 使用 Spring WebFlux 路由 DSL 来定义请求路由。orderHandlers @Bean 实现完成 API 组合的请求处理程序。

代码清单8-2　实现/orders接口的Spring @Beans

```
@Configuration
@EnableConfigurationProperties(OrderDestinations.class)
public class OrderConfiguration {

    @Bean
    public RouteLocator orderProxyRouting(OrderDestinations orderDestinations) {
        return Routes.locator()
                .route("orders")
                .uri(orderDestinations.orderServiceUrl)
                .predicate(path("/orders").or(path("/orders/*")))     ◁─┐  默认情况下，把所有起始
                .and()                                                   路径为 /orders 的请求路由
                ...                                                      到 orderDestinations.
                .build();                                                orderServiceUrl
    }

    @Bean                                                            ┌─ 把 GET //orders/
    public RouterFunction<ServerResponse>                              {orderId} 路由到
            orderHandlerRouting(OrderHandlers orderHandlers) {         orderHandlers::
        return RouterFunctions.route(GET("/orders/{orderId}"),      ◁─ getOrderDetails
                    orderHandlers::getOrderDetails);
    }

    @Bean
    public OrderHandlers orderHandlers(OrderService orderService,
                            KitchenService kitchenService,
                            DeliveryService deliveryService,
                            AccountingService accountingService) {
        return new OrderHandlers(orderService, kitchenService,       ◁─┐
                        deliveryService, accountingService);
    }                                                                  这个 @Bean 实现了
                                                                       自定义请求处理逻辑
}
```

OrderDestinations（如代码清单8-3所示）是一个 Spring @ ConfigurationProperties 类，它支持后端服务 URL 的外部化配置。

代码清单8-3　后端服务URL的外部化配置

```
@ConfigurationProperties(prefix = "order.destinations")
public class OrderDestinations {

  @NotNull
  public String orderServiceUrl;

  public String getOrderServiceUrl() {
    return orderServiceUrl;
  }

  public void setOrderServiceUrl(String orderServiceUrl) {
    this.orderServiceUrl = orderServiceUrl;
  }
  ...
}
```

例如，你可以将 Order Service 的 URL 设定为属性文件中的 order.destinations. orderServiceUrl 属性，或使用操作系统环境变量 ORDER_DESTINATIONS_ORDER_ SERVICE_URL。

OrderHandlers 类

OrderHandlers 类（如代码清单 8-4 所示）定义了实现自定义行为的请求处理程序方法，包括 API 组合。例如，getOrderDetails() 方法执行 API 组合以检索有关订单的信息。这个类注入了几个代理类，这些代理类向后端服务发出请求。

代码清单8-4　OrderHandlers类实现自定义请求处理逻辑

```
public class OrderHandlers {

  private OrderService orderService;
  private KitchenService kitchenService;
  private DeliveryService deliveryService;
  private AccountingService accountingService;

  public OrderHandlers(OrderService orderService,
                       KitchenService kitchenService,
                       DeliveryService deliveryService,
                       AccountingService accountingService) {
    this.orderService = orderService;
    this.kitchenService = kitchenService;
    this.deliveryService = deliveryService;
    this.accountingService = accountingService;
  }
```

```
public Mono<ServerResponse> getOrderDetails(ServerRequest serverRequest) {
  String orderId = serverRequest.pathVariable("orderId");

  Mono<OrderInfo> orderInfo = orderService.findOrderById(orderId);

  Mono<Optional<TicketInfo>> ticketInfo =
    kitchenService
          .findTicketByOrderId(orderId)
          .map(Optional::of)
          .onErrorReturn(Optional.empty());

  Mono<Optional<DeliveryInfo>> deliveryInfo =
      deliveryService
          .findDeliveryByOrderId(orderId)
          .map(Optional::of)
          .onErrorReturn(Optional.empty());

  Mono<Optional<BillInfo>> billInfo = accountingService
          .findBillByOrderId(orderId)
          .map(Optional::of)
          .onErrorReturn(Optional.empty());

  Mono<Tuple4<OrderInfo, Optional<TicketInfo>,
              Optional<DeliveryInfo>, Optional<BillInfo>>> combined =
          Mono.when(orderInfo, ticketInfo, deliveryInfo, billInfo);

  Mono<OrderDetails> orderDetails =
      combined.map(OrderDetails::makeOrderDetails);

  return orderDetails.flatMap(person -> ServerResponse.ok()
          .contentType(MediaType.APPLICATION_JSON)
          .body(fromObject(person)));
  }
}
```

把 TicketInfo 转换为
Optional<TicketInfo>

如果服务调用失败,
则 返 回 Optional.
empty()

把四个值合并为一个
值, 一个 Tuple4

把 Tuple4 转 换
为 OrderDetails

把 OrderDetails 转换为
一个 ServerResponse

　　getOrderDetails() 方法实现 API 组合, 以获取订单详细信息。该方法使用 Project Reactor 提供的 Mono 抽象, 以可扩展的响应式风格编写。Mono 是一种更复杂的 Java 8 CompletableFuture, 包含异步操作结果, 这个结果可以是值, 也可能是异常。它具有丰富的 API, 用于转换和组合异步调用的返回值。你可以使用 Monos 编写简单易懂的并发式代码。在这个例子中, getOrderDetails() 方法并行调用四个服务, 并将结果组合在一起, 创建一个 OrderDetails 对象。

　　getOrderDetails() 方法将 ServerRequest (它是 HTTP 请求的 Spring WebFlux 形式) 作为参数, 并执行以下操作:

　　1. 从路径中提取 orderId。

　　2. 通过代理异步调用四个服务, 该代理返回 Monos。为了提高可用性, getOrderDetails() 将除 OrderService 之外的所有服务的结果视为可选。如果可选服务返回的 Mono 包含异常,

则通过 `onErrorReturn()` 调用把异常转换为包含空 `Optional` 的 `Mono`。

3. 使用 `Mono.when()` 异步组合结果，返回一个 `Mono <Tuple4>`，其中包含四个值。

4. 通过调用 `OrderDetails::makeOrderDetails` 将 `Mono <Tuple4>` 转换为 `Mono <OrderDetails>`。

5. 将 `OrderDetails` 转换为 `ServerResponse`，它是 JSON/HTTP 响应的 Spring WebFlux 形式。

正如你所看到的，因为 `getOrderDetails()` 使用 `Monos`，它会同时调用服务并组合结果，而不会产生混乱和难以阅读的回调。让我们看一看服务代理，它负责返回包含在 `Mono` 中的服务 API 的调用结果。

OrderService 类

`OrderService` 类（如代码清单 8-5 所示）是 `Order Service` 的远程代理。它使用 `WebClient` 调用 `Order Service`，`WebClient` 是 Spring WebFlux 响应式 HTTP 客户端。

代码清单8-5　`OrderService`类是`Order Service`的远程代理

```
@Service
public class OrderService {

  private OrderDestinations orderDestinations;

  private WebClient client;

  public OrderService(OrderDestinations orderDestinations, WebClient client)
    {
    this.orderDestinations = orderDestinations;
    this.client = client;
  }

  public Mono<OrderInfo> findOrderById(String orderId) {
    Mono<ClientResponse> response = client
            .get()

            .uri(orderDestinations.orderServiceUrl + "/orders/{orderId}",
                orderId)
            .exchange();
      return response.flatMap(resp -> resp.bodyToMono(OrderInfo.class));
  }

}
```

调用服务 → `.exchange();` / `return response.flatMap(...)`

把响应的主体转换为 `OrderInfo`

`findOrder()` 方法检索订单的 `OrderInfo`。它使用 `WebClient` 向 `Order Service` 发出 HTTP 请求，并将 JSON 响应反序列化为 `OrderInfo`。`WebClient` 有一个响应式 API，

响应包含在 Mono 中。findOrder() 方法使用 flatMap() 将 Mono <ClientResponse>
转换为 Mono <OrderInfo>。顾名思义，bodyToMono() 方法将响应主体作为 Mono 返回。

ApiGatewayApplication 类

ApiGatewayApplication 类（如代码清单 8-6 所示）实现了 API Gateway 的 main()
方法。它是标准的 Spring Boot main 类。

代码清单8-6　API Gateway的main()方法

```
@SpringBootConfiguration
@EnableAutoConfiguration
@EnableGateway
@Import(OrdersConfiguration.class)
public class ApiGatewayApplication {

  public static void main(String[] args) {
    SpringApplication.run(ApiGatewayApplication.class, args);
  }
}
```

@EnableGateway 注解导入 Spring Cloud Gateway 框架的 Spring 配置。

Spring Cloud Gateway 是实现 API Gateway 的优秀框架。它使你能够使用简洁的路由规
则 DSL 配置基本代理。将请求路由到执行 API 组合和协议转换的处理程序方法也很简单。
Spring Cloud Gateway 使用可扩展、响应式的 Spring Framework 5 和 Project Reactor 框架构
建。但是，开发自己的 API Gateway 还有另一个吸引人的选择：GraphQL。GraphQL 是一个
提供基于图形的查询语言框架，让我们来看看它是如何工作的。

8.3.3　使用 GraphQL 实现 API Gateway

假设你负责实现 FTGO API Gateway 的 GET/orders/{orderId} 接口，用于返回订
单详细信息。从表面上看，实现此接口很简单。但是如 8.1 节所述，此接口从多个服务中检
索数据。因此，你需要使用 API 组合模式，并且编写代码调用服务和组合结果。

前面提到的另一个挑战是不同的客户需要稍微不同的数据。例如，与移动应用程序不
同，桌面 Web 应用程序需要显示用户对订单的评级。如第 3 章所述，定制接口返回数据的一
种方法是让客户端能够指定所需的数据。例如，接口可以支持查询参数，如 expand 参数，
它指定要返回的相关资源，以及 field 参数，它指定要返回的每个资源的字段。另一种选
择是定义此接口的多个版本，作为应用后端前置模式的一部分。对于 FTGO 的 API Gateway，
需要实现众多 API 接口，这需要做很多工作。

实现支持多种客户端的 REST API 的 API Gateway 非常耗时。因此，你可能需要考虑使

用基于图形的 API 框架，例如 GraphQL，它旨在支持高效的数据提取。基于图形的 API 框架的关键思想是，如图 8-9 所示，服务器的 API 由基于图形的模式组成。基于图形的模式定义了一组节点（类型），它们具有属性（字段）和与其他节点的关系。客户端通过执行查询来检索数据，该查询根据图的节点及其属性和关系指定所需的数据。因此，客户端可以在 API Gateway 的单次往返中检索所需的数据。

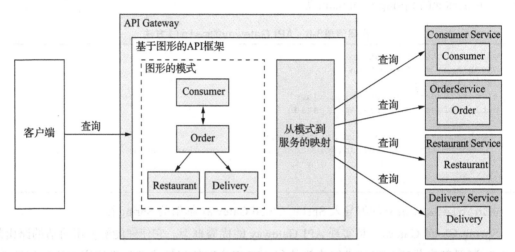

图 8-9   API Gateway 的 API 由映射到服务的基于图形的模式组成。客户端发出检索多个图形节点的查询。基于图形的 API 框架通过从一个或多个服务检索数据来执行查询

基于图形的 API 技术有几个重要的好处。它使客户能够控制返回的数据。这就使开发一个用来支持不同客户需求的灵活单一的 API 变得可行。另一个好处是，即使 API 更灵活，这种方法也可以显著减少开发的工作量。因为在编写服务器端代码时，我们使用的框架内建了对 API 组合和映射查询的支持。这就好像，不是客户端强迫你编写和维护各种存储过程来检索数据，而是让客户端直接对底层数据库执行查询。

模式（Schema）驱动的 API 技术

两种最流行的基于图形的 API 技术是 GraphQL（http://graphql.org）和 Netflix Falcor（http://netflix.github.io/falcor/）。Netflix Falcor 将服务器端数据建模为虚拟 JSON 对象图。Falcor 客户端通过执行检索该 JSON 对象属性的查询，从 Falcor 服务器检索数据。客户端还可以更新属性。在 Falcor 服务器中，对象图的属性映射到后端数据源，例如使用 REST API 的服务。服务器通过调用一个或多个后端数据源来处理设置或获取属性的请求。

> GraphQL 由 Facebook 开发并于 2015 年发布，是另一种流行的基于图形的 API 技术。它将服务器端数据建模为具有字段和对其他对象引用的图形，将对象图映射到后端数据源。GraphQL 客户端可以执行检索创建和更新数据的查询。与 Netflix Falcor 不同，后者是一种实现，而 GraphQL 是一种标准。客户端和服务器可用于各种语言，包括 Node.js，Java 和 Scala。
>
> Apollo GraphQL 是一种流行的 JavaScript/Node.js 实现（www.apollographql.com）。它是一个包含 GraphQL 服务器和客户端的平台。Apollo GraphQL 实现了 GraphQL 规范的一些强大扩展，例如将更改的数据推送到客户端的子脚本。

本节讨论如何使用 Apollo GraphQL 开发 API Gateway。我将仅介绍 GraphQL 和 Apollo GraphQL 的一些关键功能。更多信息请参阅 GraphQL 和 Apollo GraphQL 文档。

基于 GraphQL 的 API Gateway（如图 8-10 所示）使用 Node.js Express Web 框架和 Apollo GraphQL 服务器，用 JavaScript 编写。其关键部分如下：

- GraphQL 模式：定义服务器端数据模型及其支持的查询。
- 解析器函数：解析函数将模式的元素映射到各种后端服务。
- 代理类：代理类调用 FTGO 应用程序的服务。

我们再利用少量胶水代码将 GraphQL 服务器与 Express Web 框架集成在一起。让我们从 GraphQL 的模式开始逐一分析。

定义 GraphQL 的模式

GraphQL API 以模式（Schema）为中心，模式由一组类型组成，这些类型定义了服务器端数据模型的结构，以及客户端可以执行的操作（如查询）。GraphQL 有几种不同的类型。本节中的示例代码仅使用两种类型：对象类型（它们是定义数据模型的主要方式）和枚举类型（类似于 Java 枚举）。对象类型是名称与已经类型化的命名字段的集合。字段可以是标量类型，例如数字、字符串或枚举，由标量类型构成的列表，对另一个对象类型的引用，或对另一个对象类型的引用的集合。尽管类似传统面向对象类的字段，但 GraphQL 字段在概念上是一个返回值的函数。它可以有参数，使 GraphQL 客户端能够定制函数返回的数据。

GraphQL 还可以使用字段来定义模式支持的查询。你可以通过声明一个对象类型来定义模式的查询，按照惯例，该对象类型被称为 Query。Query 对象的每个字段都是一个命名查询，它有一组可选参数和一个返回类型。我第一次遇到这种方法时，发现这种定义查询的方式有点令人困惑，但请记住，GraphQL 字段是一个函数。当我们查看字段如何连接到后端数据源时，它将变得更加清晰。

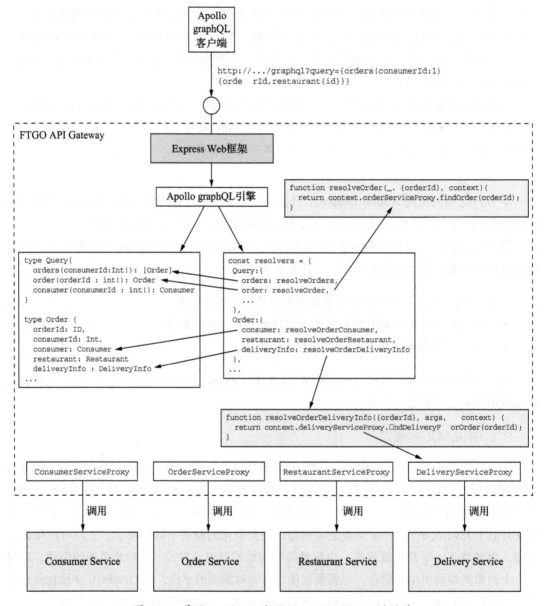

图 8-10 基于 GraphQL 的 FTGO API Gateway 的设计

代码清单 8-7 显示了基于 GraphQL 的 FTGO API Gateway 的部分模式。它定义了几种对象类型。大多数对象类型对应于 FTGO 应用程序的 `Consumer`、`Order` 和 `Restaurant` 实体。它还有一个 `Query` 对象类型，用于定义模式的查询。

代码清单8-7　FTGO API Gateway的GraphQL模式

```
type Query {
  orders(consumerId : Int!): [Order]          定义一个可供客
  order(orderId : Int!): Order                户端执行的查询
  consumer(consumerId : Int!): Consumer
}

type Consumer {
  id: ID                        Consumer 的唯一 ID
  firstName: String
  lastName: String
  orders: [Order]               Consumer 有一
}                                 个 orders 列表

type Order {
  orderId: ID,
  consumerId : Int,
  consumer: Consumer
  restaurant: Restaurant

  deliveryInfo : DeliveryInfo

  ...
}

type Restaurant {
  id: ID
  name: String
  ...
}

type DeliveryInfo {
  status : DeliveryStatus
  estimatedDeliveryTime : Int
  assignedCourier :String
}

enum DeliveryStatus {
  PREPARING
  READY_FOR_PICKUP
  PICKED_UP
  DELIVERED
}
```

尽管语法不同，`Consumer`、`Order`、`Restaurant` 和 `DeliveryInfo` 对象类型在结构上与相应的 Java 类相似。但是它们有一个区别，就是 `ID` 类型（表示唯一标识符）。

此模式定义了三个查询：

- `orders()`：返回指定 `Consumer` 的 `Orders`。
- `order()`：返回指定的 `Order`。

- consumer()：返回指定的 Consumer。

这些查询似乎与对应的 REST 端点没有什么不同，但 GraphQL 使客户端能够对返回的数据进行控制。为了理解原因，让我们看看客户端如何执行 GraphQL 查询。

执行 GraphQL 查询

使用 GraphQL 的主要好处是它的查询语言为客户端提供了对返回数据的令人难以置信的控制。客户端通过向服务器发出包含查询文档的请求来执行查询。在简单的情况下，查询文档指定查询的名称、参数值以及要返回结果的对象字段。以下是一个简单的查询，它检索具有特定 ID 使用者的 firstName 和 lastName：

```
query {
  consumer(consumerId:1)
   {
     firstName
    lastName
   }
}
```

指定名为 consumer 的查询，该查询获取 consumer

需要返回的 Consumer 字段

此查询返回指定 Consumer 的那些字段。

这是一个更精细的查询，它返回一个消费者、他的订单，以及每个订单的餐馆的 ID 和名称：

```
query {
    consumer(consumerId:1)  {
      id
      firstName
      lastName

      orders {
        orderId
        restaurant {
          id
          name
        }
        deliveryInfo {
          estimatedDeliveryTime
          name
        }
      }
    }
}
```

此查询告诉服务器返回的不仅仅是 Consumer 的字段。它检索消费者的 Order 和每个 Order 的餐馆。如你所见，GraphQL 客户端可以准确指定要返回的数据，包括转换相关对象的字段。

查询语言比首次出现时更灵活。因为查询是 `Query` 对象的字段，查询文档指定服务器应返回哪些字段。这些简单的例子检索单个字段，但查询文档可以通过指定多个字段来执行多个查询。对于每个字段，查询文档提供字段的参数并指定它感兴趣的结果对象的字段。以下是一个检索两个不同消费者的查询：

```
query {
  c1: consumer (consumerId:1)  { id, firstName, lastName}
  c2: consumer (consumerId:2)  { id, firstName, lastName}
}
```

在此查询文档中，c1 和 c2 是 GraphQL 称为*别名*的内容。它们习惯于在结果中区分两个 `Consumers`，否则他们都会被称为 `Consumer`。此示例检索两个相同类型的对象，但客户端可以检索多个不同类型的对象。

GraphQL 模式定义数据的类型和支持的查询。为了让模式能够工作，它必须连接到数据源。我们来看看如何做到这一点。

把模式连接到数据源

当 GraphQL 服务器执行查询时，它必须从一个或多个数据存储中检索所请求的数据。对于 FTGO 应用程序，GraphQL 服务器必须调用拥有数据的服务的 API。通过将解析程序函数附加到模式定义的对象类型字段，可以将 GraphQL 模式与数据源相关联。GraphQL 服务器通过调用解析器函数来检索数据，以此来实现 API 组合模式，首先是顶级查询，然后是递归查找结果对象的字段。

解析器函数如何与模式相关联的详细信息，取决于你使用的是哪个 GraphQL 服务器。代码清单 8-8 显示了在使用 Apollo GraphQL 服务器时如何定义解析器并创建一个双嵌套的 JavaScript 对象。每个顶级属性对应一个对象类型，例如 `Query` 和 `Order`。每个第二级属性（如 `Order.consumer`）都定义了字段的解析器函数。

代码清单8-8　将解析器函数附加到GraphQL模式的字段

```
const resolvers = {
  Query: {
    orders: resolveOrders,          ←——— orders 查询的解析器
    consumer: resolveConsumer,
    order: resolveOrder
  },
                                         Orders consumer
  Order: {                               字段的解析器
    consumer: resolveOrderConsumer,  ←———
    restaurant: resolveOrderRestaurant,
    deliveryInfo: resolveOrderDeliveryInfo
...
};
```

解析器函数有三个参数：

- 对象：对于顶级查询字段，例如 `resolveOrders`，`object` 是一个根对象，通常被解析器函数忽略。否则，`object` 是解析器为父对象返回的值。例如，Order.`consumer` 字段的解析器函数将传递 Order 的解析器函数的返回值。
- 查询参数：这些参数由查询文档提供。
- 上下文：所有解析器都可以访问的查询执行的全局状态。例如，它用于将用户信息和依赖项传递给解析器。

解析器函数可以调用单个服务，也可以实现 API 组合模式，并从多个服务中检索数据。Apollo GraphQL 服务器解析器函数返回一个 Promise，它是 Java 的 CompletableFuture 的 JavaScript 版本。Promise 包含解析器函数从数据存储中检索的对象（或对象列表）。GraphQL 引擎包含结果对象中的返回值。

我们来看几个例子。以下是 `resolveOrders()` 函数，它是 Order 查询的解析器：

```
function resolveOrders(_, { consumerId }, context) {
  return context.orderServiceProxy.findOrders(consumerId);
}
```

此函数从 context 中获取 OrderServiceProxy，并调用它来获取使用者的订单。它忽略了第一个参数。它将查询文档提供的 consumerId 参数传递给 OrderServiceProxy.findOrders()。findorders() 方法从 OrderHistory Service 检索消费者的订单。

下面是 `resolveOrderRestaurant()` 函数，它是用于 Order.restaurant 字段的解析器，用于检索订单的餐馆：

```
function resolveOrderRestaurant({restaurantId}, args, context) {
    return context.restaurantServiceProxy.findRestaurant(restaurantId);
}
```

它的第一个参数是 Order。它通过 Order 的 restaurantId 调用由 resolveOrders() 提供的 RestaurantServiceProxy.findRestaurant()。

GraphQL 使用递归算法来执行解析器函数。首先，它执行查询文档指定的顶级查询的解析器函数。接下来，对于查询返回的每个对象，它将遍历 Query 文档中指定的字段。如果某个字段有一个解析器，它会使用该对象和 Query 文档中的参数调用解析器。然后它会对该解析器返回的一个或多个对象进行递归。

图 8-11 显示了该算法如何执行检索消费者订单和每个订单的交付信息以及餐馆的查询。首先，GraphQL 引擎调用 resolveConsumer()，它检索 Consumer。接下来，它调用 resolveConsumerOrders()，resolveConsumerOrders() 是 Consumer.orders

字段的解析器，用于返回消费者的订单。然后 GraphQL 引擎遍历 Orders，调用 Order.restaurant 和 Order.deliveryInfo 字段的解析器。

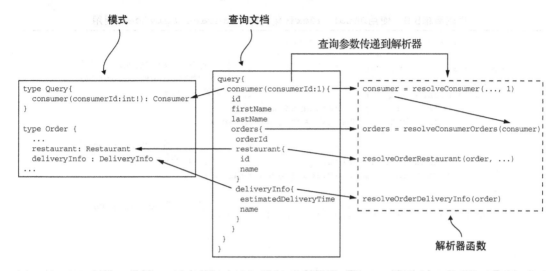

图 8-11 GraphQL 通过递归调用 Query 文档中指定的字段解析器函数来执行查询。首先，它执行查询解析器，然后递归调用结果对象层次结构中字段的解析器

执行解析器的结果是使用从多个服务检索的数据来填充的 Consumer 对象。

现在让我们看看如何通过使用批处理和缓存来优化解析器的执行。

使用批处理和缓存优化负载

GraphQL 在执行查询时可能会执行大量的解析器。由于 GraphQL 服务器独立执行每个解析器，因此可能会因为过多的服务往返而导致性能下降。例如，考虑一个检索消费者、消费者订单和订单餐馆的查询。如果有 *N* 个订单，那么简单的实现将调用 Consumer Service 一次，调用 Order History Service 一次，然后再 *N* 次调用 Restaurant Service，等等。尽管 GraphQL 引擎通常会同时调用 Restaurant Service，但存在性能不佳的风险。幸运的是，你可以使用一些技术来提高性能。

一个重要的优化是使用服务器端批处理和缓存的组合。批处理将 *N* 个调用转换为服务（例如 Restaurant Service），变成单个调用，该调用将检索一批 *N* 个对象。缓存会利用先前获取的同一对象结果，以避免进行不必要的重复调用。批处理和缓存的组合显著减少了到后端服务的往返次数。

基于 Node.js 的 GraphQL 服务器可以使用 DataLoader 模块实现批处理和缓存（https://www.github.com/facebook/dataloader）。它能够把在单个事件循环执行中发生的负载合并在一起，并调用你提供的批量加载函数，同时缓存调用以消除重复的加载。代码清单 8-9 显示了

RestaurantServiceProxy 如何使用 DataLoader。findRestaurant() 方法通过 DataLoader 加载 Restaurant。

代码清单8-9　使用DataLoader优化对Restaurant Service的调用

```
const DataLoader = require('dataloader');

class RestaurantServiceProxy {                    创建一个 DataLoader, 它使用
    constructor() {                               batchFindRestaurants()
        this.dataLoader =                         批量加载函数
            new DataLoader(restaurantIds =>
              this.batchFindRestaurants(restaurantIds));
    }
                                                  通过 DataLoader 加
    findRestaurant(restaurantId) {                载指定的 Restaurant
        return this.dataLoader.load(restaurantId);
    }
                                                  批量加载 Restaurants
    batchFindRestaurants(restaurantIds) {
        ...
    }
}
```

为每个请求创建 RestaurantServiceProxy 和 DataLoader，因此 DataLoader 不可能将不同用户的数据混合在一起。

现在让我们看看如何将 GraphQL 引擎与 Web 框架集成，以便客户端可以调用它。

在 Express Web 框架中集成 Apollo GraphQL 服务器

Apollo GraphQL 服务器执行 GraphQL 查询。为了让客户端调用它，你需要将其与 Web 框架集成。Apollo GraphQL 服务器支持多种 Web 框架，包括 Express，这是一种流行的 Node. js Web 框架。

代码清单 8-10 展示了如何在 Express 应用程序中使用 Apollo GraphQL 服务器。关键函数是 graphqlExpress，由 apollo-server-express 模块提供。它构建了一个 Express 请求处理程序，可以对模式执行 GraphQL 查询。这个例子将 Express 配置为将请求路由到 GraphQL 请求处理程序的 GET/GraphQL 和 POST/graphql 端点。它还会创建一个包含代理的 GraphQL 上下文，使它们可供解析器使用。

代码清单8-10　将GraphQL服务器与Express Web框架集成

```
const {graphqlExpress} = require("apollo-server-express");

const typeDefs = gql`              定义 GraphQL 结构
  type Query {
   orders: resolveOrders,
  ...
 }
```

```
  type Consumer {
    ...

const resolvers = {                    ← 定义解析器
    Query: {
    ...
    }
}
                                                     把模式和解析器组
                                                     合在一起, 构成一个
                                                     可执行的模式
const schema = makeExecutableSchema({ typeDefs, resolvers });   ←

const app = express();                               将存储库注入上
                                                     下文, 以便它们可
                                                     用于解析器
function makeContextWithDependencies(req) {   ←
    const orderServiceProxy = new OrderServiceProxy();
    const consumerServiceProxy = new ConsumerServiceProxy();
    const restaurantServiceProxy = new RestaurantServiceProxy();
    ...
    return {orderServiceProxy, consumerServiceProxy,
            restaurantServiceProxy, ...};
}                                                   创建一个快速请求处
                                                    理程序, 对可执行模式
function makeGraphQLHandler() {           ←         执行 GraphQL 查询
    return graphqlExpress(req => {
        return {schema: schema, context: makeContextWithDependencies(req)}
    });
}
app.post('/graphql', bodyParser.json(), makeGraphQLHandler());   ←

                                                    把 POST/graphql 和
app.get('/graphql', makeGraphQLHandler());          GET/graphql 端点路由
                                                    到 GraphQL 服务器
app.listen(PORT);
```

　　这个例子没有考虑安全性等问题, 但那些问题很容易实现。例如, API Gateway 可以使用 Passport (第 11 章中描述的 Node.js 安全框架) 对用户进行身份验证。`makeContext-WithDependencies()` 函数会将用户信息传递给每个存储库的构造函数, 以便它们可以将用户信息传播到服务。

　　现在让我们看看客户端如何调用此服务器来执行 GraphQL 查询。

编写 GraphQL 客户端

　　客户端应用程序可以通过几种不同的方式调用 GraphQL 服务器。因为 GraphQL 服务器具有基于 HTTP 的 API, 所以客户端应用程序可以使用 HTTP 库来发出请求, 例如 GET `http://localhost:3000/graphql?query={orders(consumerId:1) {orderId,restaurant{id}}}'`。但是, 使用 GraphQL 客户端库会更容易, 它会负责正确格式化请求, 并且通常提供客户端缓存等功能。

　　代码清单 8-11 显示了 `FtgoGraphQLClient` 类, 它是 FTGO 应用程序基于 GraphQL

的简单客户端。它的构造函数实例化了 **Apollo GraphQL** 客户端库提供的 `ApolloClient`。
`FtgoGraphQLClient` 类定义了一个 `findConsumer()` 方法，该方法使用客户端来检索
消费者的名称。

代码清单8-11　使用Apollo GraphQL客户端执行查询

```
class FtgoGraphQLClient {

    constructor(...) {
        this.client = new ApolloClient({ ... });
    }

    findConsumer(consumerId) {
        return this.client.query({              ┌── 提供 $cid 的值
            variables: { cid: consumerId},  ◄──┘
             query: gql`
              query foo($cid : Int!) {     ◄── 把 $cid 定义为
                                               Int 型的变量
                consumer(consumerId: $cid) { ◄── 将查询参数
                    id                           consumerid 的
                    firstName                    值设置为 $cid
                    lastName
                }
            } `,
        })
    }

}
```

`FtgoGraphQLClient` 类可以定义各种查询方法，例如 `findConsumer()`。每个方
法都执行一个查询，准确检索客户端所需的数据。

本节并没有深入介绍 GraphQL 的功能。但我希望这里已经证明 GraphQL 是一个非常有
吸引力的替代方案，可以替代更传统的基于 REST 的 API Gateway。它允许你实现足够灵活
的 API，以支持各种客户端。因此，你应该考虑使用 GraphQL 来实现 API Gateway。

本章小结

- 应用程序的外部客户端通常利用 API Gateway 访问应用程序的服务。API Gateway 为
  每个客户端提供自定义 API。它负责请求路由、API 组合、协议转换以及边缘功能（如
  身份验证）的实现。

- 应用程序可以具有单个 API Gateway，也可以使用后端前置模式，该模式为每种类型
  的客户端定义 API Gateway。后端前置模式的主要优点是它为客户端团队提供了更大
  的自主权，因为他们可以开发、部署和运维自己的 API Gateway。

- 可以使用许多种技术来实现 API Gateway，包括现成的 API Gateway 产品。或者，你

也可以使用框架开发自己的 API Gateway。

- Spring Cloud Gateway 是一个易于使用的良好框架，用于开发 API Gateway。它使用任何属性（包括方法和路径）路由请求。Spring Cloud Gateway 可以将请求直接路由到后端服务或自定义处理程序方法。它采用可扩展、响应式的 Spring Framework 5 和 Project Reactor 框架构建。你可以使用，例如，Project Reactor 的 Mono 抽象，以响应式风格编写自定义请求处理程序。

- GraphQL 是一个提供基于图形的查询语言框架，是开发 API Gateway 的另一个很好的基础。你可以编写一个面向图形的模式来描述服务器端数据模型及其支持的查询。然后，通过编写检索数据的解析器，将该模式映射到你的服务。基于 GraphQL 的客户端对模式执行查询，该模式准确指定服务器应返回的数据。因此，基于 GraphQL 的 API Gateway 可以支持不同的客户端。

第 9 章

微服务架构中的测试策略（上）

本章导读

- 微服务中有效的测试策略
- 使用模拟（mock）和桩（stub）对软件中的元素执行隔离测试
- 使用测试金字塔确定测试工作的重点
- 对服务中的类执行单元测试

与许多组织一样，FTGO 采用了传统的测试方法。测试通常都在开发完成后执行。FTGO 开发人员将他们的代码扔给隔壁的 QA 团队，QA 团队验证软件是否按预期工作。更糟糕的是，他们的大多数测试都是手动执行的。这种测试方法现在不管用了，原因有两个：

- 手动测试效率极低：你永远不应该让人类去做一台机器可以做得更好的事情。与机器相比，手动测试执行的速度很慢，不能全天候工作。如果依赖手动测试，你将无法快速且安全地交付高质量的软件。编写自动化测试至关重要。

- 在交付流程中才进行测试为时已晚：在编写应用程序之后，确实应该通过测试来找出软件潜在的问题，但经验表明这些测试不够充分。一种更好的方式是让开发人员编写自动化测试，以此作为开发的一部分。自动化测试可以提高开发人员的工作效率，例如，当他们在修改代码时，自动化测试用例可以给他们提供及时的反馈。

从这个角度来讲，FTGO 是一个相当典型的组织。2018 年的 Sauce Labs 测试趋势报告显示，自动化测试的应用情况很不乐观（https://saucelabs.com/resources/white-papers/testing-trends-for-2018）。趋势报告中提到，大约有 26% 的公司的大部分测试是自动化的，而只有 3% 的公司的测试是完全自动化的！

对手动测试的依赖并不是因为缺乏自动化测试的工具和框架。例如，流行的 Java 测试框架 JUnit 于 1998 年就已经首次发布。缺乏自动化测试的原因主要是文化："测试是 QA 的工作""开发人员的时间不该用在测试上"，等等。事实上，开发那些能够快速运行并且高效、可维护的测试用例集也非常具有挑战性。而且，一个典型的大型单体应用程序非常难以测试。

如第 2 章所述，使用微服务架构的一个关键动机是提高可测试性。但与此同时，微服务架构的复杂性要求你编写自动化测试。此外，测试微服务在某些方面具有挑战性。因为我们需要快速验证服务的功能，并且尽量减少缓慢、复杂又不稳定的端到端测试。因为端到端测试常常需要启动一系列互相依赖的服务。

本章是关于测试的两章中的第一章。这一章主要是对测试基本概念的介绍。第 10 章将引入更深入的测试概念。这两章很长，但它们共同涵盖了对现代软件开发至关重要的测试思想和技术，特别是对微服务架构而言。

在本章一开始，我会先描述一下基于微服务的应用程序的有效测试策略。这些策略使你能够确信你的软件正常运行，同时最大限度地降低测试复杂性和执行时间。之后，我将介绍如何为服务编写一种特定类型的测试：单元测试。第 10 章将介绍其他类型的测试：集成测试、组件测试和端到端测试。

让我们首先看一看微服务的测试策略。

为什么要介绍测试？

你可能想知道为什么我要在本章介绍测试的基本概念。如果你已经熟悉测试金字塔和不同类型的测试概念，你可以快速阅读本章并转到下一章，下一章我会重点介绍跟微服务架构有关的测试主题。但根据我在世界各地咨询和培训客户的经验，许多软件开发组织的根本缺点是缺乏自动化测试。因为如果你想快速可靠地交付软件，进行自动化测试绝对是必不可少的。这是缩短交付周期（即代码投入生产环境）的唯一方法。也许自动化测试至关重要的另一个原因是，它会迫使你开发可测试的应用程序。将自动化测试引入已经很大的复杂应用程序通常非常困难。换句话说，通往单体地狱的快速通道就是不写自动化测试。

9.1　微服务架构中的测试策略概述

假设你已对 FTGO 应用程序的 Order Service 进行了更改。当然，下一步是运行代码并验证更改是否正常。一种选择是手动测试更改。首先运行 Order Service 及其所有依赖项，包括基础设施服务，比如数据库和其他应用程序服务。然后通过调用其 API 或使用 FTGO 应用程序的用户界面来"测试"服务。这种测试方法的缺点是既费时又费力。

更好的选择是在开发过程中就引入自动化测试。你的开发工作流程应该是：编辑代码、运行测试（理想情况下只需一次击键），然后重复这两件事情。快速运行的测试可以在几秒钟内告诉你更改后的代码是否能正常工作。但是如何编写可以快速运行的测试？它们是否足够，是否还需要更全面的测试？这些是我在本章中尝试回答的问题。

我将从本节开始介绍一些重要的自动化测试概念。从探究测试的目的开始，然后介绍典型的测试结构，其中还会涵盖一些你需要掌握的不同测试类型。此外，我还会介绍测试金字塔，它提供了关于如何聚焦测试工作的重要指导。在介绍测试概念之后，我将讨论测试微服务的策略。我们将研究测试具有微服务架构的应用程序的独特挑战。我会介绍一些简单、快速并且有效的测试技术，这些技术都可以用于微服务的测试。

现在就让我们来看看测试的基本概念。

9.1.1　什么是测试

在本章中，我的重点是自动化测试，下面的内容中，测试都指的是自动化测试。维基百科对测试用例的定义如下：

> 测试用例是用于特定目标的一组测试输入、执行条件和预期结果，例如执行特定的程序路径或验证是否符合特定要求。
>
> ——https://en.wikipedia.org/wiki/Test_case

换句话说，如图 9-1 所示，测试的目的是验证被测系统（System Under Test，SUT）的行为。在这个定义中，系统只是一个泛称，它指的是被测试的软件元素。它可以小到一个类，大到整个应用，或者介于两者之间，例如一组相关的类、模块或单个服务。一组相关的测试用例集构成一个测试套件。

让我们首先看一看自动化测试的概念，然后讨论你需要编写的各种测试。之后，我们来讨论测试金字塔，它描述了你应该编写的不同类型测试的相对比例。

编写自动化测试

自动化测试通常使用测试框架编写。例如，JUnit 是一种流行的 Java 测试框架。图 9-2

显示了自动测试的结构。每个测试都由一个测试方法实现，该测试方法属于测试类。

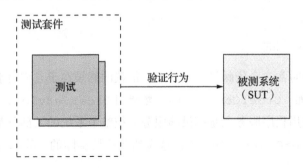

图 9-1　测试的目标是验证被测系统的行为。被测系统可能与类一样小，也可能与整个应用
　　　　程序一样大

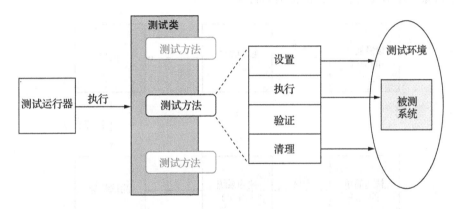

图 9-2　每个自动化测试都是通过测试类中的一个测试方法实现的。测试包括四个阶段：设
　　　　置——初始化测试环境，这是运行测试的基础；执行——调用被测系统；验证——
　　　　验证测试的结果；清理——清理测试环境

自动化测试通常包括四个阶段（http://xunitpatterns.com/Four%20Phase%20Test.html）：

1. 设置环境：将被测系统以及其他相关元素组成的测试环境初始化为所需的状态。例如，创建测试中的类，并将其初始化为呈现特定行为所需的状态。

2. 执行测试：调用被测系统，例如，在被测试的类上调用一个方法。

3. 验证结果：对调用的返回结果和被测系统的状态进行判断。例如，验证方法的返回值和被测试类的新状态与预期一致。

4. 清理环境：必要时清理测试环境。许多测试省略了这个阶段，但是某些类型的测试，比如涉及数据库的测试可能需要在这个阶段将数据库的状态回滚到设置环境阶段前的初始状态。

为了减少代码重复并简化测试，一个测试类可能会有一个在所有测试方法之前运行的初始化方法，以及在最后运行的清理方法。测试套件是一组测试类的集合。测试由测试运行器（test runner）执行。

使用模拟和桩进行测试

被测系统在运行时常常会依赖另一些系统。依赖的麻烦在于它们可能把测试复杂化，并减慢测试速度。例如，OrderController 类调用 OrderService，而 OrderService 又依赖于许多其他应用程序服务和基础设施服务。把整个系统的大部分都运行起来，而仅仅是为了测试一个 OrderController 类，这显然是不切实际的。我们需要一种单独测试被测系统的方法。

如图 9-3 所示，解决方案是用测试替身（Test double）来消除被测系统的依赖性。测试替身是一个对象，该对象负责模拟依赖项的行为。

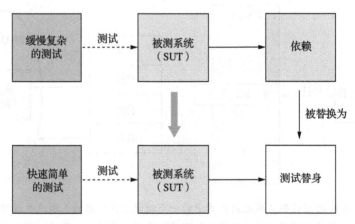

图 9-3　用测试替身替换依赖项，可以单独测试被测系统。测试更简单、更快捷

有两种类型的测试替身：桩（stub）和模拟（mock）。术语桩和模拟通常可以互换使用，尽管它们的行为略有不同。桩是一个测试替身，它代替依赖项来向被测系统发送调用的返回值。模拟是也一个测试替身，用来验证被测系统是否正确调用了依赖项。此外，模拟通常也扮演桩的角色，向被测系统发送调用的返回值。

在本章的后面，你将看到测试替身的实例。例如，9.2.5 节将展示如何用测试替身来代替 OrderService 类，从而单独测试 OrderController 类。在该示例中，OrderService 的测试替身是使用 Mockito 实现的，Mockito 是一种流行的 Java 模拟对象框架。第 10 章介绍如何使用测试替身来代替 OrderService 内部依赖的其他服务，用这些测试替身响应 OrderService 发送的命令式消息，这样我们就可以单独测试 OrderService。

现在让我们看看测试的不同类型。

测试的不同类型

有许多不同类型的测试。某些测试（例如性能测试和易用性测试）验证应用程序是否满足其服务质量要求。在本章中，我将重点介绍用于验证应用程序或服务的功能的自动化测试。我将介绍如何编写四种不同类型的测试：

- 单元测试：测试服务的一小部分，例如类。
- 集成测试：验证服务是否可以与基础设施服务（如数据库）或其他应用程序服务进行交互。
- 组件测试：单个服务的验收测试。
- 端到端测试：整个应用程序的验收测试。

这些测试类型的主要区别在于范围。一个极端是单元测试，它负责验证最小有意义的程序元素的行为。对于像 Java 这样的面向对象的语言，测试的目标就是类。另一个极端是端到端测试，它验证整个应用程序的行为。在这两个极端的中间是组件测试，测试单个服务。正如你将在下一章中看到的那样，集成测试的范围相对较小，但它们比单纯的单元测试要复杂。范围只是区分测试类型的一种方式。另一种方法是使用测试象限。

编译时单元测试

测试是开发不可或缺的一部分。现代开发的工作流程是编写代码，然后运行测试。此外，如果你是测试驱动开发（TDD）实践者，你可以通过首先编写测试，当然它运行时一定会失败，然后编写新功能或修复有缺陷的代码以使其通过测试。即使你不是 TDD 的支持者，修复代码缺陷的一个很好的方法是编写一个能够重现问题的测试，然后编写修复它的代码。

作为此工作流程的一部分运行的测试称为编译时测试。在现代 IDE 中，例如 IntelliJ IDEA 或 Eclipse，你通常不会将代码编译作为单独的一个步骤执行。相反，你通常会使用一个快捷键来启动代码编译并在编译完成后自动运行测试。为了保持工作的流畅性，这些测试需要快速执行：理想情况下，不超过几秒钟。

使用测试象限进行分类

分类测试的一种好方法是 Brian Marick 的测试象限（www.exampler.com/old-blog/2003/08/21/#agile-testing-project-1）。测试象限（如图 9-4 所示）按两个维度对测试进行分类：

- 测试是面向业务还是面向技术：使用领域专家的术语来描述面向业务的测试，使用开发人员的术语和实现来描述面向技术的测试。

- 测试的目标是协助开发还是寻找产品缺陷：开发人员使用协助开发的测试作为日常工作的一部分。寻找产品缺陷的测试旨在确定需要改进的部分。

测试象限定义了四种不同的测试类别：

- Q1 协助开发 / 面向技术：单元和集成测试。
- Q2 协助开发 / 面向业务：组件和端到端测试。
- Q3 寻找产品缺陷 / 面向业务：易用性和探索性测试。
- Q4 寻找产品缺陷 / 面向技术：非功能性验收测试，如性能测试。

测试象限不是组织测试的唯一方法。还有测试金字塔，它提供了关于每种类型要编写的测试数量的指南。

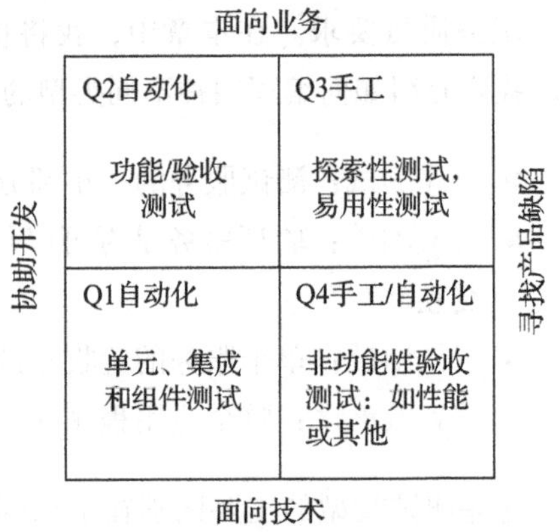

图 9-4　测试象限按两个维度对测试进行分类。第一个维度是测试是面向业务还是面向技术。第二个维度是测试的目的是协助开发还是寻找产品缺陷

使用测试金字塔指导测试工作

我们必须编写不同类型的测试，以确保应用程序有效。但是，挑战在于测试的执行时间和复杂度随着其范围而增大。此外，测试范围越大，其构成部件越多，可靠性就越低。不可靠的测试几乎和没有测试一样糟糕，因为如果你的测试不可信，你就可能会忽略缺陷。

一个极端是针对单个类的单元测试，它们执行起来快，易于编写且可靠。另一个极端是针对整个应用程序的端到端测试，由于它们很复杂，这些测试往往是缓慢的、难以编写的，并且通常是不可靠的。因为我们没有无限的开发和测试预算，所以我们希望专注于编写范围小的测试，同时不会牺牲整个测试套件的有效性。

测试金字塔如图 9-5 所示，是一个很好的指南（https://martinfowler.com/bliki/TestPyramid.html）。金字塔底部是快速、简单和可靠的单元测试。在金字塔的顶部是缓慢、复杂和脆弱的端到端测试。相比美国农业部的食物金字塔，测试金字塔显然更有用，争议也更少（https://en.wikipedia.org/wiki/History_of_USDA_nutrition_guides），测试金字塔描述了每种测试类型的相对比例。

测试金字塔的关键思想是，在金字塔中从下往上移动时，应该编写的测试越来越少。我们应该编写大量的单元测试和很少的端到端测试。

正如你将在本章中看到的，我描述的策略强调要对服务的每一个细分元素进行测试。这

样甚至可以最大限度地减少测试整个服务的组件测试数量。

图 9-5　测试金字塔描述了需要编写的每种测试类型的相对比例。在金字塔中从下往上移动
　　　　时，应该编写的测试越来越少

测试一个不依赖于任何其他服务的独立服务，（例如 Consumer Service）是很容易的。但是，像 Order Service 这样有众多依赖项的服务会如何呢？我们怎样才能确信应用程序整体有效？这是测试微服务架构下的应用程序的关键挑战。测试的复杂性已经从单个服务转移到它们之间的交互。让我们来看看如何解决这个问题。

9.1.2　微服务架构中的测试挑战

在基于微服务的应用程序中，进程间通信比在单体应用程序中起着更重要的作用。单体应用程序可能与少数外部客户端和服务进行通信。例如，FTGO 应用程序的单体版本使用一些第三方 Web 服务，比如用于支付的 Stripe、用于消息传递的 Twilio、用于电子邮件发送的 Amazon SES，它们具有稳定的 API。应用程序模块之间的任何交互都是通过编程语言级别的 API 进行的。进程间通信仅在应用程序的边缘发生。

相反，进程间通信是微服务架构的核心。基于微服务的应用程序是一个分布式系统。团队不断开发他们的服务，并更新服务的 API。服务开发人员必须编写测试，以验证其服务是否仍旧能与其依赖关系和客户端进行正常交互。

如第 3 章所述，服务使用各种交互方式和进程间通信机制相互通信。有些服务使用同步协议（如 REST 或 gRPC）实现的请求 / 响应式交互。

其他服务使用异步消息传递，通过请求 / 异步回复或发布 / 订阅进行交互。例如，图 9-6 显示了 FTGO 应用程序中的某些服务如何通信。每个箭头都从消费者服务指向生产者服务。

箭头指出了依赖关系的方向，从 API 的消费者指向 API 的提供者。消费者对 API 的假设取决于交互的性质：

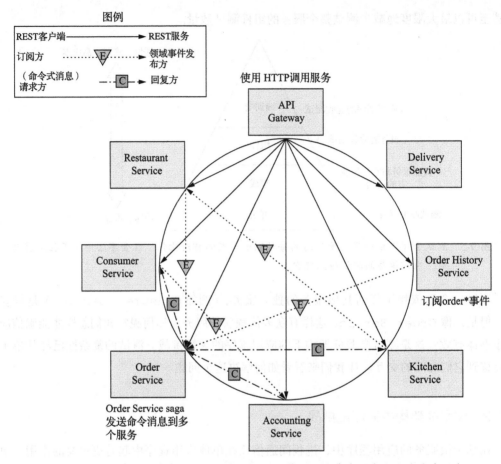

图 9-6   FTGO 应用程序中的一些服务间通信。箭头从消费者服务指向生产者服务

- REST 客户端→服务：**API Gateway** 将请求路由到服务并实现 **API** 组合。
- 领域事件使用者→发布者：`Order History Service` 使用 `Order Service` 发布的事件。
- 命令式消息请求方→回复方：`Order Service` 将命令式消息发送到各种服务并使用回复。

一对服务之间的交互代表了这两个服务之间的协议或契约。`Order History Service` 和 `Order Service` 必须就事件消息结构及其发布的通道达成一致。同样，**API Gateway** 和服务必须就 REST API 端点达成一致。`Order Service` 及其使用异步请求 / 响应调用的每个服务，必须在命令通道以及命令消息和回复消息的格式上达成一致。

作为服务的开发人员，你需要确信你使用的服务具有稳定的 API。同样，你也不希望你的改动在无意中破坏你所提供的 API。例如，如果你正在开发 `Order Service`，则需要确保服务的依赖关系（例如，`Consumer Service` 和 `Kitchen Service`）不会改变 API 接口，导致与你的服务不兼容。同样，你必须确保你对 Order Service API 的改动不会破坏 API Gateway 或 Order History Service 的正常工作。

验证两个服务可以交互的一种方法是同时运行两个服务，调用触发通信的 API，并验证它是否具有预期结果。这肯定会遇到集成的问题，但它基本上都是端到端的。测试的过程需要运行这些服务的许多其他依赖项。测试可能还需要调用复杂的高级功能，例如业务逻辑，即使目标只是测试相对较低级别的进程间通信。最好避免编写像这样的端到端测试。我们需要编写更快、更简单、更可靠的测试，理想情况下可以单独测试服务。解决方案是使用所谓的消费者驱动的契约测试（consumer-driven contract testing）。

消费者驱动的契约测试

假设你是负责开发 API Gateway 团队的成员，如第 8 章所述，API Gateway 的 Order-ServiceProxy 调用各种 REST 接口，包括 GET/orders/{orderId} 接口。我们必须编写测试来验证 API Gateway 和 Order Service 是否就这些 API 达成了一致。在消费者契约测试的术语中，这两种服务是消费者 – 提供者关系。API Gateway 是消费者，Order Service 是提供者。消费者契约测试是针对提供者（例如 Order Service）的集成测试，用于验证其 API 是否符合消费者（如 API Gateway）的预期。

消费者契约测试侧重于验证提供者 API 的参数定义是否符合消费者的期望。对于 REST 接口，契约测试将验证提供者程序实现的接口是否：

- 具有预期的 HTTP 方法和路径。
- 接受预期的 HTTP 头部，如果有的话。
- 接受请求主体，如果有的话。
- 返回预期中的响应，包括状态代码、头部和主体。

重要的是要记住，契约测试不会彻底测试提供者的业务逻辑。这是单元测试的工作。稍后，你将看到 REST API 的消费者契约测试实际上是通过模拟控制器进行的测试。

开发消费者服务的团队负责编写契约测试套件，并将其提交（例如，通过 pull request）到提供者的测试套件代码库。调用 Order Service 的其他服务的开发人员也提供了一个测试套件，如图 9-7 所示。每个测试套件都将测试与每个消费者相关的 Order Service API 的具体方面。例如，Order History Service 的测试套件验证 Order Service 是否发布了预期的事件。

这些测试套件由 Order Service 的部署流水线执行。如果消费者契约测试失败，那么该失败告诉提供者的开发团队：他们对 API 做出的改变已经影响了消费者。他们必须修复这些 API 或与消费者团队讨论。

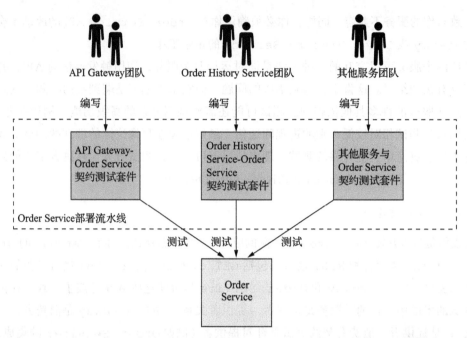

图 9-7 开发使用 Order Service 的 API 的服务的每个团队都会提供契约测试套件。测试
套件验证 API 是否符合消费者的期望。此测试套件以及其他团队提供的测试套件由
Order Service 的部署流水线运行

模式：消费者驱动的契约测试

验证服务是否满足它的消费者的期望。请参阅：http://microservices.io/patterns/testing/
service-integration-contract-test.html。

消费者驱动的契约测试通常使用样例测试。消费者和提供者之间的交互由一组样例定
义，称为契约。每个契约都包含在一次交互期间交换的样例消息。

例如，REST API 的契约包含示例 HTTP 请求和响应。从表面上看，使用例如 OpenAPI
或 JSON 编写的模式来定义这些交互似乎很有用。但事实证明，在编写测试时，模式并不是
那么有用。测试可以使用模式来验证响应，但仍需要使用样例请求调用提供者程序。

此外，消费者测试还需要响应的样例。因为即使消费者驱动的契约测试的重点是测试提
供者，契约也用于验证消费者是否符合契约。例如，REST 客户端的消费者方契约测试使用
该契约来配置 HTTP 桩服务，该服务验证 HTTP 请求是否与契约的请求匹配，并发回契约的
HTTP 响应。测试交互的双方确保消费者和提供者就 API 达成一致。稍后我们将看看如何编
写此类测试的示例，但首先来看看如何使用 Spring Cloud Contract 编写消费者契约测试。

> **模式：消费者契约测试**
>
> 验证服务的客户端是否可以与服务通信。请参阅：https://microservices.io/patterns/testing/ consumer-side-contract-test.html。

使用 Spring Cloud 的契约测试服务

两个流行的企业级契约测试框架是 Spring Cloud Contract（https://cloud.spring.io/spring-cloud-contract/），它是 Spring 应用程序的消费者契约测试框架，以及支持多种语言的 Pact 系列框架（https://github.com/pact-foundation）。FTGO 应用程序是一个基于 Spring 框架的应用程序，因此在本章中我将介绍如何使用 Spring Cloud Contract。它为写入契约提供了 Groovy DSL。每个契约都是消费者和提供者之间交互的具体例子，例如 HTTP 请求和响应。Spring Cloud Contract 代码为提供者程序生成契约测试。它还为消费者集成测试配置模拟（例如模拟 HTTP 服务器）。

比如说，你正在使用 API Gateway，并希望为 Order Service 编写消费者契约测试。图 9-8 显示了该过程，该过程要求你与 Order Service 团队协作。你编写的契约定义了 API Gateway 如何与 Order Service 进行交互。Order Service 团队使用这些契约来测试 Order Service，并使用它们来测试 API Gateway。步骤顺序如下：

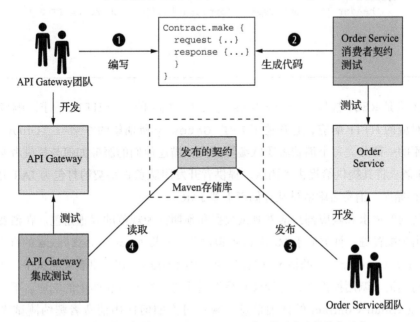

图 9-8　API Gateway 团队编写契约。Order Service 团队使用这些契约来测试 Order Service 并将它们发布到存储库。API Gateway 团队使用已发布的契约来测试 API Gateway

1. 你编写一个或多个如代码清单 9-1 中所示的契约。每个契约都包含 API Gateway 可能发送给 Order Service 的 HTTP 请求和预期的 HTTP 响应。你可以通过 Git pull 请求将契约提交给 Order Service 团队。

2. Order Service 团队使用消费者契约测试来测试 Order Service，而测试代码由 Spring Cloud Contract 生成。

3. Order Service 团队将测试 Order Service 的契约发布到 Maven 存储库。

4. 你使用已发布的契约为 API Gateway 编写测试。

因为使用已发布的契约来测试 API Gateway，所以你可以确信它可以同已部署的 Order Service 一起正常工作。

契约是该测试策略的关键部分。代码清单 9-1 显示了 Spring Cloud Contract 的示例。它由 HTTP 请求和 HTTP 响应组成。

代码清单9-1　描述API Gateway如何调用Order Service的契约

```
org.springframework.cloud.contract.spec.Contract.make {
    request {                                        ←┐  HTTP 请求的
        method 'GET'                                  │  方法和路径
        url '/orders/1223232'
    }
    response {              ←┐  HTTP 响应的状
        status 200           │  态码、头部和主体
        headers {
            header('Content-Type': 'application/json;charset=UTF-8')
        }
        body("{ ... }")
    }
}
```

请求元素是 REST 接口 GET/orders/{orderId} 的一个 HTTP 请求。响应元素是一个该接口对应的 HTTP 响应，它描述了 API Gateway 所期望的 Order。Groovy 契约是提供者代码库的一部分。每个消费者团队编写契约，描述他们的服务如何与提供者交互，并通过 Git pull 请求将其提供给提供者团队。提供者开发团队负责将契约打包为 JAR 并将其发布到 Maven 存储库。消费者端测试从存储库下载 JAR。

每个契约的请求和响应都扮演着测试数据和预期行为规范的双重角色。在消费者端测试中，契约用于配置桩，桩类似于 Mockito 模拟对象并模拟 Order Service 的行为。它可以在不运行 Order Service 的情况下测试 API Gateway。在提供者端测试中，生成的测试类使用契约的请求调用提供者，并验证它是否返回与契约响应相匹配的响应。下一章将讨论使用 Spring Cloud Contract 的详细信息，现在讨论如何使用消费者契约测试来处理消息传递 API。

针对消息传递 API 的消费者契约测试

REST 客户端并不是唯一一种对提供者的 API 有期望的消费者。采用异步请求 / 响应通信方式的服务订阅了某领域事件，那么它也是消费者。它们使用其他服务的消息传递 API，并对该 API 的定义做出假设。我们也必须为这些服务编写消费者契约测试。

Spring Cloud Contract 也支持这类基于消息传递方式交互的服务的测试。契约的结构以及如何进行测试取决于交互的类型。用于测试领域事件发布的契约会包含一个样例领域事件。对提供者测试时，提供者程序触发这个事件，并验证它是否与契约中的事件匹配。消费者测试则会验证消费者是否可以处理该事件。在下一章中，我将描述这类测试的一个实例。

异步请求 / 响应交互的契约类似于 HTTP 契约。它由请求消息和响应消息组成。在提供者端测试时，会使用契约中的请求消息来调用 API，并验证响应是否与契约中的响应匹配。在消费者端测试时，使用该契约来配置一个桩，用来模拟成一个订阅者，该订阅者侦听契约的请求消息并使用指定的响应进行回复。下一章将讨论一个示例测试。但首先我们来看看部署流水线，它负责运行所有的这些测试。

9.1.3　部署流水线

每个服务都有一个部署流水线。Jez Humble 的名著《Continuous Delivery》[⊖]将部署流水线描述为把开发人员电脑上的代码部署到生产环境中的一个自动化过程。如图 9-9 所示，它包含了一系列执行测试套件的阶段，后面是一个发布或部署服务的阶段。理想情况下，它是完全自动化的，但它也可能包含手动步骤。部署流水线通常使用持续集成（Continuous Integration）服务器（如 Jenkins）实现。

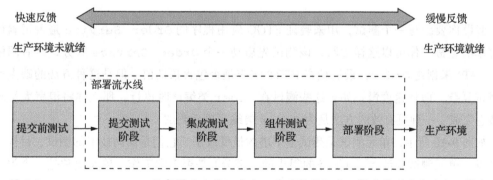

图 9-9　Order Service 的部署流水线。它由一系列阶段组成。提交前测试由开发人员在提交代码之前运行。其余阶段由自动化工具执行，例如 Jenkins CI 服务器

⊖　Addison-Wesley，2010 年出版，中文版书名为《持续交付》，是在 DevOps 领域广泛流传的名著。——译者注

随着代码通过部署流水线，测试套件使其在更像生产环境的环境中进行越来越彻底的测试。同时，每个测试套件的执行时间通常会增加。我们的目标是尽快获得有关测试失败的反馈。

图 9-9 中显示的示例部署流水线包含以下阶段：

- 提交前测试阶段：执行单元测试。这是由开发人员在提交代码更改之前执行的。
- 提交测试阶段：编译服务，执行单元测试，并执行静态代码分析。
- 集成测试阶段：执行集成测试。
- 组件测试阶段：执行服务的组件测试。
- 部署阶段：将服务部署到生产环境中。

当开发人员提交代码更改时，持续集成服务器会运行提交测试。它的执行速度非常快，因此可以提供有关本次代码提交的快速反馈。后期阶段需要更长时间才能运行，提供的反馈更少。如果所有测试都通过，则最后阶段是通过这个部署流水线将代码部署到生产环境中。

在这个例子中，从代码提交到生产环境部署，部署流水线完全自动化。但是，有些情况需要手动步骤。例如，你可能需要先到预上线环境执行手动测试阶段。在这种情况下，只有当测试人员单击一个按钮表明该阶段通过时才会进入下一阶段。或者，部署流水线先将一个产品的新版本部署到内部服务器上，之后再将这个版本打包为正式版，然后发布给客户。

现在我们已经了解了部署流水线的组织以及何时执行不同类型的测试，让我们前往测试金字塔的底部，看看如何为服务编写单元测试。

9.2 为服务编写单元测试

假设你要编写一个测试，用来验证 FTGO 应用程序的 Order Service 是否正确计算了订单的金额。你可以这样编写，该测试先启动一个 Order Service 服务，然后调用其 REST API 来创建 Order，最后检查 HTTP 响应是否包含预期值。但是这种方法的缺点是不仅测试复杂，而且速度慢。如果这些测试在 Order 类编译时执行，那么你将浪费大量时间等待它完成。一种更有效的方法是为 Order 类编写单元测试。

如图 9-10 所示，单元测试是测试金字塔的最低级别。它们是面向技术的测试，目标是协助开发。单元测试验证单元（服务的很小的一部分）是否正常工作。单元通常是一个类，因此单元测试的目标是验证这个类的行为是否符合预期。

有两种类型的单元测试（https://martinfowler.com/bliki/UnitTest.html）：

- 独立型单元测试：使用针对类的依赖性的模拟对象隔离测试类。

■ 协作型单元测试：测试一个类及其依赖项。

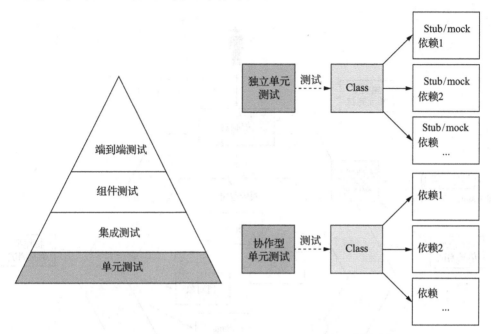

图 9-10　单元测试在金字塔的底部。它们运行速度快、易于编写且可靠。每个单元测试都单独
　　　　测试一个类，使用模拟或桩来实现其依赖性。协作型单元测试将测试类及其依赖性

类的职责及其在架构中的角色决定了要使用的测试的类型。图 9-11 显示了典型服务的六边形架构以及通常用于每种类的单元测试类型。控制器和服务类通常使用独立型单元测试。领域对象（例如实体和值对象）通常使用协作型单元测试。

每个类的典型测试策略如下：

■ 如第 5 章所述的 Order 等实体是具有持久化身份的对象，使用协作型单元测试进行测试。

■ 像 Money 这样的值对象，如第 5 章所述是作为值集合的对象，使用协作型单元测试进行测试。

■ Sagas 例如 CreateOrderSaga，如第 4 章所述，维护服务之间的数据一致性，使用协作型单元测试进行测试。

■ 如第 5 章所述的领域服务（如 OrderService）是实现不属于实体或值对象的业务逻辑的类，使用独立型单元测试进行测试。

■ 处理 HTTP 请求的控制器使用独立型单元测试来测试，例如 OrderController。

■ 使用独立型单元测试来测试入站和出站消息网关。

让我们首先看看如何测试实体。

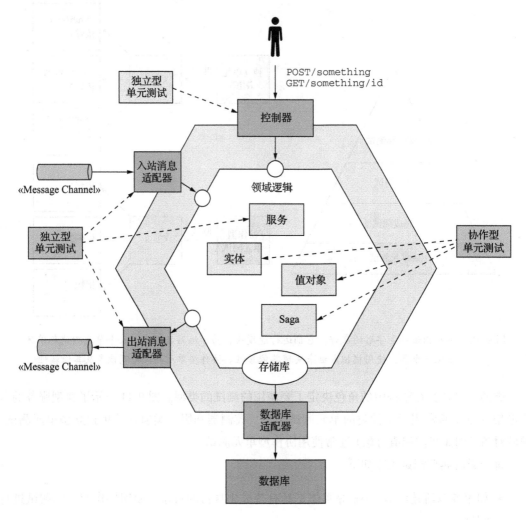

图 9-11　类的职责决定是使用独立型单元测试还是协作型单元测试

9.2.1　为实体编写单元测试

代码清单 9-2 显示了 OrderTest 类的部分代码，该类实现了 Order 实体的单元测试。这个类有一个 @Before setUp() 方法，该方法在运行每个测试方法之前创建一个 Order。它的 @Test 方法可能会进一步初始化 Order，调用其中一个方法，然后对返回值和 Order 的状态进行断言。

代码清单9-2　用于Order实体的一个简单、快速运行的单元测试

```
public class OrderTest {

  private ResultWithEvents<Order> createResult;
  private Order order;

  @Before
  public void setUp() throws Exception {
    createResult = Order.createOrder(CONSUMER_ID, AJANTA_ID, CHICKEN_VINDALOO
      _LINE_ITEMS);
    order = createResult.result;
  }

  @Test
  public void shouldCalculateTotal() {
    assertEquals(CHICKEN_VINDALOO_PRICE.multiply(CHICKEN_VINDALOO_QUANTITY),
      order.getOrderTotal());
  }

  ...

}
```

@Test shouldCalculateTotal() 方法验证 Order.getOrderTotal() 是否返回预期值。单元测试可以彻底测试业务逻辑。它们是 Order 类及其依赖项的协作型单元测试。你可以将它们用作编译时测试，因为它们执行速度非常快。Order 类依赖于 Money 值对象，因此测试该类也很重要。让我们来看看如何做到这一点。

9.2.2　为值对象编写单元测试

值对象是不可变的，因此它们往往易于测试。你不必担心副作用。对值对象的测试通常会创建特定状态的值对象，调用其中一个方法，并对返回值进行断言。代码清单 9-3 显示了 Money 值对象的测试，它是一个表示货币价值的简单类。这些测试验证了 Money 类的方法的行为，包括 add()（它添加了两个 Money 对象）和 multiply()（它将 Money 对象乘以整数）。它们是独立型单元测试[⊖]，因为 Money 类不依赖于任何其他应用程序类。

⊖　经与作者确认，前文说值对象（Money）用的是协作型单元测试，是针对 FTGO 中 Money 对象的实际情况决定的。此处说类似 Money 这样的值对象采用的是独立型单元测试，是指比较普遍的情况下，当 Money 类没有任何依赖时，应该采用的测试方式。——译者注

代码清单9-3　用于Money值对象的一个简单、快速运行的测试

```
public class MoneyTest {

  private final int M1_AMOUNT = 10;
  private final int M2_AMOUNT = 15;

  private Money m1 = new Money(M1_AMOUNT);
  private Money m2 = new Money(M2_AMOUNT);

  @Test
  public void shouldAdd() {                                          验证两个 Money
     assertEquals(new Money(M1_AMOUNT + M2_AMOUNT), m1.add(m2));      对象可以相加
  }

  @Test                                                           验证 Money 对象可
  public void shouldMultiply() {                                  以与整数相乘
    int multiplier = 12;
    assertEquals(new Money(M2_AMOUNT * multiplier), m2.multiply(multiplier));
  }

  ...
}
```

　　实体和值对象是服务的业务逻辑的基本构成单元。但是一些业务逻辑也存在于 Saga 和领域服务中。我们来看看如何测试它们。

9.2.3　为 Saga 编写单元测试

　　Saga（例如 `CreateOrderSaga` 类）会实现重要的业务逻辑，因此需要进行测试。它是一个持久化对象，向 Saga 参与方发送命令式消息并处理它们的回复。如第 4 章所述，`CreateOrderSaga` 与多个服务交换命令式 / 回复消息，例如 `Consumer Service` 和 `Kitchen Service`。对此类的测试会创建一个 Saga，并验证它是否将消息按预期的顺序发送给 Saga 参与方。你需要为正常执行的场景编写单元测试，你还必须为 Saga 回滚的各种场景编写测试，例如 Saga 参与方发回了失败的消息。

　　一种方法是编写使用真实数据库和消息代理以及桩服务的测试，以此来模拟各种 Saga 参与方。例如，`Consumer Service` 的桩将订阅 `consumerService` 命令式消息通道并发回所需的消息。但使用这种方法编写的测试非常缓慢。一种更有效的方法是编写模拟与数据库和消息代理交互的类的测试。这样，我们就可以专注于测试 Saga 的核心职责。

　　代码清单 9-4 显示了 `CreateOrderSaga` 的测试。这是一个协作型单元测试，测试 Saga 类及其依赖项。它是使用 Eventuate Tram Saga 测试框架编写的（https://github.com/eventuate-tram/eventuate-tram-sagas）。这个框架提供了一个易于使用的 DSL，它抽象出与 Saga 相互

作用的细节。使用此 DSL，可以创建一个 Saga 并验证它是否发送了正确的消息。事实上，Saga 测试框架使用数据库和消息传递基础设施的模拟来配置 Saga 框架。

代码清单9-4 一个用于CreateOrderSaga的简单、可快速运行的单元测试

```
public class CreateOrderSagaTest {

  @Test                                           创建一个 saga
  public void shouldCreateOrder() {
    given()
        .saga(new CreateOrderSaga(kitchenServiceProxy),    ◁────  验证 ValidateOrder-
                new CreateOrderSagaState(ORDER_ID,                 ByConsumer 消息发送给
                        CHICKEN_VINDALOO_ORDER_DETAILS)).          了 Consumer Service
    expect().
          command(new ValidateOrderByConsumer(CONSUMER_ID, ORDER_ID,
              CHICKEN_VINDALOO_ORDER_TOTAL)).
          to(ConsumerServiceChannels.consumerServiceChannel).
    andGiven().                                           发送成功回复给那个消息
        successReply().                          ◁────
    expect().
          command(new CreateTicket(AJANTA_ID, ORDER_ID, null)).  ◁──  验证 CreateTicket
            to(KitchenServiceChannels.kitchenServiceChannel);         消息发送给了 Kitchen
  }                                                                    Service


  @Test
  public void shouldRejectOrderDueToConsumerVerificationFailed() {
    given()
        .saga(new CreateOrderSaga(kitchenServiceProxy),
                new CreateOrderSagaState(ORDER_ID,
                        CHICKEN_VINDALOO_ORDER_DETAILS)).
    expect().
        command(new ValidateOrderByConsumer(CONSUMER_ID, ORDER_ID,
            CHICKEN_VINDALOO_ORDER_TOTAL)).
        to(ConsumerServiceChannels.consumerServiceChannel).
    andGiven().

        failureReply().                          ◁────
      expect().                                          发送失败回复，指出
        command(new RejectOrderCommand(ORDER_ID)).        Consumer Service 拒绝
        to(OrderServiceChannels.orderServiceChannel);  ◁──  了 Order
      }
                                            验证 Saga 发送了 Re-
  }                                          jectOrderCommand 消
                                            息到 Order Service
```

@Test shouldCreateOrder() 方法测试正常的执行路径。@Test shouldRejectOrderDueToConsumerVerificationFailed() 方法测试 Consumer Service 拒绝订单的场景。它验证 CreateOrderSaga 发送 RejectOrderCommand 以补偿被拒绝的消费者。CreateOrderSagaTest 类具有测试其他故障情形的方法。

现在让我们看看如何测试领域服务。

9.2.4 为领域服务编写单元测试

服务的大多数业务逻辑通过实体、值对象和 Saga 实现。领域服务类（如 OrderService 类）实现业务逻辑的其余部分。OrderService 类是典型的领域服务类。它的方法调用实体和存储库并发布领域事件。测试这种类的有效方法是独立型单元测试，它可以模拟存储库和消息传递类等依赖项。

代码清单 9-5 显示了 OrderServiceTest 类来测试 OrderService。它是一个独立型单元测试，通过使用 Mockito 来模拟服务的依赖项。每个测试都按如下方式完成各自的测试阶段：

1. 设置：配置服务依赖项的模拟对象。

2. 执行：调用服务方法。

3. 验证：验证服务方法返回的值是否正确，以及是否已正确调用依赖项。

代码清单9-5　用于OrderService类的简单、快速运行的单元测试

```
public class OrderServiceTest {

  private OrderService orderService;
  private OrderRepository orderRepository;
  private DomainEventPublisher eventPublisher;
  private RestaurantRepository restaurantRepository;
  private SagaManager<CreateOrderSagaState> createOrderSagaManager;
  private SagaManager<CancelOrderSagaData> cancelOrderSagaManager;
  private SagaManager<ReviseOrderSagaData> reviseOrderSagaManager;

  @Before
  public void setup() {                                              为 OrderService
    orderRepository = mock(OrderRepository.class);            ◄──   的依赖项创建 Mockito
     eventPublisher = mock(DomainEventPublisher.class);             模拟
    restaurantRepository = mock(RestaurantRepository.class);

        createOrderSagaManager = mock(SagaManager.class);
        cancelOrderSagaManager = mock(SagaManager.class);
        reviseOrderSagaManager = mock(SagaManager.class);
        orderService = new OrderService(orderRepository, eventPublisher,   ◄─┐
                restaurantRepository, createOrderSagaManager,
                cancelOrderSagaManager, reviseOrderSagaManager);
    }                                                      创建注入了模拟依赖项
                                                             的 OrderService

    @Test                                        配置 RestaurantRepository.
    public void shouldCreateOrder() {            findById() 返回 Ajanta 餐馆
      when(restaurantRepository                ◄──
          .findById(AJANTA_ID)).thenReturn(Optional.of(AJANTA_RESTAURANT_));
      when(orderRepository.save(any(Order.class))).then(invocation -> {   ◄─┐
        Order order = (Order) invocation.getArguments()[0];
        order.setId(ORDER_ID);                             配置 OrderRepository.
        return order;                                      save() 设定 Order 的 ID
      });
```

```
调用          ┌─→ Order order = orderService.createOrder(CONSUMER_ID,
Order-        │                    AJANTA_ID, CHICKEN_VINDALOO_MENU_ITEMS_AND_QUANTITIES);
Serice.       │
create()      │    verify(orderRepository).save(same(order));              ←─── 验 证 Order-
                                                                                Service 把 刚 创
              ┌─→ verify(eventPublisher).publish(Order.class, ORDER_ID,       建 的 Order 对 象
验证 Order-    │            singletonList(                                      保存到数据库
Service 发布   │                new OrderCreatedEvent(CHICKEN_VINDALOO_ORDER_DETAILS)));
了 OrderCrea- │
tedEvent      │    verify(createOrderSagaManager)                           ←─── 验 证 Order-
                        .create(new CreateOrderSagaState(ORDER_ID,             Service 创建了
                            CHICKEN_VINDALOO_ORDER_DETAILS),                    CreateOrder-
                        Order.class, ORDER_ID);                                Saga
              }

          }
```

setUp() 方法创建一个注入了模拟依赖项的 OrderService。@Test shouldCreateOrder()
方法验证 OrderService.createOrder() 是否调用 OrderRepository 来保存新创建的
Order，发布 OrderCreated 事件，并创建 CreateOrderSaga。

现在我们已经看到了如何对领域逻辑类进行单元测试，让我们看看如何对与外部系统交
互的适配器进行单元测试。

9.2.5　为控制器编写单元测试

诸如 Order　Service 之类的服务通常具有一个或多个控制器，用于处理来自其他
服务和 API Gateway 的 HTTP 请求。控制器类由一组请求处理程序方法组成。每个方法都
实现一个 REST API 端点。方法的参数表示来自 HTTP 请求的值，例如路径变量。它通常
调用领域服务或存储库并返回响应对象。例如，OrderController 调用 OrderSer-
vice 和 OrderRepository。控制器的有效测试策略是模拟服务和存储库的独立型单元
测试。

你可以编写类似于 OrderServiceTest 类的测试类来实例化控制器类并调用其方法。
但是这种方法不会测试某些重要的功能，例如：请求路由。使用模拟 MVC 测试框架更有效，
例如 Spring Mock Mvc，它是 Spring Framework 的一部分，或 Rest Assured Mock MVC，它
构建在 Spring Mock Mvc 之上。使用这些框架编写的测试会产生模拟的 HTTP 请求，并对
HTTP 响应进行断言。这些框架使你能够测试 HTTP 请求路由以及 Java 对象与 JSON 之间的
转换，而无须进行真正的网络调用。从实现层面而言，Spring Mock Mvc 实例化了刚好够用
的 Spring MVC 类，以实现这一目标。

> **这些真的是单元测试吗?**
>
> 因为这些测试使用的是 Spring Framework,所以你可能会认为它们不是单元测试。它们肯定比我到目前为止所描述的单元测试更重量级。Spring Mock Mvc 文档将这些称为 out-of-servlet-container 集成测试(https://docs.spring.io/spring/docs/current/springframe-work-reference/testing.html#spring-mvc-test-vs-end-to-end-integration-tests)。然而,REST Assured Mock MVC 将这些测试描述为单元测试(https://github.com/rest-assured/rest-assured/wiki/Usage#spring-mock-mvc-module)。无论关于术语的争论如何,这些都是需要编写的重要测试。

代码清单9-6显示了 `OrderControllerTest` 类来测试 `Order Service` 的 `OrderController`。它是一个独立型单元测试,利用了模拟对象来解决 `OrderController` 的依赖项。这个测试类是使用 REST Assured Mock MVC 编写的,后者提供了一个简单的 DSL,抽象出与控制器交互的细节。REST Assured 可以轻松地将模拟 HTTP 请求发送到控制器并验证响应。`OrderControllerTest` 创建一个为 `OrderService` 和 `OrderRepository` 注入 Mockito 模拟的控制器。每个测试都配置模拟,发出 HTTP 请求,验证响应是否正确,并可能验证控制器是否调用了模拟。

代码清单9-6 用于OrderController类的简单、快速运行的单元测试

```
public class OrderControllerTest {

  private OrderService orderService;
  private OrderRepository orderRepository;

  @Before
  public void setUp() throws Exception {          ← 为 OrderController
    orderService = mock(OrderService.class);         的依赖创建模拟
    orderRepository = mock(OrderRepository.class);

      orderController = new OrderController(orderService, orderRepository);
    }


    @Test
    public void shouldFindOrder() {
                                                      配置模拟
                                                      OrderRepo-
        when(orderRepository.findById(1L))            sitory 以返
            .thenReturn(Optional.of(CHICKEN_VINDALOO_ORDER_)); ← 回一个 Order

        given().                                       配置 Order-
            standaloneSetup(configureControllers(      Controller
                new OrderController(orderService, orderRepository))).
发送
HTTP    when().
请求         get("/orders/1").
        then().                          验证响应状态码
            statusCode(200).         ←
```

```
验证 JSON        →    body("orderId",
返回主体的                equalTo(new Long(OrderDetailsMother.ORDER_ID).intValue())).
元素               body("state",
                       equalTo(OrderDetailsMother.CHICKEN_VINDALOO_ORDER_STATE.name())).
                 body("orderTotal",
                     equalTo(CHICKEN_VINDALOO_ORDER_TOTAL.asString())))
            ;
      }


      @Test
      public void shouldFindNotOrder() { ... }

      private StandaloneMockMvcBuilder controllers(Object... controllers) { ... }

  }
```

shouldFindOrder() 测试方法首先配置 OrderRepository 模拟，以便返回 Order。然后它发出 HTTP 请求以检索订单。最后，它检查请求是否成功以及响应正文是否包含预期的数据。

控制器不是处理来自外部系统的请求的唯一适配器。还有事件 / 消息处理程序，所以我们来谈谈如何对它们进行单元测试。

9.2.6　为事件和消息处理程序编写单元测试

服务通常需要处理外部系统发送的消息。例如，Order Service 具有 OrderEvent-Consumer，它是一个消息适配器，用于处理由其他服务发布的领域事件。与控制器一样，消息适配器往往是调用领域服务的简单类。每个消息适配器的方法通常会调用服务的方法，而调用这个方法所需的数据就来自收到的消息或事件。

我们可以使用类似于针对控制器进行单元测试的方法，对消息适配器进行单元测试。每个测试实例都是消息适配器，向消息通道发送消息，并验证是否正确调用了服务模拟。而在这背后实际是，消息传递的基础设施是基于桩的，因此不涉及消息代理。我们来看看如何测试 OrderEventConsumer 类。

代码清单 9-7 显示了 OrderEventConsumerTest 类的一部分，该类用来测试 Order-EventConsumer。它验证 OrderEventConsumer 是否将每个事件路由到适当的处理程序方法并正确调用 OrderService。该测试使用了 Eventuate Tram Mock Messaging 框架，该框架提供了一个易于使用的 DSL，用于编写模拟消息测试，与 Rest Assured 类似，也采用了 "Given-When-Then" 格式。每个测试都实例化一个注入了模拟 OrderService 的 OrderEventConsumer，然后发布领域事件，并验证 OrderEventConsumer 是否正确调用了服务模拟。

代码清单9-7　用于OrderEventConsumer类的可快速执行单元测试

```
public class OrderEventConsumerTest {

    private OrderService orderService;
    private OrderEventConsumer orderEventConsumer;

    @Before
    public void setUp() throws Exception {                     注入模拟依赖，实例化
        orderService = mock(OrderService.class);              OrderEventConsumer
        orderEventConsumer = new OrderEventConsumer(orderService);  ◄──

    }

    @Test
    public void shouldCreateMenu() {                           配置 OrderEventConsumer
                                                              领域处理程序
        given().
                eventHandlers(orderEventConsumer.domainEventHandlers()).  ◄──
        when().
            aggregate("net.chrisrichardson.ftgo.restaurantservice.domain.Restaurant",
                    AJANTA_ID).
        publishes(new RestaurantCreated(AJANTA_RESTAURANT_NAME,
                        RestaurantMother.AJANTA_RESTAURANT_MENU))
        then().
            verify(() -> {                                    验证 OrderEventConsumer 是否
                verify(orderService)                          调用 OrderService.createMenu()
                    .createMenu(AJANTA_ID,
                    new RestaurantMenu(RestaurantMother.AJANTA_RESTAURANT_MENU_ITEMS));
            })
        ;
    }

}
```

发布Rest-
aurant-
Created
事件

setUp() 方法创建一个注入了模拟 OrderService 的 OrderEventConsumer。sho-uldCreateMenu() 方法发布一个 RestaurantCreated 事件，并验证 OrderEvent-Consumer 是否调用了 OrderService.createMenu()。OrderEventConsumerTest 类和其他单元测试类的执行速度非常快。单元测试只需几秒钟即可完成。

但单元测试不会验证 Order Service 等服务是否与其他服务正确交互。例如，单元测试不会验证 Order 是否可以在 MySQL 中持久化保存。它们也不会验证 CreateOrderSaga 是否以正确的格式向正确的消息通道发送命令式消息。并且它们不会验证 OrderEventConsumer 处理的 RestaurantCreated 事件与 Restaurant Service 发布的事件是否具有相同的结构。为了验证服务是否正确地与其他服务交互，我们必须编写集成测试。我们还需要编写单独测试整个服务的组件测试。下一章将讨论如何进行这些类型的测试以及端到端测试。

本章小结

- 自动化测试是快速、安全地交付软件的重要基石。更重要的是，由于微服务架构固有的复杂性，要从微服务架构中充分受益，必须实现自动化测试。

- 测试的目的是验证被测系统（SUT）的行为。在这个定义中，系统是一个泛指，意味着被测试的软件元素。它可能像一个类一样小，也可能像整个应用程序一样大，或者是介于两者之间，例如一组类或一个单独的服务。测试套件是一组相关测试的集合。

- 简化和加快测试的一个好方法是使用测试替身。测试替身是一个模拟被测系统依赖项的行为的对象。有两种类型的测试替身：桩和模拟。桩是一个测试替身，它将值返回给被测系统。模拟也是一个测试替身，由测试用来验证被测系统是否正确调用依赖。

- 使用测试金字塔可确定将测试工作重点放在服务的哪个部分。大多数测试应该是快速、可靠且易于编写的单元测试。必须尽量减少端到端测试的数量，因为它们写入速度慢、脆弱且耗时。

第 10 章

微服务架构中的测试策略（下）

本章导读

- 在隔离环境中测试服务的技术。
- 使用消费者驱动的契约测试编写快速且可靠的测试，用来验证服务间的通信。
- 何时以及如何进行应用程序的端到端测试。

在第 9 章中介绍了包括测试金字塔在内的众多概念。测试金字塔描述了你应该编写的不同类型测试的相对比例。其中展示了如何编写单元测试，它们构成了测试金字塔的"基石"。在本章中，我们继续沿着测试金字塔向上攀登。

本章首先介绍如何编写集成测试，这是测试金字塔中位于单元测试之上的一类测试。集成测试验证服务是否可以正确地与基础设施服务（如数据库和其他应用程序服务）进行交互。接下来，我将介绍组件测试，这些测试是服务的验收测试。组件测试通过使用桩来模拟它的各种依赖，从而单独测试服务。之后，我将介绍如何编写端到端测试，测试一组服务或整个应用程序。端到端测试位于测试金字塔的顶部，因此应谨慎使用。

让我们首先看一看如何编写集成测试。

10.1 编写集成测试

服务通常与其他服务交互。例如，Order Service 与多个服务交互，如图 10-1 所示。它的 REST API 由 API　Gateway 调用，它的领域事件被其他服务使用，包括 Order History Service。Order　Service 也依赖其他几种服务。它把 Order 持久化到 MySQL 数据库中。它还向其他几个服务（例如 Kitchen　Service）发送命令式消息并使用来自它们的回复。

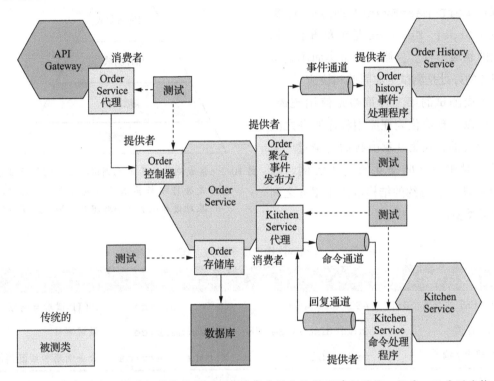

图 10-1　集成测试必须验证服务是否可以与其客户端和依赖项进行通信。但是，不是测试整个服务，而是测试实现通信的各个适配器类

为了确保 Order　Service 等服务按预期工作，我们必须编写测试来验证服务是否可以正确地与基础设施服务和其他应用程序服务进行交互。一种方法是启动所有服务并通过其 API 进行测试。然而，这就是所谓的端到端测试，它是缓慢、脆弱和昂贵的。如 10.3 节所述，有时候端到端测试也有它的价值，但它位于测试金字塔的顶端，因此我们希望最大限度地减少端到端测试的数量。

更有效的策略是编写所谓的集成测试。如图 10-2 所示，集成测试是测试金字塔中单元测试的上一层。它们验证服务是否可以与基础设施服务和其他服务正确交互。但与端到端测试不同，它们不会启动服务。相反，我们可以使用一些策略来显著地简化测试，同时不影响测试的有效性。

第一个策略是测试每个服务的适配器，以及可能的适配器支持类。例如，在 10.1.1 节中，你将看到一个 JPA 持久化测试，用于验证 Orders 是否正确保存。它不是通过 Order Service 的 API 测试持久化，而是直接测试 OrderRepository 类。类似地，在 10.1.3 节中，你将看到一个测试，它通过测试 OrderDomainEventPublisher 类来验证 Order Service 是否发布了结构正确的领域事件。仅测试少量类而不是整个服务的好处是测试更加简单和快速。

集成测试的第二种策略是使用契约，它也可以实现简化验证应用程序服务之间交互的目的，在第 9 章中我们讨论过。契约是一对服务之间交互的具体实例。如表 10-1 所示，契约的结构取决于服务之间的交互类型。

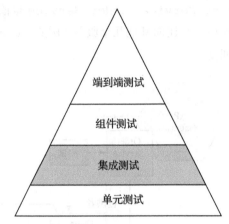

图 10-2　集成测试位于单元测试之上。它们验证服务是否可以与其依赖项进行通信，其中包括基础设施服务（如数据库）和应用程序服务

表 10-1　契约的结构取决于服务之间的交互类型

交互方式	消费者	提供者	契约
基于 REST 的请求 / 响应	API Gateway	Order Service	HTTP 请求与响应
发布 / 订阅	Order History Service	Order Service	领域事件
异步请求 / 响应	Order Service	Kitchen Service	命令消息和回复消息

一个契约会包含一个或者两个消息，例如，发布 / 订阅方式下，有一个消息，而在请求 / 响应或异步请求 / 响应模式下是两个消息。

契约用于测试消费者和提供者，确保它们就 API 达成一致。它们的使用方式略有不同，具体取决于你是在测试消费者还是提供者。

- 消费者端测试：这些是用于消费者适配器的测试。它们使用契约来配置桩，以此模拟提供者程序的行为，使你能够直接运行测试，而不需要运行消费者对应的提供者程序。
- 提供者端测试：这些是用于提供者适配器的测试。它们使用契约来测试适配器，使用模拟来满足适配器的依赖关系。

在本节的后面，我将描述这些类型的测试的实例。但首先让我们看看如何编写持久化测试。

10.1.1　针对持久化层的集成测试

服务通常将数据存储在数据库中。例如，Order Service 使用 JPA 在 MySQL 中持久化保存 Order 等聚合。同样,Order History Serivce 在 AWS DynamoDB 中维护 CQRS 视图。我们之前编写的单元测试只测试内存中的对象。为了确保服务正常工作，我们必须编写持久化集成测试，以验证服务的数据库访问逻辑是否按预期工作。对于 Order Service，这意味着测试 JPA 存储库，例如 OrderRepository。

持久化集成测试每个阶段的行为如下：

- 设置：通过创建数据库结构设置数据库，并将其初始化为已知状态。也可能开始执行一些必要的数据库事务。
- 执行：执行数据库操作。
- 验证：对数据库的状态和从数据库中检索的对象进行断言。
- 拆解：可选阶段，可以撤销对数据库所做的更改，例如，回滚在设置阶段提交的事务。

代码清单 10-1 显示了 Order 聚合和 OrderRepository 的持久化集成测试。除了依赖 JPA 来创建数据库结构之外，持久化集成测试不会对数据库的状态做出任何假设。因此，测试不需要回滚它们对数据库所做的更改，这就避免了 ORM 缓存内存中数据更改的问题。

代码清单10-1　集成测试的一个实例，用于验证Order是否可以持久化保存

```
@RunWith(SpringRunner.class)
@SpringBootTest(classes = OrderJpaTestConfiguration.class)
public class OrderJpaTest {

  @Autowired
  private OrderRepository orderRepository;

  @Autowired
  private TransactionTemplate transactionTemplate;

  @Test
  public void shouldSaveAndLoadOrder() {

    Long orderId = transactionTemplate.execute((ts) -> {
      Order order =
              new Order(CONSUMER_ID, AJANTA_ID, CHICKEN_VINDALOO_LINE_ITEMS);
      orderRepository.save(order);
      return order.getId();
    });

    transactionTemplate.execute((ts) -> {
      Order order = orderRepository.findById(orderId).get();
```

```
        assertEquals(OrderState.APPROVAL_PENDING, order.getState());
        assertEquals(AJANTA_ID, order.getRestaurantId());
        assertEquals(CONSUMER_ID, order.getConsumerId().longValue());
        assertEquals(CHICKEN_VINDALOO_LINE_ITEMS, order.getLineItems());
        return null;
      });

    }

  }
```

shouldSaveAndLoadOrder() 测试方法执行两个事务。第一个事务在数据库中保存新创建的 Order。第二个事务加载 Order 并验证其字段是否已正确初始化。

你需要解决的一个问题是如何配置在持久化集成测试中使用的数据库。在测试期间运行数据库实例的有效解决方案是使用 Docker。10.2 节将描述如何使用 Docker Compose Gradle 插件在组件测试期间自动运行服务。你可以使用类似的方法在持久性集成测试期间运行 MySQL。

数据库只是服务需要与之进行交互的外部组件之一。现在让我们看看如何从 REST 开始，编写用于验证服务间通信的集成测试。

10.1.2   针对基于 REST 的请求 / 响应式交互的集成测试

REST 是一种广泛使用的服务间通信机制。REST 客户端和 REST 服务必须就 REST API 达成一致，REST API 包括 REST 接口以及请求和响应主体的结构。客户端必须向正确的接口发送 HTTP 请求，并且服务必须发回客户期望的响应。

例如，第 8 章描述了 FTGO 应用程序的 API Gateway 如何对众多服务进行 REST API 调用，包括 ConsumerService、Order Service 和 Delivery Service。OrderService 的 GET/orders/{orderId} 接口是 API Gateway 调用的接口之一。为了确保 API Gateway 和 Order Service 可以在不使用端到端测试的情况下进行通信，我们需要编写集成测试。

如前一章所述，良好的集成测试策略是使用消费者驱动的契约测试。API Gateway 和 GET/orders/{orderId} 之间的交互可以使用一组基于 HTTP 的契约来描述。每个契约都包含 HTTP 请求和 HTTP 响应。契约用于测试 API Gateway 和 Order Service。

图 10-3 显示了如何使用 Spring Cloud Contract 来测试基于 REST 的交互。消费者端的 API Gateway 集成测试会使用契约来配置一个模拟 Order Service 行为的 HTTP 桩服务器。契约中的请求内容指定了从 API Gateway 发出的 HTTP 请求，契约的响应指定了桩向 API Gateway 发送回的响应。Spring Cloud Contract 使用契约来生成提供者端 Order Service 集成测试代码，该测试使用 Spring Mock MVC 或 Rest Assured Mock MVC 测试控制器。契约的请求内容指定了要向控制器发出的 HTTP 请求，契约的响应指定了控制器的预期响应。

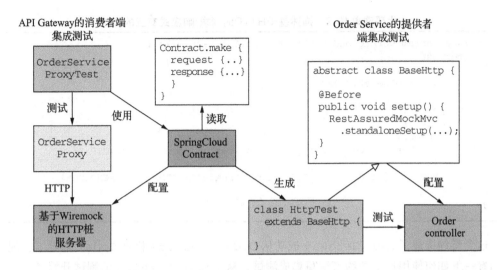

图 10-3　契约用于验证两端的适配器类，确保 API Gateway 和 Order Service 之间基于 REST 的通信符合契约。消费者端测试验证 OrderServiceProxy 是否正确调用 Order Service。提供者端测试验证 OrderController 是否正确实现了 REST API 接口

消费者端 OrderServiceProxyTest 调用 OrderServiceProxy，它已配置为向 WireMock 发出 HTTP 请求。WireMock 是一个有效模拟 HTTP 服务器的工具：在此测试中它模拟 Order Service。Spring Cloud Contract 负责管理 WireMock，它将接收契约中定义的 HTTP 请求并返回响应。

在提供者方面，Spring Cloud Contract 生成一个名为 HttpTest 的测试类，它使用 REST Assured Mock MVC 来测试 Order Service 的控制器。诸如 HttpTest 之类的测试类必须继承自某个基类。在此示例中，基类 BaseHttp 实例化一个注入了模拟依赖项的 OrderController，并调用 RestAssuredMockMvc.standaloneSetup() 来配置 Spring MVC。

让我们仔细看一看它是如何工作的，从契约开始。

REST API 的例子

REST 契约（如代码清单 10-2 所示）指定了一个由 REST 客户端发送的 HTTP 请求，以及客户端希望从 REST 服务器返回的 HTTP 响应。契约的请求指定 HTTP 方法、路径和可选头部。契约的响应指定 HTTP 状态代码、可选头部以及预期的主体。

代码清单10-2   描述基于HTTP的请求/响应式交互的契约

```
org.springframework.cloud.contract.spec.Contract.make {
    request {
        method 'GET'
        url '/orders/1223232'
    }
    response {
        status 200
        headers {
            header('Content-Type': 'application/json;charset=UTF-8')
        }
        body('''{"orderId" : "1223232", "state" : "APPROVAL_PENDING"}''')
    }
}
```

这个契约描述了 API Gateway 成功从 Order Service 检索 Order 的尝试。现在让我们看一下如何使用这个契约来编写集成测试，从 Order Service 的测试开始。

针对 Order Service 的消费者驱动的契约集成测试

针对 Order Service 的消费者驱动的契约集成测试将验证 Order Service 的 API 是否满足消费者的期望。代码清单 10-3 显示了 HttpBase，它是 Spring Cloud Contract 生成的测试类代码的基类。它负责测试的设置阶段。它创建注入了模拟依赖项的控制器，并配置这些模拟，以确保模拟的返回值能够帮助控制器生成预期的响应值。

代码清单10-3   由Spring Cloud Contract生成的测试的抽象基类

```
public abstract class HttpBase {

    private StandaloneMockMvcBuilder controllers(Object... controllers) {
        ...
        return MockMvcBuilders.standaloneSetup(controllers)
                    .setMessageConverters(...);
    }
                                                        创 建 Order-
                                                        Repository
                                                        并注入模拟
    @Before
    public void setup() {
        OrderService orderService = mock(OrderService.class);
         OrderRepository orderRepository = mock(OrderRepository.class);
        OrderController orderController =
                new OrderController(orderService, orderRepository);

        when(orderRepository.findById(1223232L))
                .thenReturn(Optional.of(OrderDetailsMother.CHICKEN_VINDALOO_ORDER));
        ...
        RestAssuredMockMvc.standaloneSetup(controllers(orderController));
                                                        使 用 Order-
                                                        Controller 配
                                                        置 Spring MVC
                       配置 OrderResponse 以在使用契约中指定的 orderId 调用
                       findById() 时返回 Order
    }
}
```

传递给模拟 `OrderRepository` 的 `findById()` 方法的参数 `1223232L` 与代码清单 10-3 中显示的契约中指定的 `orderId` 匹配。此测试验证 `Order Service` 是否具有符合其客户期望的 `GET/orders/{orderId}` 接口。

我们来看一看相应的客户端测试。

针对 API Gateway 的 OrderServiceProxy 的消费者端集成测试

`API Gateway` 的 `OrderServiceProxy` 调用 `GET/orders/{orderId}` 接口。代码清单 10-4 显示了 `OrderServiceProxyIntegrationTest` 测试类，验证是否符合契约。该类使用 Spring Cloud Contract 提供的 `@AutoConfigureStubRunner` 进行注解。它告诉 Spring Cloud Contract 在随机端口上运行 WireMock 服务器，并使用指定的契约对其进行配置。`OrderServiceProxyIntegrationTest` 配置 `OrderServiceProxy`，并向 WireMock 端口发出请求。

代码清单10-4　针对`API Gateway`的`OrderServiceProxy`的消费者端集成测试

```
获取 WireMock 正运行于其上                    告诉 Spring Cloud Contract
的随机分配的端口                              使用 Order Service 的契约配置
                                            WireMock
  @RunWith(SpringRunner.class)
  @SpringBootTest(classes=TestConfiguration.class,
        webEnvironment= SpringBootTest.WebEnvironment.NONE)
  @AutoConfigureStubRunner(ids =
        {"net.chrisrichardson.ftgo.contracts:ftgo-order-service-contracts"},
        workOffline = false)
  @DirtiesContext
  public class OrderServiceProxyIntegrationTest {

     @Value("${stubrunner.runningstubs.ftgo-order-service-contracts.port}")

private int port;
private OrderDestinations orderDestinations;
private OrderServiceProxy orderService;

@Before                                          创建 OrderServiceProxy 并
public void setUp() throws Exception {           配置它向 WireMock 发出请求
  orderDestinations = new OrderDestinations();
  String orderServiceUrl = "http://localhost:" + port;
  orderDestinations.setOrderServiceUrl(orderServiceUrl);
  orderService = new OrderServiceProxy(orderDestinations,
                            WebClient.create());
}

@Test
public void shouldVerifyExistingCustomer() {
  OrderInfo result = orderService.findOrderById("1223232").block();
  assertEquals("1223232", result.getOrderId());
  assertEquals("APPROVAL_PENDING", result.getState());
}
```

```
@Test(expected = OrderNotFoundException.class)
public void shouldFailToFindMissingOrder() {
  orderService.findOrderById("555").block();
}

}
```

每个测试方法都会调用 `OrderServiceProxy` 并验证它是返回正确的值，还是抛出预期的异常。`shouldVerifyExistingCustomer()` 测试方法验证 `findOrderById()` 返回的值等于契约响应中指定的值。`shouldFailToFindMissingOrder()` 尝试检索不存在的 `Order` 并验证 `OrderServiceProxy` 是否抛出 `OrderNotFoundException`。使用相同的契约测试 REST 客户端和 REST 服务可确保它们就 API 达成一致。

现在让我们看一看如何对使用消息进行交互的服务进行相同类型的测试。

10.1.3　针对发布 / 订阅式交互的集成测试

服务通常会发布由一个或多个其他服务使用的领域事件。集成测试必须验证提供（发布）方及其消费（接收）方是否就消息通道和领域事件的结构达成一致。例如，Order Service 在创建或更新 Order 聚合时发布 Order* 事件。Order History Service 是这些事件的消费者之一。因此，我们必须编写验证这些服务可以交互的测试。

图 10-4 显示了针对发布 / 订阅式交互的集成测试方法。它与用于测试 REST 交互的方法非常相似。和以前一样，交互是由一组契约定义的。不同的是每个契约都指定了一个领域事件。

每个消费者端测试都会发布契约指定的事件，并验证 `OrderHistoryEventHandlers` 是否正确调用了其模拟的依赖项。

在提供者端，Spring Cloud Contract 代码生成继承自 `MessagingBase` 的测试类，`MessagingBase` 是一个抽象超类。每个测试方法都调用 `MessagingBase` 定义的钩子（hook）方法，这些钩子方法会触发服务发布事件。在此示例中，每个钩子方法都调用 `OrderDomainEventPublisher`，它负责发布 Order 聚合事件。然后，测试方法验证 `OrderDomainEventPublisher` 是否发布了预期的事件。让我们看看这些测试如何工作的细节，从契约开始。

针对发布 OrderCreated 事件的契约

代码清单 10-5 显示了 OrderCreated 事件的契约。它指定事件的通道，以及预期的消息主体和头部。

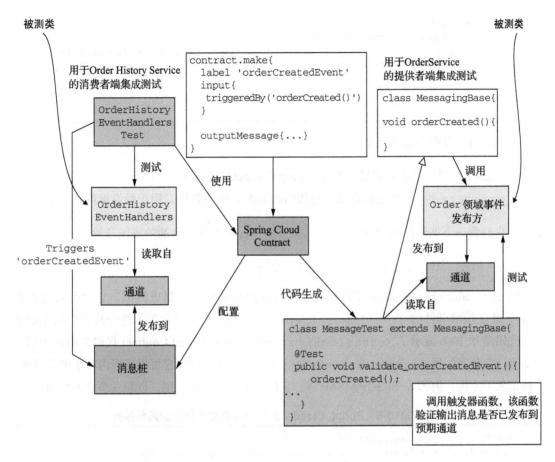

图 10-4　契约用于测试发布/订阅交互的双方。提供者端测试验证 OrderDomainEvent-
　　　　Publisher 是否发布确认契约的事件。消费者端测试验证 OrderHistory-
　　　　EventHandlers 是否使用了契约中的示例事件

代码清单10-5　针对发布/订阅式交互的契约

```
package contracts;

org.springframework.cloud.contract.spec.Contract.make {
    label 'orderCreatedEvent'
    input {
        triggeredBy('orderCreated()')
    }

    outputMessage {
        sentTo('net.chrisrichardson.ftgo.orderservice.domain.Order')
        body('''{"orderDetails":{"lineItems":[{"quantity":5,"menuItemId":"1",
                "name":"Chicken Vindaloo","price":"12.34","total":"61.70"}],
                "orderTotal":"61.70","restaurantId":1,
        "consumerId":1511300065921},"orderState":"APPROVAL_PENDING"}''')
```

由消费端测试用来
触发需要发布的事件

由代码生成的提供
端程序测试调用

Order-
Created
领域事件

```
        headers {
            header('event-aggregate-type',
                            'net.chrisrichardson.ftgo.orderservice.domain.Order')
            header('event-aggregate-id', '1')
        }
    }
}
```

契约还有另外两个重要元素：

- `label`：用于消费者测试，触发 Spring Contact 发布事件。
- `triggeredBy`：生成的测试方法调用的超类方法的名称，用于触发事件的发布。

让我们看一下如何使用契约，从 Order Service 的提供者端的测试开始。

针对 Order Service 的消费者驱动的契约测试

Order Service 的提供者端测试也是消费者驱动的契约集成测试。它验证负责发布 Order 聚合领域事件的 OrderDomainEventPublisher 是否发布了符合其客户期望的事件。代码清单 10-6 显示了 MessagingBase，它是 Spring Cloud Contract 代码生成的测试类的基类。它负责配置 OrderDomainEventPublisher 类，以便它可以使用内存中的消息桩。它还定义了方法，例如 orderCreated()，它们由生成的测试调用，以触发事件的发布。

代码清单10-6　Spring Cloud Contract提供者端测试的抽象基类

```
@RunWith(SpringRunner.class)
@SpringBootTest(classes = MessagingBase.TestConfiguration.class,
                webEnvironment = SpringBootTest.WebEnvironment.NONE)
@AutoConfigureMessageVerifier
public abstract class MessagingBase {
  @Configuration
  @EnableAutoConfiguration
  @Import({EventuateContractVerifierConfiguration.class,
          TramEventsPublisherConfiguration.class,
          TramInMemoryConfiguration.class})
  public static class TestConfiguration {

    @Bean
    public OrderDomainEventPublisher
            OrderDomainEventPublisher(DomainEventPublisher eventPublisher) {
      return new OrderDomainEventPublisher(eventPublisher);
    }
  }
                                            orderCreated() 由代码
                                            生成的子类调用以发布事件

  @Autowired
  private OrderDomainEventPublisher OrderDomainEventPublisher;

  protected void orderCreated() {
```

```
    OrderDomainEventPublisher.publish(CHICKEN_VINDALOO_ORDER,
        singletonList(new OrderCreatedEvent(CHICKEN_VINDALOO_ORDER_DETAILS)
    ));
    }

}
```

此测试类使用内存中的消息桩配置 `OrderDomainEventPublisher`。`orderCreated()`由代码清单 10-5 中显示的契约生成的测试方法调用。它调用 `OrderDomainEventPublisher`来发布 `OrderCreated` 事件。测试方法尝试接收此事件，然后验证它是否与契约中指定的事件匹配。现在让我们看一看相应的消费者端测试。

针对 Order History Services 的消费端契约测试

`Order History Service` 使用 `Order Service` 发布的事件。正如我在第 7 章中所描述的，处理这些事件的适配器类是 `OrderHistoryEventHandlers` 类。其事件处理程序调用 `OrderHistoryDao` 来更新 CQRS 视图。代码清单 10-7 显示了消费者端集成测试。它创建了一个注入了模拟 `OrderHistoryDao` 的 `OrderHistoryEvent` 处理程序。每个测试方法首先调用 Spring Cloud 来发布契约中定义的事件，然后验证 `OrderHistory-EventHandlers` 是否正确调用了 `OrderHistoryDao`。

代码清单10-7　`OrderHistoryEventHandlers`类的消费者端集成测试

```
@RunWith(SpringRunner.class)
@SpringBootTest(classes= OrderHistoryEventHandlersTest.TestConfiguration.class,
        webEnvironment= SpringBootTest.WebEnvironment.NONE)
@AutoConfigureStubRunner(ids =
        {"net.chrisrichardson.ftgo.contracts:ftgo-order-service-contracts"},
        workOffline = false)
@DirtiesContext
public class OrderHistoryEventHandlersTest {

  @Configuration
  @EnableAutoConfiguration
  @Import({OrderHistoryServiceMessagingConfiguration.class,
        TramCommandProducerConfiguration.class,
        TramInMemoryConfiguration.class,
        EventuateContractVerifierConfiguration.class})
  public static class TestConfiguration {

    @Bean                                              创建一个模拟OrderHistoryDao
    public OrderHistoryDao orderHistoryDao() {         并注入到 OrderHistoryEvent-
      return mock(OrderHistoryDao.class);          ◁─┘ Handlers 中
    }
  }

  @Test                                              触发 orderCreatedEvent
  public void shouldHandleOrderCreatedEvent() throws ... {   桩，它会发出 OrderCreated 事件
    stubFinder.trigger("orderCreatedEvent");    ◁─┘
```

```
            eventually(() -> {
              verify(orderHistoryDao).addOrder(any(Order.class), any(Optional.class));
            });
        }                                       验证 OrderHistoryEventHandlers 是否调用了
                                                orderHistoryDao.addOrder()
```

shouldHandleOrderCreatedEvent()测试方法告诉 Spring Cloud Contract 发布 Order-Created 事件。然后验证 OrderHistoryEventHandlers 是否调用了 orderHistoryDao.addOrder()。测试相同的契约测试领域事件的提供者和消费者是否就 API 达成一致。现在让我们看看如何针对使用异步请求 / 响应进行交互的服务执行集成测试。

10.1.4　针对异步请求 / 响应式交互的集成契约测试

发布 / 订阅不是唯一一种基于消息的交互方式。服务还使用异步请求 / 响应进行交互。例如，在第 4 章中，我们看到 Order Service 实现了将命令式消息发送给各种服务（例如 Kitchen Service）并处理回复消息的 saga。

异步请求 / 响应交互中的一方是请求者，即发送命令的服务，另一方是回复者，即处理命令并发回应答的服务。它们必须就命令式消息通道的名称以及命令和回复消息的结构达成一致。让我们看看如何编写针对异步请求 / 响应式交互的集成测试。

图 10-5 显示了如何测试 Order Service 和 Kitchen Service 之间的交互。异步请求 / 响应式交互的集成测试方法与用于测试 REST 交互的方法非常相似。服务之间的交互由一组契约定义。不同的是，契约指定输入消息和输出消息，而不是 HTTP 请求和回复。

消费者端测试验证命令消息代理类是否发送了结构正确的命令消息，并正确处理回复消息。在本例中，KitchenServiceProxyTest 测试 KitchenServiceProxy。它使用 Spring Cloud Contract 配置消息桩，验证命令消息是否与契约的输入消息匹配，并使用相应的输出消息进行回复。

提供者端测试由 Spring Cloud Contract 代码生成。每种测试方法都对应一份契约。它将契约的输入消息作为命令消息发送，并验证回复消息是否与契约的输出消息匹配。让我们从契约开始看细节。

异步请求 / 响应的契约示例

代码清单 10-8 显示了一个交互的契约。它由输入消息和输出消息组成。这两条消息都指定了消息通道、消息主体和消息头部。命名约定来自提供者的角度。输入消息的 messageFrom 元素指定从中读取消息的通道。

类似地，输出消息的 sentTo 元素指定应该将回复发送到的通道。

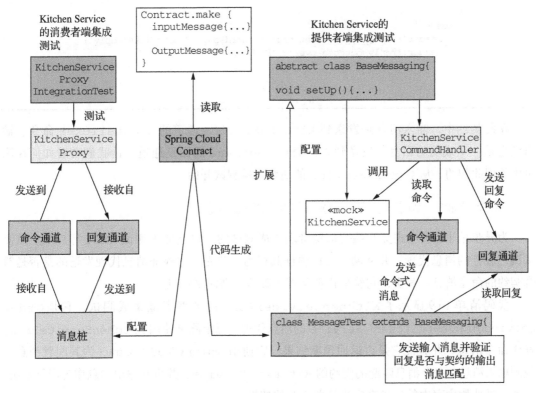

图 10-5　用于测试异步请求／响应式交互的适配器类的契约。提供者端测试验证 Kitchen-
　　　　ServiceCommandHandler 是否处理命令并发出回复。消费者端测试验证 Kitchen-
　　　　ServiceProxy 是否发送符合契约的命令，并处理契约中的示例回复

代码清单10-8　描述Order Service如何异步调用Kitchen Service的契约

```
package contracts;

org.springframework.cloud.contract.spec.Contract.make {
    label 'createTicket'
    input {                                             Order Service 发出的命令
        messageFrom('kitchenService')                   消息被送到 kitchenService
        messageBody('''{"orderId":1,"restaurantId":1,"ticketDetails":{...}}''')
        messageHeaders {
            header('command_type','net.chrisrichardson...CreateTicket')
            header('command_saga_type','net.chrisrichardson...CreateOrderSaga')
            header('command_saga_id',$(consumer(regex('[0-9a-f]{16}-[0-9a-f]
            {16}'))))
            header('command_reply_to','net.chrisrichardson...CreateOrderSaga-Reply')
        }
    }
    outputMessage {                                     Kitchen Service
        sentTo('net.chrisrichardson...CreateOrderSaga-reply')  发出的回复消息
        body([
            ticketId: 1
```

```
            ])
        headers {
            header('reply_type', 'net.chrisrichardson...CreateTicketReply')
            header('reply_outcome-type', 'SUCCESS')
        }
    }
}
```

在此契约中，输入消息是发送到 `kitchenService` 通道的 `CreateTicket` 命令。输出消息是一个成功的回复，发送到 `CreateOrderSaga` 的回复通道。让我们看看如何在测试中使用此契约，从 `Order Service` 的消费者端测试开始。

针对异步请求 / 响应式交互的消费者端契约集成测试

为异步请求 / 响应式交互编写消费者端集成测试的策略类似于测试 REST 客户端。该测试调用服务的消息代理，并从两个方面验证其行为。首先，它验证消息代理发送的是否是符合契约的命令消息。其次，它验证代理是否正确地处理回复消息。

代码清单 10-9 显示了 `KitchenServiceProxy` 的消费者端集成测试，它是 `Order Service` 用来调用 `Kitchen Service` 的消息代理。每个测试使用 `KitchenServiceProxy` 发送命令消息，并验证它是否返回预期结果。它使用 Spring Cloud Contract 为其配置消息桩找到输入消息与命令消息匹配的契约的 `Kitchen Service`，并将其输出消息作为回复发送。这些测试使用内存中的消息来实现简单性和快速性。

代码清单 10-9 Order Service 的消费者端契约集成测试

```
@RunWith(SpringRunner.class)
@SpringBootTest(classes=
        KitchenServiceProxyIntegrationTest.TestConfiguration.class,
        webEnvironment= SpringBootTest.WebEnvironment.NONE)
@AutoConfigureStubRunner(ids =                                    ◁─────┐
        {"net.chrisrichardson.ftgo.contracts:ftgo-kitchen-service-contracts"},
        workOffline = false)
@DirtiesContext                                        配置 Kitchen Service
public class KitchenServiceProxyIntegrationTest {      桩以响应消息

    @Configuration
    @EnableAutoConfiguration
    @Import({TramCommandProducerConfiguration.class,
            TramInMemoryConfiguration.class,
            EventuateContractVerifierConfiguration.class})
    public static class TestConfiguration { ... }

    @Autowired
    private SagaMessagingTestHelper sagaMessagingTestHelper;

    @Autowired
```

```
    private  KitchenServiceProxy kitchenServiceProxy;

    @Test
    public void shouldSuccessfullyCreateTicket() {
      CreateTicket command = new CreateTicket(AJANTA_ID,
            OrderDetailsMother.ORDER_ID,
        new TicketDetails(Collections.singletonList(
          new TicketLineItem(CHICKEN_VINDALOO_MENU_ITEM_ID,
                             CHICKEN_VINDALOO,
                             CHICKEN_VINDALOO_QUANTITY))));

      String sagaType = CreateOrderSaga.class.getName();

      CreateTicketReply reply =
        sagaMessagingTestHelper
              .sendAndReceiveCommand(kitchenServiceProxy.create,
                                command,
                                 CreateTicketReply.class, sagaType);

      assertEquals(new CreateTicketReply(OrderDetailsMother.ORDER_ID), reply);

    }

  }
```

发送命令
并等待回复

验证回复

shouldSuccessfullyCreateTicket() 测试方法发送 CreateTicket 命令消息，并验证回复是否包含预期数据。它使用 SagaMessagingTestHelper，这是一个同步发送和接收消息的测试辅助类。

现在让我们看一看如何编写提供者端集成测试。

编写针对异步请求／响应式交互的、服务提供者端的消费者驱动契约测试

提供者端集成测试必须通过发送回复来验证提供者是否正确处理了命令消息。Spring Cloud Contract 生成的测试类具有针对每个契约的测试方法。每个测试方法都会发送契约的输入消息，并验证回复是否与契约的输出消息相匹配。

Kitchen Service 的提供者端集成测试测试 KitchenServiceCommandHandler。KitchenServiceCommandHandler 类通过调用 KitchenService 来处理消息。代码清单 10-10 显示了 AbstractKitchenServiceConsumerContractTest 类，它是 Spring Cloud Contract 生成的测试类的基类。它创建了一个注入了模拟 KitchenService 的 KitchenServiceCommandHandler。

KitchenServiceCommandHandler 把契约的输入消息作为调用 KitchenService 服务的参数，并根据契约中的回复消息创建返回值。测试类的 setup() 方法将配置模拟 KitchenService，以返回与契约的输出消息匹配的值。

代码清单10-10　位于提供者端的Kitchen Service消费者驱动的契约测试的超类

```
@RunWith(SpringRunner.class)
@SpringBootTest(classes =
        AbstractKitchenServiceConsumerContractTest.TestConfiguration.class,
                webEnvironment = SpringBootTest.WebEnvironment.NONE)
@AutoConfigureMessageVerifier
public abstract class AbstractKitchenServiceConsumerContractTest {

    @Configuration
    @Import(RestaurantMessageHandlersConfiguration.class)
    public static class TestConfiguration {
        ...
        @Bean
        public KitchenService kitchenService() {        ◁──┐   使用模拟覆盖 kitchenService
            return mock(KitchenService.class);                  @Bean 的定义
        }
    }


    @Autowired
    private KitchenService kitchenService;


    @Before
    public void setup() {
        reset(kitchenService);                              配置模拟以返回与契约
        when(kitchenService                                 输出消息匹配的值
                .createTicket(eq(1L), eq(1L),  ◁──┘
                              any(TicketDetails.class)))
                .thenReturn(new Ticket(1L, 1L,

                        new TicketDetails(Collections.emptyList())));
    }

}
```

集成测试和单元测试验证服务的各个部分的行为。集成测试验证服务是否可以与其客户端和依赖关系进行通信。单元测试验证服务的逻辑是否正确。两种类型的测试都不运行整个服务。为了验证整个服务是否有效，我们将沿着测试金字塔向上，来看看看如何编写组件测试。

10.2　编写组件测试

到目前为止，我们已经研究了如何测试单个类和一组相关类。现在想要验证 Order Service 是否按预期工作。换句话说，我们希望编写服务的验收测试，将其视为黑盒并通过调用 API 验证服务的行为。一种方法是编写本质上是端到端测试的内容，并部署 Order　Service 及其所有依赖项。正如你知道的那样，这是一种缓慢、脆弱且昂贵的测试服务方式。

> 模式：服务组件测试
>
> 单独测试服务。请参阅：http://microservices.io/patterns/testing/service-component-test.html。

为服务编写验收测试的更好方法是使用组件测试。如图 10-6 所示，组件测试处于集成测试和端到端测试之间。组件测试单独验证服务的行为。它使用模拟其行为的桩代替服务的依赖关系。它甚至可能使用内存版本的基础设施服务，例如数据库。因此，组件测试更容易编写，运行速度也更快。

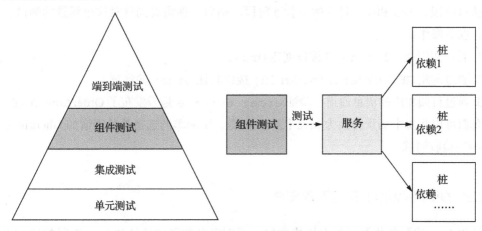

图 10-6　组件测试单独测试服务。它通常使用桩来代替服务的依赖性

这里首先简要介绍如何使用名为 Gherkin 的测试 DSL 来编写服务的验收测试，例如 `Order Service`。之后讨论各种组件测试设计问题，再展示如何为 `Order Service` 编写验收测试。

让我们看一看如何使用 Gherkin 编写验收测试。

10.2.1　定义验收测试

验收测试是针对软件组件的面向业务的测试。它们从组件客户端而不是内部实现的角度描述了所需的外部可见行为。这些测试源自用户故事或用例。例如，`Order Service` 的关键用例之一是 `Place Order1` [注] ：

[注]　为保证与代码一一对应，测试用例保留英文原文，不做翻译。——译者注

```
As a consumer of the Order Service
I should be able to place an order
```

我们可以将这个用例扩展为以下场景：

```
Given a valid consumer
Given using a valid credit card
Given the restaurant is accepting orders
When I place an order for Chicken Vindaloo at Ajanta
Then the order should be APPROVED
And an OrderAuthorized event should be published
```

这个场景根据 Order Service 的 API 描述了其预期的行为。

每个场景都定义了一个验收测试。场景中的 given 对应的是测试的设置阶段，when 对应的是执行阶段，then 和 and 对应的是验证阶段。稍后，你将看到针对这个场景的测试，该测试执行以下操作：

1. 通过调用 POST/orders 接口创建 Order。
2. 通过调用 GET/orders/{orderId} 接口验证 Order 的状态。
3. 通过订阅相应的消息通道，验证 Order Service 是否发布了 OrderAuthorized 事件。

我们可以将每个场景转换为 Java 代码。但是，更简单的选择是使用诸如 Gherkin 之类的 DSL 编写验收测试。

10.2.2　使用 Gherkin 编写验收测试

使用 Java 编写验收测试是有挑战性的，用例定义的测试场景和 Java 编写的测试代码可能并不一致。高度抽象的场景和由底层 Java 编写的测试之间也可能脱节。此外，还存在一种风险，即场景缺乏精确性或模糊不清，无法转换为 Java 代码。更好的方法是消除手动转换步骤并编写可执行的场景。

Gherkin 是用于编写可执行规范的 DSL。使用 Gherkin 时，你可以使用类似英语的场景定义验收测试，例如之前显示的场景。然后使用 Cucumber 执行规范，Cucumber 是 Gherkin 的测试自动化框架。Gherkin 和 Cucumber 可以自动将场景转换为可运行的代码。

Order Service 等服务的 Gherkin 规范包含一系列功能。每个功能都由一组场景描述，例如你之前看到的场景。情景具有 given-when-then 结构。given 是先决条件，when 是发生的动作或事件，then/and 是预期的结果。

例如，Order Service 的所需行为由多个功能定义，包括 Place Order、Cancel Order 和 Revise Order。代码清单 10-11 是 Place Order 功能的部分代码。此功能包含几个元素：

- 名称：对于此功能，名称为 `Place Order`。
- 规范简介：描述该功能存在的原因。对于此功能，规范简介是用户故事。
- 场景：`Order authorized` 和 `Order rejected due to expired credit card`。

代码清单10-11　`Place Order`功能的Gherkin定义及一些场景

```
Feature: Place Order

  As a consumer of the Order Service
  I should be able to place an order

  Scenario: Order authorized
    Given a valid consumer
    Given using a valid credit card
    Given the restaurant is accepting orders
    When I place an order for Chicken Vindaloo at Ajanta
    Then the order should be APPROVED
    And an OrderAuthorized event should be published

  Scenario: Order rejected due to expired credit card
    Given a valid consumer
    Given using an expired credit card
    Given the restaurant is accepting orders
    When I place an order for Chicken Vindaloo at Ajanta
    Then the order should be REJECTED
    And an OrderRejected event should be published

  ...
```

在这两种场景下，消费者都会尝试下订单。在第一个场景中，他们成功了。在第二个场景中，订单被拒绝，因为消费者的信用卡已过期。有关 Gherkin 的更多信息，请参阅 Kamil Nicieja 写的《Writing Great Specifications: Using Specification by Example and Gherkin》（Manning，2017）。

使用 Cucumber 执行 Gherkin 的测试规范

Cucumber 是一个自动化测试框架，用于执行用 Gherkin 编写的测试。它有多种语言版本，包括 Java。使用 Cucumber for Java 时，你可以编写一个步骤定义类，如代码清单 10-12 所示。步骤定义类包含一组方法，这些方法定义了每个 given-when-then 步骤的具体含义。每个步骤定义方法都使用 @Given、@When、@Before 或 @And 进行注解。这些注解中的每一个都有一个值元素，它是一个正则表达式，Cucumber 与步骤匹配。

每种类型的方法都是测试特定阶段的一部分：

- @Given：设置阶段。
- @When：执行阶段。

■ @Then 和 @And：验证阶段。

代码清单10-12　Java步骤定义类使Gherkin场景可执行

```
public class StepDefinitions ... {

  ...

  @Given("A valid consumer")
  public void useConsumer() { ... }

  @Given("using a(.?) (.*) credit card")
  public void useCreditCard(String ignore, String creditCard) { ... }

  @When("I place an order for Chicken Vindaloo at Ajanta")
  public void placeOrder() { ... }

  @Then("the order should be (.*)")
  public void theOrderShouldBe(String desiredOrderState) { ... }

  @And("an (.*) event should be published")
  public void verifyEventPublished(String expectedEventClass)  { ... }

}
```

稍后在 10.2.4 节中，当我更详细地描述这个类时，你将看到许多这些方法对 Order Service 进行 REST 调用。例如，placeOrder() 方法通过调用 POST/orders REST 接口来创建 Order。theOrderShouldBe() 方法通过调用 GET/orders/{orderId} 来验证订单的状态。

但在深入了解如何编写步骤类之前，让我们探讨组件测试的一些设计问题。

10.2.3　设计组件测试

想象一下，你正在为 Order Service 实现组件测试。10.2.2 节介绍了如何使用 Gherkin 指定所需的行为并使用 Cucumber 执行它。但是在组件测试可以执行 Gherkin 场景之前，必须首先运行 Order Service 并设置服务的依赖关系。你需要单独测试 Order Service，因此组件测试必须为多个服务配置桩，包括 Kitchen Service。它还需要设置数据库和消息传递基础设施。在权衡速度和简单性方面有一些不同的选择。

进程内组件测试

一种选择是编写进程内组件测试。进程内组件测试使用常驻内存的桩和模拟代替其依赖性来运行服务。例如，你可以使用 Spring Boot 测试框架为基于 Spring Boot 的服务编写组件测试。使用 @SpringBootTest 注解的测试类在与测试相同的 JVM 中运行服务。它使用依赖注入来配置服务以使用模拟和桩。例如，Order Service 的测试会将其配置为使用内存中的 JDBC 数据库，例如 H2、HSQLDB 或 Derby，以及 Eventuate Tram 的内存桩。进程内测试编写起来更简单，速度更快，但缺点是不测试服务的可部署性。

进程外组件测试

更现实的方法是将服务打包为生产环境就绪的格式，并将其作为单独的进程运行。例如，第 12 章将介绍的将服务打包为 Docker 容器映像，这是越来越流行的做法。进程外组件测试使用真实的基础设施服务，例如数据库和消息代理，但是对应用程序服务的任何依赖项使用桩。例如，FTGO Order Service 的进程外组件测试将使用 MySQL 和 Apache Kafka，以及包括 Consumer Service 和 Accounting Service 在内的服务的桩。由于 Order Service 使用消息与这些服务交互，这些桩将使用来自 Apache Kafka 的消息并发回回复消息。

进程外组件测试的一个主要好处是它可以提高测试覆盖率，因为正在测试的内容更接近于部署的内容。缺点是这种类型的测试编写起来更复杂、执行速度更慢，并且可能比进程内组件测试更脆弱。你还必须弄清楚如何为应用程序服务设置桩。我们来看看如何做到这一点。

如何为进程外组件测试编写桩服务

被测服务通常使用涉及发回响应的交互方式来调用依赖项。例如，Order Service 使用异步请求 / 响应，并将命令式消息发送到各种服务。API Gateway 使用 HTTP，这是一种请求 / 响应式交互方式。进程外测试必须为这些类型的依赖项配置桩，这些依赖项处理请求并发回回复。

一种选择是使用 Spring Cloud Contract，我们在 10.1 节中讨论集成测试时见到过。我们可以编写为组件测试配置桩的契约。但有一点需要考虑的是，这些契约很可能与用于集成的契约不同，只能由组件测试使用。

使用 Spring Cloud Contract 进行组件测试的另一个缺点是，由于其重点是消费者契约测试，因此需要采用一种重量级方法。包含契约的 JAR 文件必须部署在 Maven 存储库中，而不是仅仅位于类路径中。处理涉及动态生成的值的交互也具有挑战性。因此，更简单的选择是在测试内部配置桩。

例如，测试可以使用配置好 DSL 的 WireMock 作为 HTTP 桩服务。同样，对使用 Eventuate Tram 消息的服务的测试可以配置消息桩。在本节的后面部分，我将展示一个易于使用的 Java 库。

现在我们已经了解了如何设计组件测试，让我们考虑如何为 FTGO Order Service 编写组件测试。

10.2.4 为 FTGO 的 Order Service 编写组件测试

正如你在本节前面看到的，有几种不同的方法可以实现组件测试。本节将描述 Order Service 的组件测试，它使用进程外策略来测试作为 Docker 容器运行的服务。你将看到测试如何使用 Gradle 插件来启动和停止 Docker 容器。我们将讨论如何使用 Cucumber 来执行基于 Gherkin 的方案，这些方案定义了 Order Service 所需的行为。

图 10-7 显示了 Order Service 的组件测试设计。OrderServiceComponentTest 是运行 Cucumber 的测试类：

```
@RunWith(Cucumber.class)
@CucumberOptions(features = "src/component-test/resources/features")
public class OrderServiceComponentTest {
}
```

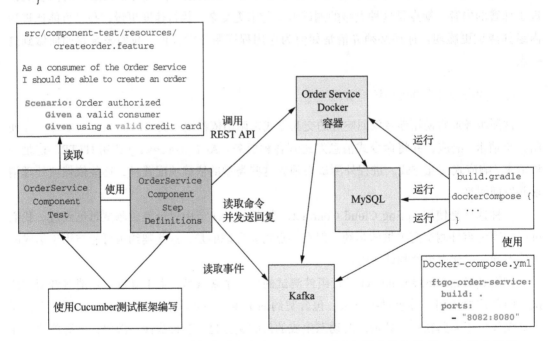

图 10-7 Order Service 的组件测试使用 Cucumber 测试框架来执行用 Gherkin 验收测试 DSL 编写的测试场景。测试使用 Docker 运行 Order Service 及其基础设施服务，例如 Apache Kafka 和 MySQL

它有一个 @CucumberOptions 注解，指定在哪里可以找到 Gherkin 功能文件。它还用

@RunWith(Cucumber.class) 注解，告诉 JUNIT 使用 Cucumber 测试运行器。但与典型的基于 JUNIT 的测试类不同，它没有任何测试方法。相反，它通过读取 Gherkin 功能定义测试，并使用 OrderServiceComponentTestStepDefinitions 类使它们可执行。

将 Cucumber 与 Spring Boot 测试框架一起使用需要一个稍微不同寻常的结构。尽管不是测试类，OrderServiceComponentTestStepDefinitions 仍然使用 @ContextConfiguration 注解，该注解是 Spring Testing 框架的一部分。它创建了 Spring ApplicationContext，后者定义了各种 Spring 组件，包括消息桩。我们来看一下步骤定义的细节。

OrderServiceComponentTestStepDefinitions 类

OrderServiceComponentTestStepDefinitions 类是测试的核心。此类定义 Order Service 的组件测试中每个步骤的含义。代码清单 10-13 显示了 usingCreditCard() 方法，该方法定义了 Given using...credit card 步骤的含义。

代码清单10-13 @GivenuseCreditCard()方法定义了Given using...credit card步骤的含义

```
@ContextConfiguration(classes =
    OrderServiceComponentTestStepDefinitions.TestConfiguration.class)
public class OrderServiceComponentTestStepDefinitions {

  ...

  @Autowired
  protected SagaParticipantStubManager sagaParticipantStubManager;

  @Given("using a(.?) (.*) credit card")
  public void useCreditCard(String ignore, String creditCard) {
    if (creditCard.equals("valid"))            ← 发送一个成功回复
      sagaParticipantStubManager
          .forChannel("accountingService")
          .when(AuthorizeCommand.class).replyWithSuccess();
    else if (creditCard.equals("invalid"))     ← 发送一个失败回复
      sagaParticipantStubManager
          .forChannel("accountingService")
          .when(AuthorizeCommand.class).replyWithFailure();
    else
      fail("Don't know what to do with this credit card");
  }
```

此方法使用 SagaParticipantStubManager 类，这是一个测试辅助类，用于为 Saga 参与方构造桩。useCreditCard() 方法使用它来配置 Accounting Service 桩，以使用成功或失败消息进行回复，具体取决于指定的信用卡。

代码清单 10-14 显示了 placeOrder() 方法，该方法定义了 When I place an order for Chicken Vindaloo at Ajanta 这个步骤。它调用 Order Service 的 REST API 来创

建 Order 并在稍后的步骤中保存响应以进行验证。

代码清单10-14 placeOrder()方法定义了When I place an order for Chicken Vindaloo at Ajanta这个步骤

```
@ContextConfiguration(classes =
      OrderServiceComponentTestStepDefinitions.TestConfiguration.class)
public class OrderServiceComponentTestStepDefinitions {

  private int port = 8082;
  private String host = System.getenv("DOCKER_HOST_IP");

  protected String baseUrl(String path) {
    return String.format("http://%s:%s%s", host, port, path);
  }

  private Response response;

  @When("I place an order for Chicken Vindaloo at Ajanta")
  public void placeOrder() {                          ← 调用 Order Service
                                                        REST API 创建 Order
    response = given().
            body(new CreateOrderRequest(consumerId,
                  RestaurantMother.AJANTA_ID, Collections.singletonList(
                     new CreateOrderRequest.LineItem(
                        RestaurantMother.CHICKEN_VINDALOO_MENU_ITEM_ID,
                        OrderDetailsMother.CHICKEN_VINDALOO_QUANTITY)))).
            contentType("application/json").
            when().
            post(baseUrl("/orders"));
  }
```

baseUrl() 辅助方法返回 Order Service 的 URL。

代码清单 10-15 显示了 theOrderShouldBe() 方法，该方法定义 Then the order should be …步骤的含义，验证 Order 是否已成功创建并且处于预期状态。

代码清单10-15 @ThentheOrderShouldBe()方法验证HTTP请求是否成功

```
@ContextConfiguration(classes =
      OrderServiceComponentTestStepDefinitions.TestConfiguration.class)
public class OrderServiceComponentTestStepDefinitions {

  @Then("the order should be (.*)")
  public void theOrderShouldBe(String desiredOrderState) {

    Integer orderId =                          ←
            this.response. then(). statusCode(200).    验证 Order 被成功创建
                    extract(). path("orderId");

    assertNotNull(orderId);

    eventually(() -> {
```

```
        String state = given().
                when().
                get(baseUrl("/orders/" + orderId)).
                then().
                statusCode(200)
                .extract().
                        path("state");
        assertEquals(desiredOrderState, state);
    });

  }
]
```

验证 Order 的状态

预期状态的断言包装在对 eventually() 的调用中，eventually() 重复执行断言。

代码清单 10-16 显示了 verifyEventPublished() 方法，该方法定义了 And an …

event should be published 步骤。它验证预期的领域事件是否已发布。

代码清单10-16　Order Service组件测试的Cucumber步骤定义类

```
@ContextConfiguration(classes =
    OrderServiceComponentTestStepDefinitions.TestConfiguration.class)
public class OrderServiceComponentTestStepDefinitions {

  @Autowired
  protected MessageTracker messageTracker;

  @And("an (.*) event should be published")
  public void verifyEventPublished(String expectedEventClass) throws ClassNot
    FoundException {
    messageTracker.assertDomainEventPublished("net.chrisrichardson.ftgo.order
      service.domain.Order",

            (Class<DomainEvent>)Class.forName("net.chrisrichardson.ftgo.order
      service.domain." + expectedEventClass));
  }
  ....
}
```

verifyEventPublished() 方法使用 MessageTracker 类，这是一个测试助手类，用于记录测试期间发布的事件。此类和 SagaParticipantStubManager 由 TestConfiguration @Configuration 类实例化。

现在我们已经查看了步骤定义，再来看一看如何运行组件测试。

运行组件测试

由于这些测试相对较慢，我们不希望将它们作为 ./gradlew 测试的一部分运行。相反，我们将测试代码放在单独的 src/component-test/java 目录中，并使用 ./gradlew componentTest 运行它们。查看 `ftgo-order-service/build.gradle` 文件以查看 Gradle 配置。

测试使用 Docker 来运行 `Order Service` 及其依赖项。如第 12 章所述，Docker 容器是一种轻量级操作系统虚拟化机制，允许你在隔离的沙箱中部署服务实例。Docker Compose 是一个非常有用的工具，你可以使用它定义一组容器并将它们作为一个单元启动和停止。FTGO 应用程序在根目录中有一个 `docker-compose` 文件，它定义了所有服务和基础设施服务的容器。

我们可以使用 Gradle Docker Compose 插件在执行测试之前运行容器，并在测试完成后停止容器：

```
apply plugin: 'docker-compose'

dockerCompose.isRequiredBy(componentTest)
componentTest.dependsOn(assemble)

dockerCompose {
    startedServices = [ 'ftgo-order-service']
}
```

前面的 Gradle 配置文件做了两件事。首先，它将 Gradle Docker Compose 插件配置为在组件测试之前运行，并启动 `Order Service` 以及它配置为依赖的基础设施服务。其次，它将 componentTest 配置为依赖于 assemble，以便首先构建 Docker 映像所需的 JAR 文件。有了这些，我们可以使用以下命令运行这些组件测试：

```
./gradlew :ftgo-order-service:componentTest
```

这个命令需要几分钟时间来执行以下操作：

1. 构建 `Order Service`。
2. 运行服务及其基础设施服务。
3. 运行测试。
4. 停止正在运行的服务。

现在我们已经了解了如何单独测试服务，再来看看如何测试整个应用程序。

10.3　端到端测试

组件测试分别测试每个服务，端到端测试会测试整个应用程序。如图 10-8 所示，端到端测试位于测试金字塔的顶端。因为这种类型的测试（跟我一起说）开发缓慢、脆弱且耗时。

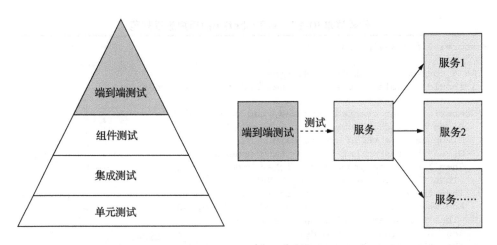

图 10-8　端到端测试位于测试金字塔的顶端。开发这类测试缓慢、脆弱且耗时。应该尽量控
　　　　制端到端测试的数量

端到端测试由大量组件构成。你必须部署多个服务及支撑它基础设施服务。因此，端到端测试很慢。此外，如果你的测试需要部署大量服务，则很可能其中一个服务无法部署，从而使测试不可靠。因此，你应该尽量控制端到端测试的数量。

10.3.1　设计端到端测试

正如我已经解释的那样，你应该尽量控制端到端测试的数量。一个好的策略是编写用户旅程（user journey）测试。用户旅程测试对应于用户使用系统的过程。例如，你可以编写一个完成所有三项测试的单个测试，而不是单独测试创建订单、修改订单和取消订单。这种方法可以显著减少必须编写的测试数量并缩短测试执行时间。

10.3.2　编写端到端测试

端到端测试与 10.2 节中涉及的验收测试一样，是面向业务的测试。将它们写在业务人员理解的高级 DSL 中是有意义的。例如，你可以使用 Gherkin 编写端到端测试，并使用 Cucumber 执行它们。代码清单 10-17 显示了此类测试的示例。它类似于我们之前看过的验收测试。主要区别在于，这个测试有多个动作而不是单一的 `Then`。

代码清单10-17　基于Gherkin的用户旅程规范

```
Feature: Place Revise and Cancel

  As a consumer of the Order Service
  I should be able to place, revise, and cancel an order

  Scenario: Order created, revised, and cancelled
    Given a valid consumer
    Given using a valid credit card
    Given the restaurant is accepting orders            ← 创建 Order
    When I place an order for Chicken Vindaloo at Ajanta
     Then the order should be APPROVED
    Then the order total should be 16.33
    And when I revise the order by adding 2 vegetable samosas  ← 修改 Order
     Then the order total should be 20.97
    And when I cancel the order            取消 Order
    Then the order should be CANCELLED   ←
```

此方案下订单、修改订单，然后取消订单。我们来看看如何运行它。

10.3.3　运行端到端测试

端到端测试必须运行整个应用程序，包括任何所需的基础设施服务。正如你在 10.2 节中所看到的，Gradle Docker Compose 插件提供了一种方便的方法。但是，Docker Compose 文件不是运行单个应用程序服务，而是运行所有应用程序的服务。

现在我们已经了解了设计和编写端到端测试的不同方面，再来看一个端到端测试的实例。

ftgo-end-to-end-test 模块实现了 FTGO 应用程序的端到端测试。端到端测试的实现与 10.2 节讨论的组件测试的实现非常相似。这些测试使用 Gherkin 编写并使用 Cucumber 执行。Gradle Docker Compose 插件在测试运行之前运行容器。启动容器并运行测试大约需要四五分钟。

这似乎不是很长的一段时间，但这只是一个相对简单的应用程序，只有少数容器和测试。想象一下，如果有数百个容器和更多测试，测试可能需要很长时间。因此，最好专注于编写金字塔下方的测试。

本章小结

- 使用契约作为示例消息来驱动服务之间交互的测试。编写测试以验证两个服务的适配器是否符合契约，而不是编写运行两个服务及其传递依赖关系的慢速测试。

- 编写组件测试以通过其 API 验证服务的行为。应该通过单独测试服务来简化和加速组件测试，使用桩来解决其依赖项。
- 编写用户旅程测试，以最大限度地减少端到端测试的数量，这些测试缓慢、脆弱又耗时。用户旅程测试模拟用户在应用程序中的旅程，并验证相对较大的应用程序功能片段的高级行为。因为测试很少，所以每次测试开销的数量（例如测试设置）被最小化，这就加快了测试速度。

第 11 章

开发面向生产环境的微服务应用

本章导读

- 开发安全的服务
- 如何使用外部化配置模式
- 如何使用可观测性模式
- 健康检查 API
- 日志聚合
- 分布式跟踪
- 异常跟踪
- 应用程序指标
- 审核日志记录
- 通过使用微服务基底模式简化服务的开发

玛丽和她的团队认为他们掌握了服务分解、服务间通信、事务管理、查询和业务逻辑设计，以及测试。他们相信自己可以开发满足其功能要求的服务。但是，为了使服务做好部署到生产环境中的准备，他们需要确保满足三个关键的质量属性：安全性、可配置性和可观测性。

第一个质量属性是应用程序安全性。开发安全的应用程序至关重要，除非你希望公司因为泄露数据而登上头条新闻。幸运的是，微服务架构中需要解决的大多数安全问题与单体应用程序没有任何不同。FTGO 团队知道，他们多年来在开发单体应用时学到的很多东西也适用于微服务。但是微服务架构迫使你以不同方式实现应用程序级安全性的某些方面。例如，你需要实现一种机制，将用户的身份从一个服务传递到另一个服务。

必须解决的第二个质量属性是服务可配置性。服务通常集成一个或多个外部服务，例如消息代理和数据库。每个外部服务的网络位置和访问凭据通常取决于运行服务的环境。你无法将配置属性直接写在服务的代码中。相反，你必须使用外部化配置机制，该机制在服务运行时为它们提供需要的配置属性。

第三个质量属性是可观测性。FTGO 团队已经为现有应用程序实现了监控和日志记录。但是微服务架构是一个分布式系统，这带来了一些额外的挑战。每个请求都由 API Gateway 和至少一个服务处理。例如，想象一下，你正在尝试确定是六种服务中的哪一种导致了延迟问题，或者当日志条目分散在五个不同的服务中时，试图理解如何处理请求。为了更容易理解应用程序的行为并解决问题，你必须实现多个可观测模式。

我将通过描述如何在微服务架构中实现安全性来开始本章。接下来，我将讨论如何设计可配置的服务，介绍几种不同的服务配置机制。之后，我将讨论如何通过使用可观测性模式使服务更容易理解和排除故障。在本章结束之前，我会介绍如何通过在微服务基底框架之上开发服务来简化这些和其他问题。

我们先来看一看安全性。

11.1　开发安全的服务

网络安全已成为每个企业都面临的关键问题。几乎每天都有关于黑客如何窃取公司数据的头条新闻。为了开发安全的软件并远离头条新闻，企业需要解决各种安全问题，包括硬件的物理安全性、传输和静态数据加密、身份验证、访问授权以及修补软件漏洞的策略，等等。无论你使用的是单体还是微服务架构，大多数问题都是相同的。本节重点介绍微服务架构如何影响应用程序级别的安全性。

应用程序开发人员主要负责实现安全性的四个不同方面：

- 身份验证：验证尝试访问应用程序的应用程序或人员（安全的术语叫主体）的身份。例如，应用程序通常会验证访问主体的凭据，例如用户的 ID 和密码，或应用程序的 API 密钥。
- 访问授权：验证是否允许访问主体对指定数据完成请求的操作。应用程序通常使用基于角色的安全性和访问控制列表（ACL）的组合。基于角色的安全性为每个用户分配一个或多个角色，授予他们调用特定操作的权限。ACL 授予用户或角色对特定业务对象或聚合执行操作的权限。

- 审计：跟踪用户在应用中执行的所有操作，以便检测安全问题，帮助客户实现并强制执行合规性。
- 安全的进程间通信：理想情况下，所有进出服务的通信都应该采用传输层安全性（TLS）加密。服务间通信甚至可能需要使用身份验证。

我将在 11.3 节中详细描述审计，在 11.4.1 节讨论服务网格时谈到确保服务间通信的安全问题。本节重点介绍如何实现身份验证和访问授权。

我首先描述如何在 FTGO 单体应用程序中实现安全性。然后介绍在微服务架构中实现安全性所面临的挑战，以及为何在单体架构中运行良好的技术不能在微服务架构中使用。之后，我将介绍如何在微服务架构中实现安全性。

让我们首先回顾一下 FTGO 单体应用程序如何处理安全性。

11.1.1 传统单体应用程序的安全性

FTGO 应用程序有多种用户，包括消费者、送餐员和餐馆员工。他们使用基于浏览器的 Web 应用程序和移动应用程序访问 FTGO。所有 FTGO 用户都必须登录才能访问该应用程序。图 11-1 显示了单体 FTGO 应用程序的客户端如何验证和发出请求。

当用户使用其用户 ID 和密码登录时，客户端会向 FTGO 应用程序发出包含用户凭据的 POST 请求。FTGO 应用程序验证凭据并将会话令牌返回给客户端。客户端在 FTGO 应用程序的每个后续请求中包含会话令牌。

图 11-2 显示了 FTGO 应用程序如何实现安全性。FTGO 应用程序是用 Java 编写的，并使用 Spring Security 框架，但我将使用同样也适用于其他框架（例如 Passport for Node.js）的一般性术语来描述这个设计。

使用安全框架

正确实现身份验证和访问授权具有挑战性。最好使用经过验证的安全框架。使用哪个框架取决于你的应用程序的技术栈。流行的框架包括以下几个：

- Spring Security（https://projects.spring.io/spring-security）：适用于 Java 应用程序的流行框架。它是一个复杂的框架，可以处理身份验证和访问授权。
- Apache Shiro（https://shiro.apache.org）：另一个 Java 安全框架。
- Passport（http://www.passportjs.org）：在 Node.js 应用程序中流行的一个专注于身份验证的安全框架。

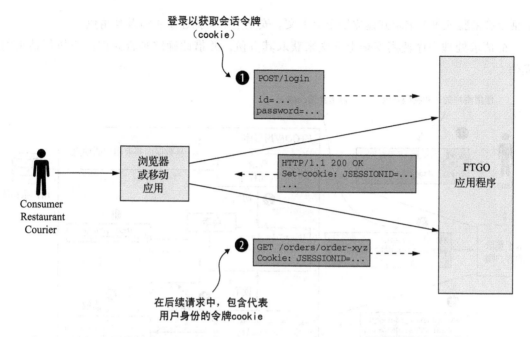

图 11-1　FTGO 应用程序的客户首先登录以获取会话令牌，该令牌通常是 cookie。客户在向
FTGO 应用程序发出的每个后续请求中都会包括会话令牌

安全架构的一个关键部分是会话，它存储主体的 ID 和角色。FTGO 应用程序是传统的
Java EE 应用程序，因此会话是 `HttpSession` 内存中会话。会话令牌代表着每一个具体的
会话，客户端在每个请求中包含会话令牌。它通常是一串无法读懂的数字标记，例如经过加
密的强随机数。FTGO 应用程序的会话令牌是一个名为 `JSESSIONID` 的 HTTP cookie。

实现安全性的另一个关键是安全上下文，它存储有关发出当前请求的用户的信息。Spring
Security 框架使用标准的 Java EE 方法将安全上下文存储在静态的线程局部变量中，任何被调
用以处理请求的代码都可以访问该变量。请求处理程序可以调用 `SecurityContextHolder.`
`getContext().getAuthentication()` 获取有关当前用户的信息，例如他们的身份和角
色。相反，Passport 框架将安全上下文存储为 request 对象的 user 属性。

图 11-2 中显示的事件序列如下：

1. 客户端向 FTGO 应用程序发出登录请求。

2. 登录请求由 `LoginHandler` 处理，`LoginHandler` 验证凭据，创建会话，并在会话
中存储有关主体的信息。

3. `Login Handler` 将会话令牌返回给客户端。

4. 客户端在后续每次调用请求中都包含会话令牌。

5. 这些请求首先由 `SessionBasedSecurityInterceptor` 处理。拦截器通过验证

会话令牌来验证每个请求并建立安全上下文。安全上下文描述了主体及其角色。

6. 请求处理程序使用安全上下文来获取其身份，并借此确定是否允许用户执行请求的操作。

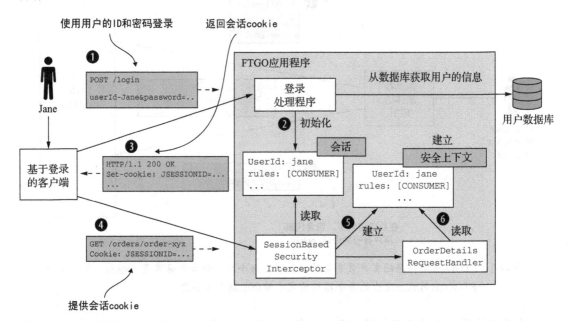

图 11-2 当 FTGO 应用程序的客户端发出登录请求时，登录处理程序会对用户进行身份验证，初始化会话用户信息，并返回会话令牌 cookie，以便安全地识别会话。接下来，当客户端发出包含会话令牌的请求时，SessionBasedSecurityInterceptor 从指定的会话中检索用户信息并建立安全上下文。请求处理程序（如 OrderDetailsRequestHandler）从安全上下文中检索用户信息

FTGO 应用程序使用基于角色的授权。它定义了与不同类型用户相对应的几个角色，包括 CONSUMER、RESTAURANT、COURIER 和 ADMIN。它使用 Spring Security 的声明性安全机制来限制对特定角色的 URL 和服务方法的访问。角色也与业务逻辑交织在一起。例如，消费者只能访问自己的订单，而管理员可以访问所有订单。

单体 FTGO 应用程序使用的安全设计只是实现安全性的一种可能方式。例如，使用内存中会话的一个缺点是，它必须把特定会话的所有请求路由到同一个应用程序实例。这个要求使负载均衡和操作变复杂了。例如，你必须实现会话耗尽机制，该机制在关闭应用程序实例之前等待所有会话到期（以免丢失内存中已有的会话）。避免这些问题的另一种方法是将会话存储在数据库中。

开发者可以完全不保存服务器端会话。例如，许多应用程序都有 API 客户端，可以在每个请求中提供其凭据，例如 API 密钥和私钥。因此，无须维护服务器端会话。或者，应用程

序可以将会话状态存储在会话令牌中。在本节的后面，我将介绍一种使用会话令牌存储会话状态的方法。但让我们首先看一下在微服务架构中实现安全性的挑战。

11.1.2　在微服务架构中实现安全性

微服务架构是分布式架构。每个外部请求都由 API Gateway 和至少一个服务处理。例如，考虑第 8 章中讨论的 getOrderDetails() 查询。API Gateway 通过调用多个服务来处理此查询，包括 Order Service、Kitchen Service 和 Accounting Service。每项服务都必须实现安全性的某些方面。例如，Order Service 必须只允许消费者查看他们自己的订单，这需要结合身份验证和访问授权。为了在微服务架构中实现安全性，我们需要确定谁负责验证用户身份以及谁负责访问授权。

在微服务应用程序中实现安全性的一个挑战是我们不能仅仅从单体应用程序借鉴设计思路。这是因为单体应用程序的安全架构的一些方面对微服务架构来说是不可用的，例如：

- 内存中的安全上下文：使用内存中的安全上下文（如 ThreadLocal）来传递用户身份。服务无法共享内存，因此它们无法使用内存中的安全上下文（如 ThreadLocal）来传递用户身份。在微服务架构中，我们需要一种不同的机制来将用户身份从一个服务传递到另一个服务。
- 集中会话：因为内存中的安全上下文没有意义，内存会话也没有意义。从理论上讲，多种服务可以访问基于数据库的会话，但它会违反松耦合的原则。我们需要在微服务架构中使用不同的会话机制。

让我们通过研究如何处理身份验证来开始探索微服务架构中的安全性。

由 API Gateway 处理身份验证

处理身份验证有两种不同的方法。一种选择是让各个服务分别对用户进行身份验证。这种方法的问题在于它允许未经身份验证的请求进入内部网络。它依赖于每个开发团队在所有服务中正确实现安全性。因此，出现安全漏洞的风险和概率都很大。

在服务中实现身份验证的另一个问题是不同的客户端以不同的方式进行身份验证。纯 API 客户端使用基本身份验证为每个请求提供凭据。其他客户端可能首先登录，然后为每个请求提供会话令牌。但我们要避免在服务中处理多种不同的身份验证机制。

更好的方法是让 API Gateway 在将请求转发给服务之前对其进行身份验证。在 API Gateway 中进行集中 API 身份验证的优势在于只需要确保这里的验证是正确的。因此，出现安全漏洞的可能性要小得多。另一个好处是只有 API Gateway 需要处理各种不同的身份验证机制。这使得其他服务的实现变得简单了。

图 11-3 显示了这种方法的工作原理。客户端使用 API Gateway 进行身份验证。API 客户端在每个请求中包含凭据。基于登录的客户端将用户的凭据发送到 API Gateway 进行身份验证，并接收会话令牌。一旦 API Gateway 验证了请求，它就会调用一个或多个服务。

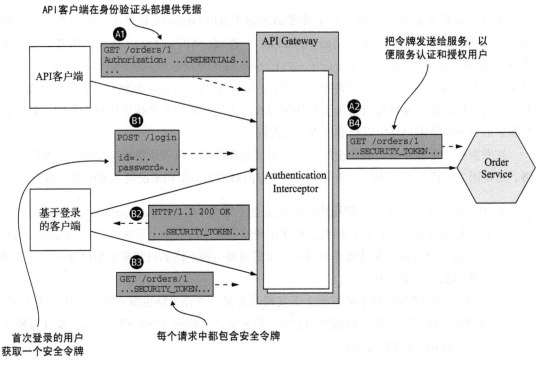

图 11-3   API Gateway 对来自客户端的请求进行身份验证，并在其对服务的请求中包含安全令牌。服务使用令牌获取有关主体的信息。API Gateway 还可以将安全令牌用作会话令牌

> **模式：访问令牌**
>
> API Gateway 将包含用户信息（例如其身份和角色）的令牌传递给它调用的服务。请参阅：http://microservices.io/patterns/security/access-token.html。

API Gateway 调用的服务需要知道发出请求的主体（用户的身份）。它还必须验证请求是否已经过通过身份验证。解决方案是让 API Gateway 在每个服务请求中包含一个令牌。服务使用令牌验证请求，并获取有关主体的信息。API Gateway 还可以为面向会话的客户端提供相同的令牌，以用作会话令牌。

客户端的事件序列如下：

1. 客户端发出包含凭据的请求给 API Gateway。

2. API Gateway 对凭据进行身份验证，创建安全令牌，并将其传递给服务。

基于登录的客户端的事件序列如下：

1. 客户端发出包含凭据的登录请求。

2. API Gateway 返回安全令牌。

3. 客户端在调用操作的请求中包含安全令牌。

4. API Gateway 验证安全令牌并将其转发给服务。

在本章稍后，我将介绍如何实现令牌，但让我们首先看一下安全性的另一个主要方面：访问授权。

处理访问授权

验证客户端的凭据很重要，但这还不够。应用程序还必须实现访问授权机制，以验证是否允许客户端执行所请求的操作。例如，在 FTGO 应用程序中，`getOrderDetails()` 查询只能由下此 `Order` 的消费者（基于实例的安全性的一个示例）和为所有消费者提供服务的客户服务代表调用。

实现访问授权的一个位置是 API Gateway。例如，它可以将对 `GET/orders/{orderId}` 的访问限制为消费者和客户服务代表。如果不允许用户访问特定路径，则 API Gateway 可以在将请求转发到服务之前拒绝该请求。与身份验证一样，在 API Gateway 中集中实现访问授权可降低安全漏洞的风险。你可以使用安全框架（如 Spring Security）在 API Gateway 中实现访问授权。

在 API Gateway 中实现访问授权的一个弊端是，它有可能产生 API Gateway 与服务之间的耦合，要求它们以同步的方式进行代码更新。而且，API Gateway 通常只能实现对 URL 路径的基于角色的访问。由 API Gateway 实现对单个领域对象的访问授权通常是不实际的，因为这需要详细了解服务的领域逻辑。

另一个实现访问授权的位置是服务。服务可以对 URL 和服务方法实现基于角色的访问授权。它还可以实现 ACL 来管理对聚合的访问。例如，在 `Order Service` 中可以实现基于角色和基于 ACL 的授权机制，以控制对 `Order` 的访问。FTGO 应用程序中的其他服务也可以实现类似的访问授权逻辑。

使用 JWT 传递用户身份和角色

在微服务架构中实现安全性时，你需要确定 API Gateway 应使用哪种类型的令牌来将用户信息传递给服务。有两种类型的令牌可供选择。一种选择是使用不透明（无可读性）的令牌，它们通常是一串 UUID。不透明令牌的缺点是它们会降低性能和可用性，并增加延迟。因为这种令牌的接收方必须对安全服务发起同步 RPC 调用，以验证令牌并检索用户信息。

另一种消除对安全服务调用的方法是使用包含有关用户信息的透明令牌。透明令牌的一个流行的标准是 JSON Web 令牌（JWT）。JWT 是在访问双方之间安全地传递信息（例如用户身份和角色）的标准方式。JWT 的内容包含一个 JSON 对象，其中有用户的信息，例如其身份和角色，以及其他元数据，如到期日期等。它使用仅为 JWT 的创建者所知的数字签名，例如 API Gateway 和 JWT 的接收者（服务）。该签名确保恶意第三方不能伪造或篡改 JWT。

因为不需要再访问安全服务进行验证，JWT 的一个问题是这个令牌是自包含的，也就是说它是不可撤销的。根据设计，服务将在验证 JWT 的签名和到期日期之后执行请求操作。因此，没有切实可行的方法来撤销落入恶意第三方手中的某个 JWT 令牌。解决方案是发布具有较短到期时间的 JWT，这可以限制恶意方。但是，短期 JWT 的一个缺点是应用程序必须以某种方式不断重新发布 JWT 以保持会话活动。幸运的是，这是 OAuth 2.0 安全标准旨在解决的众多问题之一。让我们来看看它是如何工作的。

在微服务架构中使用 OAuth 2.0

假设你要为 FTGO 应用程序实现一个 User Service，该应用程序管理包含用户信息（如凭据和角色）的数据库。API Gateway 调用 User Service 来验证客户端请求并获取 JWT。你可以设计 User Service 的 API 并使用你喜欢的 Web 框架实现它。但这不是 FTGO 应用程序特有的通用功能，自己开发此类服务往往是得不偿失的。

幸运的是，你不需要开发这种安全基础设施。你可以使用名为 OAuth 2.0 的标准的现成服务或框架。OAuth 2.0 是一种访问授权协议，最初旨在使公共云服务（如 GitHub 或 Google）的用户能够授予第三方应用程序访问其信息的权限，而不必向第三方应用透露他们的密码。例如，OAuth 2.0 使你能够安全地授予第三方基于云的持续集成（CI）服务，访问你的 GitHub 存储库。

虽然 OAuth 2.0 最初的重点是授权访问公共云服务，但你也可以将其用于应用程序中的身份验证和访问授权。让我们快速了解一下微服务架构如何使用 OAuth 2.0。

关于 OAuth 2.0

OAuth 2.0 是一个复杂的主题。在本章中，我只能提供一个简要的介绍，并描述如何在微服务架构中使用它。有关 OAuth 2.0 的更多信息，请查看 Aaron Parecki 的在线书籍《OAuth 2.0 Servers》（www.oauth.com）。《Spring Microservices in Action》（Manning，2017）的第 7 章也涵盖了这个主题（https://livebook.manning.com/#!/book/spring-microservicesinaction/chapter-7/）。

OAuth 2.0 中的关键概念如下：

- 授权服务器：提供用于验证用户身份以及获取访问令牌和刷新令牌的 API。Spring OAuth 是一个很好的用来构建 OAuth 2.0 授权服务器的框架。
- 访问令牌：授予对资源服务器的访问权限的令牌。访问令牌的格式取决于具体的实现技术。Spring OAuth 的实现中采用了 JWT 格式的访问令牌。
- 刷新令牌：客户端用于获取新的 `AccessToken` 的长效但同时也可被可撤销的令牌。
- 资源服务器：使用访问令牌授权访问的服务。在微服务架构中，服务是资源服务器。
- 客户端：想要访问资源服务器的客户端。在微服务架构中，API Gateway 是 OAuth 2.0 客户端。

首先，我们来谈谈如何验证 API 客户端，然后介绍如何支持基于登录的客户端。

图 11-4 显示了 API Gateway 如何验证来自 API 客户端的请求。API Gateway 通过向 OAuth 2.0 授权服务器发出请求来验证 API 客户端，该服务器返回访问令牌。然后，API Gateway 将包含访问令牌的一个或多个请求发送到服务。

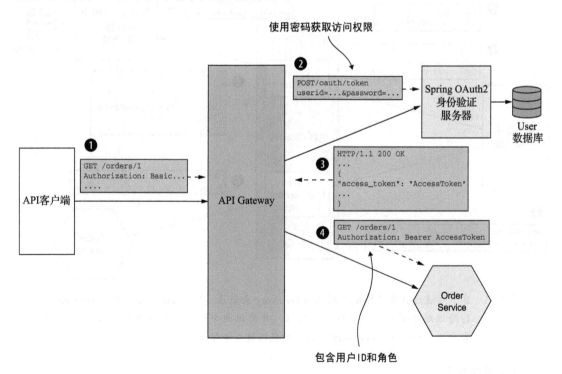

图 11-4　API Gateway 通过向 OAuth 2.0 身份验证服务器发出请求来验证 API 客户端。身份验证服务器返回访问令牌，API Gateway 将其传递给服务。服务验证令牌的签名，并提取有关用户的信息，包括其身份和角色

图 11-4 所示的事件顺序如下：

1. 客户端发出请求，使用基本身份验证提供它的凭据。

2. API Gateway 向 OAuth 2.0 身份验证服务器发出 OAuth 2.0 密码授予（Password Grant）请求（www.oauth.com/oauth2-servers/access-tokens/password-grant/）。

3. 身份验证服务器验证 API 客户端的凭据，并返回访问令牌和刷新令牌。

4. API Gateway 在其对服务的请求中包含访问令牌。服务验证访问令牌并使用它来授权请求。

基于 OAuth 2.0 的 API Gateway 可以使用 OAuth 2.0 访问令牌作为会话令牌来验证面向会话的客户端。而且，当访问令牌到期时，它可以使用刷新令牌获得新的访问令牌。图 11-5 显示了 API Gateway 如何使用 OAuth 2.0 来处理面向会话的客户端。API 客户端通过将其凭据发送（POST）到 API Gateway 的 /login 接口来启动会话。API Gateway 向客户端返回访问令牌和刷新令牌。然后，API 客户端在向 API Gateway 发出请求时提供这两个令牌。

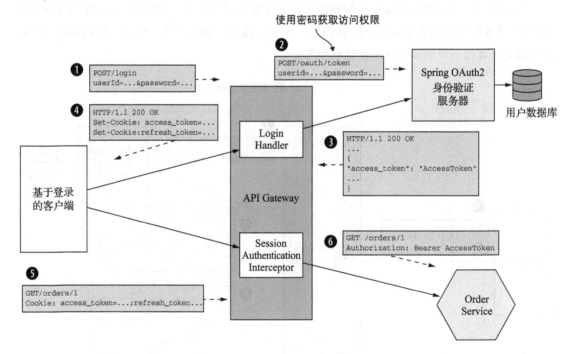

图 11-5 客户端通过将其凭据发送到 API Gateway 来登录。API Gateway 使用 OAuth 2.0 身份验证服务器对凭据进行身份验证，并将访问令牌和刷新令牌作为 cookie 返回。客户端在其对 API Gateway 的请求中包括这些令牌

事件顺序如下：

1. 基于登录的客户端将其凭据发送到 API Gateway。

2. API Gateway 的 LoginHandler 向 OAuth 2.0 身份验证服务器发出密码授予请求（www.

oauth.com/oauth2-servers/access-tokens/password-grant/）。

3. 身份验证服务器验证客户端的凭据，并返回访问令牌和刷新令牌。

4. API Gateway 将访问令牌和刷新令牌返回给客户端，通常是采用 cookie 的形式。

5. 客户端在向 API Gateway 发出的请求中包含访问令牌和刷新令牌。

6. API Gateway 的 `Session Authentication Interceptor` 验证访问令牌，并将其包含在对服务的请求中。

如果访问令牌已经过期或即将过期，API Gateway 将通过发出 OAuth 2.0 刷新授权请求来获取新的访问令牌（www.oauth.com/oauth2-servers/access-tokens/refreshing-access-tokens/），刷新授权请求发送给授权服务器，请求中包含刷新令牌。如果刷新令牌尚未过期或未被撤销，则授权服务器将返回新的访问令牌。API Gateway 将新的访问令牌传递给服务并将其返回给客户端。

使用 OAuth 2.0 的一个重要好处是它是经过验证的安全标准。使用现成的 OAuth 2.0 身份验证服务器意味着你不必浪费时间重新发明轮子或者是没有开发不安全的设计的风险。但 OAuth 2.0 不是在微服务架构中实现安全性的唯一方法。无论你使用哪种方法，三个关键思想如下：

- API Gateway 负责验证客户端的身份。
- API Gateway 和服务使用透明令牌（如 JWT）来传递有关主体的信息。
- 服务使用令牌获取主体的身份和角色。

现在我们已经了解了如何使服务安全，让我们看看如何使它们可配置。

11.2　设计可配置的服务

假设你负责开发 `Order History Service`。如图 11-6 所示，该服务使用来自 Apache Kafka 的事件并读取和写入 AWS DynamoDB 表项。为了运行此服务，它需要各种配置属性，包括 Apache Kafka 的网络位置以及 AWS DynamoDB 的访问凭据和网络位置。

这些配置属性的值取决于运行服务的环境。例如，开发环境和生产环境使用的 Apache Kafka 代理和 AWS 访问凭据肯定不同。将特定环境的配置属性值硬写入可部署服务的代码中是没有意义的，因为这些环境都是动态创建。相反，服务应该由部署流水线构建一次，并自动部署到多个环境中。

将几套可能的配置属性集硬写入源代码中，然后使用例如 Spring Framework 的配置文件机制在运行时选择，这样做也没有意义。因为这样做会引入安全漏洞，并限制可以部署的位置。此外，应该使用秘密存储机制（如 Hashicorp Vault, www.vaultproject.io 或 AWS

Parameter Store, https://docs.aws.amazon.com/systems-manager/latest/userguide/systems-manager-paramstore.html）安全地存储凭据等敏感数据。因此，你应该使用外部化配置模式为服务在运行时提供适当的配置属性。

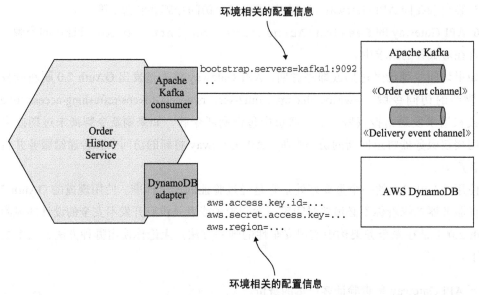

图 11-6 Order History Service 使用 Apache Kafka 和 AWS DynamoDB。它需要配置
每个服务的网络位置和访问凭据等

> **模式：外部化配置**
>
> 在运行时向服务提供配置属性值，例如数据库访问凭据和网络位置。请参阅：http://microservices.io/patterns/externalized-configuration.html。

外部化配置机制在运行时向服务实例提供配置属性值。主要有两种方法：

- 推送模型：部署基础设施通过类似操作系统环境变量或配置文件，将配置属性传递给服务实例。
- 拉取模型：服务实例从配置服务器读取它所需要的配置属性。

我们将从推送模型开始研究每种方法。

11.2.1 使用基于推送的外部化配置

推送模型依赖于部署环境和服务的协作。部署环境在创建服务实例时提供配置属性。如

图 11-7 所示，它可能会将配置属性作为环境变量传递。或者，部署环境可以使用配置文件来提供配置属性。然后，服务实例在启动时读取配置属性。

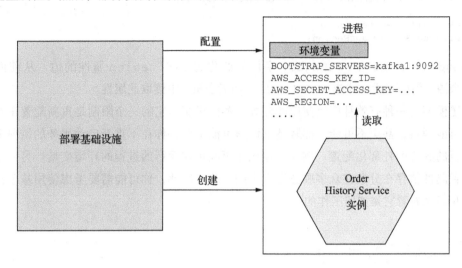

图 11-7 当部署基础设施创建 `Order History Service` 的实例时，它会设置包含外部化配置的环境变量。`Order History Service` 读取这些环境变量

部署环境和服务必须就如何提供配置属性达成一致。具体的机制取决于特定的部署环境。例如，第 12 章将描述如何指定 Docker 容器的环境变量。

让我们假设你已决定使用环境变量提供外部化配置属性值。你的应用程序可以调用 `System.getenv()` 来获取它们的值。但是，如果你是 Java 开发人员，那么你可能正在使用提供更方便机制的框架。FTGO 服务是使用 Spring Boot 构建的，它具有极其灵活的外部化配置机制，可以使用明确定义的优先级规则从各种来源检索配置属性（https://docs.spring.io/spring-boot/docs/current/reference/html/boot-features-external-config.html）。我们来看看它是如何工作的。

Spring Boot 从各种来源读取属性。我发现以下来源在微服务架构中很有用：

1. 命令行参数。

2. `SPRING_APPLICATION_JSON`，包含 JSON 的操作系统环境变量或 JVM 系统属性。

3. JVM 系统属性。

4. 操作系统环境变量。

5. 当前目录中的配置文件。

来自此列表中靠前的来源的特定属性值将覆盖此列表中稍后的来源中的相同属性。例如，操作系统环境变量会覆盖从配置文件中读取的属性。

Spring Boot 使这些属性可以通过 Spring Framework 的 `ApplicationContext` 访问。

例如，服务可以使用 @Value 注解获取属性的值：

```
public class OrderHistoryDynamoDBConfiguration {

  @Value("${aws.region}")
  private String awsRegion;
```

Spring Framework 将 awsRegion 字段初始化为 aws.region 属性的值。从前面列出的某个来源（例如配置文件或 AWS_REGION 环境变量）中读取此属性。

推送模型是一种有效且广泛使用的配置服务的机制。它的一个限制是重新配置正在运行的服务可能很难，甚至不可能。部署基础设施可能不允许你在不重新启动服务的情况下更改正在运行的服务的外部化配置。例如，你无法更改正在运行的进程的环境变量。另一个限制是，配置属性值存在分散在众多服务定义中的风险。因此，你可能需要考虑使用基于拉取的模型。我们来看看它是如何工作的。

11.2.2　使用基于拉取的外部化配置

在拉取模型中，服务实例从配置服务器读取其配置属性。图 11-8 显示了它的工作原理。启动时，服务实例会在配置服务中查询其配置。用于访问配置服务器的配置属性（例如其网络位置）通过基于推送的配置机制（例如环境变量）提供给服务实例。

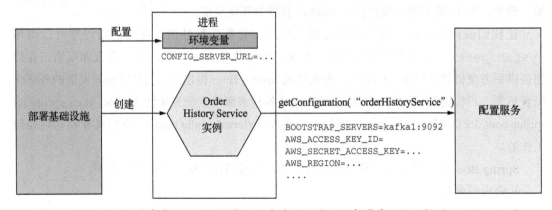

图 11-8　启动时，服务实例从配置服务器检索其配置属性。部署基础设施提供用于访问配置服务器的配置属性

有多种方法可以实现配置服务器，包括：

- 版本控制系统，如 Git。
- SQL 和 NoSQL 数据库。
- 专用配置服务器，例如 Spring Cloud Config Server，Hashicorp Vault（用于存储敏感

数据，如访问凭据）和 AWS Parameter Store。

Spring Cloud Config 项目是一个优秀的基于配置服务器的框架。它由服务器和客户端组成。服务器支持各种后端，用于存储配置属性，包括版本控制系统、数据库和 Hashicorp Vault。客户端从服务器检索配置属性并将它们注入 Spring `ApplicationContext`。

使用配置服务器有几个好处：

- 集中配置：所有配置属性都存储在一个位置，这使它们更易于管理。此外，为了消除重复的配置属性，有些实现允许你定义全局默认值，针对单个服务的值可以覆盖这些默认值。
- 敏感数据的透明解密：加密敏感数据（如数据库访问凭据）是一种安全性最佳实践。但是，使用加密的一个挑战是通常服务实例需要解密它们，这意味着它需要解密密钥。某些配置服务器实现会在将属性返回给服务之前自动对其进行解密。
- 动态重新配置：服务可能会通过轮询等方式检测更新的属性值，并重新配置自身。

使用配置服务器的主要缺点是，除非由基础设施提供，否则它需要额外的人力进行设置和运维。幸运的是，有各种开源框架，例如 Spring Cloud Config，它使运行配置服务器变得更加容易。

现在我们已经研究了如何设计可配置服务，下面来谈谈如何设计可观测服务。

11.3　设计可观测的服务

假设你已将 FTGO 应用程序部署到生产环境中。你可能想知道应用程序正在做什么：每秒请求数和资源利用率，等等。如果出现问题，你还希望能收到告警，例如服务实例失败或磁盘写满，并且最好是在影响用户之前收到。而且，如果出现问题，你需要能够排除故障并确定根本原因。

在生产中管理应用程序的许多方面都超出了开发人员的职责范畴，例如监控硬件可用性和利用率。这些显然是运维的职责。但是，作为服务开发人员，你必须实现多种模式才能使你的服务更易于管理和排错。这些模式（如图 11-9 所示）公开了服务实例的行为和健康状况。它们使监控系统能够跟踪和可视化服务状态，并在出现问题时生成告警。这些模式还可以更轻松地用于故障排错。

你可以使用以下模式来设计可观测的服务：

- 健康检查 API：公开返回服务运行状况的接口。
- 日志聚合：记录服务活动并将日志写入集中式日志记录服务器，该服务器提供搜索和告警。

- 分布式跟踪：为每一个在服务之间跳转的外部请求分配唯一 ID，并跟踪请求。
- 异常跟踪：向异常跟踪服务报告异常，该异常跟踪服务可以对异常进行重复数据删除，向开发人员发出警报并跟踪每个异常的解决方案。
- 应用程序指标：服务运维指标，例如计数器和指标，并将它们公开给指标服务器。
- 审核日志记录：记录用户操作。

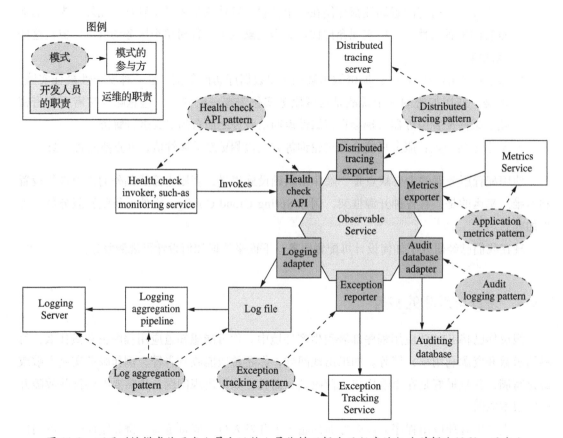

图 11-9 可观测性模式使开发人员和运维人员能够理解应用程序的行为并解决问题。开发人员有责任确保他们的服务是可观测的，运维人员负责收集服务公开的信息的基础设施

大多数这些模式都有一个显著的特征，它们通常都有一个开发人员组件和一个运维人员组件。例如，健康检查 API 模式。开发人员负责确保其服务实现健康检查端点。运维人员负责定期调用健康检查 API 的监控系统。类似地，对于日志聚合模式，开发人员负责确保其服务记录有用的信息，而运维人员负责日志聚合。

让我们看一下这些模式，从健康检查 API 模式开始。

11.3.1　使用健康检查 API 模式

有时服务看上去正在运行，但它却无法处理请求。例如，新启动的服务实例可能尚未准备好接受请求。例如，FTGO 的 `Consumer Service` 大约需要 10 秒钟来初始化消息和数据库适配器。在它们准备好之前，部署基础设施将 HTTP 请求路由到服务实例是没有意义的。

此外，服务实例可能会失败却不自动终止。例如，错误可能导致 `Consumer Service` 的实例耗尽数据库连接并且无法访问数据库。部署基础设施不应将请求路由到已失败但仍在运行的服务实例。并且，如果服务实例无法恢复，则部署基础设施必须终止它并创建新实例。

> **模式：健康检查 API**
>
> 服务公开健康检查 API 接口，例如 `GET/health`，它返回服务的健康状况。请参阅：http://microservices.io/patterns/observability/health- check-api.html。

服务实例需要能够告诉部署基础设施它是否能够处理请求。一个好的解决方案是服务实现健康检查接口，如图 11-10 所示。例如，Spring Boot Actuator Java 库实现了一个 `GET/actuator/health` 接口，当服务健康时返回 200，否则返回 503。同样，HealthChecks .NET 库实现了 `GET/hc` 接口（https://docs.microsoft.com/en-us/dotnet/standard/microservices-architecture/implement-resilient-applications/monitor-app-health）。部署基础设施定期调用此接口以确定服务实例的运行状况，并在其运行状况不佳时执行相应的操作。

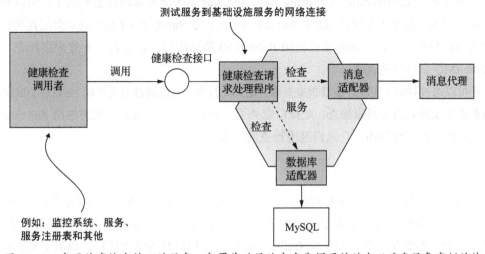

图 11-10　实现健康检查接口的服务，部署基础设施会定期调用该端点以确定服务实例的健康状况

`Health Check Request Handler` 通常测试服务实例与外部服务的连接。例如，它可能会对数据库执行测试查询。如果所有测试都成功，`Health Check Request Handler` 将返回健康响应，例如 HTTP 200 状态代码。如果其中任何一个失败，则返回不健康的响应，例如 HTTP 500 状态代码。

`Health Check Request Handler` 可能只返回带有相应状态代码的空 HTTP 响应。或者它可能会返回每个适配器的健康状况的详细说明。详细信息对于故障排除很有用。但由于它可能包含敏感信息，因此一些框架（如 Spring Boot Actuator）允许你配置健康接口响应中的详细级别。

使用健康检查时需要考虑两个问题。第一个是接口的实现，它必须报告服务实例的健康状况。第二个问题是如何配置部署基础设施以调用健康检查接口。我们先来看看如何实现接口。

实现健康检查接口

实现健康检查接口的代码必须以某种方式确定服务实例的健康状况。一种简单的方法是验证服务实例是否可以访问其外部基础设施服务。具体做法取决于具体的基础设施服务，例如可以通过获取数据库连接，并执行测试查询来验证服务是否已连接到数据库。更复杂的方法是执行模拟客户端调用服务 API 的综合事务。这种健康检查更加彻底，但实现起来可能更耗时，执行时间也更长。

Spring Boot Actuator 是健康检查库的一个很好的例子。如前所述，它实现了 `/actuator/health` 接口。实现此接口的代码负责返回健康状况检查的结果。通过使用约定优于配置（convention over configuration），Spring Boot Actuator 基于部署基础设施实现了一组合理的健康检查。例如，如果服务使用 JDBC `DataSource`，则 Spring Boot Actuator 会配置执行测试查询的健康检查。同样，如果服务使用 RabbitMQ 消息代理，它会自动配置健康检查，以验证 RabbitMQ 服务器是否已启动。

还可以通过对服务实现其他健康检查来自定义此行为。可以通过定义实现 `HealthIndicator` 接口的类来实现自定义健康检查。此接口定义了一个 `health()` 方法，该方法由 `/actuator/health` 接口的实现调用。它返回健康检查的结果。

调用健康检查接口

如果没有人调用它，健康检查接口就没有意义了。部署服务时，必须配置部署基础设施以调用接口。如何执行此操作取决于部署基础设施的特定详细信息。例如，如第 3 章所述，你可以配置一些服务注册表（例如 Netflix Eureka）来调用健康检查接口，以确定是否应将流量路由到服务实例。第 12 章将讨论如何配置 Docker 和 Kubernetes 以调用健康检查接口。

11.3.2　使用日志聚合模式

对于故障排除，日志是必不可少的。如果你想知道应用程序有什么问题，最好是从阅读日志文件开始。但是在微服务架构中使用日志具有挑战性。例如，假设你正在调试 `getOrderDetails()` 查询的问题。如第 8 章所述，FTGO 应用程序使用 API 组合实现此查询。因此，你需要的日志条目分散在 API Gateway 的日志文件和多个服务中，包括 `Order Service` 和 `Kitchen Service`。

> **模式：日志聚合**
>
> 在支持搜索和告警的集中式数据库中聚合所有服务的日志。请参阅：http://microservices.io/patterns/observability/application-logging.html。

解决方案是使用日志聚合。如图 11-11 所示，日志聚合流水线将所有服务实例的日志发送给集中式日志服务器。日志服务器存储日志后，你可以查看、搜索和分析日志。你还可以配置在日志中出现某些消息时触发的告警。

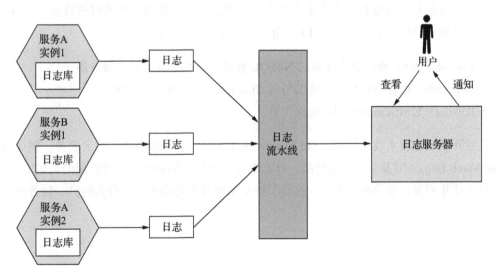

图 11-11　日志聚合基础设施将每个服务实例的日志发送给集中式日志记录服务器。用户可以查看和搜索日志。他们还可以设置告警，当日志内容与特定条件匹配时会触发告警

日志流水线和服务器通常是运维的职责。但服务开发人员负责编写生成有用日志的服务。我们先来看一看服务如何生成日志。

服务如何生成日志

作为服务开发人员，你需要考虑几个问题。首先，你需要确定要使用的日志库。第二个问题是在哪里写日志条目。我们先来看一下日志库。

大多数编程语言都有一个或多个日志库，可以轻松生成正确结构化的日志条目。例如，三个流行的 Java 日志库是 Logback、log4j 和 JUL（java.util.logging），还有 SLF4J，它是各种日志框架的外围（facade）API。同样，Log4JS 是 Node.js 的流行日志框架。使用日志记录的一种合理方法是在服务代码中调用其中一个日志库。但是，如果你有日志库无法强制执行的某些更严格的日志记录要求，则可能需要基于日志记录库定义自己的日志记录 API。

你还需要确定记录的位置。传统上，你需要将日志框架配置为写入文件系统中众所周知的位置。但是当使用更现代化的部署技术时，例如容器和 Serverless（在第 12 章中将详细描述），把日志写入文件系统通常不是最好的方法。在某些环境中，例如 AWS Lambda，甚至没有"永久"文件系统来写入日志！相反，你的服务应该把日志输出到 stdout。然后，部署基础设施将决定如何处理服务的输出。

日志聚合的基础设施

日志记录的基础设施服务负责聚合日志、存储日志以及使用户能够搜索日志。一种流行的日志记录基础设施是 ELK 套件。ELK 由三个开源产品组成：

- Elasticsearch：面向文本搜索的 NoSQL 数据库，用作日志记录服务器。
- Logstash：聚合服务日志并将其写入 Elasticsearch 的日志流水线。
- Kibana：Elasticsearch 的可视化工具。

其他开源日志流水线包括 Fluentd 和 Apache Flume。日志服务器包括云服务，例如 AWS CloudWatch Logs，以及众多商业产品。日志聚合是微服务架构中的一种有用的调试工具。

现在让我们看一看分布式追踪，这是了解基于微服务的应用程序行为的另一种方法。

11.3.3　使用分布式追踪模式

假设你是一名 FTGO 开发人员，你正在研究为什么 getOrderDetails() 查询的性能下降了。你已排除外部网络的问题。性能下降多半是由 API Gateway 或其调用的某个服务引起的。一种选择是查看每个服务的平均响应时间。这种做法的问题在于它是请求的平均值，而不是单个请求的时间。此外，更复杂的场景可能涉及许多嵌套服务调用。你可能甚至不熟悉所有服务。因此，在微服务架构中排除故障并诊断这些性能问题可能具有挑战性。

模式：分布式追踪

为每个外部请求分配一个唯一的 ID，并在提供可视化和分析的集中式服务器中记录它如何从一个服务流向下一个服务。请参阅：http://microservices.io/patterns/observability/distributed-tracing.html。

深入了解应用程序正在执行的操作的一种好方法是使用分布式追踪。分布式追踪类似于单体应用程序中的性能分析器。它记录有关处理请求时所进行的服务树调用的信息（例如，开始时间和结束时间）。然后，你可以看到服务如何在处理外部请求期间进行交互，包括花费时间的细分。

图 11-12 显示了分布式追踪服务器如何显示 API Gateway 处理请求时发生的情况的例子。它显示了对 API Gateway 的入站请求以及 API Gateway 对 Order Service 的请求。对于每个请求，分布式追踪服务器显示已执行的操作和请求的时间。

图 11-12 Zipkin 服务器显示 FTGO 应用程序如何处理由 API Gateway 路由到 Order Service 的请求。每个请求都由"追踪"表示。追踪是一组"跨度"，每个跨度都可以包含子跨度，它们代表了服务的调用。根据收集的详细程度，跨度还可以表示服务内部操作的调用

图 11-12 显示了分布式追踪术语中称为追踪的内容。追踪表示外部请求，由一个或多个跨度组成。跨度表示操作，其关键属性是操作的名称、开始时间戳和结束时间。跨度可以有一个或多个子跨度，表示嵌套操作。例如，顶层的跨度可能表示 API Gateway 的调用，如图 11-12 所示。它的子跨度代表 API Gateway 对服务的调用。

分布式追踪的一个有价值的副作用是它为每个外部请求分配一个唯一的 ID。服务可以在其日志条目中包含请求 ID。与日志聚合相结合时，请求 ID 使你可以轻松查找特定外部请求的所有日志条目。例如，以下是 Order Service 的示例日志条目：

```
2018-03-04 17:38:12.032 DEBUG [ftgo-order-
    service,8d8fdc37be104cc6,8d8fdc37be104cc6,false]
  7 --- [nio-8080-exec-6] org.hibernate.SQL                    :
select order0_.id as id1_3_0_, order0_.consumer_id as consumer2_3_0_, order
    0_.city as city3_3_0_,
  order0_.delivery_state as delivery4_3_0_, order0_.street1 as street5_3_0_,
  order0_.street2 as street6_3_0_, order0_.zip as zip7_3_0_,
order0_.delivery_time as delivery8_3_0_, order0_.a
```

[ftgo-order-service, 8d8fdc37be104cc6,8d8fdc37be104cc6, false] 日志条目的一部分（SLF4J 映射诊断上下文，请参阅：www.slf4j.org/manual.html）包含来自分布式追踪基础设施的信息。它由四个值组成：

- ftgo-order-service：应用程序的名称。
- 8d8fdc37be104cc6：traceId。
- 8d8fdc37be104cc6：spanId。
- false：表示此跨度未导出到分布式追踪服务器。

如果你在日志中搜索 8d8fdc37be104cc6，你将找到该请求的所有日志条目。

图 11-13 显示了分布式追踪的工作原理。分布式追踪包含两个部分：供每个服务使用的追踪工具类库和分布式追踪服务器。追踪工具类库管理追踪和跨度。它还会向出站请求添加追踪信息，例如当前追踪 ID 和父跨度 ID。例如，传播追踪信息的一个通用标准是 B3 标准（https://github.com/openzipkin/b3-propagation），它使用诸如 X-B3-TraceId 和 X-B3-ParentSpanId 之类的头部。追踪工具类库还会向分布式追踪服务器报告追踪。分布式追踪服务器存储追踪信息，并提供可用于可视化它们的用户界面。

让我们看看追踪工具类库和分布式追踪服务器。

使用追踪工具类库

追踪工具类库构建跨度树，并将它们发送到分布式追踪服务器。服务代码可以直接调用追踪工具类库，但这会将检测逻辑与业务和其他逻辑交织在一起。更简洁的方法是使用拦截器或面向切面编程（AOP）。

Spring Cloud Sleuth 是基于 AOP 技术的一个优秀框架。它使用 Spring Framework 的 AOP 机制将分布式追踪自动集成到服务中。因此，你必须将 Spring Cloud Sleuth 添加为项目依赖项。除了 Spring Cloud Sleuth 未处理的情况之外，服务不需要直接调用分布式追踪 API。

关于分布式追踪服务器

追踪工具类库将跨度发送到分布式追踪服务器。分布式追踪服务器将跨度拼接在一起以形成完整的追踪并将它们存储在数据库中。一个流行的分布式追踪服务器是 Open Zipkin。

Zipkin 最初由 Twitter 开发。服务可以使用 HTTP 或消息代理向 Zipkin 提供跨度。Zipkin 将追踪存储在存储后端中，后端可以是 SQL 或 NoSQL 数据库。它有一个用来显示追踪的用户界面，如图 11-12 所示。AWS X Ray 是分布式追踪服务器的另一个示例。

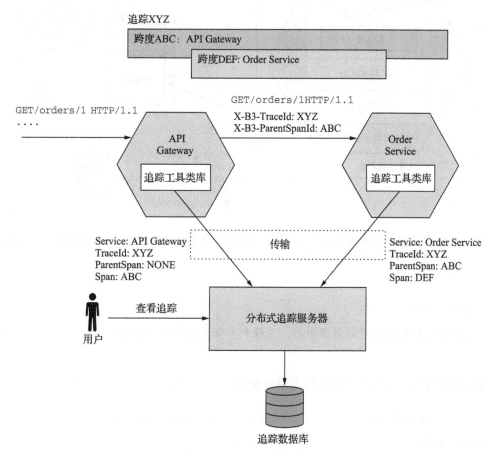

图 11-13　每个服务（包括 API Gateway）都使用追踪工具类库。追踪工具类库为每个外部请
求分配 ID，在服务之间传播追踪状态，并向分布式追踪服务器报告跨度

11.3.4　使用应用程序指标模式

监控和告警功能是生产环境的关键部分。如图 11-14 所示，监控系统从技术栈的每个部分收集指标，这些指标提供有关应用程序健康状况的关键信息。指标涵盖的范围从基础设施相关的指标（如 CPU、内存和磁盘利用率）到应用程序级别的指标（如服务请求延迟和执行的请求数）。例如，Order Service 收集有关已下订单、已批准订单和已拒绝订单数量的指标。指标服务收集各类指标数据，提供可视化和告警功能。

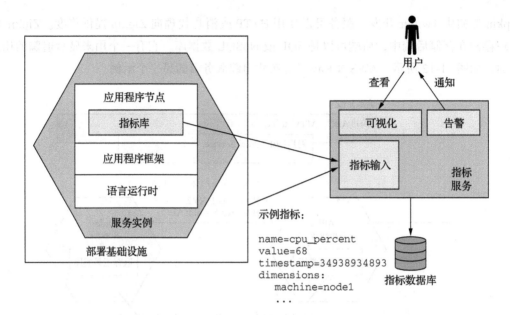

图 11-14　收集技术栈中每个级别的指标，并将其存储在指标服务中，该服务可以提供可视
化和告警功能

模式：应用程序指标
服务将指标数据发送给负责聚合、可视化和告警的中央服务器。

指标定期采样。指标样本具有以下三个属性：

- 名称：指标的名称，例如 `jvm_memory_max_bytes` 或 `placed_orders`。
- 值：数值。
- 时间戳：样本的时间。

此外，一些监控系统支持维度的概念，维度是任意的名称与值的组合。例如，报告 `jvm_memory_max_bytes` 的维度：area="heap", id="PS Eden Space" 和 area="heap", id="PS Old Gen"。维度通常用于提供其他信息，例如计算机名称、服务名称或服务实例标识符。监控系统通常沿一个或多个维度聚合（求和或平均）度量样本。

监控的许多方面都是运维人员的职责。但是服务开发人员需要负责指标的两个方面。首先，他们必须编写监测服务的代码，以便收集有关其行为的指标。其次，他们必须将这些服务指标以及来自 JVM 和应用程序框架的指标发送给指标服务器。

我们先来看一看服务如何收集指标。

收集服务层面的指标

收集指标的工作量取决于应用程序使用的框架以及要收集的具体指标。例如，经过简单的配置，基于 Spring Boot 的服务可以使用 Micrometer Metrics 库作为依赖项来收集（并公布）基本指标，例如 JVM 指标。Spring Boot 的自动配置功能负责配置指标库并对外公布指标。如果服务收集特定于应用程序的指标，则该服务仅需要直接使用 Micrometer Metrics API。

代码清单 11-1 显示了 `OrderService` 如何收集有关已下单、已批准和已拒绝订单的数量的指标。它使用 `MeterRegistry`（由 Micrometer Metrics 提供的接口）来收集自定义指标。每个方法递增一个相应命名的计数器。

代码清单11-1 追踪`OrderService`已下单、已批准和已拒绝的订单数量

```
public class OrderService {

    @Autowired
    private MeterRegistry meterRegistry;        ◁─── Micrometer 指标
                                                     库 API，用来管理应
                                                     用程序层面的指标

    public Order createOrder(...) {
     ...
      meterRegistry.counter("placed_orders").increment();   ◁─── 当 Order 被成功创
       return order;                                              建后，placedOrders
    }                                                             counter 加 1

    public void approveOrder(long orderId) {
     ...
      meterRegistry.counter("approved_orders").increment();  ◁─── 当 Order 被批准后，
     }                                                            approvedOrders 指
                                                                  标加 1

    public void rejectOrder(long orderId) {
     ...
      meterRegistry.counter("rejected_orders").increment();  ◁─── 当 Order 被拒绝后，
     }                                                            rejectedOrders 指
    }                                                             标加 1
```

把指标发送给指标服务

服务有两种方式向指标服务提供数据：推送或拉取。使用推送模型，服务实例通过调用 API 将指标发送到指标服务。例如，AWS Cloudwatch 指标实现推送模型。

使用拉取模型，Metrics Service（或其本地运行的代理）调用服务 API，并从服务实例检索指标信息。Prometheus 是一种流行的开源监控和警报系统，它使用拉取模型。

FTGO 应用程序的 Order Service 使用 `micrometer-registry-prometheus` 库与 Prometheus 集成。因为这个库位于类路径上，所以 Spring Boot 公布了一个 `GET/actuator/Prometheus` 端点，它以 Prometheus 期望的格式返回指标。OrderService 的自定义指标

报告如下：

```
$ curl -v http://localhost:8080/actuator/prometheus | grep _orders
# HELP placed_orders_total
# TYPE placed_orders_total counter

placed_orders_total{service="ftgo-order-service",} 1.0
# HELP approved_orders_total
# TYPE approved_orders_total counter
approved_orders_total{service="ftgo-order-service",} 1.0
```

例如，`placed_orders` 计数器被报告为 `count` 类型的指标。

Prometheus 服务器会定期轮询此端口以检索指标。一旦指标被保存在 Prometheus 中，你就可以使用数据可视化工具 Grafana（https://grafana.com）查看它们。你还可以为这些指标设置提醒，例如当 `placed_orders_total` 的更改率低于某个阈值时。

应用程序指标可为你的应用程序行为提供有价值的信息。通过指标触发的告警使你能够快速响应生产环境发生的问题，这些问题可能会影响用户。现在让我们看看如何观测和响应另一个警报源：异常。

11.3.5　使用异常追踪模式

服务很少记录异常，当它发生异常时，确定根本原因很重要。异常可能是失败或编程错误的结果。查看异常的传统方法是查看日志。你甚至可以配置日志记录服务器，以便在日志文件中出现异常时向你发出警报。但是，这种方法存在一些问题：

- 日志文件以单行日志条目为导向，而异常由多行组成。
- 没有机制来追踪日志文件中发生的异常的解决方案。你必须手动将异常复制粘贴到问题追踪器中。
- 可能存在重复的异常，但没有自动机制将它们视为异常。

> **模式：异常追踪**
> 服务把产生的异常报告给中央服务，该服务对异常进行重复数据删除、生成警报并管理异常的解决方案。请参阅：http://microservices.io/patterns/observability/audit-logging.html。

更好的方法是使用异常追踪服务。如图 11-15 所示，可将服务配置为通过类似 REST API 向异常追踪服务报告异常。异常追踪服务可以对异常进行重复数据删除、生成警报并管理异常的解决方案。

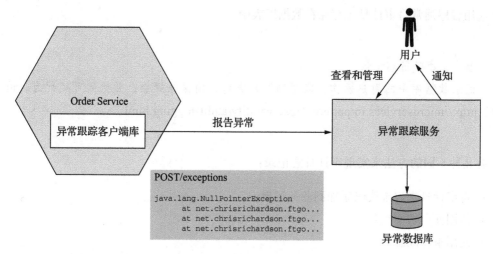

图 11-15　*服务报告异常给异常追踪服务以删除异常，并向开发人员发出警报。它具有用于查看和管理异常的用户界面*

　　有几种方法可以将异常追踪服务集成到你的应用程序中。服务可以直接调用异常追踪服务的 API。更好的方法是使用异常追踪服务提供的客户端库。例如，HoneyBadger（www.honeybadger.io）的客户端库提供了几种易于使用的集成机制，包括捕获和报告异常的 Servlet 过滤器。

> **异常追踪服务**
>
> 　　有几种异常追踪服务。有的纯粹是基于云的，如 Honeybadger。其他的，如 Sentry.io（https://sentry.io/welcome），也有一个开源版本，你可以在自己的基础设施上部署。这些服务从你的应用程序接收异常并生成警报。它们提供了一个用于查看异常和管理异常解决方案的控制台。异常追踪服务通常以各种语言提供客户端库。

　　异常追踪模式是快速识别和响应生产环境问题的有用方法。

　　追踪用户行为也很重要。我们来看看如何做到这一点。

11.3.6　使用审计日志模式

　　审计日志记录的目的是记录每个用户的操作。审计日志通常用于帮助客户支持、确保合规性并检测可疑行为。每个审核日志条目都记录用户的身份、他们执行的操作以及业务对象。应用程序通常将审计日志存储在数据库表中。

> **模式：审核日志记录**
>
> 记录数据库中的用户操作，以帮助客户支持、确保合规性，并检测可疑行为。请参阅：http://microservices.io/patterns/observability/audit-logging.html。

有几种不同的方法来实现审计日志记录：

- 将审计日志记录代码添加到业务逻辑中。
- 使用面向切面编程。
- 使用事件溯源。

我们来逐一分析。

向业务逻辑添加审计日志代码

第一个也是最直接的选择是在整个服务的业务逻辑中使用审计日志代码。例如，每种服务方法都可以创建审核日志条目并将其保存在数据库中。这种方法的缺点是它将审计日志代码和业务逻辑交织在一起，从而降低了可维护性。另一个缺点是它可能容易出错，因为它依赖于开发人员编写审计日志代码。

使用面向切面编程

第二种选择是使用 AOP。你可以使用 AOP 框架（如 Spring AOP）来定义自动拦截每个服务的方法调用，并持久化审计日志条目。这是一种更可靠的方法，因为它可以自动记录每个服务方法调用。使用 AOP 的主要缺点是只能记录调用的方法名称和它的参数，因此确定正在执行的业务对象，并生成面向业务的审计日志条目可能具有挑战性。

使用事件溯源

第三个也是最后一个选择是使用事件溯源来实现你的业务逻辑。如第 6 章所述，事件溯源自动为创建和更新操作提供审计日志。你需要在每个事件中记录用户的身份。但是，使用事件溯源的一个限制是它不记录查询。如果你的服务必须为查询创建日志条目，那么你还必须考虑其他选择。

11.4　使用微服务基底模式开发服务

本章描述了服务必须实现的众多问题，包括管理指标、向异常追踪器报告异常、日志记录和健康检查、外部化配置和安全性，等等。此外，如第 3 章所述，服务还可能需要处理服务发现和实现断路器。每次实现新服务时，这都不是你想要从头开始、靠自己编程来完成的工作。如果你这样做，那么在你编写第一行业务逻辑代码之前，可能需要几天甚至几周时间专门解决这些问题。

> **模式：微服务基底**
>
> 　异常追踪、日志记录、健康检查、外部化配置和分布式追踪是微服务架构需要解决的共性问题，我们需要在能够处理那些共性问题的框架或框架集合上构建服务。请参阅：http://microservices.io/patterns/microservice-chassis.html。

开发服务的一种更快捷的方法是在微服务基底上构建服务。如图 11-16 所示，微服务基底是处理这些问题的框架或一组框架。使用微服务基底时，你只需编写很少的代码来处理这些问题。

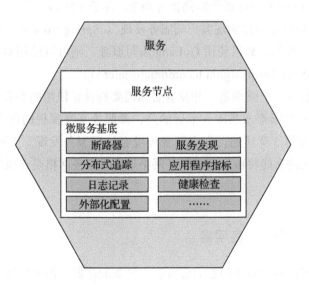

图 11-16　微服务基底是一个处理众多问题的框架，例如异常追踪、日志记录、健康检查、外部化配置和分布式追踪

在本节中，我将首先描述微服务基底的概念，并提出一些优秀的微服务基底框架。之后，我将介绍服务网格的概念，写作至此时，它正在成为微服务基底这类框架和库的有趣的

替代方案。

我们先来看一看微服务基底的概念。

11.4.1　使用微服务基底

微服务基底是一个框架或一组框架，可以处理许多问题，包括：

- 外部化配置。
- 健康检查。
- 应用程序指标。
- 服务发现。
- 断路器。
- 分布式追踪。

它可以显著减少你需要编写的代码量。你甚至可能不需要编写任何代码。相反，你可以配置微服务基底以满足你的要求。微服务基底使你能够专注于开发服务的业务逻辑。

FTGO 应用程序使用 Spring Boot 和 Spring Cloud 作为微服务基底。Spring Boot 提供外部化配置等功能。Spring Cloud 提供断路器等功能。尽管 FTGO 应用程序依赖于服务发现的基础设施，Spring Cloud 还可以实现客户端服务发现。。Spring Boot 和 Spring Cloud 不是唯一的微服务基底框架。例如，如果使用 GoLang 编写服务，则可以使用 Go Kit（https://github.com/go-kit/kit）或 Micro（https://github.com/micro/micro）。

使用微服务基底的一个弊端是，开发者必须需要确保正使用的编程语言 / 平台组合，有与之对应的微服务基底框架或类库。幸运的是，微服务基底实现的许多功能很可能由基础设施实现。例如，如第 3 章所述，许多部署环境会处理服务发现。更重要的是，微服务基底的许多与网络相关的功能将由所谓的服务网格处理，服务网格是在服务之外运行的基础设施层。

11.4.2　从微服务基底到服务网格

微服务基底是解决各种共性问题的好方法，例如断路器。但使用微服务基底的一个障碍是，你需要确保你使用的编程语言有对应的微服务基底框架或类库。例如，如果你是 Java/Spring 的开发人员，Spring Boot 和 Spring Cloud 很有用，但如果你想编写基于 Node.js 的服务，它们就没有任何帮助。

> **模式：服务网格**
>
> 把所有进出服务的网络流量通过一个网络层进行路由，这个网络层负责解决包括断路器、分布式追踪、服务发现、负载均衡和基于规则的流量路由等具有共性的需求。请参阅：http://microservices.io/patterns/deployment/service-mesh.html。

避免此问题的新兴替代方案是在所谓的服务网格中实现服务之外的某些功能。服务网格是网络基础设施，它调和（mediate）服务与其他服务和外部应用程序之间的通信。如图 11-17 所示，进出服务的所有网络流量都通过服务网格。它实现了各种共性的需求：包括断路器、分布式追踪、服务发现、负载均衡和基于规则的流量路由。服务网格还可以通过在服务之间使用基于 TLS 的机制来保护进程间通信。因此，你不再需要在服务中解决这些特定问题。

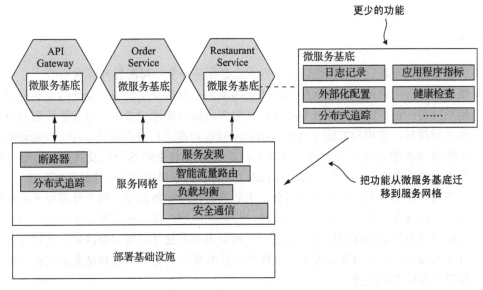

图 11-17　进出服务的所有网络流量都流经服务网格。服务网格实现各种功能，包括断路器、分布式追踪、服务发现和负载均衡。微服务基底能实现的功能相比服务网格要少。它还通过在服务之间使用 TLS 来保护进程间通信的安全性

使用服务网格后，微服务基底需要担负的责任就少了很多。它只需要实现与应用程序代码紧密集成的问题，例如外部化配置和健康检查。微服务基底必须通过传播分布式追踪信息来支持分布式追踪，例如我在前面 11.3.3 节中讨论过的 B3 标准报头。

> **当前的服务网格实现**
>
> 有各种服务网格实现，包括以下这些：
>
> - Istio（https://istio.io）。
> - Linkerd（https://linkerd.io）。
> - Conduit（https://conduit.io）。
>
> 写作至此时，Linkerd 是最成熟的，Istio 和 Conduit 仍处于积极发展阶段。有关这项令人兴奋的新技术的更多信息，请查看对应产品的文档。

服务网格概念是一个非常有前途的想法。它使开发人员不必处理各种共性问题。此外，服务网格的智能流量路由使你可以将部署与发布分开。它使你能够将新版本的服务部署到生产中，但只将其发布给某些用户，例如内部测试用户。第 12 章在描述如何使用 Kubernetes 部署服务时将进一步讨论这个概念。

本章小结

- 服务首先要实现它的功能性需求，但它也必须是安全、可配置和可观测的。
- 微服务架构中的许多安全问题与单体架构类似。但是应用程序安全性的某些方面必然是不同的，包括如何在 API Gateway 和服务之间传递用户身份，以及谁负责身份验证和访问授权。常用的方法是 API Gateway 对客户端进行身份验证。API Gateway 在每个服务请求中包括透明令牌，例如 JWT。令牌包含主体的身份及其角色。服务使用令牌中的信息来授权访问资源。OAuth 2.0 是微服务架构中安全性的良好基础。
- 服务通常使用一个或多个外部服务，例如消息代理和数据库。每个外部服务的网络位置和凭据通常取决于运行服务的环境。你必须应用外部化配置模式并实现一种在运行时提供具有配置属性的服务的机制。一种常用的方法是部署基础设施在创建服务实例时通过操作系统环境变量或属性文件提供这些属性。另一个选择是服务实例从配置属性服务器检索其配置。
- 开发人员和运维人员共同负责实现可观测性模式。运维人员负责可观测性基础设施，例如处理日志聚合、应用指标、异常追踪和分布式追踪的服务器。开发人员有责任确保他们的服务是可观测的。服务必须具有健康检查 API 端点、生成日志条目、收集和公布指标、向异常追踪服务报告异常，以及实现分布式追踪。
- 为了简化和加速开发，你应该在微服务基底之上开发服务。微服务基底是一个框架或一组框架，用于处理本章描述的各种共性问题。但是，随着时间的推移，微服务基底的许多与网络相关的功能很可能会迁移到服务网格中，服务网格是一层基础设施软件，服务的所有网络流量都将通过服务网格。

第 12 章

部署微服务应用

本章导读

- 四个关键部署模式，它们如何工作，以及它们的好处和弊端：
  - 编程语言特定的发布包格式
  - 将服务部署为虚拟机
  - 将服务部署为容器
  - Serverless 部署
- 使用 Kubernetes 部署服务
- 使用服务网格把服务发布环节与服务部署环节分开
- 使用 AWS Lambda 部署服务
- 选择部署模式

　　玛丽和她在 FTGO 的团队几乎完成了他们的第一项服务。虽然尚未完全结束，但它已经能够在开发者的笔记本电脑和 Jenkins CI 服务器上运行。但这还不够好。除非它在生产环境中运行并可供用户使用，否则这些软件对 FTGO 没有任何价值。FTGO 需要把服务部署到生产环境中。

　　部署包含两个相互关联的概念：流程和架构。部署流程包括一些由开发人员和运维人员执行的步骤，以便将软件投入到生产环境。部署架构定义了该软件运行的环境结构。自从我在 20 世纪 90 年代末开始开发企业 Java 应用程序以来，部署的流程和架构都发生了根本性的变化。早先开发人员将代码扔给运维人员进行手动部署的历史已经一去不复返了，生产环境的部署过程已经变得高度自动化。如图 12-1 所示，之前由物理机组成的生产环境已被越来越多轻量级和短生命周期的计算基础设施所取代。

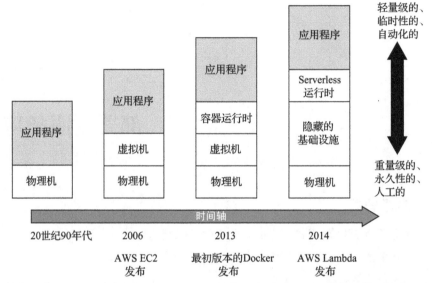

图 12-1　重量级、长生命周期的物理机已被越来越多轻量级、短生命周期的技术所抽象

回到 20 世纪 90 年代，那时如果你想将应用程序部署到生产环境中，第一步就是将应用程序与一组部署指南交给运维团队。例如，你可能会提交部署工单，要求运维人员部署应用程序。接下来发生的事情完全是运维的职责，除非他们遇到问题需要你帮助来进行修复。通常，运维部门购买并安装昂贵且重量级的应用服务器，如 WebLogic 或 WebSphere。然后，他们将登录到应用程序服务器的控制台，并部署你的应用程序。他们会非常关心这些机器，就好像对待宠物一样，定期为它们安装补丁并更新软件。

在 21 世纪头 10 年中期，昂贵的应用程序服务器被替换为开源的轻量级 Web 容器，如 Apache Tomcat 和 Jetty。你仍然可以在每个 Web 容器上运行多个应用程序，但同时也可以让每个 Web 容器只运行一个应用程序。此外，虚拟机开始取代物理机。但机器仍然被视为心爱的宠物，部署仍然基本上是手动的。

今天部署过程则完全不同。采纳 DevOps 意味着开发团队需要肩负部署应用程序或服务的职责，而不是将代码交给单独的运维团队。在某些组织中，运维人员为开发人员提供了用于部署其代码的控制台。或者，更好的是，一旦测试通过，部署流水线就会自动将代码部署到生产环境中。

生产环境中使用的计算资源也随着物理机器的抽象而发生了根本性的变化。在高度自动化的云（例如 AWS）上运行的虚拟机已经取代了长生命周期、宠物般的物理机和虚拟机。今天的虚拟机是不可变的（immutable）。它们被视为一次性的资源而不再是宠物，使用过后，它们被丢弃和重建，而不是重新配置。容器是虚拟机之上的一个更轻量级的抽象层，是一种越来越流行的部署应用程序的方式。对于许多场景，你甚至还可以使用更轻量级的 Serverless 部署平台，例如 AWS Lambda。

部署流程和架构的更新换代，与微服务架构的日益普及几乎同时发生，这绝非是一个巧合。应用程序可能有数十或数百种以各种语言和框架编写的服务。因为每个服务都是一个小应用程序，这意味着你在生产环境中有数十或数百个应用程序。因此，让系统管理员手动配置服务器和服务已不再可行。如果要大规模部署微服务，则需要高度自动化的部署流程和基础设施。

图 12-2 显示了一个生产环境的抽象视图。生产环境使开发人员能够配置和管理他们的服务、使用部署流水线部署新版本的服务，以及用户访问这些服务实现的功能。

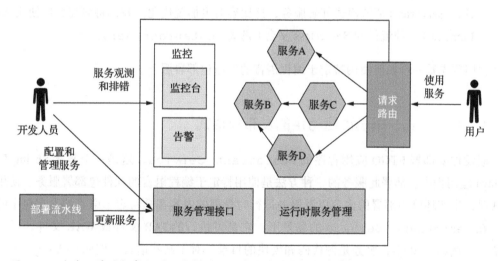

图 12-2　生产环境的抽象视图。它提供了四个主要功能：服务管理接口使开发人员能够部署和管理服务，运行时服务管理确保服务正在运行，监控可视化服务行为并生成告警，以及请求路由将用户的请求路由到服务

生产环境必须实现四个关键功能：

- 服务管理接口：使开发人员能够创建、更新和配置服务。理想情况下，这个接口是一个可供命令行和图形部署工具调用的 REST API。
- 运行时服务管理：确保始终运行着所需数量的服务实例。如果服务实例崩溃或由于某种原因无法处理请求，则生产环境必须重新启动它。如果运行服务的主机发生崩溃，则必须在其他主机上重新启动这些服务实例。
- 监控：让开发人员深入了解服务正在做什么，包括日志文件和各种应用指标。如果出现问题，必须提醒开发人员。第 11 章描述了监控，也称为可观测性。

- 请求路由：将用户的请求路由到服务。

在本章中，我将讨论四种主要的部署选项：

- 使用编程语言特定的发布包格式部署服务，例如 Java JAR 或 WAR 文件。我并不推荐这种做法，之所以介绍这个选项，是因为这个部署方法有各种显著的缺点，会促使你思考和选择其他更为合理和现代化的部署技术。
- 将服务部署为虚拟机，把服务打包为虚拟机镜像，这个镜像封装了服务的技术栈，这样可以简化部署。
- 将服务部署为容器，这些容器比虚拟机更轻量级。我将展示如何使用流行的 Docker 编排框架 Kubernetes 部署 FTGO 应用程序的 Restaurant Service。
- 使用 Serverless 部署模式部署服务，这比容器更加现代化。我们将研究如何使用 AWS Lambda（一种流行的 Serverless 平台）部署 Restaurant Service。

我们首先看一看如何使用特定于编程语言的发布包部署服务。

12.1　部署模式：编程语言特定的发布包格式

假设你要部署 FTGO 应用程序的 Restaurant Service，这是一个基于 Spring Boot 的 Java 应用程序。部署此服务的一种方法是使用特定于编程语言的软件包部署服务。使用此模式时，生产环境中部署的内容以及服务运行时管理的内容都是特定于语言的发布包中的服务。在 Restaurant Service 的场景下，它是可执行的 JAR 文件或 WAR 文件。对于其他语言，例如 Node.js，服务是源代码和模块的目录。对于某些语言，例如 GoLang，服务是特定于操作系统某个路径下的可执行文件。

> **模式：编程语言特定的发布包格式**
> 使用特定于编程语言的软件发布包将服务部署到生产环境。请参阅：http://microservices. io/patterns/deployment/language-specific-packaging.html。

要在计算机上部署 Restaurant Service，首先要安装必要的运行时，在本例中为 JDK。如果它是 WAR 文件，则还需要安装 Web 容器，例如 Apache Tomcat。配置完计算机后，将程序发布包复制到计算机并启动该服务。每个服务实例都作为 JVM 进程运行。

理想情况下，你已经设置好部署流水线，它会自动将服务部署到生产环境，如图 12-3 所示。部署流水线构建可执行的 JAR 文件或 WAR 文件。然后，它调用生产环境的服务管理接口来部署新版本。

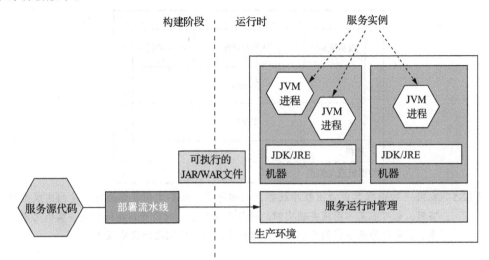

图 12-3　部署流水线构建可执行的 JAR 文件并将其部署到生产环境中。在生产环境中，每个服务实例都是运行在安装了 JDK 或 JRE 的计算机上的 JVM

服务实例通常是单个进程，但有时可能是一组进程。例如，Java 服务实例是运行 JVM 的进程。Node.js 服务可能会生成多个工作进程，以便同时处理请求。某些语言支持在同一进程中部署多个服务实例。

有时，可以在计算机上部署单个服务实例，同时保留在同一台计算机上部署多个服务实例的选项。例如，如图 12-4 所示，可以在一台计算机上运行多个 JVM。每个 JVM 都运行一个服务实例。

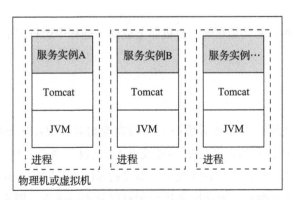

图 12-4　在同一台计算机上部署多个服务实例。它们可能是相同服务的实例，也可能是不同服务的实例。操作系统的开销在服务实例之间共享。每个服务实例都是一个单独的进程，因此它们之间存在一些隔离

某些语言还允许你在单个进程中运行多个服务实例。例如，如图 12-5 所示，可以在单个 Apache Tomcat 上运行多个 Java 服务。

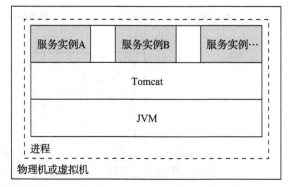

图 12-5　在同一 Web 容器或应用程序服务器上部署多个服务实例。它们可能是相同服务的实例，也可能是不同服务的实例。操作系统和运行时的开销在所有服务实例之间共享。但是因为服务实例处于同一个进程中，所以它们之间没有隔离

在传统的昂贵、重量级应用程序服务器（如 WebLogic 和 WebSphere）上部署应用程序时，通常会使用此方法。你还可以将服务打包为 OSGI 包，并在每个 OSGI 容器中运行多个服务实例。

将服务作为特定于语言的发布包进行部署的模式有好处也有弊端。我们先来看看好处。

12.1.1　使用编程语言特定的发布包格式进行部署的好处

将服务作为特定于编程语言的发布包进行部署有以下好处：

- 快速部署。
- 高效的资源利用，尤其是在同一台机器上或同一进程中运行多个实例时。

我们来逐一分析。

快速部署

这种模式的一个主要好处是部署服务实例的速度相对较快：将服务复制到主机并启动它。如果服务是用 Java 编写的，则复制 JAR 或 WAR 文件。对于其他语言，例如 Node.js 或 Ruby，可以复制源代码。在任何一种情况下，需要通过网络复制的字节数相对较小。

此外，启动服务耗时很短。如果服务运行于自己独占的进程，则启动它。否则，如果服务是在同一 Web 容器（例如 Tomcat）进程中运行的多个实例之一，则可以将其动态部署到 Web 容器中，也可以重新启动 Web 容器。由于没有额外的开销，因此启动服务通常很快。

高效的资源利用

这种模式的另一个主要好处是它可以相对高效地使用资源。多个服务实例共享机器及其操作系统。如果多个服务实例在同一进程中运行，则效率更高。例如，多个 Web 应用程序可以共享相同的 Apache Tomcat 服务器和 JVM。

12.1.2　使用编程语言特定的发布包格式进行部署的弊端

尽管极具吸引力，但把服务作为特定于编程语言的发布包进行部署的模式有几个显著的缺点：

- 缺乏对技术栈的封装。
- 无法约束服务实例消耗的资源。
- 在同一台计算机上运行多个服务实例时缺少隔离。
- 很难自动判定放置服务实例的位置。

我们来逐一分析。

缺乏对技术栈的封装

运维团队必须了解部署每个服务的具体细节。每个服务都需要特定版本的运行时。例如，Java Web 应用程序需要特定版本的 Apache Tomcat 和 JDK。运维团队必须安装每个所需软件包的正确版本。

更糟糕的是，服务可以用各种语言和框架编写。它们也可能用这些语言和框架的多个版本编写。因此，开发团队必须（以人工的方式）与运维团队分享许多细节。这种沟通的复杂性增加了部署期间出错的风险。例如，机器可能安装错误的语言运行时版本。

无法约束服务实例消耗的资源

另一个缺点是你无法约束服务实例所消耗的资源。一个进程可能会消耗机器的所有 CPU 或内存，争用其他服务实例和操作系统的资源。例如，出现某个错误，这种情况极有可能会发生。

在同一台计算机上运行多个服务实例时缺少隔离

在同一台计算机上运行多个实例时，问题更严重。缺乏隔离意味着行为不当的服务实例可能会影响其他服务实例。因此，应用程序存在不可靠的风险，尤其是在同一台计算机上运行多个服务实例时。

很难自动判定放置服务实例的位置

在同一台计算机上运行多个服务实例的另一个挑战是确定服务实例的位置。每台机器都有一组固定的资源、CPU、内存等，每个服务实例都需要一定的资源。以一种有效使用机器而不会使它们过载的方式将服务实例分配给机器非常重要。正如我稍后解释的那样，基于虚拟机的云主机和容器编排框架会自动处理这个问题。在本地部署服务时，你可能需要手动确定放置位置。

正如你所看到的，服务作为特定于语言的发布包进行部署的模式具有一些显著的弊端。应该尽量避免使用这种方法，除非所获效率的价值远在其他所有考量之上。

现在让我们看一看部署服务的现代化方法，以避免这些问题。

12.2　部署模式：将服务部署为虚拟机

假设你负责部署 FTGO 的 `Restaurant Service`，只不过这次需要在 AWS EC2 上部署。一种选择是创建和配置 EC2 实例并将可执行文件或 WAR 文件复制到其上。虽然你可以从使用云主机中获得一些好处，但这种方法会遇到上一个模式中描述的相同问题。更好、更现代的方法是将服务打包为亚马逊机器镜像（AMI），如图 12-6 所示。每个服务实例都是从该 AMI 创建的 EC2 实例。EC2 实例通常由 AWS Auto Scaling Group（ASG）负责管理，ASG 尝试确保所需数量的实例始终正常运行。

> 模式：将服务部署为虚拟机
> 将作为虚拟机镜像打包的服务部署到生产环境中。每个服务实例都是一个虚拟机。
> 请参阅：http://microservices.io/patterns/deployment/service-per-vm.html。

虚拟机镜像由服务的部署流水线构建。如图 12-6 所示，部署流水线运行虚拟机镜像构建器，这个构建器创建包含服务代码和服务运行所需的任何软件的虚拟机镜像。例如，FTGO 服务的安装 JDK 和服务的可执行 JAR 的虚拟机构建器。虚拟机镜像构建器使用 Linux 的 `init` 系统（如 upstart）将虚拟机镜像配置成在虚拟机引导时运行该应用程序。

部署流水线可以使用各种工具来构建虚拟机镜像。一个早期创建 EC2 AMI 的工具是由 Netflix 开发的 Aminator（https://github.com/Netflix/aminator），Netflix 使用它在 AWS 上部署其视频流服务。Packer（https://www.packer.io）是一个更现代的虚拟机镜像构建器，与 Aminator 不同，它支持各种虚拟化技术，包括 EC2、Digital Ocean、Virtual Box 和 VMware。要使用 Packer 创建 AMI，你需要编写一个配置文件，用于指定基础镜像和一组安装软件并配置 AMI 的配置程序。

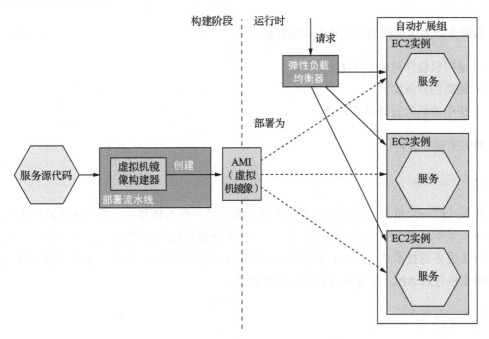

图 12-6　部署流水线将服务打包为虚拟机镜像，例如 EC2 AMI，其中包含运行服务所需的所
　　　　有内容，包括语言运行时。在运行时，每个服务实例是从该镜像实例化的虚拟机，
　　　　例如 EC2 实例。EC2 弹性负载均衡器（Elastic Load Balancer）将请求路由到对应
　　　　的实例

关于 Elastic Beanstalk

　　AWS 提供的 Elastic Beanstalk 是使用虚拟机部署服务的简便方法。你只要上传代码（例如 WAR 文件），Elastic Beanstalk 就可将其部署为一个或多个负载均衡和托管的 EC2 实例。Elastic Beanstalk 可能不像 Kubernetes 那么时髦，但它是在 EC2 上部署基于微服务的应用程序的简单方法。有趣的是，Elastic Beanstalk 结合了本章所述的三种部署模式原理。它支持多种语言的多种打包格式，包括 Java、Ruby 和 .NET。它将应用程序部署为虚拟机，但它不是构建 AMI，而是使用基础镜像在启动时安装应用程序。

　　Elastic Beanstalk 还可以部署 Docker 容器。每个 EC2 实例运行一个或多个容器的集合。与本章后面介绍的 Docker 编排框架不同，它的扩展单元是 EC2 实例而不是容器。

让我们来看一看使用这种方法的好处和弊端。

12.2.1 将服务部署为虚拟机的好处

将服务作为虚拟机的模式具有许多优点：

- 虚拟机镜像封装了技术栈。
- 隔离的服务实例。
- 使用成熟的云计算基础设施。

我们来逐一分析。

虚拟机镜像封装了技术栈

此模式的一个重要好处是虚拟机镜像包含服务及其所有依赖项。它消除了错误来源，确保正确安装和设置服务运行所需的软件。一旦服务被打包为虚拟机，它就会变成一个黑盒子，封装服务的技术栈。虚拟机镜像可以无须修改地部署在任何地方。用于部署服务的 API 成为虚拟机管理 API。部署变得更加简单和可靠。

隔离的服务实例

虚拟机的另一个好处是每个服务实例都以完全隔离的方式运行。毕竟，这是虚拟机技术的主要目标之一。每台虚拟机都有固定数量的 CPU 和内存，不能从其他服务中窃取资源。

使用成熟的云计算基础设施

将微服务部署为虚拟机时，可以利用成熟且高度自动化的云计算基础设施。AWS 等公共云试图以避免机器过载的方式在物理机上调度虚拟机。它们还提供有价值的功能，例如跨虚拟机的流量负载均衡和自动扩展。

12.2.2 将服务部署为虚拟机的弊端

将服务作为虚拟机的模式也有一些缺点：

- 资源利用效率较低。
- 部署速度相对较慢。
- 系统管理的额外开销。

我们来逐一分析。

资源利用效率较低

每个服务实例拥有一整台虚拟机的开销，包括其操作系统。此外，典型的公共 IaaS 虚拟机提供有限的虚拟机配置组合，因此虚拟机可能未得到充分利用。这不太可能成为基于 Java 的服务的问题，因为它们一般都相对较重。但这种模式可能是部署轻量级 Node.js 和 GoLang 服务的低效方式。

部署速度相对较慢

由于虚拟机的大小，构建虚拟机镜像通常需要几分钟。有很多内容要通过网络传输。此外，由于必须通过网络传输完整的虚拟机镜像文件，从镜像实例化虚拟机是非常耗时的。在虚拟机内部运行的操作系统也需要一些时间来启动，尽管慢速是一个相对的术语。这个过程可能需要几分钟，比传统的部署过程要快得多。但它比你即将学习的更轻量级的部署模式要慢得多。

系统管理的额外开销

你不得不担负起给操作系统和运行时打补丁的责任。这对于部署软件时的系统管理似乎是不可避免的，但在后面的 12.5 节中，我将描述 Serverless 部署，它消除了这种系统管理的方式。

现在让我们看一下部署微服务更加轻量但仍具有虚拟机诸多优点的替代方法。

12.3　部署模式：将服务部署为容器

容器是一种更现代、更轻量级的部署机制，是一种操作系统级的虚拟化机制。如图 12-7 所示，容器通常包含一个或多个在沙箱中运行的进程，这个沙箱将它们与其他容器隔离。例如，运行 Java 服务的容器通常由 JVM 进程组成。

从在容器中运行的进程的角度来看，它就好像在自己的机器上运行一样。它通常有自己的 IP 地址，可以消除端口冲突。例如，所有 Java 进程都可以侦听端口 8080。每个容器也有自己的根文件系统。容器运行时使用操作系统机制将容器彼此隔离。容器运行时最流行的示例是

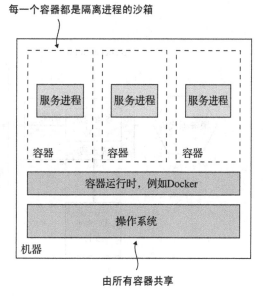

图 12-7　容器由在隔离的沙箱中运行的一个或多个进程组成。多个容器通常在一台机器上运行。容器共享操作系统

Docker，还有其他一些，例如 Solaris Zones。

> **模式：将服务部署为容器**
> 将作为容器镜像打包的服务部署到生产环境中。每个服务实例都是一个容器。请参阅：
> http://microservices.io/patterns/deployment/service-per-container.html。

创建容器时，可以指定它的 CPU 和内存资源，以及依赖于容器实现的 I/O 资源等。容器运行时强制执行这些限制，并防止容器占用其机器的资源。使用 Docker 编排框架（如 Kubernetes）时，指定容器的资源尤为重要。这是因为编排框架使用容器请求的资源来选择运行容器的底层机器，从而确保机器不会过载。

图 12-8 显示了将服务部署为容器的过程。在构建时，部署流水线使用容器镜像构建工具，该工具读取服务代码和镜像描述，以创建容器镜像并将其存储在镜像仓库中。在运行时，从镜像仓库中拉取容器镜像，并用于创建容器。

让我们更详细地看一下构建阶段和运行时步骤。

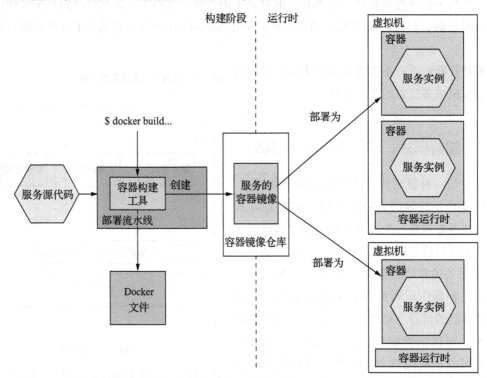

图 12-8　服务打包为容器镜像，存储在镜像仓库中。在运行时，服务由从该镜像实例化的多个容器组成。容器通常在虚拟机上运行。单个虚拟机通常会运行多个容器

12.3.1　使用 Docker 部署服务

要将服务部署为容器，必须将其打包为容器镜像。容器镜像是由应用程序和运行服务所需的依赖软件组成的文件系统镜像。它通常是一个完整的 Linux 根文件系统，但更轻量级的镜像也可以使用。例如，要部署基于 Spring Boot 的服务，需要构建一个容器镜像，其中包含服务的可执行 JAR 和正确的 JDK 版本。同样，要部署 Java Web 应用程序，需要构建一个包含 WAR 文件、Apache Tomcat 和 JDK 的容器镜像。

构建 Docker 镜像

构建镜像的第一步是创建 Dockerfile。Dockerfile 描述了如何构建 Docker 容器镜像。它指定基础容器镜像、一系列用于安装软件和配置容器的指令，以及在创建容器时运行的脚本命令。代码清单 12-1 显示了用于为 Restaurant Service 构建镜像的 Dockerfile。它构建一个包含服务的可执行 JAR 文件的容器镜像。它将容器配置为在启动时运行 java-jar 命令。

代码清单12-1　用于构建Restaurant Service的Dockerfile

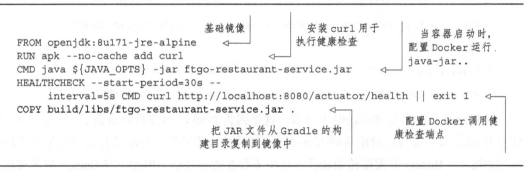

基础镜像 openjdk:8u171-jre-alpine 是包含 JRE 的最小化 Linux 镜像。Dockerfile 将服务的 JAR 复制到镜像中，并配置镜像以在启动时执行 JAR。它还将 Docker 配置为定期调用健康检查端点，如第 11 章所述。HEALTHCHECK 指示在最初的 30 秒延迟后，每隔 5 秒调用一次健康检查端点 API，如第 11 章所述，其中考虑了服务启动需要的时间。

一旦编写了 Dockerfile，就可以构建镜像了。代码清单 12-2 显示了为 Restaurant Service 构建镜像的脚本命令。该脚本构建服务的 JAR 文件并执行 docker build 命令来创建镜像。

代码清单12-2　用于构建Restaurant Service容器镜像的shell命令

`docker build`命令有两个参数：`-t`参数指定镜像的名称，`.`指定Docker调用上下文的内容。上下文（在此示例中是当前目录）由`Dockerfile`和用于构建镜像的文件组成。`docker build`命令将上下文上载到Docker守护进程，后者构建镜像。

把Docker镜像推送到镜像仓库

构建过程的最后一步是将新构建的Docker镜像推送到所谓的镜像仓库。Docker镜像仓库类似于Java的Maven存储库，或Node.js包的npm存储库。Docker Hub是公共Docker镜像仓库的示例，类似于Maven Central或NpmJS.org。但对于你的应用程序，你可能希望使用私有镜像仓库，例如Docker Cloud镜像仓库或AWS EC2 Container Registry。

必须使用两个Docker命令将镜像推送到镜像仓库。首先，使用`docker tag`命令为镜像指定一个以主机名为前缀的名称和镜像仓库的可选端口。镜像名称也带有版本后缀，这在你制作新版本的服务时非常重要。例如，如果镜像仓库的主机名是`registry.acme.com`，则可以使用此命令标记镜像：

```
docker tag ftgo-restaurant-service registry.acme.com/ftgo-restaurant-
    service:1.0.0.RELEASE
```

接下来，使用`docker push`命令将标记的镜像上载到镜像仓库：

```
docker push registry.acme.com/ftgo-restaurant-service:1.0.0.RELEASE
```

此命令通常比你预期的耗时少得多。这是因为Docker镜像具有所谓的分层文件系统，使得Docker只需要通过网络传输部分镜像。镜像的操作系统、Java运行时和应用程序位于不同的层中。Docker只需要传输镜像仓库中不存在的那些层。因此，当Docker只需移动应用程序层（镜像的一小部分）时，通过网络传输镜像非常快。

现在我们已将镜像推送到镜像仓库，下面看看如何创建容器。

运行Docker容器

将服务打包为容器镜像后，即可创建一个或多个容器。容器基础设施将镜像从镜像仓库拉到生产服务器上。然后，它将从该镜像创建一个或多个容器。每个容器都是服务的一个实例。

正如你所料，Docker提供了一个`docker run`命令，用于创建和启动容器。代码清单12-3显示了如何使用此命令运行`Restaurant Service`。`docker run`命令有几个参数，包括容器镜像和要在运行时容器中设置的环境变量的规范。这些用于传递外部化配置，例如数据库的网络位置等。

代码清单12-3　使用docker run运行容器化服务

如有必要，docker run 命令从镜像仓库中提取镜像，然后创建并启动容器，该容器运行 Dockerfile 中指定的 java -jar 命令。

使用 docker run 命令看起来很简单，但有几个问题。一个是 docker run 不是部署服务的可靠方法，因为它创建的容器在单个机器上运行。Docker 引擎提供了一些基本的管理功能，例如在容器崩溃或计算机重启时自动重启容器。但它不能处理机器崩溃。

另一个问题是服务通常不是孤立存在的。它们依赖于其他服务，例如数据库和消息代理。我们通常需要将服务及其依赖项作为一个单元部署或取消部署。

在开发过程中特别好用的方法是使用 Docker Compose。Docker Compose 是一个工具，它允许你使用 YAML 文件以声明方式定义一组容器，然后以组的形式启动和停止这些容器。而且，YAML 文件是指定众多外部化配置属性的便捷方式。要了解有关 Docker Compose 的更多信息，建议阅读 Jeff Nickoloff 所著《Docker in Action》一书（Manning，2016）并查看示例代码中的 docker-compose.yml 文件。

Docker Compose 的问题在于它仅限于一台机器。要可靠地部署服务，必须使用 Docker 编排框架，例如 Kubernetes，它将一组计算机转换为资源池。我将在后面的 12.4 节中介绍如何使用 Kubernetes。首先，让我们回顾一下使用容器的好处和弊端。

12.3.2　将服务部署为容器的好处

将服务部署为容器有几个好处。首先，容器具有虚拟机的许多好处：

- 封装技术栈，可以用容器的 API 实现对服务的管理。
- 服务实例是隔离的。
- 服务实例的资源受到限制。

但与虚拟机不同，容器是一种轻量级技术。容器镜像通常可以很快构建。例如，在我的笔记本电脑上，只需五秒就可以将 Spring Boot 应用程序打包为容器镜像。通过网络传输容器镜像（例如进出容器镜像仓库）也相对较快，主要是因为仅传输所需要的镜像层的子集。容器也可以很快启动，因为没有冗长的操作系统启动过程。当容器启动时，所运行的就是服务。

12.3.3　将服务部署为容器的弊端

容器的一个显著弊端是，你需要承担大量的容器镜像管理工作。你必须负责给操作系统和运行时打补丁。此外，除非使用托管容器解决方案（如 Google Container Engine 或 AWS ECS），否则你必须管理容器基础设施以及容器运行可能需要的虚拟机基础设施。

12.4　使用 Kubernetes 部署 FTGO 应用程序

现在我们已经介绍了容器，也分析了它的利弊，让我们来看看如何使用 Kubernetes 部署 FTGO 应用程序的 Restaurant Service。如 12.3.1 节所述，Docker Compose 非常适合开发和测试。但要在生产环境中可靠地运行容器化服务，需要使用更复杂的容器运行时，例如 Kubernetes。Kubernetes 是一个 Docker 编排框架，是 Docker 之上的一个软件层，它将一组计算机硬件资源转变为用于运行服务的单一资源池。它努力保持每个服务所需的实例数量，并确保它们一直在线，即使服务实例或机器崩溃也是如此。容器的灵活性与 Kubernetes 的复杂性相结合是部署服务的一种强有力的方式。

在本节中，首先介绍 Kubernetes 的功能和架构。之后，将展示如何使用 Kubernetes 部署服务。Kubernetes 是一个复杂的主题，详尽地讨论它超出了本书的范围，因此我只展示了如何从开发人员的角度使用 Kubernetes。有关更多信息，推荐阅读 Marko Luksa 的《Kubernetes in Action》一书（Manning，2018）。

12.4.1　什么是 Kubernetes

Kubernetes 是一个 Docker 编排框架。Docker 编排框架将运行 Docker 的一组计算机视为资源池。你只需要告诉 Docker 编排框架运行你的服务的 N 个实例，它就会自动把其余的事情搞定。图 12-9 显示了 Docker 编排框架的架构。

Docker 编排框架（如 Kubernetes）有三个主要功能：

- 资源管理：将一组计算机视为由 CPU、内存和存储卷构成的资源池，将计算机集群视为一台计算机。
- 调度：选择要运行容器的机器。默认情况下，调度考虑容器的资源需求和每个节点的可用资源。它还可以实现在同一节点上部署具有亲和性（affinity）的容器，或确保特定的几个容器分散部署在不同的节点之上（反亲和性，anti-affinity）。

- 服务管理：实现命名和版本化服务的概念，这个概念可以直接映射到微服务架构中的具体服务。编排框架确保始终运行所需数量的正常实例。它实现请求的负载均衡。编排框架也可以执行服务的滚动升级，并允许你回滚到旧版本。

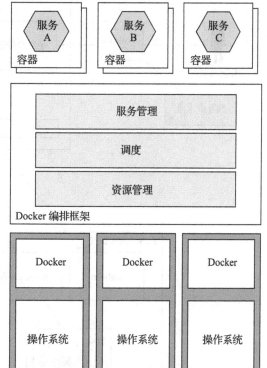

Docker 编排框架是一种越来越流行的部署应用程序的方法。Docker Swarm 是 Docker 引擎的一部分，因此易于设置和使用。Kubernetes 的设置和管理要复杂得多，但它的功能也强大得多。在撰写本文时，Kubernetes 发展势头强劲，拥有庞大的开源社区。让我们仔细看看它是如何工作的。

Kubernetes 的架构

Kubernetes 在一组机器上运行。图 12-10 显示了 Kubernetes 集群的架构。Kubernetes 集群中的计算机角色分为主节点和普通节点（也称为节点）。集群通常只有很少的几个主节点（可能只有一个）和很多普通节点。主节点负责管理集群。

图 12-9　Docker 编排框架将运行 Docker 的一组计算机转变为资源集群。它将容器分配给机器。该框架试图始终保持所需数量的健康容器运行

群。Kubernetes 的普通节点称为"工作节点"，它会运行一个或多个 Pod。Pod 是 Kubernetes 的部署单元，由一组容器组成。

主节点运行多个组件，包括以下内容：

- API 服务器：用于部署和管理服务的 REST API，例如，可被 `kubectl` 命令行使用。
- Etcd：存储集群数据键值的 NoSQL 数据库。
- 调度器：选择要运行 Pod 的节点。
- 控制器管理器：运行控制器，确保集群状态与预期状态匹配。例如，一种称为复制（replication）控制器的控制器通过启动和终止实例来确保运行所需数量的服务实例。

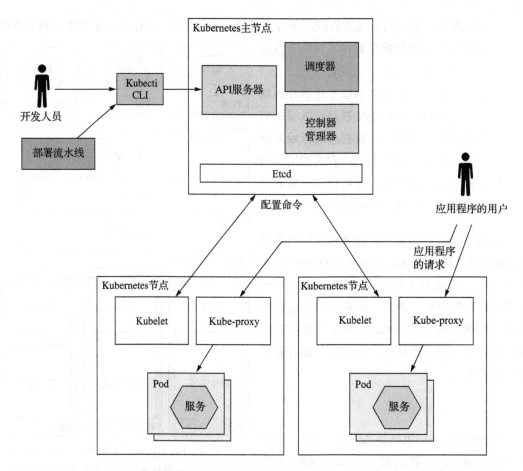

图 12-10　Kubernetes 集群由管理集群的主节点和运行服务的普通节点组成。开发人员和部
　　　　署流水线通过 API 服务器与 Kubernetes 交互，API 服务器与主节点上运行的其他集
　　　　群管理软件一起运行。应用程序容器在节点上运行，每个节点运行一个 Kubelet（它
　　　　管理应用程序容器），以及一个 Kube-proxy（它将应用程序请求路由到 Pod），可以
　　　　直接使用代理，也可以通过配置 Linux 内核中内置的 iptables 路由规则间接地完成
　　　　路由工作

普通节点运行多个组件，包括以下内容：

- Kubelet：创建和管理节点上运行的 Pod。
- Kube-proxy：管理网络，包括跨 Pod 的负载均衡。
- Pods：应用程序服务。

现在让我们来看一看在 Kubernetes 上部署服务需要掌握的关键 Kubernetes 概念。

Kubernetes 的关键概念

正如本节开始提到的，Kubernetes 非常复杂。但是，一旦掌握了一些关键对象的概念，就可以高效地使用 Kubernetes。Kubernetes 定义了许多类型的对象。从开发人员的角度来看，最重要的对象如下：

- Pod：Pod 是 Kubernetes 的基本部署单元。它由一个或多个共享 IP 地址和存储卷的容器组成。服务实例的 pod 通常由单个容器组成，例如运行 JVM 的容器。但在某些情况下，Pod 包含一个或多个实现支持功能的边车（sidecar）容器。例如，Nginx 服务器可以有一个边车容器，定期执行 `git pull` 以下载最新版本的网站。Pod 的生命周期很短，因为 Pod 的容器或它运行的节点可能会崩溃。
- Deployment：Pod 的声明性规范。Deployment 是一个控制器，可确保始终运行所需数量的 Pod 实例（服务实例）。它通过滚动升级和回滚来支持版本控制。稍后在 12.4.2 节中，你将看到微服务架构中的每个服务都是 Kubernetes 的一个 Deployment。
- Service ⊖：向应用程序服务的客户端提供的一个静态 / 稳定的网络地址。它是基础设施提供的服务发现的一种形式，如第 3 章所述。每个 Service 具有一个 IP 地址和一个可解析为该 IP 地址的 DNS 名称，并跨一个或多个 Pod 对 TCP 和 UDP 流量进行负载均衡处理。IP 地址和 DNS 名称只能在 Kubernetes 内部访问。稍后，我将介绍如何配置可从集群外部访问的服务。
- ConfigMap：名称与值对的命名集合，用于定义一个或多个应用程序服务的外部化配置（有关外部化配置的概述，请参阅第 11 章）。Pod 容器的定义可以引用 ConfigMap 来定义容器的环境变量。它还可以使用 ConfigMap 在容器内创建配置文件。可以使用 Secret 来存储敏感信息（如密码），它也是 ConfigMap 的一种形式。

现在我们已经回顾了关键的 Kubernetes 概念，接下来考察如何在 Kubernetes 上部署应用程序服务来使用它们。

12.4.2　在 Kubernetes 上部署 Restaurant Service

如前所述，要在 Kubernetes 上部署服务，需要定义一个部署（Deployment）对象。创建 Kubernetes 对象（如 Deployment）的最简单方法是编写 YAML 文件。代码清单 12-4 是定义 `Restaurant Service` 部署对象的 YAML 文件。此部署指定运行 Pod 的两个副本。Pod 只有一个容器。

⊖　kubernetes 中的 Service 是一个表示网格位置的对象，请注意与微服务中的 Service 进行区分。——译者注

代码清单12-4 用于`ftgo-restaurant-service`的kubernetes部署

```
apiVersion: extensions/v1beta1          指定当前的对象类
kind: Deployment                        型为 Deployment
 metadata:
  name: ftgo-restaurant-service          Deployment 的名称
 spec:
  replicas: 2          Pod 副本的数量
   template:
    metadata:
      labels:                                 把每个 Pod 的 app 标签设定为
        app: ftgo-restaurant-service          ftgo-restaurant-service
     spec:
                                                    Pod 的规范,其
      containers:                               中定义了一个容器
      - name: ftgo-restaurant-service
        image: msapatterns/ftgo-restaurant-service:latest
        imagePullPolicy: Always
        ports:
        - containerPort: 8080          容器的端口
          name: httpport
        env:
                                                容器的环境变量,由
        - name: JAVA_OPTS                       Spring Boot 读取
          value: "-Dsun.net.inetaddr.ttl=30"
        - name: SPRING_DATASOURCE_URL
          value: jdbc:mysql://ftgo-mysql/eventuate
        - name: SPRING_DATASOURCE_USERNAME
          valueFrom:
            secretKeyRef:
              name: ftgo-db-secret
              key: username
        - name: SPRING_DATASOURCE_PASSWORD          敏感的密码等信息从名
          valueFrom:                                为 ftgo-db-secret 的
            secretKeyRef:                            Kubernetes Secret 获取
              name: ftgo-db-secret
              key: password
        - name: SPRING_DATASOURCE_DRIVER_CLASS_NAME
          value: com.mysql.jdbc.Driver
        - name: EVENTUATELOCAL_KAFKA_BOOTSTRAP_SERVERS
          value: ftgo-kafka:9092
        - name: EVENTUATELOCAL_ZOOKEEPER_CONNECTION_STRIN
          value: ftgo-zookeeper:2181
        livenessProbe:
          httpGet:                                配置 Kubernetes
            path: /actuator/health               以调用健康检查接口
            port: 8080
          initialDelaySeconds: 60
          periodSeconds: 20
        readinessProbe:

          httpGet:
            path: /actuator/health
            port: 8080
          initialDelaySeconds: 60
          periodSeconds: 20
```

容器定义指定了与其他属性一起运行的 Docker 镜像，例如环境变量的值。容器的环境变量是服务的外部化配置。它们由 Spring Boot 读取，并在应用程序上下文中作为属性提供。

在这个 Deployment 的定义中，Kubernetes 会调用 Restaurant Service 的健康检查接口。如第 11 章所述，健康检查接口使 Kubernetes 能够确定服务实例是否健康。Kubernetes 实现了两种不同的检查。第一个检查是 readinessProbe，它用于确定是否应将流量路由到服务实例。在此示例中，Kubernetes 在最初的 30 秒延迟（用于程序初始化）后每 20 秒调用 /actuator/health HTTP 接口。如果连续次数（默认为 1）的 readinessProbe 成功，Kubernetes 会认为该服务已准备就绪，而如果连续某个次数（默认值为 3）的 readinessProbe 失败，则认为该服务尚未就绪。Kubernetes 只会将流量路由到 readinessProbe 认为已准备就绪的服务实例。

第二个健康检查是 livenessProbe。它的配置方式与 readinessProbe 相同。但是，它不是用来确定是否应将流量路由到服务实例，livenessProbe 确定 Kubernetes 是否应终止并重新启动服务实例。如果连续失败的次数过多（默认值为 3），Kubernetes 将终止并重新启动该服务。

编写 YAML 文件后，可以使用 kubectl apply 命令创建或更新 Deployment 对象：

```
kubectl apply -f ftgo-restaurant-service/src/deployment/kubernetes/ftgo-
    restaurant-service.yml
```

此命令向 Kubernetes API 服务器发出请求，该请求将完成 Deployment 和 Pod 的创建。

要创建这个 Deployment 对象，必须首先创建名为 ftgo-db-secret 的 Kubernetes Secret 对象。一种快速但不安全的方法如下：

```
kubectl create secret generic ftgo-db-secret \
  --from-literal=username=mysqluser --from-literal=password=mysqlpw
```

此命令创建一个 Secret，其中包含命令行中指定的数据库用户标识和密码。请参阅 Kubernetes 文档查找用于创建 Secret 的更安全的方法（https://kubernetes.io/docs/concepts/configuration/secret/#creating-your-own-secrets）。

创建一个 Kubernetes 服务

此时，Pod 正在运行，Kubernetes Deployment 对象将尽最大努力使其保持运行。问题是，Pod 已经动态分配了 IP 地址，因此对于想要向服务发出 HTTP 请求的客户端来说，必须设法获取这个地址。如第 3 章所述，解决方案是使用服务发现机制。一种方法是使用客户端发现机制，并安装服务注册表（Service Registry），例如 Netflix OSS Eureka。幸运的是，我们可以通过使用 Kubernetes 内置的服务发现机制并定义 Kubernetes 服务来避免这种情况。

Service [⊖]也是一个 Kubernetes 对象，它为一个或多个 Pod 的客户端提供稳定的网络访问端点。它具有 IP 地址和解析该 IP 地址的 DNS 名称。服务跨 Pod 对到该 IP 地址的流量进行负载均衡处理。代码清单 12-5 显示了 Restaurant Service 的 Kubernetes Service 对象。此 Service 对象将来自 `http://ftgo-restaurant-service:8080` 的流量路由到代码清单 12-5 显示的 Deployment 定义的 Pod 中。

代码清单 12-5　用于 `ftgo-restaurant-service` 的 Kubernetes Service 对象的 YAML 定义

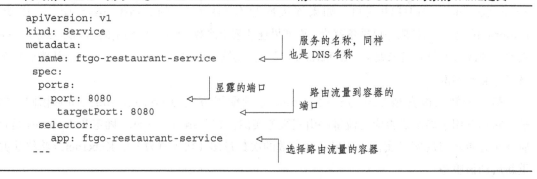

Service 对象定义的关键部分是 `selector`，它选择目标 Pod。它选择那些标签名为 **app**、值为 ftgo-restaurant-service 的 Pod。如果仔细观察，你会发现代码清单 12-4 中定义的容器有这样的标签。

编写 YAML 文件后，可以使用以下命令创建服务：

```
kubectl apply -f ftgo-restaurant-service-service.yml
```

现在我们已经创建了 Kubernetes Service 对象，任何在 Kubernetes 集群内运行的 Restaurant Service 的客户端都可以通过 `http://ftgo-restaurant-service:8080` 访问其 REST API。稍后，我将讨论如何升级正在运行的服务，但首先看一下如何从 Kubernetes 集群外部访问服务。

12.4.3　部署 API Gateway

Restaurant Service 的 Kubernetes Service 对象（如代码清单 12-5 所示）只能从集群内部访问。这不是 Restaurant Service 的问题，但是 API Gateway 呢？API Gateway 的作用是将来自外部世界的流量路由到这个服务。因此，需要能够从集群外部访问服务。幸运的是，Kubernetes Service 对象也支持这个场景。我们之前看到的服务是 ClusterIP 类型的，这是默认的 Service 对象类型，但是还有两种其他类型的 Service 对象：NodePort

⊖　这里说的 Service（服务）只是 Kubernetes 中的对象，请注意与 FTGO 服务中的服务进行区分。——译者注和 LoadBalancer。

NodePort Service 对象可通过集群中所有节点上的集群范围的端口访问。任何集群节点上到该端口的任何流量都会负载均衡到后端 Pod。必须选择 30000~32767 范围内的可用端口。例如，代码清单 12-6 显示了将流量路由到 Consumer Service 的端口 30000 的 Service 对象。

代码清单12-6　NodePort Service的YAML定义，用于将流量路由到Consumer Service的端口8082

```
apiVersion: v1
kind: Service
metadata:
  name: ftgo-api-gateway
spec:
  type: NodePort          ◀——— 指定 NodePort 的类型
  ports:
  - nodePort: 30000       ◀——— 集群范围的端口
    port: 80
    targetPort: 8080
  selector:
    app: ftgo-api-gateway
---
```

API Gateway 在集群中使用 URL http://ftgo-api-gateway，在集群外面使用 URL http://<node-ip-address>:3000/，其中 node-ip-address 是集群中某一个节点的 IP 地址。配置 NodePort Service 对象后，可以配置 AWS Elastic Load Balancer（ELB）以跨节点对来自互联网的请求进行负载均衡。这种方法的一个主要好处是 ELB 完全在你的控制之下。配置时你具有完全的灵活性。

但是，NodePort 类型的 Service 对象不是唯一的选择。你还可以使用 LoadBalancer 类型的对象，该 Service 对象自动配置特定于云的负载均衡器。如果 Kubernetes 在 AWS 上运行，负载均衡器将是 ELB。此类服务的一个好处是你不再需要配置自己的负载均衡器。然而，缺点是尽管 Kubernetes 确实提供了一些配置 ELB 的选项，例如 SSL 证书，但你对其配置的控制要少得多。

12.4.4　零停机部署

想象一下，你已更新了 Restaurant Service，并希望将这些更改部署到生产环境中。使用 Kubernetes 时，更新正在运行的服务是一个简单的三步过程：

1. 使用前面描述的相同过程构建新的容器镜像并将其推送到镜像仓库。唯一的区别是镜像将使用不同的版本标签进行标记，例如，ftgo-restaurant-service:1.1.0.RELEASE。

2. 编辑服务部署的 YAML 文件，以便它引用新镜像。

3. 使用 kubectl apply -f 命令更新部署。

然后 Kubernetes 将对 Pod 进行滚动升级。它将逐步创建运行 1.1.0.RELEASE 版本的 Pod，并终止运行 Pod 的 1.0.0.RELEASE 版本。Kubernetes 做到这一点的好处在于，它不会终止旧的 Pod，直到它们的替换品准备好处理请求。它使用 readinessProbe 机制（本节前面介绍的健康检查机制）来确定 Pod 是否已准备就绪。因此，总会有可用于处理请求的 Pod。最终，假设新 Pod 成功启动，所有部署的 Pod 将运行新版本。

但是如果出现问题并且版本 1.1.0.RELEASE 的 Pod 无法启动怎么办？也许存在一个错误，例如容器镜像名称拼写错误，或新配置属性的环境变量缺失。如果 Pod 无法启动，则部署将卡住。这时，你有两种选择。一种选择是修复 YAML 文件并重新运行 kubectl apply -f 以更新部署。另一种选择是回滚部署。

部署对象维护着称为 rollout 的部署历史记录。每次更新部署时，都会创建一个新的 rollout。因此，可以通过执行以下命令轻松地将部署回滚到以前的版本：

```
kubectl rollout undo deployment ftgo-restaurant-service
```

然后，Kubernetes 将使用运行旧版本 1.0.0.RELEASE 的 Pod 替换运行 1.1.0.RELEASE 版本的 Pod。

Kubernetes 部署是在不停机的情况下部署服务的好方法。但是如果在 Pod 准备好并接收生产流量后才出现错误呢？在这种情况下，Kubernetes 将继续推出新版本，因此越来越多的用户将受到影响。虽然你的监控系统有望检测到问题并快速回滚部署，但你至少会影响一部分用户。为了解决这个问题并使新版本的服务更可靠，我们需要一分为二地看问题：部署这个环节意味着服务在生产环境中运行；发布这个环节意味着使服务可用于处理生产流量。让我们看看如何使用服务网格来实现这一点。

12.4.5　使用服务网格分隔部署与发布流程

发布新版本服务的传统方法是首先在预发布环境中对其进行测试。然后，一旦它在预发布环境中通过测试，你就可以通过滚动升级来将其部署到生产环境，该升级将使用新服务实例替换旧服务实例。一方面，正如你所看到的，Kubernetes 部署使滚动升级变得非常简单。另一方面，这种方法假设一旦服务版本通过了预发布环境中的测试，我们就默认它将在生产中正常工作。可悲的是，情况并非总是如此。

一个原因是预发布环境不太可能与生产环境完全一致，如果没有其他原因，生产环境可能会更大并处理更多的流量。保持两个环境同步也是很耗时的。由于存在差异，一些错误很可能只会出现在生产环境中。即使预发布环境确切地克隆生产环境，你也不能保证测试能够捕获所有的错误。

推出新版本的一种更可靠的方法是将部署流程与发布流程分开：

- 部署流程：让服务开始在生产环境中运行。
- 发布流程：使最终用户可以使用（访问）服务。

我们使用以下步骤将服务部署到生产环境中：

1. 将新版本部署到生产环境中，而不向其路由任何最终用户请求。

2. 在生产中进行测试。

3. 将其发布给少数最终用户。

4. 逐步将其发布给越来越多的用户，直到它处理所有生产流量为止。

5. 任何时候出现问题，请恢复旧版本，否则，一旦你确信新版本正常工作，请删除旧版本。

理想情况下，这些步骤将由完全自动化的部署流水线执行，流水线仔细监控新部署的服务是否存在错误。

传统上，以这种方式分离部署流程和发布流程一直是一个挑战，因为需要大量的工作才能实现。但使用服务网格的一个好处是使这种部署方式变得容易很多。如第 11 章所述，服务网格是一种网络基础设施，它负责处理服务与其他服务、服务与外部应用程序之间的所有网络通信。除了承担微服务基底框架的一些职责之外，服务网格还提供基于规则的负载均衡和流量路由，使你可以安全地同时运行多个版本的服务。在本节的后面部分，你将看到可以将测试用户路由到一个版本的服务，将最终用户路由到另一个版本的服务。

如第 11 章所述，有几种服务网格可供选择。在本节中，我将展示如何使用 Istio，这是一种最初由 Google、IBM 和 Lyft 开发的流行的开源服务网格。我将首先简要介绍 Istio 及其众多功能。接下来，将介绍如何使用 Istio 部署应用程序。之后，将展示如何使用其流量路由功能来部署和发布服务升级。

Istio 服务网格概述

Istio 网站将 Istio 描述为 "一个连接、管理和保护微服务的开放平台"（https://www.istio.io）。它是一个网络层，所有服务的网络流量都通过 Istio 进行处理。Istio 具有丰富的功能，分为四大类：

- 流量管理：包括服务发现、负载均衡、路由规则和断路器。
- 通信安全：使用传输层安全性（TLS）保护服务间通信。
- 遥测（Telemetry）：捕获有关网络流量的指标并实施分布式跟踪。
- 策略执行：强制实施配额和费率限制。

本小节重点介绍 Istio 的流量管理功能。

图 12-11 显示了 Istio 的架构。它由控制平面和数据平面组成。控制平面实现管理功能，包括配置数据平面处理流量路由。数据平面由 Envoy 代理组成，每个服务实例一个。

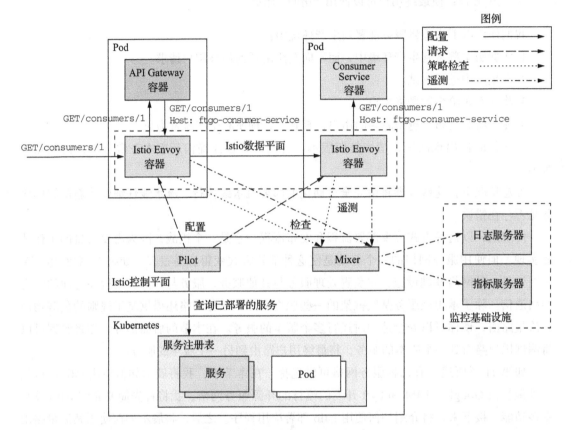

图 12-11   Istio 包括一个控制平面（其组件包括 Pilot 和 Mixer），以及一个由 Envoy 代理服务器组成的数据平面。Pilot 从底层基础设施中提取有关已部署服务的信息并配置数据平面。Mixer 负责执行配额和收集遥测信息等策略，并将其报告给监控基础设施服务器。Envoy 代理服务器将流量路由到服务中并路由到服务外。每个服务实例都有一个 Envoy 代理服务器

控制平面的两个主要组成部分是 Pilot 和 Mixer。Pilot 从底层基础设施中提取有关已部署服务的信息。例如，当在 Kubernetes 上运行时，Pilot 会检索服务和健康 Pod。它根据定义的路由规则配置 Envoy 代理以路由流量。Mixer 从 Envoy 代理收集遥测信息并执行策略。

Istio Envoy 代理是 Envoy（www.envoyproxy.io）的修改版本。它是一种高性能代理，支持各种协议，包括 TCP、HTTP 和 HTTPS 等低级协议以及更高级别的协议。它还支持 MongoDB、Redis 和 DynamoDB 协议。Envoy 还支持强大的服务间通信，具有断路器、速率限制和自动

重试等功能。它可以通过使用 TLS 进行 Envoy 通信来保证应用程序内的安全通信。

Istio 使用 Envoy 作为边车（sidecar），边车是一个与服务实例并行运行的进程或容器，负责实现服务运行时需要的一些公共功能。在 Kubernetes 上运行时，Envoy 代理是服务的 Pod 中的一个容器。在没有 Pod 概念的其他环境中，Envoy 在与服务相同的容器中运行。进出服务的所有流量都流经其 Envoy 代理，该代理根据控制平面给出的路由规则来路由流量。例如，通信模式从直接的服务→服务，变为服务→ Envoy 源→ Envoy 目标→服务。

> **模式：边车**
> 在与服务实例一起运行的边车进程或容器中实现服务运行时需要的一些公共功能。
> 请参阅：http://microservices.io/patterns/deployment/sidecar.html。

使用 Kubernetes 样式的 YAML 配置文件配置 Istio。它有一个名为 `istioctl` 的命令行工具，类似于 `kubectl`。你可以使用 `istioctl` 来创建、更新和删除规则与策略。在 Kubernetes 上使用 Istio 时，也可以使用 `kubectl`。

我们来看一看如何使用 Istio 部署服务。

使用 Istio 部署服务

在 Istio 上部署服务非常简单。你为每个应用程序的服务定义 Kubernetes 的 `Service` 对象和 `Deployment` 对象。代码清单 12-7 显示了 Consumer Service 的 Service 和 Deployment 的定义。虽然它与我之前展示的定义几乎完全相同，但也存在一些差异。这是因为 Istio 对 Kubernetes 服务和 Pod 有一些要求：

- Kubernetes 服务端口必须使用 `<protocol>[-<suffix>]` 的 Istio 命名约定，其中 `protocol` 是 `http`、`http2`、`grpc`、`mongo` 或 `redis`。如果端口未命名，则 Istio 会将端口视为 TCP 端口，并且不会应用基于规则的路由。
- 一个 Pod 应该有一个 `app` 标签，例如 `app:ftgo-consumer-service`，用于标识服务，以支持 Istio 分布式跟踪。
- 为了同时运行多个版本的服务，Kubernetes 部署的名称必须包含版本，例如 `ftgo-consumer-service-v1`、`ftgo-consumer-service-v2` 等。部署的 Pod 应该有一个 `version` 标签，例如 `version:v1`，用来指定版本，以便 Istio 可以路由到特定版本。

代码清单12-7　使用Istio部署Consumer Service

```
apiVersion: v1
kind: Service
metadata:
  name: ftgo-consumer-service
spec:
  ports:
  - name: http              ◄─┤ 命名一个端口
    port: 8080
    targetPort: 8080
  selector:
    app: ftgo-consumer-service
---
apiVersion: extensions/v1beta1
kind: Deployment
metadata:
 name: ftgo-consumer-service-v2      ◄─ 版本化部署
 spec:
 replicas: 1
 template:
   metadata:
     labels:
       app: ftgo-consumer-service    ◄─ 推荐的标签
        version: v2
     spec:
       containers:
       - image: image: ftgo-consumer-service:v2    ◄─ 镜像的版本
...
```

到目前为止，你可能想知道如何在服务的 Pod 中运行 Envoy 代理容器。幸运的是，Istio 通过自动修改 Pod 定义，使得包含 Envoy 代理变得非常容易。有两种方法可以做到这一点。第一种是使用手动边车注入（manual sidecar injection）并运行 `istioctl kube-inject` 命令：

```
istioctl kube-inject -f ftgo-consumer-service/src/deployment/kubernetes/ftgo-
    consumer-service.yml | kubectl apply -f -
```

此命令读取 Kubernetes YAML 文件并输出包含 Envoy 代理的已修改配置。然后将修改后的配置传送到 `kubectl apply`。

将 Envoy 边车添加到 Pod 的第二种方法是使用自动边车注入（automatic sidecar injection）。启用此功能后，使用 `kubectl apply` 部署服务。Kubernetes 自动调用 Istio 来修改 Pod 定义以包含 Envoy 代理。

在服务的 Pod 描述中，你将看到它包含的不仅仅是服务的容器：

```
$ kubectl describe po ftgo-consumer-service-7db65b6f97-q9jpr

Name:          ftgo-consumer-service-7db65b6f97-q9jpr
Namespace:     default
  ...
```

```
Init Containers:
  istio-init:                                          ←── 初始化 Pod
    Image:           docker.io/istio/proxy_init:0.8.0
    ....
Containers:                                                        服务的容器
  ftgo-consumer-service:                               ←──
    Image:           msapatterns/ftgo-consumer-service:latest
    ...
  istio-proxy:                                                     Envoy 容器
    Image:           docker.io/istio/proxyv2:0.8.0     ←──
  ...
```

现在我们已经部署了服务，下面来看看如何定义路由规则。

创建到 v1 版本的路由规则

假设你已经部署了 `ftgo-consumer-service-v2`。在没有路由规则的情况下，Istio 负载均衡会向所有版本的服务发出请求。因此，它将在 `ftgo-consumer-service` 的 v1 和 v2 之间实现负载均衡，这违背了使用 Istio 的目的。为了安全地推出新版本，必须定义一个路由规则，将所有流量路由到当前的 v1 版本。

图 12-12 显示了用于将所有流量路由到 v1 的 Consumer Service 的路由规则。它由两个 Istio 对象组成：`VirtualService` 和 `DestinationRule`。

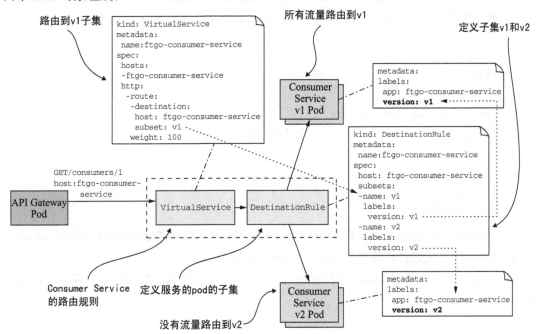

图 12-12　Consumer Service 的路由规则，它将所有流量路由到 v1 Pod。它由一个 VirtualService 和一个 DestinationRule 组成，VirtualService 将流量路由到 v1 子集，DestinationRule 将 v1 子集定义为标有 version:v1 的 Pod。一旦定义了此规则，就可以安全地部署新版本

VirtualService定义如何路由一个或多个主机名的请求。在此示例中，VirtualService定义单个主机名的路由：ftgo-consumer-service。这是用于 Consumer Service 的 VirtualService 的定义：

```
apiVersion: networking.istio.io/v1alpha3
kind: VirtualService
metadata:
  name: ftgo-consumer-service
spec:
  hosts:                              ◁─┐ 应用到 Consumer
  - ftgo-consumer-service               │ Service
  http:
    - route:
      - destination:                           路由到 Consumer
          host: ftgo-consumer-service  ◁─┐     Service
          subset: v1                 ◁─┘ v1 子集
```

它路由 Consumer Service 的 Pod 里的 v1 子集的所有请求。稍后，我将展示更复杂的示例，这些示例基于 HTTP 请求和跨多个加权目标的负载均衡进行路由。

除了 VirtualService 之外，还必须定义 DestinationRule，后者定义服务的一个或多个 Pod 子集。Pod 的子集通常是服务版本。DestinationRule 还可以定义流量策略，例如负载均衡算法。下面是 Consumer Service 的 DestinationRule：

```
apiVersion: networking.istio.io/v1alpha3
kind: DestinationRule
metadata:
  name: ftgo-consumer-service
spec:
  host: ftgo-consumer-service
  subsets:
  - name: v1                ◁─┐ 子集的名称
    labels:
        version: v1    ◁─┐ 子集的 Pod 选择器
  - name: v2
    labels:
        version: v2
```

此 DestinationRule 定义了两个 Pod 子集：v1 和 v2。v1 子集选择标签版本为 version:v1 的 Pod。v2 子集选择标签版本为 version:v2 的 Pod。

一旦定义了这些规则，Istio 会向标签为 version:V1 的 Pod 路由流量。现在可以安全地部署 v2。

部署 Consumer Service 的 v2 版本

以下是针对 Consumer Service 的 v2 版 Deployment 对象的摘录：

```
apiVersion: extensions/v1beta1
kind: Deployment
metadata:
  name: ftgo-consumer-service-v2        <─────── v2
 spec:
 replicas: 1
 template:
   metadata:
     labels:
       app: ftgo-consumer-service
       version: v2                  <─┐ 使用此版本作为 Pod 的标签
...
```

此部署为 `ftgo-consumer-service-v2`。它把 **Pod** 标记为 `version:v2`。创建此部署后，将运行两个版本的 `ftgo-consumer-service`。但由于路由规则，Istio 不会将任何流量路由到 v2。你现在已准备好将一些测试流量路由到 v2。

把测试流量路由到 v2 版本

一旦部署了新版本的服务，下一步就是测试它。假设来自测试用户的请求具有 testuser 头部信息。我们可以通过进行以下更改来增强 `ftgo-consumer-service VirtualService` 以将具有此头部信息的请求路由到 v2 实例：

```
apiVersion: networking.istio.io/v1alpha3
kind: VirtualService
metadata:
  name: ftgo-consumer-service
spec:
  hosts:
  - ftgo-consumer-service
  http:
    - match:
      - headers:
          testuser:
            regex: "^.+$"         <─┐ 匹配一个非空白的
                                      testuser 头部信息
      route:
      - destination:
          host: ftgo-consumer-service
          subset: v2              <─── 所测试用户路由到 v2
    - route:
      - destination:
          host: ftgo-consumer-service
          subset: v1              <─── 把其他用户路由到 v1
```

除了原始的默认路由之外，`VirtualService` 还有一个路由规则，用于将带有 testuser 头部信息的请求路由到 v2 子集。更新规则后，你现在可以测试 Consumer Serivce。然后，一旦确信 v2 正在运行，你就可以将一些生产流量路由到它。我们来看看如何做到这一点。

把生产流量路由到 v2 版本

在测试新部署的服务之后，下一步是开始将生产流量路由到它。一个好的策略是最初只路由少量流量。例如，这里的规则是将 95% 的流量路由到 v1，将 5% 的流量路由到 v2：

```
apiVersion: networking.istio.io/v1alpha3
kind: VirtualService
metadata:
  name: ftgo-consumer-service
spec:
  hosts:
  - ftgo-consumer-service
  http:
    - route:
      - destination:
          host: ftgo-consumer-service
          subset: v1
        weight: 95
      - destination:
          host: ftgo-consumer-service
          subset: v2
        weight: 5
```

当确信服务可以处理生产流量时，你可以逐渐增加流向 v2 Pod 的流量，直到达到 100%。此时，Istio 没有将任何流量路由到 v1 Pod。在删除版本 1 Deployment 之前，你可以让它们运行一段时间。

通过轻松地将部署与发布分开，Istio 使新版本的服务更加可靠。然而，我几乎没有触及 Istio 的其他能力。撰写本文时，Istio 的版本为 0.8。我很高兴看到它和其他服务网格逐渐成熟并成为生产环境的标准部分。

12.5　部署模式：Serverless 部署

特定于编程语言的发布包（12.1 节），服务作为虚拟机（12.2 节）和服务作为容器（12.3 节），这几种部署模式都是完全不同的，但它们具有一些共同的特征。首先，对于所有三种模式，你必须预先准备一些计算资源，例如物理机、虚拟机或容器。某些部署平台实现自动扩展，可根据负载动态调整虚拟机或容器的数量。但是，即使它们处于闲置状态，你也总是需要为某些虚拟机或容器付费。

另一个共同特征是你必须负责系统管理。不论运行什么类型的计算资源，你必须承担为操作系统和软件打补丁的工作。在物理机器的情况下，这还包括机架和网络的管理。你还要负责管理语言运行时。这是 Amazon 称为"无差别的重举"（Undifferentiated heavy lifing）的一个例子。从计算的早期开始，系统管理就是你需要做的事情之一。事实证明，有一个应对此问题的解决方案：Serverless 。

12.5.1　使用 AWS Lambda 进行 Serverless 部署

在 AWS re:Invent 2014 上，Amazon 首席技术官 Werner Vogels 在发布 AWS Lambda 时使用了一个惊人的短语，他说："魔术正发生在函数、事件和数据的交叉点"。正如这句话所暗示的，AWS Lambda 最初用于部署事件驱动型服务。而之所以称为"魔术"，正如你将看到的，AWS Lambda 是 Serverless 部署技术的一个示例。

Serverless 部署技术

尽管 AWS Lambda 是最先进的，但主流公共云都开始提供 Serverless 部署的功能。Google Cloud 提供 Google Cloud Function，撰写至此时还处于测试阶段（https://cloud.google.com/functions/）。Microsoft Azure 提供 Azure Function（https://azure.microsoft.com/en-us/services/functions）。

还有一些开源 Serverless 框架，例如 Apache Openwhisk（https://openwhisk.apache.org）和 Fission for Kubernetes（https://fission.io），你可以在自己的基础设施上运行。但我并不完全相信它们的价值。你需要管理运行 Serverless 框架的基础设施。这听起来不像 Serverless。此外，正如你将在本节后面看到的那样，Serverless 提供了一种受约束的编程模型，以换取最小化的系统管理开销。如果你需要非常细致的管理基础设施，那么这种约束对你来说就没什么好处。

AWS Lambda 支持 Java、Node.js、C#、GoLang 和 Python ⊖。Lambda 函数是无状态服务。它通常通过调用 AWS 服务来处理请求。例如，用户上传照片到 S3 存储桶时，触发的 Lambda 函数可以将照片的元数据插入到 DynamoDB 的 IMAGES 表中，并向 Kinesis 发布消息，以触发图像处理（例如制作缩略图等）。Lambda 函数还可以调用第三方 Web 服务。

要部署服务，需将应用程序打包为 ZIP 文件或 JAR 文件，将其上载到 AWS Lambda，并指定响应请求（也称为事件）的函数的名称。AWS Lambda 自动运行你的充足的微服务实例来处理传入的请求。根据所花费的时间和消耗的内存，你需要为每个请求付费。当然，细节是魔鬼，稍后你会发现 AWS Lambda 也有不少局限性。但是，作为开发人员或组织中的任何人都不需要担心服务器、虚拟机或容器的任何方面，这一理念非常强大。

⊖　在本书翻译期间，AWS re:Invent 2018 大会宣布了 Lambda 服务支持第三方运行时等一系列重要更新。——译者注

> **模式：Serverless 部署**
>
> 使用公共云提供的 Serverless 部署机制部署服务。请参阅：http://microservices.io/
> patterns/deployment/serverless-deployment.html。

12.5.2　开发 Lambda 函数

与使用其他三种模式不同，你必须为 Lambda 函数使用不同的编程模型。Lambda 函数的代码和封装依赖于编程语言。用 Java 语言实现的 Lambda 函数是一个实现通用接口 `RequestHandler` 的类，它由 AWS Lambda Java 核心库定义，如代码清单 12-8 所示。此接口有两种类型的参数：`I`（输入类型）和 `O`（输出类型）。`I` 和 `O` 的类型取决于 Lambda 处理的特定的请求类型。

代码清单12-8　Java Lambda函数是实现`RequestHandler`接口的类

```
public interface RequestHandler<I, O> {
    public O handleRequest(I input, Context context);
}
```

`RequestHandler` 接口定义了一个 `handleRequest()` 方法。此方法有两个参数，一个输入对象和一个上下文，它们提供对 Lambda 执行环境的访问，例如请求 ID。`handleRequest()` 方法返回一个输出对象。对于处理由 AWS API Gateway 代理的 HTTP 请求的 Lambda 函数，输入输出分别是 `APIGatewayProxyRequestEvent` 和 `APIGatewayProxyResponseEvent`。你很快就会看到，处理程序函数与旧式的 Java EE Servlet 非常相似。

Java Lambda 打包为 ZIP 文件或 JAR 文件。JAR 文件是由例如 Maven Shade 插件创建的超级 JAR（或胖 JAR）。ZIP 文件包含根目录中的类和 `lib` 目录中的 JAR 依赖项。稍后，我将展示 Gradle 项目如何创建 ZIP 文件。但首先，让我们看一看调用 Lambda 函数的不同方法。

12.5.3　调用 Lambda 函数

有四种方法可以调用 Lambda 函数：

- HTTP 请求。
- AWS 服务生成的事件。
- 定时调用。
- 直接使用 API 调用。

让我们来逐一分析。

处理 HTTP 请求

调用 Lambda 函数的一种方法是配置 AWS API Gateway，将 HTTP 请求路由到 Lambda。API Gateway 将你的 Lambda 函数公开为 HTTPS 端点。它充当 HTTP 代理，使用 HTTP 请求对象调用 Lambda 函数，并期望 Lambda 函数返回 HTTP 响应对象。通过将 AWS Gateway 与 AWS Lambda 一起使用，可以将 RESTful 服务部署为 Lambda 函数。

处理由 AWS 服务生成的事件

调用 Lambda 函数的第二种方法是配置 Lambda 函数，以处理 AWS 服务生成的事件。可以触发 Lambda 函数的事件包括：

- 在 S3 存储桶中创建对象。
- 在 DynamoDB 表中创建、更新或删除项目。
- 在 Kinesis 流中可读取的消息。
- 通过简单电子邮件服务收到的电子邮件。

通过与其他 AWS 服务的集成，AWS Lambda 可用于范围广泛的任务。

定时执行的 Lambda 函数

调用 Lambda 函数的另一种方法是使用类似 Linux cron 的计划。你可以将 Lambda 函数配置为定期调用：例如，每分钟、3 小时或 7 天。或者，你也可以使用 cron 表达式指定 AWS 何时应该调用你的 Lambda。cron 表达式提供了极大的灵活性。例如，你可以配置每星期一到星期五的下午 2:15 调用 Lambda。

使用 Web 服务请求调用 Lambda 函数

调用 Lambda 函数的第四种方法是让应用程序使用 Web 服务请求调用它。Web 服务请求指定 Lambda 函数的名称和输入事件数据。应用程序可以同步或异步调用 Lambda 函数。如果应用程序同步调用 Lambda 函数，则 Web 服务的 HTTP 响应包含 Lambda 函数的响应。如果应用程序异步调用 Lambda 函数，则 Web 服务响应指示是否已成功启动 Lambda 的执行。

12.5.4　使用 Lambda 函数的好处

使用 Lambda 函数部署服务有以下几个好处：

- 有许多 AWS 服务可供集成：编写消费由 AWS 服务生成的事件（如 DynamoDB 和 Kinesis）并通过 AWS API Gateway 处理 HTTP 请求的 Lambda 函数非常简单。
- 消除许多系统管理任务：你不需要再负责底层的系统管理。不必为操作系统或运行时打补丁。因此，你可以专注于开发应用程序。
- 弹性：AWS Lambda 运行应用程序所需的多个实例，以处理负载。你没有预测所需容量的挑战，也不会存在未充分配置或过度配置虚拟机或容器的风险。
- 基于使用情况的定价：与典型的 IaaS 云（虚拟机或容器按分钟或小时收费，即使处于空闲状态）不同，AWS Lambda 仅向你收取处理每个请求时所消耗的资源的费用。

12.5.5 使用 Lambda 函数的弊端

如你所见，AWS Lambda 是一种非常便捷的部署服务的方式，但存在一些明显的弊端和限制：

- 长尾延迟：由于 AWS Lambda 动态运行你的代码，因为 AWS 需要花费时间来配置应用程序实例和启动应用程序，因此某些请求具有高延迟。这在运行基于 Java 的服务时尤其具有挑战性，因为它们通常需要至少几秒钟才能启动。例如，下一节中描述的示例 Lambda 函数需要一段时间才能启动。因此，AWS Lambda 可能不适合对延迟敏感的服务。
- 基于有限事件与请求的编程模型：AWS Lambda 不用于部署长时间运行的服务，例如使用来自第三方消息代理的消息服务。

由于这些缺点和限制，AWS Lambda 并不适合所有服务。但在选择部署模式时，我建议首先评估 Serverless 部署是否支持你的服务要求，然后再考虑替代方案。

12.6 使用 AWS Lambda 和 AWS Gateway 部署 RESTful 服务

我们来看看如何使用 AWS Lambda 部署 `Restaurant Service`。它是一个具有 REST API 的服务，用于创建和管理餐馆。例如，它与 Apache Kafka 没有长时间的连接，因此它非常适合使用 AWS Lambda。图 12-13 显示了此服务的部署架构。该服务由几个 Lambda 函数组成，每个 REST 端点一个。AWS API Gateway 负责将 HTTP 请求路由到 Lambda 函数。

每个 Lambda 函数都有一个请求处理程序类。`ftgo-create-restaurant` Lambda 函数调用 `CreateRestaurantRequestHandler` 类，`ftgo-find-restaurant` Lambda 函数调用 `FindRestaurantRequestHandler`。因为这些请求处理程序类实现了同一个服

务的功能，所以它们被打包在同一个 ZIP 文件 `restaurant-service-aws-lambda.zip` 中。让我们看一看服务的设计，包括那些处理程序类。

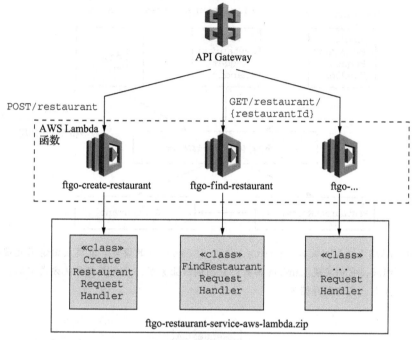

图 12-13 将 `Restaurant Service` 部署为 AWS Lambda 函数。AWS API Gateway 将 HTTP 请求路由到 AWS Lambda 函数，这些函数由 `Restaurant Service` 定义的请求处理程序类实现

12.6.1 AWS Lambda 版本的 Restaurant Service

该服务的架构如图 12-14 所示，与传统服务的架构非常相似。主要区别在于 Spring MVC 控制器已被 AWS Lambda 请求处理程序类所取代。其余的业务逻辑没有变化。

该服务由表现层和业务层组成。表现层包括请求处理程序，请求处理程序由 AWS Lambda 调用以处理 HTTP 请求。业务层包括 `RestaurantService`、`Restaurant` JPA 实体和 `RestaurantRepository`，它封装了数据库。

我们来看一看 `FindRestaurantRequestHandler` 类。

FindRestaurantRequestHandler 类

`FindRestaurantRequestHandler` 类实现 `GET/restaurant/{restaurantId}` 端点。此类与其他请求处理程序类一起处在类层次结构的第二层，如图 12-15 所示。层次结构的根是 RequestHandler，它是 AWS SDK 的一部分。它的抽象子类处理错误并注入依赖项。

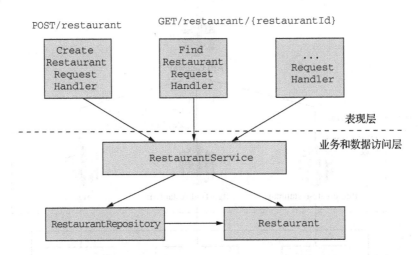

图 12-14 AWS Lambda 版本的 Restaurant Service 的设计。表现层由请求处理程序类组成，它们实现 Lambda 函数。它们调用业务层，业务层以传统方式编写，包括服务类、实体和存储库

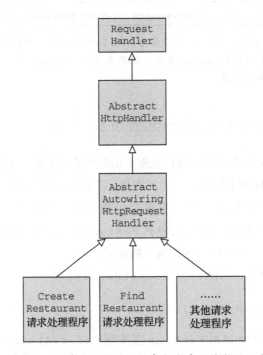

图 12-15 请求处理程序类的设计。抽象超类实现依赖注入和错误处理

AbstractHttpHandler 类是 HTTP 请求处理程序的抽象基类。它捕获在请求处理期间抛出的未处理异常，并返回 500 internal server error（内部服务器错误）响应。AbstractAutowiringHttpRequestHandler 类为请求处理程序实现依赖项注入。我将很快描述这些抽象超类，但首先让我们看一下 FindRestaurantRequestHandler 的代码。

代码清单 12-9 显示了 FindRestaurantRequestHandler 类的代码。FindRestaurantRequestHandler 类有一个 handleHttpRequest() 方法，它将表示 HTTP 请求的 APIGatewayProxyRequestEvent 作为参数。它调用 RestaurantService 找到餐馆，并返回 APIGatewayProxyResponseEvent 来描述 HTTP 响应。

代码清单 12-9　GET/restaurant/{restaurantId} 的处理程序类

```
public class FindRestaurantRequestHandler
    extends AbstractAutowiringHttpRequestHandler {

  @Autowired
  private RestaurantService restaurantService;

  @Override
  protected Class<?> getApplicationContextClass() {      用于应用程序上下文的
    return CreateRestaurantRequestHandler.class;    ◄──  Spring Java 配置类
  }

  @Override
  protected APIGatewayProxyResponseEvent
      handleHttpRequest(APIGatewayProxyRequestEvent request, Context context) {
    long restaurantId;
    try {
      restaurantId = Long.parseLong(request.getPathParameters()
                .get("restaurantId"));
    } catch (NumberFormatException e) {           如 果 restaurantId 缺
      return makeBadRequestResponse(context);  ◄─┤失 失或无效，就返回 400-bad
    }                                             request response

    Optional<Restaurant> possibleRestaurant = restaurantService.findById(restaur
      antId);
                                                 返回 restaurant
                                                 或 404-not found
    return possibleRestaurant               ◄──  response
          .map(this::makeGetRestaurantResponse)
          .orElseGet(() -> makeRestaurantNotFoundResponse(context,
                                restaurantId));

  }

  private APIGatewayProxyResponseEvent makeBadRequestResponse(Context context) {
    ...
  }

  private APIGatewayProxyResponseEvent
      makeRestaurantNotFoundResponse(Context context, long restaurantId) { ... }
```

```
private APIGatewayProxyResponseEvent
                 makeGetRestaurantResponse(Restaurant restaurant) { ... }
}
```

正如你所看到的，它与 Servlet 非常相似，但没有采用 HttpServletRequest 并返回 HttpServletResponse 的 service() 方法，而是有一个 handleHttpRequest() 接受 APIGatewayProxyRequestEvent 并返回 APIGatewayProxyResponseEvent。

现在让我们看一看它的实现依赖注入的超类。

使用 AbstractAutowiringHttpRequestHandler 类完成依赖注入

AWS Lambda 函数既不是 Web 应用程序，也不是具有 main() 方法的应用程序。但是，如果不能使用我们习以为常的 Spring Boot 功能，那将非常遗憾。AbstractAutowiringHttpRequestHandler 类（如代码清单 12-10 所示）实现了请求处理程序的依赖项注入。它使用 SpringApplication.run() 创建 ApplicationContext，并在处理第一个请求之前自动连接（autowire）依赖项。FindRestaurantRequestHandler 等子类必须实现 getApplicationContextClass() 方法。

代码清单12-10　一个实现依赖注入的抽象 RequestHandler

```
public abstract class AbstractAutowiringHttpRequestHandler
    extends AbstractHttpHandler {

  private static ConfigurableApplicationContext ctx;
  private ReentrantReadWriteLock ctxLock = new ReentrantReadWriteLock();
  private boolean autowired = false;

  protected synchronized ApplicationContext getAppCtx() {      ◁──┤  创建 Spring Boot
    ctxLock.writeLock().lock();                                      应用程序上下文一次
    try {
      if (ctx == null) {
        ctx = SpringApplication.run(getApplicationContextClass());
      }
      return ctx;
    } finally {
      ctxLock.writeLock().unlock();
    }
  }
                                      在处理第一个请求之前，使用 autowiring
                                      把依赖注入到请求处理程序中
  @Override
  protected void
      beforeHandling(APIGatewayProxyRequestEvent request, Context context) {
    super.beforeHandling(request, context);
    if (!autowired) {
      getAppCtx().getAutowireCapableBeanFactory().autowireBean(this);  ◁──
      autowired = true;
    }
  }
                                  返回用于创建 ApplicationContext
                                  的 @Configuration 类
  protected abstract Class<?> getApplicationContextClass();  ◁──
}
```

此类重写 AbstractHttpHandler 定义的 beforeHandling() 方法。它的 before-Handling() 方法在处理第一个请求之前自动连接依赖项。

AbstractHttpHandler 类

Restaurant Service 的请求处理程序最终扩展了 AbstractHttpHandler，如代码清单 12-11 所示。此类实现了 RequestHandler APIGatewayProxyRequestEvent 和 APIGatewayProxyResponseEvent。它的主要职责是捕获处理请求时抛出的异常并抛出 500 错误代码。

代码清单12-11　一个抽象的RequestHandler，用于捕获异常并返回HTTP 500响应

```
public abstract class AbstractHttpHandler implements
  RequestHandler<APIGatewayProxyRequestEvent, APIGatewayProxyResponseEvent> {

  private Logger log = LoggerFactory.getLogger(this.getClass());

  @Override
  public APIGatewayProxyResponseEvent handleRequest(
     APIGatewayProxyRequestEvent input, Context context) {
    log.debug("Got request: {}", input);
    try {
      beforeHandling(input, context);
      return handleHttpRequest(input, context);
    } catch (Exception e) {
      log.error("Error handling request id: {}", context.getAwsRequestId(), e);
      return buildErrorResponse(new AwsLambdaError(
              "Internal Server Error",
              "500",
              context.getAwsRequestId(),
              "Error handling request: " + context.getAwsRequestId() + " "
    + input.toString()));
    }
  }

  protected void beforeHandling(APIGatewayProxyRequestEvent request,
     Context context) {
    // do nothing
  }

  protected abstract APIGatewayProxyResponseEvent handleHttpRequest(
     APIGatewayProxyRequestEvent request, Context context);
}
```

12.6.2　把服务打包为 ZIP 文件

在部署服务之前，我们必须将其打包为 ZIP 文件。我们可以使用以下 Gradle 任务轻松构建 ZIP 文件：

```
task buildZip(type: Zip) {
    from compileJava
    from processResources
    into('lib') {
        from configurations.runtime
    }
}
```

此任务构建一个 ZIP 包，其中类和资源放在最顶层，JAR 依赖项放在 lib 目录中。

现在我们已经构建了 ZIP 文件，让我们来看看如何部署 Lambda 函数。

12.6.3 使用 Serverless 框架部署 Lambda 函数

使用 AWS 提供的工具来部署 Lambda 函数并配置 API Gateway 非常烦琐。幸运的是，名为 Serverless ⊖ 的开源项目使部署和管理 Lambda 函数变得更加容易。使用 Serverless 时，你需要编写一个简单的 serverless.yml 文件，该文件定义了 Lambda 函数及其 RESTful 端点。然后，Serverless 部署 Lambda 函数，并创建和配置将请求路由到它们的 API Gateway。

代码清单 12-12 是将 Restaurant Service 部署为 Lambda 的 serverless.yml 的摘录。

代码清单12-12　部署Restaurant Service的serverless.yml

```
service: ftgo-application-lambda

provider:                              部署 serverless 在 AWS 上
  name: aws
  runtime: java8
  timeout: 35
  region: ${env:AWS_REGION}            通过环境变量提供服
  stage: dev                           务的外置化配置信息
  environment:
    SPRING_DATASOURCE_DRIVER_CLASS_NAME: com.mysql.jdbc.Driver
    SPRING_DATASOURCE_URL: ...
    SPRING_DATASOURCE_USERNAME: ...
    SPRING_DATASOURCE_PASSWORD: ...
                                       ZIP 文件包含了 Lambda 函数
package:
  artifact: ftgo-restaurant-service-aws-lambda/build/distributions/
    ftgo-restaurant-service-aws-lambda.zip

                                       Lambda 函数的定义包含了
                                       处理程序函数和 HTTP 端点
functions:
  create-restaurant:
    handler: net.chrisrichardson.ftgo.restaurantservice.lambda
      .CreateRestaurantRequestHandler
```

⊖ 请参阅：http://www.serverless.com。——译者注

```
    events:
      - http:
          path: restaurants
          method: post
  find-restaurant:
    handler: net.chrisrichardson.ftgo.restaurantservice.lambda
     .FindRestaurantRequestHandler
    events:
      - http:
          path: restaurants/{restaurantId}
          method: get
```

然后，你可以使用 serverless deploy 命令，该命令将读取 serverless.yml 文件，部署 Lambda 函数，并配置 AWS API Gateway，等等。经过短暂的等待，服务将通过 API Gateway 的端点 URL 访问。AWS Lambda 将提供支持负载所需的每个 Restaurant Service Lambda 函数的多个实例。如果更改代码，则可以通过重建 ZIP 文件并重新运行 serverless deploy 来轻松更新 Lambda。整个过程都没有涉及服务器！

基础设施的进化非常显著。不久前，我们还在物理机上手动部署应用程序。如今，高度自动化的公共云提供了一系列虚拟部署选项。一种选择是将服务部署为虚拟机。或者更好的是，我们可以将服务打包为容器，并使用复杂的 Docker 编排框架（如 Kubernetes）进行部署。有时我们甚至会完全避免考虑基础设施，并将服务部署为轻量级、短生命周期的 Lambda 函数。

本章小结

- 你应该选择支持服务要求的最轻量级部署模式。按以下顺序评估选项：Serverless、容器、虚拟机和特定于语言的程序包。

- Serverless 部署不适合每项服务，因为长尾延迟和使用基于事件 / 请求的编程模型的要求。但是，当适合部署应用时，Serverless 部署是一个非常有竞争力的选择，因为它消除了管理操作系统和运行时的必要，并提供自动弹性配置和基于请求的定价。

- Docker 容器是一种轻量级操作系统级虚拟化技术，比 Serverless 部署更灵活，并且具有更可预测的延迟。最好使用 Docker 编排框架，例如 Kubernetes，它管理机器集群上的容器。使用容器的缺点是你必须管理操作系统和运行时，并且很可能也需要管理 Docker 编排框架及其底层运行的虚拟机。

- 第三个部署选项是将你的服务部署为虚拟机。一方面，虚拟机是重量级的部署选项，因此部署速度较慢，并且很可能比第二个选项使用更多资源。另一方面，Amazon EC2 等现代云是高度自动化的，并提供了丰富的功能。因此，使用虚拟机部署小型简单应用程序有时可能比设置 Docker 编排框架更容易。

- 除非你只有少量服务，否则通常最好避免将服务部署为特定于编程语言的发布包。例如，如第 13 章所述，当你开始使用微服务时，你可能会使用与单体应用程序相同的机制来部署服务，而且很可能是此选项。只有开发了一些服务后，你才应该考虑建立一个复杂的部署基础设施，如 Kubernetes。

- 使用服务网格（一种网络层，调节进出服务的所有网络流量）的众多好处之一是，它使你能够在生产环境中部署服务，对其进行测试，然后才将生产流量路由到更新后的服务。将部署与发布隔离可以提高新版本服务的可靠性。

第 13 章

微服务架构的重构策略

本章导读

- 何时将单体应用迁移到微服务架构
- 在将单体应用重构为微服务架构应用时，为什么使用增量方法至关重要
- 将新功能实现为服务
- 从单体中提取服务
- 集成服务和单体

　　我希望本书能够帮助你很好地理解微服务架构、它的优点和弊端，以及何时使用微服务架构。但是，你很有可能正在处理大型复杂的单体应用程序。你每天开发和部署应用程序的经历都很缓慢而且很痛苦。微服务看起来非常适合你的应用程序，但它也更像是一项遥不可及的必杀技。像玛丽和 FTGO 开发团队的其他成员一样，你肯定也想知道如何才能走上微服务架构的道路。

　　幸运的是，有一些策略可以用来摆脱单体地狱，而无须从头开始重写你的应用程序。通过开发所谓的绞杀者应用程序（Strangler Application），可以逐步将单体架构转换为微服务架构。绞杀者应用程序的想法来自绞杀式藤蔓，这些藤蔓在雨林中生长，它们围绕树木生成，甚至有时会杀死树木。绞杀者应用程序是一个由微服务组成的新应用程序，通过将新功能作为服务，并逐步从单体应用程序中提取服务来实现。随着时间的推移，当绞杀者应用程序实

现越来越多的功能时，它会缩小并最终消灭单体应用程序。开发绞杀者应用程序的一个重要好处是，与宇宙大爆炸式的彻底重写不同，它可以立刻落地，更快为企业提供价值。

在本章一开始，我会分析将单体结构重构为微服务架构的动机。然后介绍如何通过将新功能作为服务实现，并从单体应用程序中提取服务来开发绞杀者应用程序。接下来，我将介绍各种具体的设计主题，包括如何集成单体和服务，如何在单体和服务间保持数据库一致性，以及如何处理安全性。我将通过描述几个示例服务来结束本章。一项服务是 Delayed Order Service，它实现了全新的功能。另一项服务是 Delivery Service，它是从单体中提取的。让我们首先看一看重构到微服务架构的概念。

13.1 重构到微服务需要考虑的问题

假设你是玛丽：你负责 FTGO 应用，这是一个庞大而古老的单体应用程序。由于 IT 部门无法快速可靠地提供新功能，业务部门非常沮丧。FTGO 似乎是一个遭受单体地狱的经典案例。至少从表面上看，微服务似乎就是解决问题的答案。你是否应该建议将开发资源从功能开发转移到微服务架构的设计和实现？

在本节开始，我会讨论为什么你应该考虑重构微服务。我还将讨论为什么单体地狱是导致你所面临的众多软件开发问题的罪魁祸首，而非其他原因，例如糟糕的软件开发过程。然后，我会描述将你的单体逐步重构为微服务架构的策略。接下来，我将讨论及早改进和持续改进的重要性，以便获得业务部门的支持。然后，我会分析为什么在开发出一些服务之前，应该避免在复杂的部署基础设施领域进行投入。最后，我将介绍可用于将服务引入架构的各种策略，包括将新功能实现为服务，以及从单体中提取服务。

13.1.1 为什么要重构单体应用

如第 1 章所述，微服务架构具有许多好处。它具有更好的可维护性、可测试性和可部署性，因此可以加速开发。微服务架构还具备可扩展性，并且改善了故障隔离。技术栈演化也更容易。但把单体重构到微服务是一项重大任务。它将把资源从新功能的开发中分流出去。因此，只有在能够解决重大业务问题的情况下，业务部门才可能考虑支持采用微服务。

如果你处于单体地狱中，那么你可能已经遇到不少由于单体地狱而引发的业务问题。以下是单体地狱造成的业务问题的一些例子：

- 交付缓慢：应用程序难以理解、维护和测试，开发人员的工作效率很低。因此，该企业无法有效竞争，有可能被竞争对手超越。
- 充满故障的软件交付：缺乏可测试性意味着软件会经常出错。这会使客户不满意，从而导致客户流失，收入减少。

- 可扩展性差：扩展单体应用程序很困难，因为它将具有完全不同资源需求的模块组合到了同一个可执行组件中。缺乏可扩展性意味着将应用程序扩展到特定规模以上是不可能的，或者过于昂贵。因此，该应用程序无法支持当前或未来的业务需求。

理解这些问题的存在是非常重要的，因为这表明应用的需求已经超过了当前架构的承载能力。缓慢交付和错误百出的交付的常见原因是软件开发流程不佳（而不是架构的原因）。例如，如果你仍然依赖于手动测试，那么（在不更改架构的情况下）开始采用自动化测试可以显著提高开发速度。同样，你有时可以在不改变架构的情况下解决可扩展性问题。应该首先尝试更简单的解决方案。如果尝试了这些之后，仍然存在软件交付问题，那么就应该认真考虑迁移到微服务架构。我们来看看如何做到这一点。

13.1.2　绞杀单体应用

将单体应用程序转换为微服务的过程是应用程序现代化的一种形式（en.wikipedia.org/wiki/Software_modernization）。应用程序现代化是将遗留应用程序转换为现代架构和技术栈的过程。几十年来，开发人员一直在对应用程序进行现代化改造。因此，在将应用程序重构为微服务架构的众多尝试中，可以借鉴过去实践中积累的智慧。多年来学到的最重要的教训是：不要做"一步到位，推倒重来"式的改造。

"一步到位"方式（Big Bang Rewrite）是指，你企图从零开始开发一个全新的基于微服务的应用程序（彻底替换遗留的单体应用）。虽然从头开始并抛弃老代码库听起来很有吸引力，但它的风险极高，很可能以失败告终。你将花费数月甚至数年来复制现有功能，然后才能实现业务今天就需要的功能！此外，无论如何，你都需要开发和维护老的应用程序，这会打乱重写的工作，并意味着你有一个不断变化的目标。更重要的是，你可能会浪费时间重新实现不再需要的功能。正如 Martin Fowler 所说的那样，"推倒重写的唯一保证，就是彻底搞砸一切"（www.randyshoup.com/evolutionary-architecture）。

如图 13-1 所示，你应该逐步重构你的单体应用程序，而不是推倒重来。逐步构建一个新的、被称为绞杀者应用程序的应用。绞杀者应用程序由与单体应用程序结合使用的微服务组成。随着时间的推移，单体应用程序实现的功能数量会缩小，直到完全消失或者变成另一个微服务。这种策略类似于以 70mph（约 110km/h）的速度在高速公路上行驶时为汽车更换轮胎。这很有挑战性，但相比"一步到位，推倒重来"的风险要小得多。

Martin Fowler 把这项策略称为绞杀者应用模式（www.martinfowler.com/bliki/Strangler-Application.html）。这个名字来自在热带雨林中发现的绞杀者藤蔓（https://en.wikipedia.org/

wiki/ Strangler_fig）。绞杀藤蔓生长在一棵树的周围，并沿着树的枝干一直向上生长，以获得树冠上方的阳光。而这棵树往往会逐渐死去，无论是被藤蔓杀死还是死于其他原因，只会留下一棵树状的藤蔓。

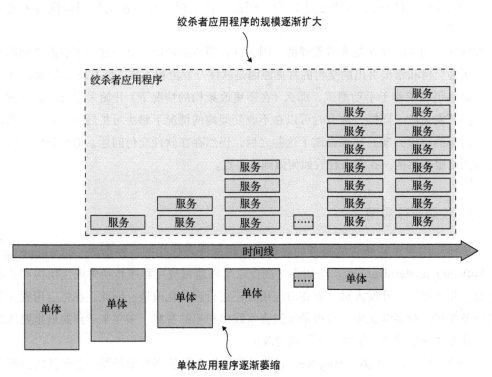

图 13-1　单体应用逐渐被由服务组成的绞杀者应用程序所取代。最终，单体应用完全被绞杀者应用程序取代或成为另一个微服务

模式：绞杀者应用

　　通过在遗留应用程序周围逐步开发新的（绞杀）应用程序来实现应用程序的现代化。请参阅：https://microservices.io/patterns/refactoring/strangler-application.html。

　　重构过程通常需要数月或数年。例如，根据 Steve Yegge 的文章（https://plus.google.com/+RipRowan/posts/eVeouesvaVX），Amazon.com 花了几年的时间来重构它的单体。对于非常大的系统，你可能永远不会完成该过程。例如，你可能接到一个新的开发任务，这个任务比拆分单体应用更重要，例如新任务可以帮助企业增加营收。如果单体不是企业业务持续发展的障碍，你甚至可以不管它。

尽早并且频繁地体现出价值

逐步重构微服务架构的一个重要好处是可以立即获得投资回报。这与"一步到位"式的重写非常不同,"一步到位"在它"到位"之前不会带来任何好处。当逐步重构单体时,你可以使用新的技术栈和现代、高速、DevOps 风格的开发与交付流程开发每项新服务。因此,你的团队的交付速度会随着时间的推移而稳步增加。

更重要的是,你可以先将应用程序的高价值部分迁移到微服务架构。例如,假设你正在为 FTGO 应用程序工作。例如,公司可能会认为送餐调度算法是关键的竞争优势。送餐管理可能是一个持续不断的开发领域。通过将送餐管理提取到独立的服务中,送餐管理团队将能够独立于其他 FTGO 开发人员工作,并显著提高他们的开发速度。他们将能够经常部署新版本的算法,并评估其有效性。

能够更早地交付价值的另一个好处是,它有助于获得业务团队对重构工作的支持。他们的持续支持至关重要,因为重构工作意味着花费更少的时间来开发功能。一些组织难以消除技术债务,因为过去的尝试总是过于雄心勃勃,但这些尝试并没有给业务团队(和公司的绩效)提供太多的好处。因此,企业不愿意投入进一步的清理工作。采用增量的方式重构为微服务,意味着开发团队能够尽早并经常地展示这些重构工作的价值。

尽可能少对单体做出修改

本章中反复出现的主题是,在迁移到微服务架构时,应避免对单体进行大范围的修改。当然,在迁移到微服务的过程中,对单体进行修改是不可避免的。13.3.2 节将讨论在需要对单体进行修改时,如何保持单体和服务间的数据一致性。对单体进行大范围修改的问题在于它耗时、昂贵且具有风险。毕竟,这可能就是你最初想要迁移到微服务的原因。

幸运的是,你可以使用一些策略来减少需要进行的修改的范围。例如,在 13.2.3 节中,我会描述将数据从提取的服务复制回单体数据库的策略。在 13.3.2 节中,我将展示如何仔细设计服务的提取顺序,以减少对单体架构的影响。通过应用这些策略,可以减少重构单体所需的工作量。

部署基础设施:这对你来说还为时过早

在整本书中,我讨论了许多闪亮的新技术,包括 Kubernetes 和 AWS Lambda 等部署平台以及服务发现机制。你可能很想通过选择技术和构建基础设施来开始迁移到微服务。你甚至可能会感受到来自业务人员和身边 PaaS 供应商的压力,开始在这种基础设施上花钱。

虽然看起来预先建立这种基础设施非常诱人，但我建议只在架构重构的前期进行最小的投资。你唯一不可或缺的是执行自动化测试的部署流水线。例如，如果你只有少量服务，则不需要复杂的部署方式和具备可观测性的运行时基础设施。最初，你甚至可以使用硬编码配置文件来进行服务发现。我建议推迟任何涉及重大投资的技术基础设施决策，直到你获得开发微服务架构应用的实际经验。只有在运行一些服务后，你才会有经验选择技术基础设施。

现在让我们看一看可用于迁移到微服务架构的策略。

13.2   将单体应用重构为微服务架构的若干策略

有三种主要策略可以实现对单体的"绞杀"，并逐步用微服务替换之：

1. 将新功能实现为服务。

2. 隔离表现层和后端。

3. 通过将功能提取到服务中来分解单体。

第一种策略阻止了单体的发展。它通常是一种快速展示微服务价值的方法，有助于让迁移和重构的工作获得公司内部各个层面支持。另外两种策略打破了单体。在重构单体时，你有时可能会使用第二种策略，但你肯定会使用第三种策略，因为它能实现将功能从单体迁移到绞杀者应用程序中。

让我们来看一看这些策略，从将新功能实现为服务开始。

13.2.1   将新功能实现为服务

"挖坑法则"（The Law of Holes）指出：如果你发现自己已经陷入了困境，就不要再给自己继续挖坑了（https://en.m.wikipedia.org/wiki/Law_of_holes）。当你的单体应用变得无法管理时，这是一个很好的可供参考的建议。换句话说，如果你有一个庞大的、复杂的单体应用程序，请不要通过向单体添加代码来实现新功能。这将使你的单体变得更庞大，更难以管理。相反，你应该将新功能实现为服务。

这是开始将单体应用程序迁移到微服务架构的好方法。它降低了单体的生长速度，加速了新功能的开发（因为是在全新的代码库中进行开发），还能快速展示采用微服务架构的价值。

把新的服务与单体集成

图 13-2 显示了将新功能实现为服务后的应用程序架构。除了新服务和单体外，该架构还

包括另外两个将服务集成到应用程序中的元素：

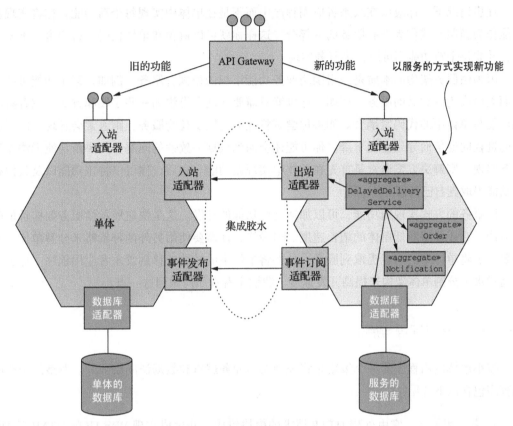

图 13-2　新功能作为服务实现，服务是绞杀者应用程序的一部分。集成胶水将服务与单体架
　　　　构集成，并由实现同步和异步 API 的适配器组成。API Gateway 将调用新功能的请
　　　　求路由到服务

- API Gateway：将对新功能的请求路由到新服务，并将遗留请求路由到单体。
- 集成胶水代码：将服务与单体结合。它使服务能够访问单体所拥有的数据，并能够调
  用单体实现的功能。

　　集成胶水的代码不是一个独立组件。相反，它由单体中的适配器和使用一个或多个进程
间通信机制的服务组成。例如，13.4.1 节中描述的 Delayed Delivery Service 的集成
粘胶水使用 REST 和领域事件。该服务通过调用 REST API 从单体中检索客户合同信息。单
体发布 Order 领域事件，以便 Delayed Delivery Service 可以跟踪 Order 状态并响
应无法按时交付的订单。13.3.1 节将更详细地描述集成胶水代码。

何时把新功能实现为服务

理想情况下，你应该在绞杀者应用程序中而不是在单体中实现每个新功能。你将实现新功能作为新服务或作为现有服务的一部分。这样你就可以避免和单体代码库打交道。不幸的是，并非每个新功能都可以作为服务实现。

因为微服务架构的本质是一组围绕业务功能组织的松耦合服务。例如，某个功能可能太小而无法成为有意义的服务。例如，你可能只需要向现有类添加一些字段和方法。或者新功能可能与单体中的代码紧耦合。如果你尝试将此类功能实现为服务，则通常会发现，由于过多的进程间通信而导致性能下降。你可能还会遇到数据一致性的问题。如果新功能无法作为服务实现，则解决方案通常是首先在单体中实现新功能。之后，你可以将该功能以及其他相关功能提取到自己的服务中。

以服务的方式实现新功能，可以加速这些功能的开发。这是快速展示微服务架构价值的好方法。它还能够降低单体的增长速度。但最终，你需要使用另外两种策略来分解单体。你需要通过将单体中的功能提取到服务，从而将单体中的功能迁移到绞杀者应用程序。你也可以通过水平分割单体架构来提高开发速度。我们来看看如何做到这一点。

13.2.2　隔离表现层与后端

缩小单体应用程序的一个策略是将表现层与业务逻辑和数据访问层分开。典型的企业应用程序包含以下各层：

- 表现逻辑层：它由处理 HTTP 请求的模块组成，并生成实现 Web UI 的 HTML 页面。在具有复杂用户界面的应用程序中，表现层通常包含大量代码。
- 业务逻辑层：由实现业务规则的模块组成，这些模块在企业应用程序中可能很复杂。
- 数据访问逻辑层：包含访问基础设施服务（如数据库和消息代理）的模块。

表现逻辑层与业务和数据访问逻辑层之间通常存在清晰的边界。业务层具有粗粒度 API，由一个或多个封装业务逻辑的门面（Facade）组成。这个 API 是一个自然的接缝，你可以沿着它将单体分成两个较小的应用程序，如图 13-3 所示。

一个应用程序包含表现层，另一个包含业务和数据访问逻辑层。分割后，表现逻辑应用程序对业务逻辑应用程序进行远程调用。

以这种方式拆分单体应用有两个主要好处。它使你能够彼此独立地开发、部署和扩展这两个应用程序。特别是，它允许表现层开发人员快速迭代用户界面并轻松执行 A/B 测试，而无须部署后端。这种方法的另一个好处是它公开了业务逻辑的一组远程 API，可以被稍后开发的微服务调用。

但这种策略只是部分解决方案。很可能至少有一个或两个最终的应用程序仍然是一个难以管理的单体。你需要使用第三种策略将单体替换为服务。

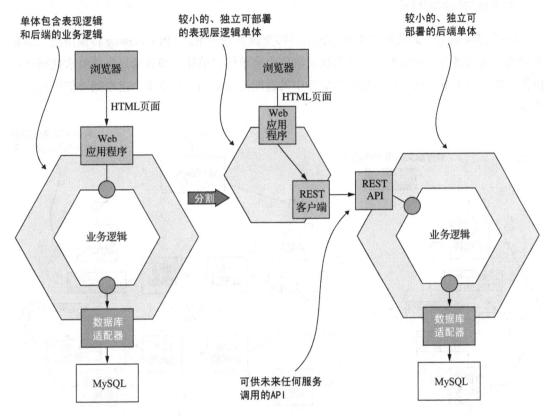

图 13-3 从后端拆分出前端可以使每个部分独立部署。它还公开了用于服务调用的 API

13.2.3 提取业务能力到服务中

将新功能实现为服务，并从后端拆分出前端 Web 应用程序并不会让你抵达胜利的彼岸。你仍将最终在单体代码库中进行大量开发。如果你希望显著改进应用程序的架构并提高开发速度，则需要通过逐步将业务功能从单体迁移到服务来拆分单体应用。例如，13.5 节将描述如何从 FTGO 单体中提取送餐管理功能到新的 Delivery Service 中。当你使用此策略时，随着时间推移，服务实现的业务功能数量会增加，而单体会逐渐缩小。

你想要提取到服务中的功能是对单体应用自上而下的一个"垂直切片"。该切片包含以下内容：

- 实现 API 端点的入站适配器。

- 领域逻辑。
- 出站适配器，例如数据库访问逻辑。
- 单体的数据库模式。

如图 13-4 所示，此代码从单体中提取并移至独立服务中。API Gateway 将调用提取的业务功能的请求路由到该服务，并将其他请求路由到单体。单体和服务通过集成胶水代码进行协作。如 13.3.1 节所述，集成胶水由服务中的适配器和使用一个或多个进程间通信机制的单体组成。

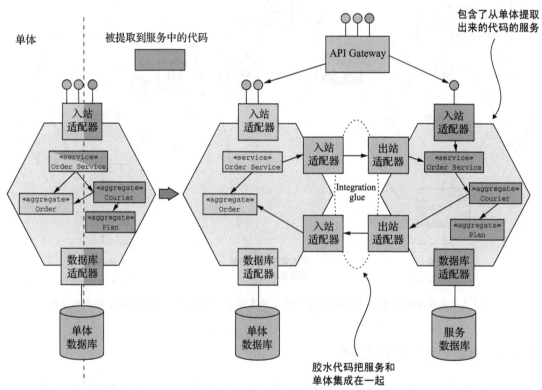

图 13-4   通过提取服务来打破单体。你可以识别一系列功能，包括业务逻辑和适配器，以提取到服务中。你将该代码移动到服务中。新提取的服务和单体通过集成胶水提供的 API 进行协作

提取服务具有挑战性。你需要确定如何将单体的领域模型分成两个独立的领域模型，其中一个模型成为服务的领域模型。你需要打破对象引用等依赖。你甚至可能需要拆分类，以将功能移动到服务中。对了，你还需要重构数据库。

提取服务通常很耗时，尤其是当单体的代码库很混乱时。因此，你需要仔细考虑要提取的服务。应当重点关注重构那些能够提供很多价值的应用程序部分。在提取服务之前，问问

自己这样做的好处是什么。

例如,提取一项实现对业务至关重要且不断发展的功能的服务是值得的。如果没有太多的好处,那么在提取服务方面投入精力是没有价值的。在本节的后面部分,我将介绍一些用于确定服务提取范围和时间的策略。但首先让我们更详细地了解一下在提取服务时将面临的一些挑战以及解决这些挑战的方法。

提取服务时会遇到以下这些挑战:

- 拆解领域模型。
- 重构数据库。

让我们逐一分析这些挑战,从拆解领域模型开始。

拆解领域模型

为了提取服务,你需要从单体的领域模型中提取服务相关的领域模型。你需要进行大动作来拆分领域模型。你将遇到的一个挑战是消除跨越服务边界的对象引用。保留在单体中的类可能会引用已移动到服务的类,反之亦然。例如,想象一下,如图 13-5 所示,你提取了 Order Service,其 Order 类引用了单体的 Restaurant 类。因为服务实例通常是一个进程,所以让对象引用跨越服务边界是没有意义的。你需要消除这种类型的对象引用。

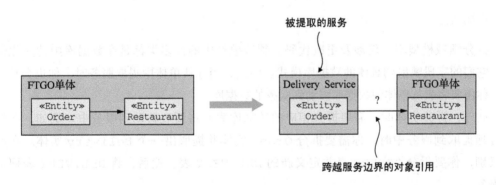

图 13-5 Order 领域类引用了 Restaurant 类。如果我们将 Order 提取到一个单独的服务中,我们需要将它对 Restaurant 的引用做一些改造,因为进程之间的对象引用没有意义

解决此问题的一个好方法是根据 DDD 聚合进行思考,如第 5 章所述。聚合使用主键而不是对象引用相互引用。因此,你可以将 Order 和 Restaurant 类视为聚合,如图 13-6 所示,将 Order 类中对 Restaurant 的引用替换为存储主键值的 restaurantId 字段。

使用主键替换对象引用的一个问题是,虽然这是对类的一个小改动,但它可能会对期望对象引用的类的客户端产生很大的影响。在本节的后面部分,我将介绍如何通过在服务和单体之间复制数据来减少更改的范围。例如，Delivery Service可以定义一个Restaurant类，后者是单体中Restaurant类的复制品。

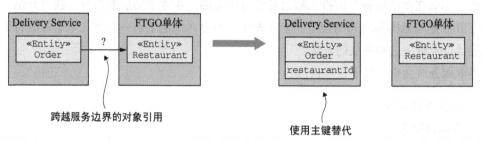

图 13-6　Order 类对 Restaurant 的引用将替换为 Restaurant 的主键，以消除跨越进程边界的对象引用

　　提取服务通常比将整个类移动到服务中的工作量要大得多。拆分领域模型面临的更大挑战是提取嵌入在具有其他职责的类中的功能。这个问题经常出现在第 2 章中描述的具有过多职责的上帝类（God Class）中。例如，Order 类是 FTGO 应用程序中的上帝类之一。它实现了多种业务功能，包括订单管理、送餐管理等。稍后在 13.5 节中，我将讨论如何将送餐管理提取为服务，这涉及从 Order 类中提取 Delivery 类。Delivery 实体会实现之前与Order 类中的其他功能捆绑在一起的送餐管理功能。

重构数据库

　　拆分领域模型不仅仅涉及更改代码。领域模型中的许多类都是在数据库中持久化保存的。它们的字段映射到具体的数据库模式。因此，当你从单体中提取服务时，你也会移动数据。你需要将表从单体的数据库移动到服务的数据库。

　　此外，拆分实体时，需要拆分相应的数据库表并将新表移动到服务中。例如，在将送餐管理提取到服务中时，你需要拆分 Order 实体并提取出一个 Delivery 实体。在数据库级别，你要拆分 ORDERS 表并定义新的 DELIVERY 表。然后，将 DELIVERY 表移动到该服务。

　　Scott W. Ambler 和 Pramod J. Sadalage 撰写的《Refactoring Database》（Addison-Wesley，2011）⊖一书描述了一组数据库模式的重构。例如，书中描述了拆分表重构模式，该模式将表拆分为两个或多个表。当从单体中提取服务时，该书中讲述的许多技术都很有用。一种这样的技术是复制数据，以便允许你逐步更新数据库的客户端以使用新模式。我们可以调整这个方法，以减少在提取服务时必须对单体进行更改的范围。

复制数据以避免更广泛的更改

如上所述，提取服务需要你对单体的领域模型做出更改。例如，使用主键和拆分类替换对象引用。这些类型的更改可能会影响代码库，并要求你对单体各个受影响的部分进行广泛的更改。例如，如果拆分 Order 实体并提取 Delivery 实体，则必须更改代码中引用被移动字段而受影响的每个部分。进行这些改变可能会非常耗时，并且可能成为打破单体的巨大障碍。

延迟并可能避免进行这些昂贵更改的一种好方法是使用类似于《数据库重构》一书中描述的方法。重构数据库的一个主要障碍是更改该数据库的所有客户端以使用新模式。本书中提出的解决方案是在过渡期内保留原模式，并使用触发器在原模式和新模式间同步。然后，你可以将客户端从旧模式迁移到新模式。

从单体中提取服务时，我们可以使用类似的方法。例如，在提取 Delivery 实体时，我们将 Order 实体在过渡期内大部分保持不变。如图 13-7 所示，我们将与交付相关的字段设置为只读，并通过将数据从 Delivery Service 复制回单体来使其保持最新。因此，我们只需要在单体的代码中找到更新这些字段的位置，并更改它们为调用新的 Delivery Service 即可。

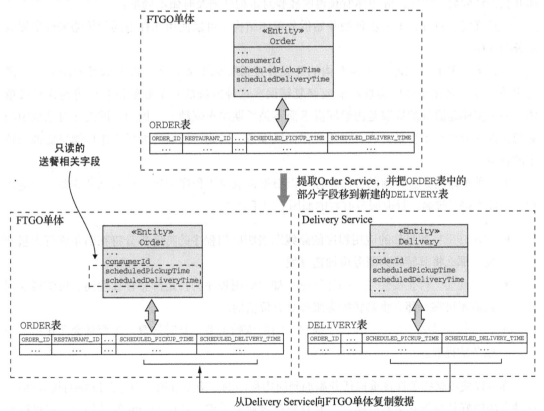

图 13-7　通过将与新提取的 Delivery Service 相关的数据复制回单体的数据库，最大限度地减少对 FTGO 单体的更改范围

通过从 Delivery Service 复制数据来保留 Order 实体的结构，可以显著减少我们需要立即完成的工作量。随着时间的推移，我们可以将使用与交付相关的 Order 实体字段或 ORDERS 表列的代码迁移到 Delivery Service。更重要的是，我们可能永远不需要在单体中做出改变。如果随后将该代码提取到服务中，则该服务可以访问 Delivery Service。

确定提取何种服务以及何时提取

正如我所提到的，拆解单体是耗时的。它分散了实施新功能的人力资源。因此，你必须仔细确定提取服务的顺序。你需要专注于提取能够带来最大收益的服务。更重要的是，你希望不断向业务部门展示迁移到微服务架构的价值。

在任何旅程中，了解你要去的地方至关重要。开始迁移到微服务的好方法是使用时间框架来定义工作。你应该花费很短的时间，例如几周，集思广益讨论理想架构并定义一组服务。这将为你提供一个目标。但是，重要的是要记住，这种架构并非一成不变。当你分解单体并获得经验后，你应该应用你所获得的经验对重构计划及时做出调整。

一旦确定了目标，下一步就是开始拆分单体结构。可以使用几种不同的策略来确定提取服务的顺序。

一种策略是有效地冻结单体架构的开发并按需提取服务。你可以提取必要的服务并进行更改，而不是在单体中实现功能或修复错误。这种方法的一个好处是它会迫使你打破单体。一个弊端是服务的提取是由短期需求而不是长期需求驱动的。例如，即使你对系统中相对稳定的部分进行了少量更改，也需要你提取服务。因此，你做的大量工作可能只能换来较小的收益。

另一种策略是更有计划的方法，你可以根据提取应用程序模块获得的预期收益，对应用程序的模块进行排名。提取服务有益的原因有以下几点：

- 加速开发：如果你的应用程序的路线图表明应用程序的特定部分将在明年进行大量开发，那么将其转换为服务可加速开发。
- 解决性能、可扩展性或可靠性问题：如果应用程序的特定部分存在性能、可扩展性问题或不可靠，那么将其转换为服务是有价值的。
- 允许提取其他一些服务：由于模块之间的依赖关系，有时提取一个服务会简化另一个服务的提取。

你可以使用这些条件将重构任务添加到应用程序的"待办事项"中，并按预期收益排名。这种方法的好处在于它更具战略性，并且更符合业务需求。在做 Sprint 的计划时，你可以确定实现功能或提取服务哪个更有价值。

13.3　设计服务与单体的协作方式

服务很少是独立工作的。它通常需要与单体协作。有时，服务需要访问单体所拥有的数据或调用其操作。例如，在 13.4.1 节中详细描述的 `Delayed Delivery Service` 需要访问单体的订单和客户联系信息。单体可能还需要访问服务拥有的数据或调用其操作。例如，稍后在 13.5 节中，当讨论如何将送餐管理提取为服务时，我将描述单体需要如何调用 `Delivery Service`。

一个重要的问题是维护服务和单体之间的数据一致性。特别是，当你从单体中提取服务时，你总是会拆分最初的 ACID 事务。你必须小心确保仍然保持数据一致性。如本节后面所述，有时你需要使用 Saga 来维护数据一致性。

如前所述，服务和单体之间的交互是通过集成胶水代码来实现的。图 13-8 显示了集成胶水的结构。它由服务中的适配器和使用某种进程间通信机制进行通信的单体组成。根据需求，服务和单体可以通过 REST 或消息传递进行交互。它们甚至可以使用多种进程间通信机制进行通信。

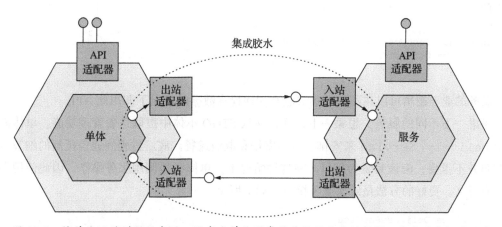

图 13-8　将单体迁移到微服务时，服务和单体通常需要访问彼此的数据。集成胶水促进了这
种交互，集成胶水由实现 API 的适配器组成。一些 API 是基于消息的，有些 API
基于远程过程调用

例如，`Delayed Delivery Service` 使用 REST 和领域事件。它使用 REST 从单体中检索客户联系信息，通过订阅单体发布的领域事件来跟踪 `Orders` 的状态。

在本节中，我将首先介绍集成胶水的设计，它解决的问题和不同的实现选项。之后将描述事务管理策略，包括使用 Saga。我将讨论维护数据一致性的要求对提取服务顺序带来的影响。

我们先来看看集成胶水的设计。

13.3.1 设计集成胶水

将功能实现为服务或从单体中提取服务时，必须开发集成胶水，使服务能够与单体进行协作。集成胶水由服务和单体中的代码组成，它们使用某种进程间通信机制。集成胶水的设计取决于所使用的进程间通信机制的类型。例如，如果服务使用 REST 调用单体，则集成胶水包括服务的 REST 客户端和单体的 Web 控制器。或者，如果单体订阅由服务发布的领域事件，则集成胶水包括服务的事件发布适配器和单体的事件处理程序。

设计集成胶水的 API

设计集成胶水的第一步是确定它为领域逻辑提供的 API。根据是为了查询数据还是为了更新数据，有几种不同风格的接口可供选择。假设你正在使用 Delayed Delivery Service，该服务需要从单体中检索客户联系信息。服务的业务逻辑不需要知道集成胶水用于检索信息的进程间通信机制。因此，该机制应该用接口封装。由于 Delayed Delivery Service 正在查询数据，因此定义 CustomerContactInfoRepository 是有意义的：

```
interface CustomerContactInfoRepository {
  CustomerContactInfo findCustomerContactInfo(long customerId)
}
```

服务的业务逻辑可以在不知道集成胶水如何检索数据的情况下调用此 API。

考虑一下不同的服务。想象一下，你正在从 FTGO 单体中提取送餐管理功能。单体需要调用 Delivery Service 来安排、重新安排和取消送餐。底层进程间通信机制的细节对业务逻辑并不重要，应该封装为接口。在这种情况下，单体必须调用服务操作，因此使用存储库没有意义。更好的方法是定义服务接口，如下所示：

```
interface DeliveryService {
  void scheduleDelivery(...);
  void rescheduleDelivery(...);
  void cancelDelivery(...);
}
```

单体的业务逻辑调用此 API，而无须知道集成胶水是如何获取数据的。

现在我们已经看过接口设计，再来看看交互方式和进程间通信机制。

选择交互方式和进程间通信机制

在设计集成胶水时必须做出的一个重要设计决策是选择交互方式和进程间通信机制，使服务和单体进行协作。如第 3 章所述，有几种交互方式和进程间通信机制可供选择。应该使用哪一个取决于一方（服务或单体）查询或更新另一方的需求。

如果一方需要查询另一方拥有的数据，则有几种选择。如图 13-9 所示，一种选择是实现存储库接口的适配器，以调用数据提供者的 API。此 API 通常使用请求 / 响应的交互方式，如 REST 或 gRPC。例如，`Delayed Delivery Service` 可以通过调用 FTGO 单体实现的 REST API 来检索客户联系信息。

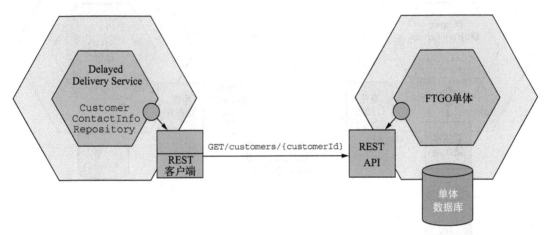

图 13-9　实现 `CustomerContactInfoRepository` 接口的适配器，调用单体的 REST API　　来检索客户信息

在此示例中，`Delayed Delivery Service` 的领域逻辑通过调用 `CustomerContactInfoRepository` 接口来检索客户联系信息。此接口通过调用单体的 REST API 来实现。

调用查询 API 查询数据的一个重要好处是它的简单性。它的主要问题是可能效率低下。消费者可能需要发出大量请求。提供者程序可能会返回大量数据。另一个问题是它会降低可用性，因为它是同步的进程间通信。因此，使用查询 API 可能不切实际。

另一种方法是让数据使用者维护数据的副本，如图 13-10 所示。副本本质上是 CQRS 视图。数据使用者通过订阅数据提供者发布的领域事件来使副本保持最新。

使用副本有几个好处。它避免了重复查询数据提供者的开销。相反，正如在第 7 章中描述 CQRS 时所讨论的那样，你可以设计副本以支持高效查询。但是，使用副本的一个缺点是维护副本的复杂性。如本节后面所述，潜在的挑战是需要修改单体，以便发布领域事件。

现在我们已经讨论了如何进行查询，再来考虑如何进行更新。执行更新的一个挑战是需要维护服务和单体的数据一致性。发出更新请求的一方（请求者）已更新或需要更新其数据库。因此，两次更新都必不可少。解决方案是服务和单体使用由框架实现的事务消息进行通信，例如 Eventuate Tram。在简单的场景中，请求者可以发送通知消息或发布事件以触发更新。在更复杂的场景中，请求者必须使用 Saga 来维护数据一致性。13.3.2 节将讨论使用 Saga 的含义。

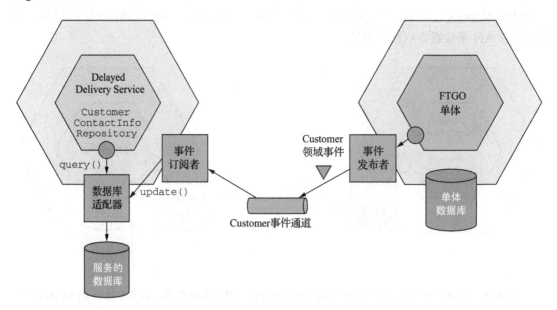

图 13-10　集成胶水将数据从单体复制到服务。单体发布领域事件，服务实现的事件处理程
　　　　　序更新服务的数据库

实现反腐层

想象一下，你正在将一项新功能实现为一个新服务。因为不受单体代码库的限制，因此可以使用现代开发技术（比如 DDD）并开发一个全新的领域模型。此外，由于 FTGO 单体的领域定义不明确且有些过时，你可能会以不同的方式对概念进行建模。因此，服务的领域模型将具有不同的类名、字段名和字段值。例如，Delayed Delivery Service 有一个 Delivery 实体，其职责范围比较窄，而 FTGO 单体有一个职责过多的 Order 实体。由于两个领域模型不同，因此必须实现 DDD 称为反腐层（Anti-Corruption Layer，ACL）的服务，以便让服务与单体进行通信。

> **模式：反腐层**
>
> 一个软件层，用于在两个不同的领域模型之间进行转换，防止一个模型的概念污染另一个模型。请参阅：https://microservices.io/patterns/refactoring/anti-corruption-layer.html。

反腐层的目标是防止传统的单体领域模型污染服务的领域模型。它是在不同领域模型之间进行转换的一层代码。例如，如图 13-11 所示，`Delayed Delivery Service` 有一个 `CustomerContactInfoRepository` 接口，该接口定义了一个返回 `CustomerContactInfo` 的 `findCustomerContactInfo()` 方法。实现 `CustomerContactInfoRepository` 接口的类必须在 `Delayed Delivery Service` 的通用语言（Ubiquitous Language）和 FTGO 单体的通用语言之间进行转换。

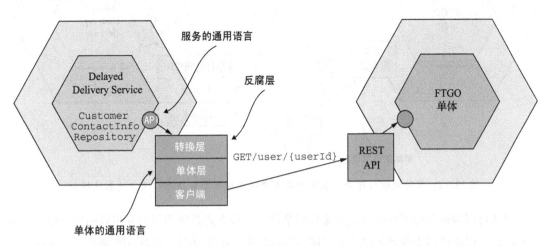

图 13-11　调用单体的服务适配器必须在服务的领域模型和单体的领域模型之间进行转换

`findCustomerContactInfo()` 的实现调用 FTGO 单体来检索客户信息，并将响应转换为 `CustomerContactInfo`。在此示例中，转换非常简单，但在其他场景，转换可能非常复杂，并且涉及（例如）映射诸如状态代码之类的值。

使用领域事件的事件订阅者也具有反腐层。领域事件是发布者领域模型的一部分。事件处理程序必须将领域事件转换为订阅者的领域模型。例如，如图 13-12 所示，FTGO 单体发布 `Order` 领域事件。`Delivery Service` 有一个订阅这些事件的事件处理程序。

事件处理程序必须将领域事件从单体的领域语言转换为 `Delivery Service` 的领域语言。这可能需要映射类和属性名称以及可能的属性值。

不仅仅是服务使用反腐层。单体在调用服务时以及订阅服务发布的领域事件时也使用反腐层。例如，FTGO 单体通过向 `Delivery Service` 发送通知消息来安排交付。它通过调用 `DeliveryService` 接口上的方法来发送通知。实现类将其参数转换为 `Delivery Service` 可以理解的消息。

单体如何发布和订阅领域事件

领域事件是一种重要的协作机制。新开发的服务可以直接发布和使用事件。它可以使用

第 3 章中描述的机制之一，例如 Eventuate Tram 框架。服务甚至可以使用事件溯源来发布事件，如第 6 章所述。但是，将单体更改为发布和使用事件可能具有挑战性。我们来看看为什么。

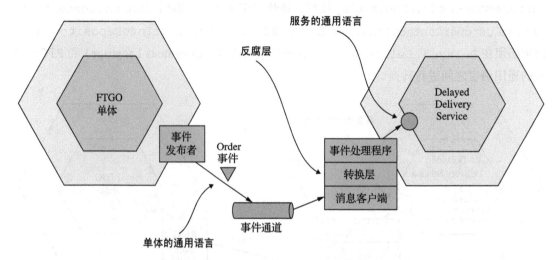

图 13-12 事件处理程序必须从事件发布者的领域模型转换为订阅者的领域模型

　　单体可以通过几种不同的方式发布领域事件。一种方式是使用与服务相同的领域事件发布机制。你可以在代码中找到更改特定实体的所有位置，插入对事件发布 API 的调用。这种方法的问题在于改变单体并不总是那么容易。定位所有位置并插入调用以发布事件可能非常耗时且容易出错。更糟糕的是，单体的一些业务逻辑可能包含无法轻松发布领域事件的存储过程。

　　另一种方法是在数据库级别发布领域事件。例如，你可以使用事务逻辑拖尾或轮询，如第 3 章所述。使用事务拖尾的一个主要好处是你不必更改单体。在数据库级别发布事件的主要弊端是，通常很难确定更新的原因，并发布适当的、高阶的业务事件。因此，该服务通常会发布表示对数据库表更改，而不是业务实体更改的事件。

　　幸运的是，单体通常更容易订阅以服务方式发布的领域事件。通常，你可以使用框架编写事件处理程序，例如 Eventuate Tram。但有时让单体订阅事件反而是一项挑战。例如，单体可能使用没有消息代理客户端的语言编写。在这种情况下，你需要编写一个小的“帮助器”应用程序，它可以订阅事件并直接更新单体的数据库。

　　我们已经研究了如何设计集成胶水，使服务和单体结构能够协作，接下来我们看一下迁移到微服务时可能遇到的另一个挑战：维护服务和单体的数据一致性。

13.3.2 在服务和单体之间维持数据一致性

　　在开发服务时，你可能会发现在服务和单体间保持数据一致性具有挑战性。服务操作可能需要更新单体的数据，或者单体操作可能需要更新服务的数据。例如，假设你从单体中提取了 Kitchen Service。你需要更改单体的订单管理操作，例如 createOrder() 和 cancelOrder()，使用 Saga 确保 Ticket 与 Order 保持一致。

然而，使用 Saga 的问题在于单体可能并不"愿意"成为 Saga 的参与方。如第 4 章所述，Saga 必须使用补偿事务来撤销变更。例如，Create Order Saga 包括补偿事务，如果订单被 Kitchen Service 拒绝，则将订单标记为已拒绝。在单体中实现补偿事务的问题是，你可能需要对单体进行大量且耗时的更改。单体也可能需要实现特定的对策来解决 Saga 之间缺乏隔离的问题。这些代码更改的成本可能是提取服务的巨大障碍。

关键 Saga 术语

我在第 4 章介绍了 Saga。以下是一些关键术语：

- Saga：通过异步消息协调的一系列本地事务。
- 补偿事务：撤销本地事务所做更新的事务。
- 对策：一种用于处理 Saga 之间缺乏隔离的设计技术。
- 语义锁定：在一个由 Saga 更新的记录中设置标志的对策。
- 可补偿性事务：需要补偿事务的事务，因为在 Saga 中跟随它的事务之一可能会失败。
- 关键性事务：Saga 执行过程的关键点事务。如果它成功了，那么这个 Saga 将会完成。
- 可重复性事务：在关键性事务之后的事务，保证会成功。

幸运的是，许多 Saga 都很容易实现。如第 4 章所述，如果单体的事务是关键性事务或可重复性事务，那么实现 Saga 应该很直接。你甚至可以通过仔细排序服务提取顺序来简化实现，这样的事务永远不需要补偿。或者，改变单体以支持补偿事务可能相对困难。要理解为什么在单体中实施补偿事务有时会产生挑战，让我们看一些例子，从一个特别麻烦的例子开始。

修改单体应用使其支持补偿事务的挑战

让我们深入研究从单体中提取 Kitchen Service 时需要解决的补偿事务问题。这种重构涉及拆分 Order 实体并在 Kitchen Service 中创建 Ticket 实体。它会影响单体实现的众多命令，包括 createOrder()。

单体将 createOrder() 命令实现为单个 ACID 事务，它包括以下步骤：

1. 验证订单详细信息。
2. 验证消费者是否可以下订单。
3. 授权消费者的信用卡。
4. 创建 `Order`。

你需要将此 ACID 事务替换为包含以下步骤的 Saga：

1. 在单体中
   - 创建 `APPROVAL_PENDING` 状态的 `Order`。
   - 验证消费者是否可以下订单。
2. 在 `Kitchen Service` 中
   - 验证订单详细信息。
   - 创建 `CREATE_PENDING` 状态的 `Ticket`。
3. 在单体中
   - 授权消费者的信用卡。
   - 将 `Order` 状态更改为 `APPROVED`。
4. 在 `Kitchen Service` 中
   - 将 `Ticket` 的状态更改为 `AWAITING_ACCEPTANCE`。

这个 Saga 类似于第 4 章中描述的 `CreateOrderSaga`。它包含四个本地事务，两个在单体中，两个在 `Kitchen Service` 中。第一个事务创建一个 `APPROVAL_PENDING` 状态的 `Order`。第二个事务创建 `CREATE_PENDING` 状态的 `Ticket`。第三个事务授权 `Consumer` 的信用卡并将 `Order` 状态更改为 `APPROVED`。第四次也是最后一个事务，将 `Ticket` 的状态更改为 `AWAITING_ACCEPTANCE`。

实现这个 Saga 的挑战在于，创建 `Order` 的第一步必须是可补偿的。这是因为在 `Kitchen Service` 中发生的第二个本地事务可能会失败并要求单体撤销第一个本地事务执行的更新。因此，`Order` 实体需要有一个 `APPROVAL_PENDING`，这是一个语义锁对策，在第 4 章中曾介绍过，表明一个 `Order` 正在创建过程中。

引入新的 `Order` 实体状态的问题在于它可能需要对单体进行大范围的更改。你可能需要更改代码中涉及 `Order` 实体的每个位置。对单体进行这些大范围的更改是耗时的，也不是使用开发资源的最佳方式。它也有潜在的风险，因为单体通常难以测试。

Saga 并不总是要求单体应用支持补偿事务

Saga 是高度特定于领域的。有些 Saga（比如我们刚才看到的），需要单体来支持补偿事务。但是，当你提取服务时，你有可能设计不需要单体来实现补偿事务的 Saga。因为只有在单体事务之后的事务可能会失败的情况下才需要支持补偿事务。如果每个单体的事务都是一个关键性事务或一个可重复性事务，那么单体就永远不需要执行补偿事务。因此，你只需要对单体进行最小的更改即可支持 Saga。

　　例如，假设你不是提取 Kitchen Service，而是提取 Order Service。这种重构涉及拆分 Order 实体并在 Order Service 中创建一个精简的 Order 实体。它还会影响许多命令，包括 createOrder()（它从单体转移到 Order Service）。要提取 Order Service，你需要使用以下步骤更改 createOrder() 命令以使用 Saga：

1. Order Service
   - 创建一个状态为 APPROVAL_PENDING 的 Order。
2. 单体
   - 验证消费者是否可以下订单。
   - 验证订单详细信息并创建 Ticket。
   - 授权消费者的信用卡。
3. Order Service
   - 将 Order 状态更改为 APPROVED。

　　这个 Saga 包括三个本地事务，一个在单体中，两个在 Order Service 中。Order Service 中的第一个事务创建了一个状态为 APPROVAL_PENDING 的 Order。第二个事务位于单体中，它验证消费者是否可以下订单，授权他们的信用卡，并创建一个 Ticket。第三个事务在 Order Service 中，将订单的状态更改为 APPROVED。

　　单体的事务是 Saga 的关键性事务，这意味着这个 Saga 无法回滚。如果单体的事务完成，那么 Saga 将一直运行直到完成。只有这个 Saga 的第一步和第二步才会失败。第三个事务不能失败，因此单体中的第二个事务永远不需要回滚。因此，支持可补偿事务的所有复杂性都只存在于 Order Service 中，这比单体更容易测试。

　　如果在提取服务时需要编写的所有 Saga 都具有这种结构，那么你只需要对单体进行少量更改。更重要的是，可以仔细地对服务的提取进行排序，以确保单体事务是关键性事务或可重复性事务。我们来看看如何做到这一点。

选择合适的服务提取顺序，以避免在单体中实现补偿事务

　　正如我们刚刚看到的那样，提取 Kitchen Service 需要单体实现补偿事务，而提取 Order Service 则不需要。这表明提取服务的顺序很重要。通过仔细对要提取的服务进行排序，可以避免必须对单体进行大范围的修改以支持可补偿事务。我们可以确保单体的事务是关键性事务或可重复性事务。例如，如果我们首先从 FTGO 单体中提取 Order Service，然后提取 Consumer Service，那么提取 Kitchen Service 将是直截了当的。让我们仔细看看如何做到这一点。

一旦我们提取了 Consumer Service，createOrder() 命令就会使用以下 Saga：

1. Order Service：创建状态为 APPROVAL_PENDING 的 Order。
2. Consumer Service：验证消费者是否可以下订单。
3. 单体：
   ■ 验证订单详细信息并创建 Ticket。
   ■ 授权消费者的信用卡。
4. Order Service：将 Order 的状态更改为 APPROVED。

在这个 Saga 中，单体的事务是关键性事务。Order Service 实现可补偿性事务。

现在已经提取了 Consumer Service，我们可以提取 Kitchen Service。如果提取此服务，createOrder() 命令将使用以下 Saga：

1. Order Service：创建状态为 APPROVAL_PENDING 的 Order。
2. Consumer Service：验证消费者是否可以下订单。
3. Kitchen Service：验证订单详细信息并创建状态为 PENDING 的 Ticket。
4. 单体：授权消费者的信用卡。
5. Kitchen Service：将 Ticket 的状态更改为 APPROVED。
6. Order Service：将 Order 的状态更改为 APPROVED。

在这个 Saga 中，单体的事务仍然是关键性事务。Order Service 和 Kitchen Service 实现可补偿性事务。

我们甚至可以通过提取 Accounting Service 来继续重构单体结构。如果提取此服务，createOrder() 命令将使用以下 Saga：

1. Order Service：创建状态为 APPROVAL_PENDING 的 Order。
2. Consumer Service：验证消费者是否可以下订单。
3. Kitchen Service：验证订单详细信息并创建处于 PENDING 状态的 Ticket。
4. Accounting Service：授权消费者的信用卡。
5. Kitchen Service：将 Ticket 的状态更改为 APPROVED。
6. Order Service：将 Order 的状态更改为 APPROVED。

如你所见，通过仔细选择提取顺序，可以避免使用需要对单体进行复杂更改的 Saga。现在让我们看一下迁移到微服务架构时如何处理安全性。

13.3.3　处理身份验证和访问授权

在将单体应用重构为微服务架构时，需要解决的另一个设计问题是调整单体的安全机制以支持服务。第 11 章介绍了如何在微服务架构中处理安全性。基于微服务的应用程序使用令牌（例如 JSON Web Token，JWT）来传递用户身份。这与典型的传统单体应用程序不完全相同，后者使用内存中会话状态并使用本地线程（thread local）对象传递用户身份。将单体应用程序转换为微服务架构时的挑战是，你需要同时支持基于单体和基于 JWT 的安全机制。

　　幸运的是，有一种直接解决此问题的方法，只需要对单体的登录请求处理程序进行一次小的更改即可。图 13-13 显示了它的工作原理。登录处理程序返回一个额外的 cookie，在本例中我称为 USERINFO，其中包含用户信息，例如用户 ID 和角色。浏览器在每个请求中都包含该 cookie。API Gateway 从 cookie 中提取信息，并将其包含在它向服务提供的 HTTP 请求中。因此，每个服务都可以访问所需的用户信息。

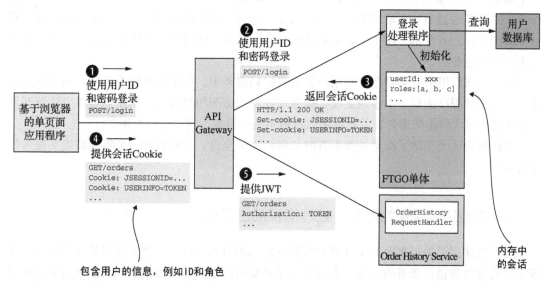

图 13-13　登录处理程序被增强为可设置 USERINFO cookie，这是一个包含用户信息的 JWT。API Gateway 在调用服务时将 USERINFO cookie 转换为一个访问授权头部

事件顺序如下：

1. 客户端发出包含用户凭据的登录请求。

2. API Gateway 将登录请求路由到 FTGO 单体。

3. 单体返回包含 JSESSIONID 会话 cookie 和 USERINFO cookie 的响应，其中包含了用户信息，例如 ID 和角色。

4. 客户端发出请求，其中包括 USERINFO cookie，以便调用操作。

5. API Gateway 验证 USERINFO cookie 并将其包含在它对服务发出的请求的 Authorization 头部。该服务验证 USERINFO 令牌并提取用户信息。

　　让我们更详细地看一下 LoginHandler 和 API Gateway。

单体的 LoginHandler 设置 USERINFO Cookie

LoginHandler 处理包含用户凭据的 POST 请求。它对用户进行身份验证，并在会话中存储有关用户的信息。它通常由安全框架实现，例如 Spring Security 或 Passport for Node.js。如果应用程序配置为使用默认的内存会话，则 HTTP 响应会设置会话 cookie，例如 JSESSIONID。为了支持迁移到微服务，LoginHandler 还必须设置包含描述用户的 JWT 的 USERINFO cookie。

API Gateway 把 USERINFO Cookie 映射到 Authorization header

如第 8 章所述，API Gateway 负责请求路由和 API 组合。它通过向内部单体和服务发出一个或多个请求来处理每个外部请求。当 API Gateway 调用服务时，它会验证 USERINFO cookie 并将其通过 HTTP 请求的 Authorization 头部传递给服务。通过将 cookie 映射到 Authorization 头部，API Gateway 可确保以标准方式将用户身份传递给服务，该方式独立于客户端类型。

最终，我们很可能会将登录和用户管理提取到服务中。但正如你所看到的，通过仅对单体的登录处理程序进行一个小的更改，服务现在可以访问用户信息。这使你可以专注于开发为业务提供最大价值的服务，并延迟提取价值不高的服务，例如用户管理。

现在我们已经了解了在重构微服务时如何处理安全性，让我们看一个将新功能实现为服务的示例。

13.4　将新功能实现为服务：处理错误配送订单

假设你接到了关于改善 FTGO 处理被错误配送的订单的任务。越来越多的客户在抱怨客服无法有效处理错误送餐的投诉。大部分订单都是按时送餐的，但偶尔也会出现订单送餐时间较晚或根本没有送达的情况。例如，送餐员因意外的交通原因而延迟，因此订单被延迟配送。或者当送餐员到达餐馆时，餐馆已经关闭，无法完成送餐。更糟糕的是，当客服收到来自不满意客户的愤怒电子邮件时，客服往往并不知道已经发生了配送异常的事情。

一个真实的故事：我错过了冰淇淋

在一个慵懒的星期六晚上，我使用某个著名的外卖应用下了一个订单，从 Smitten [⊖] 购买冰淇淋。可是冰激凌并未如期出现在我的面前。这家公司跟我唯一的沟通是第二天早上发来的一封电子邮件，说我的订单已被取消。我还收到了一个非常困惑的客服代表的语音邮件，她显然不是非常清楚事情原委。她打电话的原因可能是我在推特上抱怨了这件事情。显然，这家公司尚未建立任何妥善处理错误的机制。

　⊖　旧金山的著名冰激凌品牌：https://www.smittenicecream.com。——译者注

许多这些问题的根源是 FTGO 应用程序使用的送餐调度算法。一个更复杂的调度程序正在开发中，但几个月内不会完成。临时解决方案是 FTGO 向客户就延迟或取消的订单进行主动道歉，并在某些情形下在客户投诉之前提供补偿。

你的工作是实现一项新功能，该功能将执行以下操作：

1. 如果订单无法按时送达，将通知客户。

2. 当客户的订单无法送达时通知客户，例如送餐员无法在餐厅打烊之前及时取餐。

3. 当订单无法按时送达时通知客服团队，以便他们可以通过补偿客户来主动纠正这种情况。

4. 跟踪送餐统计数据。

这个新功能非常简单。新代码必须跟踪每个 Order 的状态，如果 Order 无法按照承诺送达，则代码必须通过例如发送电子邮件等方式通知客户本人和客服团队。

但是，你应该如何或者更确切地说，应该在哪里实现这个新功能？一种方法是在单体中实现新模块。问题在于开发和测试此代码将很困难。更重要的是，这种方法会增加单体的尺寸，从而使单体地狱更加糟糕。从早些时候开始记住"挖坑法则"：如果你发现自己已经陷入了困境，就不要再给自己继续挖坑了。为了不使单体变得更大，更好的方法是将这些新功能实现为服务。

13.4.1 Delayed Delivery Service 的设计

我们将此功能实现为名为 Delayed Delivery Service 的服务。图 13-14 显示了实现此服务后 FTGO 应用程序的架构。该应用程序包括 FTGO 单体、新的 Delayed Delivery Service 和 API Gateway。Delayed Delivery Service 有一个 API，用于定义一个名为 getDelayedOrders() 的查询操作，该操作返回当前延迟或无法交付的订单。API Gateway 将 getDelayedOrders() 请求路由到服务，把所有其他请求路由到单体。集成胶水为 Delayed Delivery Service 提供了访问单体数据的方法。

Delayed Delivery Service 的领域模型由各种实体组成，包括 DelayedOrderNotification、Order 和 Restaurant。核心逻辑由 DelayedOrderService 类实现。定时器会定时调用它来查找无法按时交付的订单。它通过查询 Order 和 Restaurant 来做到这一点。一个 Order 无法按时交付，DelayedOrderService 会通知消费者和客服团队。

Delayed Delivery Service 不拥有 Order 和 Restaurant 实体。相反，这些数据是从 FTGO 单体复制过来的。更重要的是，该服务不存储客户联系信息，而是从单体中检索获得。

让我们看一看集成胶水的设计，通过集成胶水，Delayed Delivery Service 可以访问单体的数据。

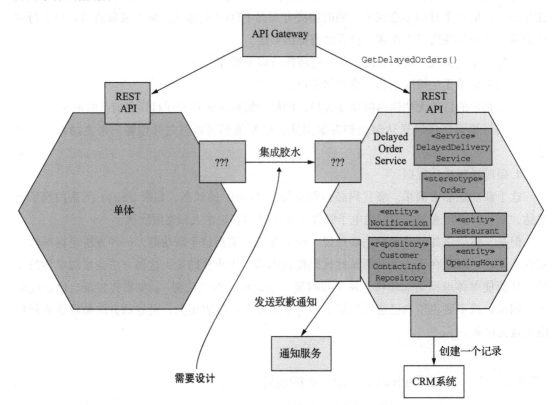

图 13-14　Delayed Delivery Service 的设计。集成胶水提供 Delayed Delivery Service 访问单体所拥有的数据，例如 Order 和 Restaurant 实体，以及客户联系信息

13.4.2　为 Delayed Delivery Service 设计集成胶水

即使实现新功能的服务定义了自己的实体类，它通常也会访问单体所拥有的数据。Delayed Delivery Service 也不例外。它有一个 DelayedOrderNotification 实体，表示它已给消费者发送的通知。但正如我刚才提到的，它的 Order 和 Restaurant 实体复制了 FTGO 单体的数据。它还需要查询用户联系信息以通知用户。因此，我们需要实现集成胶水，使 Delayed Delivery Service 能够访问单体的数据。

图 13-15 显示了集成胶水的设计。FTGO 单体发布了 Order 和 Restaurant 的领域事件。Delayed Delivery Service 使用这些事件并更新这些实体的副本。FTGO 单体实现了一个 REST 端点，用于查询客户联系信息。当需要通知用户他们的订单无法按时交付时，Delayed Delivery Service 会调用此端点。

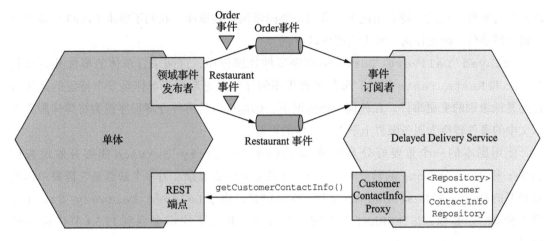

图 13-15 集成胶水为 Delayed Delivery Service 提供了访问单体所拥有的数据的权限

让我们看一看集成的每个部分的设计,从 REST API 开始,这个 API 用于检索客户联系信息。

使用 CustomerContactInfoRepository 查询客户联系信息

如 13.3.1 节所述,Delayed Delivery Service 等服务可以通过几种不同的方式读取单体的数据。最简单的方式是 Delayed Delivery Service 使用单体的查询 API 检索数据。检索 User 联系信息时,此方式很有意义。此类查询不会有任何延迟或性能问题,因为 Delayed Delivery Service 很少需要检索用户的联系信息,并且数据量非常小。

CustomerContactInfoRepository 是一个接口,使 Delayed Delivery Service 能够检索消费者的联系信息。它由 CustomerContactInfoProxy 实现,通过调用单体的 getCustomerContactInfo() REST 端点来检索用户信息。

发布和使用 Order 与 Restaurant 领域事件

不幸的是,让 Delayed Delivery Service 主动查询所有未完成的 Order 和 Restaurant 的营业时间是不切实际的。这将会导致通过网络重复传输大量数据。因此,Delayed Delivery Service 必须使用第二个更复杂的选项,通过订阅单体发布的事件来维护 Order 和 Restaurant 的副本。重要的是要记住,副本不是来自单体数据的完整副本:它只存储 Order 和 Restaurant 实体的一小部分属性。

如前面 13.3.1 节所述,我们可以通过几种不同的方式更改 FTGO 单体,以便发布 Order 和 Restaurant 领域事件。一种选择是修改单体中更新 Orders 和 Restaurants 的所有代码位置,发布与业务逻辑有关的高级领域事件。第二个选项是拖尾事务日志,将更改复制为事件。在这种特定情况下，我们需要同步两个数据库。我们不要求 FTGO 单体发布高级领域事件，因此任何一种方法都可以。

Delayed Delivery Service 实现事件处理程序，订阅来自单体的事件并更新其 Order 和 Restaurants 实体。事件处理程序的详细信息取决于单体是发布特定的高级事件还是低级别的变更事件。在任何一种情况下，你都可以将事件处理程序视为将单体限界上下文中的事件转换为服务限界上下文中实体的更新。

使用副本的一个重要好处是它使 Delayed Delivery Service 能够有效地查询 Order 和 Restaurants 的营业时间。但一个缺点是它更复杂。另一个缺点是它需要单体发布必要的 Order 和 Restaurants 事件。幸运的是，由于 Delayed Delivery Service 只需要 ORDERS 和 RESTAURANT 表中的一部分列，我们不应该会遇到 13.3.1 节中描述的问题。

把延迟订单管理等新功能作为独立服务可加速其开发、测试和部署。更重要的是，它使你能够使用全新的技术栈而不是单体的旧技术栈来实现该功能。它也阻止了单体的生长。延迟订单管理只是 FTGO 应用规划的许多新功能之一。FTGO 团队可以将许多这些功能作为单独的服务来实现。

遗憾的是，你无法将所有更改实现为新服务。通常，你必须对单体进行大量更改以实现新功能或更改现有功能。涉及单体的任何开发都很可能是缓慢而痛苦的。如果想加速这些功能的交付，你必须通过将功能从单体迁移到服务中来分解单体。我们来看看如何做到这一点。

13.5　从单体中提取送餐管理功能

为了加速由单体实现的功能的交付，你需要将单体分解为服务。例如，你希望通过实现新的路由算法来增强 FTGO 的送餐管理功能。开发送餐管理的一个主要障碍是它与订单管理纠缠在一起，也是单体代码库的一部分。开发、测试和部署送餐管理可能会很慢。为了加速其开发，你需要将送餐管理提取到 Delivery Service 中。

在本节一开始，我会分析单体版本中的送餐管理。接下来，我将讨论新的 Delivery Service 及其 API 的设计，然后描述 Delivery Service 和 FTGO 单体如何协作。最后，我会讨论为了支持 Delivery Service 需要对单体进行的一些更改。

让我们首先回顾一下现有的设计。

13.5.1　现有的送餐管理功能

送餐管理安排送餐员在餐馆领取订单，并将其交付给消费者。每个送餐员都有一个计划，即取餐和送餐行动的时间表。取餐行动告诉送餐员在特定时间从餐馆领取订单。送餐行动告诉送餐员向消费者派送订单。无论何时下订单、取消订单或修改订单，以及送餐员的位置和可用性发生变化，都会对计划进行修订。

送餐管理是 FTGO 应用程序中最古老的部分之一。如图 13-16 所示，它嵌入在订单管理中。管理送餐的大部分代码都在 `OrderService` 中。更重要的是，没有 `Delivery` 的显式表示。它嵌入在 `Order` 实体中，该实体具有各种与送餐相关的字段，例如 `scheduled-PickupTime` 和 `scheduledDeliveryTime`。

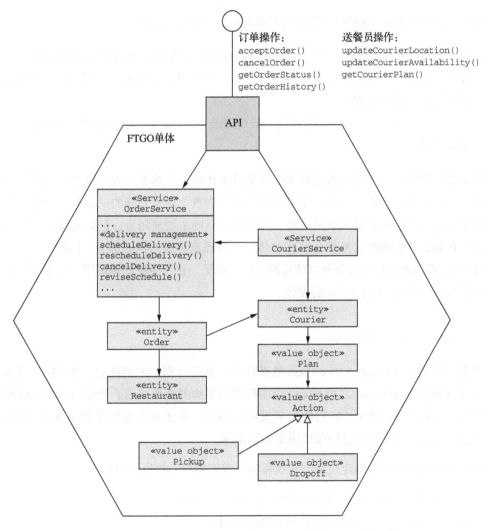

图 13-16　送餐管理与 FTGO 单体内的订单管理纠缠在一起

单体实现了许多命令调用送餐管理，包括以下内容：

- acceptOrder()：当餐馆接受订单并承诺在特定时间准备完成时调用。此操作调用送餐管理来安排送餐。
- cancelOrder()：当消费者取消订单时调用。如有必要，它会取消送餐。
- noteCourierLocationUpdated()：由送餐员的移动应用程序调用，以更新送餐员的位置。它会触发送餐计划的重新安排。
- noteCourierAvailabilityChanged()：由送餐员的移动应用程序调用，以更新送餐员的可用性。它会触发送餐计划的重新安排。

此外，各种查询检索由送餐管理维护的数据，包括以下内容：

- getCourierPlan()：由送餐员的移动应用程序调用并返回送餐员的计划。
- getOrderStatus()：返回订单的状态，其中包括与送餐相关的信息，例如指定的送餐员和预计送达时间。
- getOrderHistory()：返回与 getOrderStatus() 类似的信息，除与多个订单相关之外。

如 13.2.3 节所述，通常提取到服务的功能是单体的一个垂直切片，顶部是控制器，底部是数据库表。我们可以将与送餐员相关的命令和查询视为送餐管理的一部分。毕竟，送餐管理创建了送餐计划，并且是送餐员位置和可用性信息的主要使用者。但是为了最大限度地减少开发工作量，我们将把这些操作留在单体中，只提取算法的核心部分。因此，Delivery Service 的第一次迭代不会公开可访问的 API。相反，它只会被单体调用。接下来，让我们探讨一下 Delivery Service 的设计。

13.5.2 Delivery Service 概览

规划中新的 Delivery Service 负责计划、重新计划和取消送餐。图 13-17 显示了在提取 Delivery Service 之后 FTGO 应用程序的架构的概要视图。该架构由 FTGO 单体和 Delivery Service 组成。它们使用集成胶水协作，集成胶水由服务和单体的 API 组成。Delivery Service 有自己的领域模型和数据库。

为了充实这个架构并确定服务的领域模型，我们需要回答以下问题：

- 哪些行为和数据被移动到 Delivery Service？
- Delivery Service 向单体公开哪些 API？
- 单体向 Delivery Service 公开哪些 API？

这些问题是相互关联的，因为单体和服务之间的职责分配会影响 API。例如，Delivery

Service 需要调用单体提供的 API 来访问单体数据库中的数据，反之亦然。稍后，我将描述用于实现 Delivery Service 和 FTGO 单体进行协作的集成胶水的设计。但首先，我们来看看 Delivery Service 的领域模型的设计。

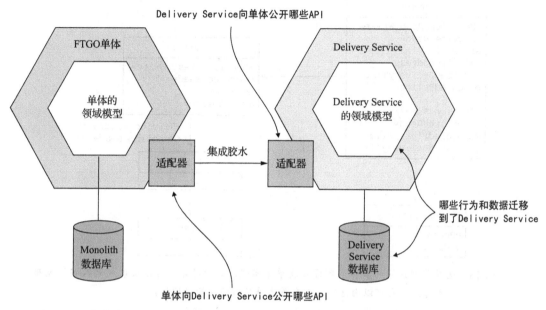

图 13-17　提取 Delivery Service 后 FTGO 应用程序的概要视图。FTGO 单体和 Delivery Service 使用集成胶水进行协作，集成胶水由单体和服务的 API 组成。需要做出的两个关键决策是将哪些功能和数据移至 Delivery Service 以及单体和 Delivery Service 如何通过 API 进行协作

13.5.3　设计 Delivery Service 的领域模型

为了能够提取送餐管理，我们首先需要确定实现它的类。完成后，我们可以决定将哪些类移到 Delivery Service 以形成其领域逻辑。在某些情况下，我们需要拆分类。我们还需要确定在服务和单体之间复制哪些数据。

让我们首先确定实现送餐管理的类。

确定哪些实体及字段是送餐管理的一部分

设计 Delivery Service 过程的第一步是仔细检查送餐管理的代码，并识别参与的实体及其字段。图 13-18 显示了作为送餐管理一部分的实体和字段。某些字段是配送调度算法的输入，其他字段是输出。图中也显示了单体实现的其他功能使用的字段。

送餐调度算法会读取各种属性，包括 Order 的 restaurant、promisedDelivery-

Time 和 deliveryAddress，以及 Courier 的 Location、availability 和当前计划。它会更新 Courier 的计划，Order Scheduled PickupTime 和 scheduledDeliveryTime。如你所见，Deliery Management 使用的字段也会被单体使用。

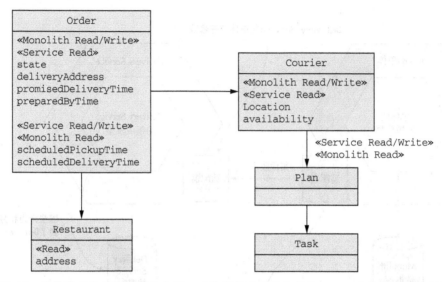

图 13-18 送餐管理访问的实体和字段以及单体实现的其他功能。可以读取或写入字段或两者都可以。它可以由送餐管理和单体单独访问或两者均访问

决定将哪些数据迁移到交付服务

既然已经确定送餐管理使用了哪些实体和字段，下一步就是决定我们应该将哪些部分移动到服务中。在理想情况下，服务访问的数据仅由服务使用，因此我们可以简单地将该数据移动到服务中完成重构。可惜的是，事情很少那么简单，这里的情况也不例外。送餐管理使用的所有实体和字段也由单体实现的其他功能使用。

因此，在确定要迁移到服务的数据时，我们需要牢记两个问题。第一个是：服务如何访问单体中剩余的数据？第二个是：单体如何访问被移动到服务的数据？另外，如前面 13.3 节所述，我们需要仔细考虑如何维护服务和单体之间的数据一致性。

Delivery Service 的基本职责是管理送餐员计划并更新 Order 的 scheduledPickupTime 和 scheduledDeliveryTime 字段。因此，它拥有这些字段是有道理的。我们还可以将 Courier.location 和 Courier.availability 字段移动到 Delivery Service 中。但是因为我们正在努力做出尽可能小的变化，我们现在将这些字段留在单体中。

Delivery Service 的领域逻辑设计

图 13-19 显示了 Delivery Service 的领域模型的设计。该服务的核心包括诸如 Delivery

和 Courier 之类的领域类。DeliveryServiceImpl 类是送餐管理业务逻辑的入口点。它实现了 DeliveryService 和 CourierService 接口,这些接口由 DeliveryService-EventsHandler 和 DeliveryServiceNotificationsHandlers 调用,本节稍后将对此进行介绍。

送餐管理业务逻辑会从单体中复制相关代码。例如,我们将 Order 实体从单体复制到 Delivery Service,将其重命名为 Delivery,并删除送餐管理使用之外的所有字段。我们还将复制 Courier 实体并删除其大部分字段。为了开发 Delivery Service 的领域逻辑,我们需要拆解单体中的代码。我们需要打破许多依赖,这可能会很耗时。使用静态类型语言重构代码要容易得多,因为编译器可以帮你识别相关错误。

Delivery Service 不是独立的服务。让我们来看看集成胶水的设计,它使 Delivery Service 和 FTGO 单体能够协作。

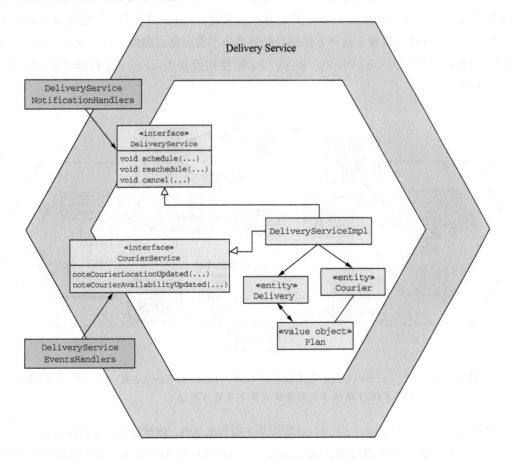

图 13-19 Delivery Service 领域模型的设计

13.5.4 Delivery Service 集成胶水的设计

FTGO 单体需要调用 Delivery Service 来管理送餐。单体还需要与 Delivery Service 交换数据。这种协作是通过集成胶水实现的。图 13-20 显示了 Delivery Service 集成胶水的设计。Delivery Service 拥有送餐管理的 API。它还会发布 Delivery 和 Courier 领域事件。FTGO 单体会发布 Courier 领域事件。

让我们看一看集成胶水每个部分的设计，从 Delivery Service 中负责管理送餐的 API 开始。

Delivery Service API 的设计

Delivery Service 必须提供一个 API，使单体能够安排、修改和取消送餐。正如你在本书中看到的那样，首选方法是使用异步消息，因为它可以促进松耦合并提高可用性。一种方法是让 Delivery Service 订阅由单体发布的 Order 领域事件。根据事件的类型，它会创建、修改和取消送餐。这种方法的好处是单体不需要显式调用 Delivery Service。依赖领域事件的弊端是 Delivery Service 需要知道每个 Order 事件如何影响相应的 Delivery。

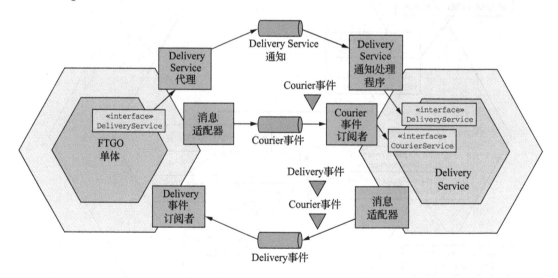

图 13-20　Delivery Service 集成胶水的设计。Delivery Service 有一个送餐管理 API。该服务和 FTGO 单体通过交换领域事件来同步数据

更好的方法是 Delivery Service 实现基于通知的 API，使单体能够显式告知 Delivery Service 创建、修改和取消送餐。Delivery Service 的 API 包含消息通知通道和三种消息类型：ScheduleDelivery、ReviseDelivery 和 CancelDelivery。通知消息包含

Delivery Service 所需的 Order 信息。例如，ScheduleDelivery 通知包含取餐时间和地点以及送餐时间和地点。这种方法的一个主要好处是 Delivery Service 不需要有 Order 生命周期的详细知识。它完全专注于送餐管理，并不需要了解订单。

此 API 不是 Delivery Service 和 FTGO 单体协作的唯一方式。它们还需要交换数据。

Delivery Service 如何访问 FTGO 单体应用中的数据

Delivery Service 需要访问由单体拥有的 Courier 位置和可用性数据。因为数据量可能是很大，所以服务重复查询单体并不实际。相反，更好的方法是让单体通过发布 Courier 领域事件 CourierLocationUpdated 和 CourierAvailabilityUpdated 将数据复制到 Delivery Service。Delivery Service 有一个 CourierEventSubscriber，它订阅领域事件并更新其 Courier 的版本。它也可能触发重新安排送餐。

FTGO 单体应用如何访问 Delivery Service 中的数据

FTGO 单体需要读取已移至 Delivery Service 的数据，例如 Courier 计划。理论上，单体可以查询服务，但这需要对单体进行大量更改。目前，将单体的领域模型和数据库模式保持不变并将数据从服务复制回单体会更容易。

最简单的方法是让 Delivery Service 发布 Courier 和 Delivery 领域事件。该服务在更新 Courier 计划时发布 CourierPlanUpdated 事件，在更新 Delivery 时发布 DeliveryScheduleUpdate 事件。单体使用这些领域事件更新其数据库。

现在我们已经了解了 FTGO 单体和 Delivery Service 如何交互，让我们看看如何改变单体。

13.5.5　修改 FTGO 单体使其能够与 Delivery Service 交互

在许多方面，实现 Delivery Service 是提取过程中相对容易的部分。修改 FTGO 单体则要困难很多。幸运的是，将服务中的数据复制回单体会减少更改的规模。但我们仍然需要修改单体，让它通过调用 Delivery Service 来管理送餐。我们来看看如何做到这一点。

定义 DeliveryService 接口

第一步是使用与先前定义的基于消息的 API 相对应的 Java 接口封装送餐管理的代码。该接口如图 13-21 所示，定义了计划、重新计划和取消送餐的方法。

最后，我们将使用代理实现此接口，该代理将消息发送给送餐管理服务。但最初，我们将使用一个调用送餐管理代码的类来实现此 API。

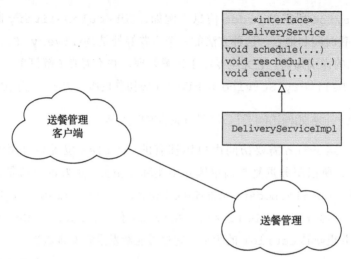

图 13-21　第一步是定义 DeliveryService，它是一个粗粒度的远程 API，用于调用送餐
　　　　管理逻辑

DeliveryService 接口是粗粒度接口，非常适合由进程间通信机制实现。它定义了
schedule()、reschedule() 和 cancel() 方法，对应于先前定义的通知消息类型。

重构单体使其可以调用 Delivery Service 的接口

接下来，如图 13-22 所示，我们需要识别 FTGO 单体中调用送餐管理的位置，并更改它
们以使用 DeliveryService 接口。这可能需要一些时间，并且这是从单体中提取服务时
最具挑战性的方面之一。

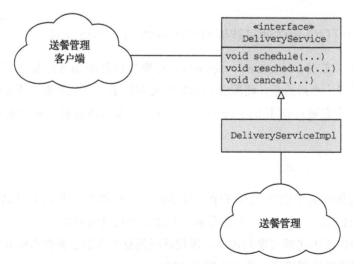

图 13-22　第二步是更改 FTGO 单体，让它通过 DeliveryService 接口调用送餐管理

如果单体是用静态类型语言（如 Java）编写的，这会很有帮助，因为这些工具可以更好地识别依赖关系。如果不是，那么希望你有一些自动化测试用例，足以覆盖需要更改的代码部分。

实现 DeliveryService 的接口

最后一步是使用代理替换 DeliveryServiceImpl 类，代理将通知消息发送到独立的 Delivery Service。但是，我们不会立即放弃现有的实现，而是使用如图 13-23 所示的设计，使单体能够在现有实现和 Delivery Service 之间动态切换。我们将使用一个类来实现 DeliveryService 接口，该类使用一个动态功能开关来确定调用现有实现还是 Delivery Service。

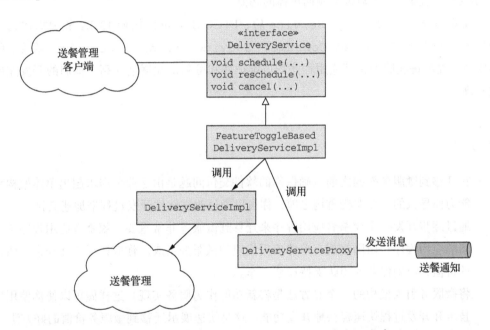

图 13-23 最后一步是使用发送消息 Delivery Service 的代理类实现 DeliveryService。功能开关换控制 FTGO 单体是使用旧实现还是使用新的 Delivery Service

使用功能开关可显著降低推出 Delivery Service 的风险。我们可以部署 Delivery Service 并对其进行测试。然后，一旦确定它有效，我们就可以通过控制功能开关将流量路由给它。如果发现 Delivery Service 没有按预期工作，我们可以切换回旧的实现。

> **关于功能开关**
>
> 功能开关或称功能标记，使你可以部署变更的代码，而无须通知用户。它们还使你能够通过部署新代码来动态更改应用程序的行为。Martin Fowler 撰写的这篇文章提供了对该主题的精彩介绍。请参阅：https://martinfowler.com/articles/feature-toggles.html。

一旦确定 Delivery Service 按预期工作，我们就可以从单体中删除送餐管理代码。Delivery Service 和 Delayed Order Service 是 FTGO 团队在微服务架构之旅期间开发的服务示例。实现这些服务后，他们下一步的目标取决于业务的优先级。一个可能的目标是提取 Order History Service，如第 7 章所述。提取此服务部分地消除了 Delivery Service 将数据复制回单体的必要。

在实现 Order History Service 后，FTGO 团队可以按照 13.3.2 节中描述的顺序提取服务：Order Service、Consumer Service、Kitchen Service，等等。随着 FTGO 团队提取每项服务，其应用程序的可维护性和可测试性逐渐提高，他们的开发速度也随之提高。

本章小结

- 在迁移到微服务架构之前，确保你的软件交付问题是由于业务需求超出单体架构承载能力而导致的。在架构重构之前，你可以通过改进软件开发过程来加速交付。
- 通过逐步开发一个绞杀者应用程序来迁移到微服务非常重要。绞杀者应用程序是一个新的应用程序，由围绕现有单体应用构建的微服务组成。你应该尽早并经常证明自己的价值，以确保业务团队支持迁移工作。
- 将微服务引入架构的一个好方法是将新功能作为服务实现。这样做可以使你使用现代技术和开发过程快速轻松地开发功能。这是快速展示迁移到微服务价值的好方法。
- 打破单体结构的一种方法是将表现层与后端隔离，这会产生两个较小的单体结构。虽然这不是一个巨大的改进，但它确实意味着你可以独立部署每个单体。例如，这允许用户界面团队更轻松地在用户界面设计上进行迭代，而不会影响后端。
- 打破单体的主要方法是逐步将功能从单体转移到服务中。重点是提取提供最大利益的服务。例如，如果提取实现正在积极开发功能的服务，你将加快开发速度。
- 新开发的服务几乎总是必须与单体交互。服务通常需要访问单体的数据并调用其功能。单体有时需要访问服务的数据并调用其功能。要实现此协作，需要开发集成胶水，其中包含单体的入站和出站适配器。

- 为了防止单体的领域模型污染服务的领域模型，集成胶水应该使用反腐层，这是一个在领域模型之间进行转换的软件层。
- 最小化对提取服务的单体结构的影响的一种方法是将移动到服务的数据复制回单体的数据库。由于单体的数据库模式保持不变，因此无须对单体代码库进行潜在的大范围修改。
- 开发服务通常需要你实现涉及单体的 Saga。但实现可补偿性事务可能具有挑战性，需要对单体进行大范围的修改。因此，有时你需要仔细设计服务的提取顺序，以避免在单体中实现可补偿事务。
- 在重构为微服务架构时，你需要同时支持单体应用的现有安全机制，该机制通常基于内存的会话，以及服务使用的基于令牌的安全机制。幸运的是，一个简单的解决方案是修改单体的登录处理程序以生成包含安全令牌的 cookie，然后由 API Gateway 转发给服务。

推荐阅读

软件架构：架构模式、特征及实践指南

[美] Mark Richards 等 译者：杨洋 等 书号：978-7-111-68219-6 定价：129.00 元

　　畅销书《卓有成效的程序员》作者的全新力作，从现代角度，全面系统地阐释软件架构的模式、工具及权衡分析等。

　　本书全面概述了软件架构的方方面面，涉及架构特征、架构模式、组件识别、图表化和展示架构、演进架构，以及许多其他主题。本书分为三部分。第 1 部分介绍关于组件化、模块化、耦合和度量软件复杂度的基本概念和术语。第 2 部分详细介绍各种架构风格：分层架构风格、管道架构风格、微内核架构风格、基于服务的架构风格、事件驱动的架构风格、基于空间的架构风格、编制驱动的面向服务的架构、微服务架构。第 3 部分介绍成为一个成功的软件架构师所必需的关键技巧和软技能。

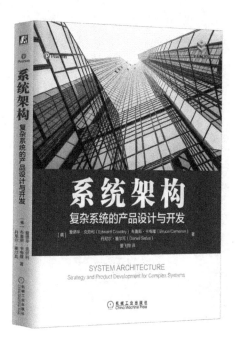

系统架构：复杂系统的产品设计与开发

作者：[美] 爱德华·克劳利（Edward Crawley）布鲁斯·卡梅隆（Bruce Cameron）丹尼尔·塞尔瓦（Daniel Selva）
ISBN：978-7-111-55143-0 定价：119.00元

从电网的架构到移动支付系统的架构，很多领域都出现了系统架构的思维。架构就是系统的DNA，也是形成竞争优势的基础所在。那么，系统的架构到底是什么？它又有什么功能？

本书阐述了架构思维的强大之处，目标是帮助系统架构师规划并引领系统开发过程中的早期概念性阶段，为整个开发、部署、运营及演变的过程提供支持。为了达成上述目标，本书会帮助架构师：

- 在产品所处的情境与系统所处的情境中使用系统思维。
- 分析并评判已有系统的架构。
- 指出架构决策点，并区分架构决策与非架构决策。
- 为新系统或正在进行改进的系统创建架构，并得出可以付诸生产的架构成果。
- 从提升产品价值及增强公司竞争优势的角度来审视架构。
- 通过定义系统所处的环境及系统的边界、理解需求、设定目标，以及定义对外体现的功能等手段，来厘清上游工序中的模糊之处。
- 为系统创建出一个由其内部功能及形式所组成的概念，从全局的角度对这一概念进行思考，并在必要时运用创造性思维。
- 驾驭系统复杂度的演化趋势，并为将来的不确定因素做好准备，使得系统不仅能够达成目标并展现出功能，而且还可以在设计、实现、运作及演化过程中一直保持易于理解的状态。
- 质疑并批判地评估现有的架构模式。
- 指出架构的价值所在，分析公司现有的产品开发过程，并确定架构在产品开发过程中的角色。
- 形成一套有助于成功完成架构工作的指导原则。

架构即未来：现代企业可扩展的Web架构、流程和组织(原书第2版)

作者：[美] 马丁 L. 阿伯特（Martin L. Abbott）迈克尔 T. 费舍尔（Michael T. Fisher）
ISBN：978-7-111-53264-4　定价：99.00元

任何一个持续成长的公司最终都需要解决系统、组织和流程的扩展性问题。本书汇聚了作者从eBay、VISA、Salesforce.com到Apple超过30年的丰富经验，全面阐释了经过验证的信息技术扩展方法，对所需要掌握的产品和服务的平滑扩展做了详尽的论述，并在第1版的基础上更新了扩展的策略、技术和案例。

针对技术和非技术的决策者，马丁·阿伯特和迈克尔·费舍尔详尽地介绍了影响扩展性的各个方面，包括架构、过程、组织和技术。通过阅读本书，你可以学习到以最大化敏捷性和扩展性来优化组织机构的新策略，以及对云计算（IaaS/PaaS）、NoSQL、DevOps和业务指标等的新见解。而且利用其中的工具和建议，你可以系统化地清除扩展性道路上的障碍，在技术和业务上取得前所未有的成功。

本书覆盖下述内容：

- 为什么扩展性的问题始于组织和人员，而不是技术，为此我们应该做些什么？
- 从实践中取得的可以付诸于行动的真实的成功经验和失败教训。
- 为敏捷、可扩展的组织配备人员、优化组织和加强领导。
- 对处在高速增长环境中的公司，如何使其过程得到有效的扩展？
- 扩展的架构设计：包括15个架构原则在内的独门绝技，可以满足扩展的方案实施和决策需求。
- 新技术所带来的挑战：数据成本、数据中心规划、云计算的演变和从客户角度出发的监控。
- 如何度量可用性、容量、负载及性能。